城市综合管廊工程应用与研究

——沈阳市综合管廊南运河段示范工程

主　编　李献运　金长俊

副主编　蒋　勇　朱长德　牛　犇　苏艳军

东北大学出版社

·沈　阳·

图书在版编目（CIP）数据

城市综合管廊工程应用与研究：沈阳市综合管廊南运河段示范工程 / 李献运，金长俊主编. — 沈阳：东北大学出版社，2023. 12
ISBN 978-7-5517-3392-2

Ⅰ. ①城…　Ⅱ. ①李…　②金…　Ⅲ. ①市政工程－地下管道－管道工程－研究－沈阳　Ⅳ. ①TU990. 3

中国国家版本馆 CIP 数据核字(2023)第 255773 号

出 版 者：东北大学出版社
　　地址：沈阳市和平区文化路三号巷 11 号
　　邮编：110819
　　电话：024－83680176(总编室)　83687331(营销部)
　　传真：024－83680176(总编室)　83680180(营销部)
　　网址：http://www. neupress. com
　　E-mail: neuph@ neupress. com
印 刷 者：辽宁一诺广告印务有限公司
发 行 者：东北大学出版社
幅面尺寸：185 mm×260 mm
印　　张：26. 75
字　　数：651 千字
出版时间：2023 年 12 月第 1 版
印刷时间：2023 年 12 月第 1 次印刷
责任编辑：杨　坤
责任校对：潘佳宁
封面设计：潘正一
责任出版：唐敏志

ISBN 978-7-5517-3392-2　　定　价：68. 00 元

编写委员会

主　编　李献运　金长俊

副主编　蒋　勇　朱长德　牛　犇　苏艳军

主　审　仝学让　黄　堃　王述红

顾　问　肖传德　陈　琪　魏乃永　徐春一

编　委　（排名以姓氏拼音为序，不分先后）

成良浩　崔延峰　戴武奎　方凯飞　付正峰　高　林　韩　冰

黄　鹏　黄维志　吉攀峰　黄剑兵　贾建伟　蒋　勇　金长俊

李富荣　李汉文　李鹏飞　李献运　刘新宇　龙袁虎　孟乾峰

南艳良　牛　犇　齐晓东　乔升昌　任　伟　时　运　苏艳军

田　宇　王会刚　王　韬　王文阵　王永红　吴标记　吴美林

肖　燃　徐志学　薛德君　闫　磊　杨继亮　杨鲲鹏　张昌明

张广超　张　帅　张学良　朱长德　邹非凡　赵忠亮　朱宏栋

主要编写单位

沈阳中建管廊建设发展有限公司

中建北方建设投资有限公司

中国建筑第八工程局有限公司

中国建筑第六工程局有限公司

中国建筑东北设计研究院有限公司

中建东设岩土工程有限公司

北京城建设计发展集团股份有限公司

沈阳建筑大学

沈阳市建设工程质量监督站

中航勘察设计研究院有限公司

中国建筑材料工业地质勘察中心辽宁总队

江苏盛华工程监理咨询有限公司

序

城市地下管线是城市重要的基础设施，是城市各功能区各类管线基础设施有机连接和有效运转的“生命线”。城市地下管线的规划建设管理实质上是对城市基础设施、城市公共利益、城市地下空间资源的有效配置和综合管理，是政府公共管理的重要内容。随着我国城市化进程的加快，越来越多的城市地下安全问题逐渐暴露出来，迫切要求尽快提高我国城市地下管线规划建设管理水平。地下综合管廊是敷设城市各类地下管线的一种集约化布局方式，各类市政工程管线均可以敷设在综合管廊之内，通过安全保护措施可以确保这些管线在综合管廊内安全运行，对于优化城市竖向空间、提升城市公共服务质量具有重要意义，是实实在在的“功在当代、利在千秋”的民生工程。

近年来，综合管廊建设步入快速发展阶段，但综合管廊建设管理标准体系不完善、规划建设经验不丰富、设计水平良莠不齐等问题在一定程度上影响了综合管廊的高质量建设和良性发展。

本书作者组织技术力量在大量实践的基础上，从工程技术的角度对综合管廊工程从前期规划、设计、施工、监测、管理、验收到技术创新成果应用进行了全面、详尽的总结，思路清晰、逻辑严谨、观点鲜明，体现了理论与工程实例的有机融合。本书首先全面系统地介绍了沈阳市综合管廊的建设背景、规划情况、工程概况及特点，并依据综合管廊的发展情况前瞻性地提出了国内综合管廊的若干技术发展趋势。其次对综合管廊的设计理念、设计标段、各专业设计及同步设计进行归纳总结，深入浅出地描述了综合管廊各专业的设计特点、重难点及设计要点。再次重点从节点井、区间暗挖、区间盾构及主要施工技术对土建施工进行详细而专业的论述，并从排水、通风空调、电气、监控与报警等机电施工及运维平台建设全方位地对管廊施工进行系统化介绍，做到了理论与实践的有机融合。最后对综合管廊的工程检测、风险管理、质量管理及 BIM 技术等多方面科研成果应用结合工程实例进行分析总结，补充完善了综合管廊设计的内容。

本书为相关设计、施工及管理人员提供了有益的参考，具有创新性、技术先进、针对性强、适用性强、可操作性强、实用性强等特点，对综合管廊工程建设具有重要的理论和现实意义。

前　言

我国正处在城镇化快速发展时期，地下基础设施建设相对滞后。推进城市地下综合管廊建设，统筹各类市政管线规划、建设和管理，解决反复开挖路面、架空线网密集等问题，有利于保障城市安全、完善城市功能、美化城市景观、促进城市集约高效和转型发展，有利于提高城市综合承载能力和城镇化发展质量，有利于增加公共产品有效投资、拉动社会资本投入、打造经济发展新动力。

2013 年 9 月，国务院印发《关于加强城市基础设施建设的意见》，明确提出开展地下综合管廊试点，要用 3 年左右的时间，在全国 36 个大中城市全面启动地下综合管廊试点工程，中小城市因地制宜建设一批综合管廊项目。

2015 年国家正式启动城市地下综合管廊建设的试点工作，沈阳是第一批申报城市地下综合管廊建设的试点城市之一，沈阳市地下综合管廊（南运河段）工程，通过竞争性评审获得了申报试点城市的第一名。

通过对本项目工作的总结，希望对今后类似的工程项目能起到积极的，可复制的、可推广的示范作用。

编者

2023 年 5 月

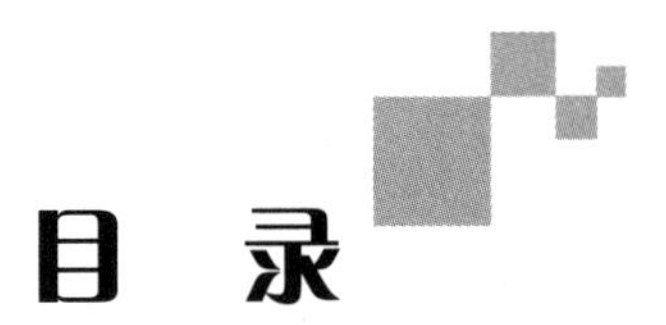

目　录

第一篇　概述

第二篇　设计篇

第三篇　施工篇

第五篇　科研技术成果篇

第一篇　概述

第一章　工程建设背景

一、综合管廊的定义、作用及特点

综合管廊是指建于城市地下用于容纳两类及以上城市工程管线的构筑物及附属设施。综合管廊亦有“共同沟”“共同管道”等多种称谓。在日本称为“共同沟”，在欧美等国家多称为“urban municipal tunnel”。

综合管廊实质是指按照统一规划、设计、施工和维护原则，建于城市地下用于敷设城市工程管线的市政公用设施。给水、雨水、污水、再生水、天然气、热力、电力、通信等城市工程管线可纳入综合管廊。综合管廊的建设对满足居民基本需求和提高城市综合承载力发挥着重要作用，它避免了敷设和维修地下管线频繁挖掘道路而对交通和居民出行造成影响和干扰，降低了路面多次翻修和工程管线维修的费用，保持了路面的完整性和各类管线的耐久性，减少了道路的柱杆及各种管线的检查井、室等，美化了城市的景观。与现有直埋市政管线相比，综合管廊实行统筹规划、统一建设和集约管理，具有下列特点。

(1)综合性：受体制、政策、技术、资金等因素的影响，大多数城市直埋的给水、排水、电力、通信、燃气、热力等市政管线工程基本上是以各自为政、分散建设、自成体系的方式运作；而管线集中敷设在管廊中，可以形成新型的城市地下网络管理系统，使各种资源得到有效整合与利用。

(2)长效性：采用钢筋混凝土框架的综合管廊，可保持长时期使用寿命和发展空间，做到一次投资，长效使用。

(3)营运可靠性：管廊内各专业管线间布局与安全距离均依据国家相关规范要求结合防火、防爆、管线使用、维护保养等方面的要求。制定相关的运营管理标准、安全规章制度和抢修抢险应急方案，为管廊安全使用提供了技术管理保障。

(4)智慧性：管廊内外设置现代化、智能化监控管理系统，采用以智能化固定监测与移动监测相结合为主、人工定期现场巡视为辅的多种高科技手段，确保实现管廊内全方位监测，达到运行信息反馈不间断和降低成本、高效率维护管理的效果。

(5)环保性：市政管线按规划需求一次性集中敷设，可为城市环境保护创造条件，地面与道路可在很长时间(50 年以上)内不会因为更新管线而再度开挖。

二、盾构管廊的技术特点及适应性

盾构法是暗挖法施工中的一种全机械化施工方法。它是将盾构机械在地下推进，通过盾构外壳和管片支撑四周围岩防止发生往盾构区间内的坍塌，同时在开挖面前方用切削装置进行土体开挖，通过出土机械运出洞外，靠千斤顶在后部加压顶进，并拼装预制混凝土管片，形成盾构区间结构的一种机械化施工方法。一般由盾构工作井、吊出井、盾构掘进机、盾构管片等组成。盾构法的最大优点是在盾构支护下进行地下工程暗挖施工，不受地面交通、河道、航运、潮汐、季节、气候等条件的影响，能较经济合理地保证盾构区间安全施工。盾构法施工前进阻力不随盾构区间长度增加而增加，因此，一个盾构始发井可一次性在地下盾构 2~5km，甚至更长(根据地质条件确定)，对道路交通和现状地下管线的影响很小。

第一节　国内外综合管廊建设现状

一、国内综合管廊发展概况

(1)北京。地下综合管廊对我国来说是一个全新的课题。第一条综合管廊于 1958 年建造于北京天安门广场下，鉴于天安门在北京有特殊的政治地位，为了避免日后广场被开挖，建造了一条宽 4m、高 3m、埋深 7~8m、长 1km 的综合管沟，收容电力、电信、暖气等管线，至 1977 年在修建毛主席纪念堂时，又建造了相同断面的综合管廊，长约 500m。

2006 年中关村西区建成的综合管廊包含了给排水、供电、供冷、供暖、天然气、通信等市政设施。

(2)天津。1990 年，天津市为解决新客站行人、管道与穿越多股铁道而兴建了长 50m、宽 10m、高 5m 的隧道，同时建造宽约 2. 5m 的综合管廊，用于收容上下水道、电力电缆等管线。

(3)上海。1994 年，上海浦东新区张杨路人行道下建造了两条宽 5. 9m、高 2. 6m，双孔各长 5. 6km，共 11. 2km 的支管综合管廊，收容煤气、通信、上水、电力等管线，它是我国第一条较具规模并已投入运营的综合管廊。2006 年底，上海的嘉定安亭新镇地区也建成了全长 7. 5km 的地下管线综合管廊。另外，在松江新区也有一条长 1km，集所有管线于一体的地下管线综合管廊。此外，为推动上海世博园区的新型市政基础设施建设，避免道路开挖带来的污染，创造和谐美丽的园区环境，政府管理部门在园区内规划建设了综合管廊，以城市道路下部空间综合利用为核心，围绕城市市政公用管线布局，对世博园区综合管廊进行了合理布局和优化配置，构筑了服务整个世博园区的骨架化综合管廊系统。

(4)广州。2003 年底，在广州大学城建成了全长 17. 4km，断面尺寸为 7m×2. 8m 的地下综合管廊。

(5)珠海。2013 年，珠海横琴新区规划建设了总长度 33. 4km 的综合管廊。横琴综合管廊按照不同路段的要求分为一舱式、两舱式和三舱式。其中一舱式综合管廊 7. 8km，两舱式综合管廊 19km，三舱式综合管廊 6. 6km。

2015年，全国69个城市启动了地下综合管廊建设，开工建设规模约1000km。据不完全统计，截至2016年，全世界已建地下综合管廊里程超过3300km。城市地下综合管廊建设作为综合利用城市地下空间的一种有效途径，贯穿于世界主要国家城市化进程，并在亚洲形成最大建设规模。2019年，城市地下综合管廊行业市场规模达到3500亿元，同比增长19.6%，由于国内及国外供需情况短期难以达到平衡，城市地下综合管廊行业市场旺盛。

为切实加强城市地下管线建设管理，保障城市安全运行，提高城市综合承载能力和城镇化发展质量，国家从战略层面提出了稳步推进城市地下管廊建设的目标和要求，制定了一系列政策、标准和法规，旨在推动我国综合管廊建设的发展。

二、国外综合管廊发展概况

在城市中建设地下管线综合管廊的概念，起源于19世纪的欧洲，最先出现在法国。

自从1833年巴黎诞生了世界上第一条地下管线综合管廊系统后，迄今已经有近200年的发展历程。经过百年来的探索、研究、改良和实践，其技术水平已完全成熟，在国外的许多城市得到了极大的发展，并已成为国外发达城市市政建设管理的现代化象征和城市公共管理的一部分。下面简要介绍国外地下管线综合管廊的发展历程和现状。

(1)法国。法国于1832年发生了霍乱，当时研究发现城市公共卫生系统的建设对于抑制流行病的发生与传播至关重要，于是在第二年，巴黎市着手规划市区下水道系统网络，并在管道中收容自来水(包括饮用水及清洗用的两类自来水)、电信电缆、压缩空气管及交通信号电缆等5种管线，这是历史上最早规划建设的综合管廊形式。近代以来，巴黎市逐步推动综合管廊规划建设，在19世纪60年代末，为配合巴黎市副中心的开发，规划了完整的综合管廊系统，收容了自来水管道、电力管线、电信管线、冷热水管及集尘配管等，并且为适应现代城市管线种类多和敷设要求高等特点，把综合管廊的断面修改成了矩形形式。迄今为止，巴黎市区及郊区的综合管廊总长已达210km，堪称世界城市里程之首。法国已制定了在所有有条件的大城市中建设综合管廊的长远规划，为综合管廊在全世界的推广树立了良好的榜样。

(2)英国。英国于1861年在伦敦市区兴建综合管廊，采用12m×7.6m的半圆形断面，除收容自来水管、污水管、瓦斯管及电力、电信管线外，还敷设了连接用户的供给管线。伦敦兴建的综合管廊建设经费完全由政府筹措，属伦敦市政府所有，完成后再由市政府出租给管线单位使用。

(3)美国。美国自1960年起即开始了综合管廊的研究。研究结果认为，从技术、管理、城市发展及社会成本上看，建设综合管廊都是可行且必要的。1970年，美国在White Plains市中心建设了综合管廊，其他的如大学校园内、军事机关或为特别目的而建设的，但均不成系统网络，除了煤气管外，几乎所有管线均收容在综合管廊内。此外，美国具代表性的还有纽约市从東河下穿越并连接Astoria和Hell Gate Generation Plants的隧道，该隧道长约1554m，收容有345kV输配电力缆线、电信缆线、污水管和自来水干线；阿拉斯加的Fairbanks和Nome建设的综合管廊系统，是为了防止自来水和污水受到冰冻，Faizhanks系统约有6个廊区，而Nome系统是唯一将整个城市市区的供水和污水系统纳入的综合管廊，沟体长约4022m。

(4)其他国家或地区。如瑞典、挪威、瑞士、波兰、匈牙利、俄罗斯等许多国家都建设有城市地下管线综合管廊项目，并都制订了相应的计划。

第二节 目前综合管廊建设存在的问题

我国地下综合管廊建设已得到国务院高度重视，开始加快了建设步伐。2013年印发了《国务院关于加强城市基础设施建设的意见》和《国务院办公厅关于加强城市地下管线建设管理的指导意见》，开始部署开展城市地下综合管廊建设工作。2015年1月，住建部、发改委、财政部等五部门联合发出通知，要求在全国范围内开展地下管线普查，开始试点工作，以试点示范带动全国建设地下综合管廊的积极性，中央财政对试点城市给予专项资金补助。

目前我国城市建设地下综合管廊刚开始发展，还没有大面积地推广建设，主要原因有法律法规体系不完善、投资成本高、施工技术不成熟、涉及范围广和协调难度大等四个方面。

一、法律法规体系不完善

市政管网入地工程之前没有得到国家重视，且我国综合管廊建设本身发展比较晚，更没有得到推广建设。2015年颁布的《城市综合管廊工程技术规范》(GB 50838—2015)是我国第一部真正开始从法律法规政策上制定的综合管廊规范。虽然该规范推动了我国城市地下综合管廊的建设，但是由于体系的不完善，推广建设进行缓慢，问题较多，力度不够，没有达到预期的效果。

二、投资成本高

城市地下综合管廊的初期投资建设成本高，据估计每千米造价达1亿元以上，光靠政府、各主管部门投资，实施难度大。很多已经开始建设的城市地下综合管廊，由于资金不充足，工程进行缓慢，工期、质量等无法得到保证。因此，对地下综合管廊工程的投资成本问题需要采用BOT和PPP等模式，加入市场化和多元化的理念。

三、施工技术不成熟

我国城市建设比较复杂，不能完全借鉴发达国家的地下综合管廊的成功经验。而我国迫切需要建设地下综合管廊的大多是老城区，这些地区建筑物密集，且大多是砖混结构，市政道路狭窄，人、车流量大，地下管线老旧，架空管线繁多。这些地区如需建设地下综合管廊，基本都需要将原有管线全部拆除，面临施工工期长、施工难度大，施工期间会对生活、交通造成极大的不便等问题。这就需要我们结合发达国家的成功案例，建立适合我国国情的地下综合管廊技术标准规范，还需要我们的建设者不断探索研究形成成熟的城市地下综合管廊的设计技术、施工技术、验收标准、施工管理等规范标准。

四、涉及范围广和协调难度大

我国市政管网主要包括给排水、电力、电信、移动、燃气等，涉及多个部门，而且很多部门经过市场改革，已经由事业单位改制为企业，没有统一管理机构，给地下管廊的投资建设带来更大的难度。城市地下综合管廊的建设投资成本分配、施工建设管理、管廊运行后的管理协调及各部门的维修保养、养护、扩容一系列问题都不能统一协调处理。一旦要建设城市地下综合管廊就需要建立完善的管理制度，统一协调管理。

我国城市地下综合管廊建设推广迫在眉睫，我国应该通过建立健全的法律法规、统一管理体系，采用多种投资模式大力推进建设步伐，建成具有我国独特特点的城市地下综合管廊。

第三节　老城区建设综合管廊的意义

老城区地下管线错综复杂，管理落后，在旧城改造时有建设地下管廊的必要性。老城区综合管廊建设应从支护措施、交通疏解、施工方法等多方论证，并充分考虑管线迁改的困难、造价及工程实施难易程度，因地制宜地在老城区建设规模适合的综合管廊。

2015 年以前，我国城市地下管线敷设主要为直埋方式，导致每次进行管线埋设、替换、变更都会重新将路面打开，这样反复在道路上进行施工，不仅影响城市居民的正常出行，也影响周边环境，恢复后的路面疤痕严重影响道路外观，且道路经过多次反复开挖局部恢复，其整体性降低从而减少使用寿命，增加城市道路维护及建设费用。

目前，国内外大城市在建设中已普遍采用地下综合管廊作为城市基础设施建设的通用解决方案，这也是将各类有碍城市环境建设的基础设施全部地下化的大趋势之一。在许多老城区，与传统管线敷设方法比较，综合管廊的优点突出：① 节约土地；② 有利于管线的集中管理，有利于管线的维护、维修和增减，减少了城市道路的开拉锁现象；③ 有利于实现智能化管理，提高管理效率，符合管道管理智能化发展方向；④ 综合管廊寿命长，一般使用年限为 50 ~100 年，真正做到一次投资，长久使用；综合管廊除收容管线外，具有提高城市综合防灾的能力，如在抗震人防、污水处理、垃圾收集运输及城市内涝等方面，均存在利用的可能。

老城区综合管廊的建设应结合地下空间开发、老城区改造、道路改造等项目同步进行，同步规划可集约利用地下空间，统筹综合管廊内部空间，协调好综合管廊与地上、地下已有工程的关系，能够使老城区基础设施功能得到升级，加强沟通对接，划分建设责任主体，分担共用设施建设费用，减少重复投资。

第二章　沈阳市综合管廊规划情况

一、沈阳市综合管廊规划概况

沈阳市是辽宁省省会，也是省级行政管理中心和沈阳经济区发展的协调组织中心。先进的城市离不开先进的城市基础设施，城市综合管廊的建设承载了提升城市基础设施水平、保障安全、促进地下空间综合开发利用、增加公共产品有效投资、拉动社会资源进入、打造经济发展新动力的重托与厚望。

2015 年 4 月，财政部与住建部公布第一批地下综合管廊试点城市，沈阳市位列其中。截至目前，沈阳市在国家大学科技城已建成完工并投入使用综合管廊 23km；在中心城区和新城区沈阳经济开发区完成规划设计百余千米，且多条道路已经开始施工建设。

本着“老城区集约节约、新城区一步到位”的基本思路，在沈阳老城区规划建设干线综合管廊 88km，形成“一环、三纵”的干线布局，同时布置支线管廊 94km，过街缆线管廊 66km。

二、沈阳市综合管廊发展趋势

沈阳市综合管廊建设已经进入快速发展阶段，未来沈阳市的综合管廊建设将更加规范化、市场化及科学化。

目前，沈阳市已经开展了地下管网的普查工作，并建立了地下管网信息管理系统，将规划审批的综合管廊入库，实现综合管廊等重大项目的联合及三维审批。并且政府鼓励国有企业、管线单位、社会资本以各种合作方式参与地下综合管廊的投资、建设、运营管理，使综合管廊更加市场化。同时加快制定地下综合管廊运营维护管理办法，地下综合管廊建设运营单位要与管线单位签订入廊协议，明确管线入廊时间、费用和权责利等内容，确保地下综合管廊正常运行。

第三章　工程概况及特点

第一节　工程概况

沈阳市地下综合管廊(南运河段)工程是2015年全国首批10个城市地下综合管廊试点工程之一，也是唯一一个在老城区内采用盾构、明挖(盖挖)及暗挖工法施工建设的地下综合管廊工程。

沈阳市地下综合管廊(南运河段)工程是沈阳市地下综合管廊规划“一环”中的起点段，是落实综合管廊规划的重要地段。管廊沿砂阳路、文艺路、东滨河路、小河沿路和长安路敷设，途经南湖公园、鲁迅儿童公园、青年公园、万柳塘公园和万泉公园，共设计29个工艺井，其中7个兼做盾构井。管廊走向多沿南运河及既有道路，老旧城区地面建筑林立，道路狭窄，道路下管线众多，共涉及一级风险源23处，其中环境风险源13处，自身风险源10处，全长约12.63km。南运河综合管廊位置如图3.1所示。

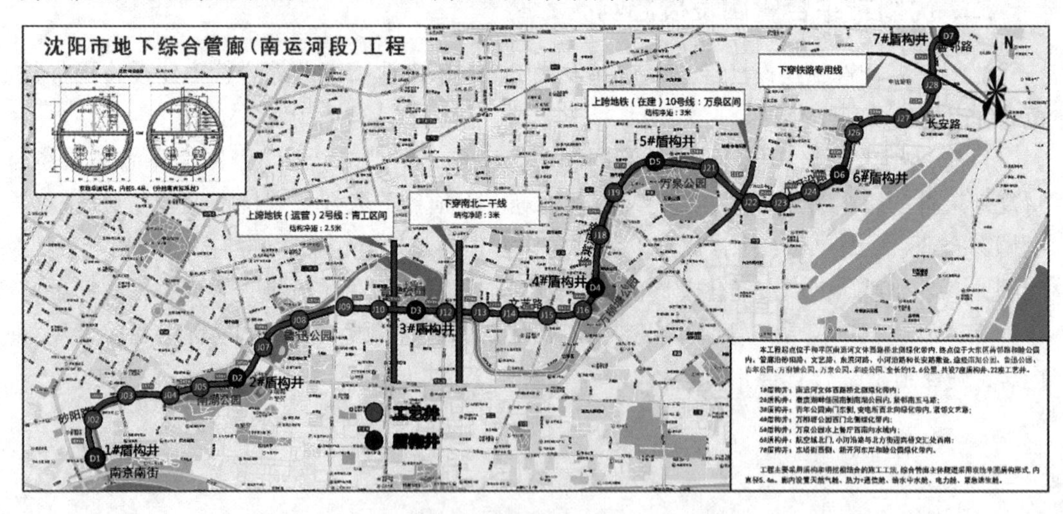

图3.1　南运河综合管廊位置示意图

沈阳市地下综合管廊(南运河段)工程为两个内直径为5.4m的单圆断面，纳入的市政管线种类为：10kV电力电缆24根(设计4排900~1200mm的托架)、通信管道24孔(设计4排500mm的托架)、一根DN1000给水管线、一根DN1000中水管线、两根DN900供热管线、一根DN600天然气管线。

第二节　工程特点

沈阳市地下综合管廊(南运河段)工程盾构区段约占全线的89%，全线上跨既有地铁2号线(运营线)和10号线(运营线)，下穿南北二干线公路隧道，临近18座市政桥梁，侧穿、下穿26处建筑物(其中2处为敏感建筑)，下穿66kV高压电塔及通信塔，下穿人防工程。

综合管廊本体主要采用盾构法施工，本体结构埋深在6~23m，其节点井分别设置有地下3~5层不等，综合管廊标准段分舱布置如图3.2所示。

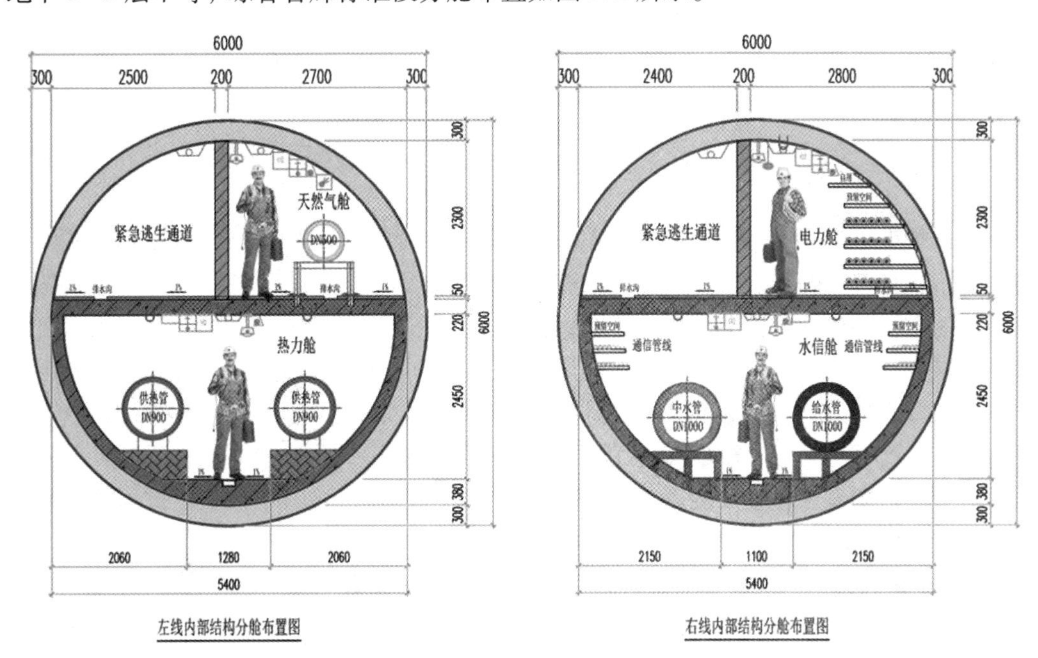

图3.2　综合管廊标准段分舱布置图

根据综合管廊试点城市沈阳市地下综合管廊申报的定线线路，本综合管廊基本位于运河河岸绿地、南运河河道及城市道路下方，道路较窄，两侧建筑物较多、交通流量较大，地下管线较多、河岸绿地树木较多。

沿线部分线段交通改移及管线改迁等也十分困难复杂。

第四章　工程投资

一、总投资及主要组成

沈阳市地下综合管廊(南运河段)工程，初步设计概算总额为288090.50万元，技术经济指标22507.07万元/km。该工程是PPP(政府与社会资本合作)模式下的项目投资，政府约占40%，社会融资约占60%。

二、投资变化主要因素分析

城市地下综合管廊是一个复杂的系统，涉及众多方面，因此在设计、建设、运营中难免会遇到各种各样的风险。PPP模式又被称为公私合营模式，政府与私人组织通过特许权协议建立伙伴式的合作关系，并通过签署合同来明确权利和义务，从而共同提供公共产品与服务。

综合管廊建设项目属于市政综合基础设施建设项目，目前其主要问题是资金的问题，仅仅靠政府财政支持很难实现大规模建设，而PPP模式是近年来政府引入社会资本到社会公共基础设施建设中的新形式，PPP模式的引入为我国的社会基础设施建设发展提供了新机会。

目前，PPP模式是我国新建管廊项目建设与运维的主要方式。因为国内政府相关部门无法支撑城市综合管廊建设的庞大资金压力，导致管廊工程的推进在我国的发展相对滞后，将PPP模式引入到管廊项目建设可以有效地缓解政府的财政压力，但是PPP模式下综合管廊项目参建方比较多，利益相关者在整个项目中的目标是不一样的，加上项目建设投资周期相对比较长，其间的不确定因素范围广，需要对其进行风险因素识别和评价，以确保项目顺利建设。

第二篇　设计篇

第五章　设计理念

沈阳市地下综合管廊(南运河段)工程的设计理念为：创新打造城市智慧管廊及城市高等级防恐、防灾安全管廊，为老城区的发展提供强有力的支持，一次性解决老城区的能源供应保障、设施安全运行等问题。

(1)管廊选在沿线住宅小区和市政管线较密集处，通过建设综合管廊可有效解决“拉链路”式、“纽扣路”式建设，减小敷设和维修底线管线反复开挖路面而对交通和居民出行造成的影响和干扰，同时提高老城区供水、供气、供暖等供应能力和运行安全。

(2)应用智能巡检机器人系统。确保“管廊”内全方位监测、运行信息反馈不间断以及低成本、高效率维护管理效果，减轻运营管理的劳动强度，改善劳动环境，提高生产效率。

(3)设置智能化监控系统。采用以智能化固定监测与移动监测为主、人工定期现场巡视为辅的方式，确保“管廊”全方位受控，低成本、高效率运行；并预留与智慧城市管理平台接口，将数据上传至上一级管理平台。

(4)采用智能先进的GIS系统，可视化显示，智能、直观、准确。

(5)采用全面、可靠的综合智能化安防系统。综合安防系统，包含由视频监控系统、入侵报警系统、出入口控制系统、电子巡查管理系统组成的集成式安防系统，能集成在一个平台下统一管理。

(6)由于沈阳市地下综合管廊(南运河段)工程设计中包含天然气管线，为保障燃气舱安全，在舱室内不仅设有气体浓度探测器，另外正在创新地进行抑爆装置研究，进而提高综合管廊防灾能力及安全等级。

第六章　设计重点及解决方案

第一节　设计重点

一、线路定线

本工程不同于目前大多数新建城市区域的地下综合管廊，这些区域修建管廊的施工工法大部分采用明挖法，而本项目是国家首批试点城市中唯一一个在老城区修建的地下综合管廊，采用以盾构法为主、其他工法为辅进行施工，老城区地面设施复杂、新旧不一。因此，管廊线路的确定是线路定线的重点。

二、结构设计

本工程的线路走向位于城市老城区，沿线老旧建筑聚集、道路宽度狭窄、交通流量大、市政管线众多，施工中交通导改困难、树木移植难度大，管线改移时间长，施工周期受到外部因素影响较大。作为主要施工场地的7座盾构井占地面积大、施工时间长，为确保工期盾构井应尽快进场施工，因此，设计中既要考虑盾构井的特点，也要结合周边的环境，对于盾构井井位的选择成为本工程的重难点设计内容。

同时，由于管廊工程的区位关系，沿线涉及众多风险源，如盾构上跨运营地铁，下穿既有建(构)筑物、人防工程，侧穿市政桥梁等，基坑位于运河河道内，临近高层住宅、重大管线、高压电塔等，这些风险源对于盾构掘进及基坑施工均造成了很大的技术难题，因此也成为本工程的重难点设计内容。

结构设计中，在受到外部环境制约的情况下，改变传统的“先井后盾”的施工顺序，采用“先盾后井”的施工工法；在盾构洞门范围内围护桩采用玻璃纤维筋代替钢筋，利用盾构机自身刀盘磨削桩体自行出洞；在圆形隧道内应用拱墙支撑体系，完成圆形隧道管线分隔舱的需求。这些设计亮点在全线的施工中均发挥了至关重要的作用。

三、工艺与建筑

(1)本工程由于在老城区修建，对节点井的选址是工艺专业的重点，也是难点，根据《城市综合管廊工程技术规范》(GB 50838—2015)相关要求，如果按这个要求全线12.63km需要设置63个节点井，这种设置对老城区是极为困难的，根据全线实地踏勘结果也很难实现。

(2)针对盾构管廊，如采用“先井后盾”工法，需先将所有工艺井施工完，方可进行盾构管廊的施工，如果节点井间距采用200m标准设计，将增加多次盾构机的接收和始发，同时也会对邻近地下构筑物产生较大影响，无形中增加了自身及地下构筑物的风险和工程造价。

(3)对地面附属设施的设计[特别是高出地面的附属设施(如风亭、出入口)如何与城市景观相协调]是本项目建筑专业的设计重点及难点。

四、通风系统

本工程在保证通风系统在满足通风区间需求的前提下需要保障系统运行的安全可靠性，逃生通道通风系统设计是通风专业的重点。

五、供电与照明

本工程穿过多个老城区，地面可用空间有限，各节点井间距很大，且管廊自身的特点是供电距离长，用电设备分散。因此，变电所的选址及确保本项目安全可靠供电是供电与照明设计的重点。

六、监控与报警

确保本工程安全可靠运行，体现城市智慧管廊的设计理念及目标是监控与报警设计的重点。

七、给排水与消防

(1)天然气舱排水。由于天然气舱设置在上层，而且排水不可与别的舱室混合排放，按正常尺寸设置集水坑的话，由于盾构单圆内空间有限，势必会影响下层舱室的空间。本工程从实际情况考虑，将集水坑的深度做浅，仅为500mm深，解决这一问题是给排水专业的难点。

(2)给水及热力管道的检修。由于管道检修放空时水量较大，尤其是供热管道检修放空水温度较高，直接排入管廊内集水坑会产生大量蒸汽，危险性较大。为减小其对节点井内以及相邻舱室的影响，在泄水阀处采用通过管道泵提升至节点井外，并就近排至城市雨水或污水系统。考虑到放空泄水的管道泵仅在管道检修放空时使用，故在库房冷备即可。

(3)电力舱自动灭火系统。根据《城市综合管廊工程技术规范》(GB 50838—2015)第7.1.9条“干线综合管廊中容纳电力电缆的舱室，支线综合管廊中容纳6根及以上电力电缆的舱室应设置自动灭火系统，其他容纳电力电缆的舱室宜设置自动灭火系统”，本工程中，电力舱采用无管网式超细干粉灭火系统，电力舱每50m设一个防护区，每200m防火分隔内设4个防护区，发生火灾时，同一防护区超细干粉灭火装置同时启动；发生在防护区分隔处的火灾，则相邻的两个防护区的超细干粉灭火装置同时启动。

第二节　解决方案

一、结构

(1)根据环境设施的重要性和管廊工程与环境设施的相邻位置关系，对环境风险进行等级划分，并针对不同的环境风险等级进行专项设计。

(2)对于临近建筑物及运河的节点井，首道撑采用混凝土支撑。

(3)对于盾构区间下穿、侧穿建筑物及构筑物的，采用地面注浆加固的方法控制建筑物及构筑物的沉降。

(4)加强盾构施工质量，包括设置试验段，优化盾构推进参数；严格控制盾构推进姿态；确保同步及二次注浆的注浆量及注浆压力；快速拼装管片，减少盾构停留时间；预防盾构非正常停机。

(5)严格要求监控量测。

二、工艺及建筑

(1)设置紧急逃生通道，解决电力舱及天然气舱紧急状态下的逃生问题。考虑到盾构管片不宜频繁开口，本工程管廊分别在天然气舱和电力舱室左侧设置了紧急逃生通道。紧急逃生通道按每平方米 $30m^3/h$ 送风量设置事故工况下的加压送风系统，维持不小于 50Pa 的余压，此时，紧急逃生通道可视为准安全区。为满足管廊规范要求天然气舱和电力舱逃生间距不大于 200m，本工程管廊天然气舱和电力舱每隔 200m 开设向紧急逃生通道的防火门。

(2)每隔 400~600m 设置节点井，便于人员在事故状态下从节点井的逃生楼梯或逃生口撤离到地面。考虑到综合管廊需设置各类口部(人员出入口、逃生口、吊装口、进风口、排风口、管线分支口)，本综合管廊每隔 400~600m 设置节点井，将各类口部进行有机整合，在井内统一实现。在舱室内巡检维修的工作人员遇到事故时，可通过紧急逃生通道横向逃至节点井，再通过逃生楼梯或逃生口竖向逃到地面。

(3)天然气舱在每个节点井处(400~600m)采用耐火极限不低于 3. 0h 的不燃性墙体进行事故分隔。考虑到天然气管发生泄漏时，如果减少天然气舱内的隔断墙，减少天然气舱通风死角，可有利于通风系统良好的气流组织，便于及时排除泄漏气体，故仅在每个节点井处(400~600m)采用耐火极限不低于 3. 0h 的不燃性墙体进行事故分隔。

(4)电力舱每 200m 的防火分隔处设置常开式防火门。每个节点井之间为一个防火区段，常开式防火门平时打开，通过防火区段两端节点井的进排风机房可实现电力舱的平时通风。电力舱室内一旦发生火灾，常开式防火门自动关闭，并且发生火灾的防火区段内的送、排风机停止运行，待确认火灾事故结束后，由专业消防人员开启防火门，并启动事故后通风排烟。

(5)在地面附属设施的设计过程中与规划、园林设计单位进行密切磋商，同时向专业景观设计单位进行设计咨询。多次征求各部门的意见形成既符合城市景观要求又可实施的设计方案。

三、通风

(1)本工程由于地处老城区，每隔200m设置出地面的通风节点井比较困难。按照疏散间隔设置通风单元，每个疏散间隔一端设机械进风机房，另一端设机械排风机房，机房内设双速送、排风机各一台，同时排风机兼事故后排烟风机。平时开启送风机及排风机低速挡通风。电力舱内每个防火分隔处自动常开防火门，平时常开；发生事故时关闭事故段防火门。当管廊中某一个疏散间隔内的电力舱内电缆发生事故时，该防火分区内的送、排风机停止运行，发生事故的疏散间隔内墙上设置的自动常开防火门全部关闭，确保电力舱的密闭。待确认事故结束后，开启发生事故的疏散间隔内墙上设置的全部自动常开防火门，同时开启本疏散间隔的送排风机高速挡进行通风，用以增加电力舱的排风量，此状态为电力舱事故后通风工况，系统以该工况运行30min后或确保有害气体已排出后，控制系统恢复平时通风工况。

(2)本工程为了保证工作人员及时疏散，设置了紧急疏散通道。在舱室内的维修管理人员遇到事故时，由所在舱室通过舱室对紧急疏散通道口部进入疏散通道，再由疏散通道通过楼梯及地面逃生口出地面。紧急疏散通道参照避难层的设计方法，设置机械加压送风系统，送风量按通道净面积每平方米不小于30m^3/h计算。机械加压送风系统按紧急疏散通道的防火分隔设置，相邻的两个紧急疏散通道共用一台加压风机，和疏散通道用带电控阀的防火风口连通。当工作人员从该紧急疏散通道疏散时，打开该段防火分隔对应的加压风机、电动阀及防火风口进行加压送风。在紧急疏散通道内适当位置设置压力传感器，控制加压风机出口处的旁通泄压阀，以保证通道内正压值不大于50Pa。

四、供电与照明

1. 10/0.4kV变配电系统

本工程所有变电所均采用与节点井合建于地下的形式，并且均采用无人值班形式。所有采集的信号均上传至与综合管廊同期建设的综合管廊管理中心。变电所布置图如图6.1所示。

以往的管廊工程多采用箱式变电站或地面变电所的形式，在本工程中变电所均采用了与节点井合建于地下的形式，这样既节省了地上城市空间，也避免了扰动对供电设施的影响。

2. 低压配电系统

本工程由于两个节点井间距过长，最长可达600m，因此在节点井处增加一级配电。这样设置有效地避免了由于距离过远，造成单相接地故障时保护开关不动作的问题。并且配电柜在节点井处便于检修人员对配电设备的集中管理。

3. 防雷、接地及电气安全系统

本工程由于采用盾构法施工，管廊主体是由管片组成的，导致不能在管片上预埋接地线钢板，因此，在管廊内各个舱室通长设置了热镀锌扁钢作为接地用，并在各节点井

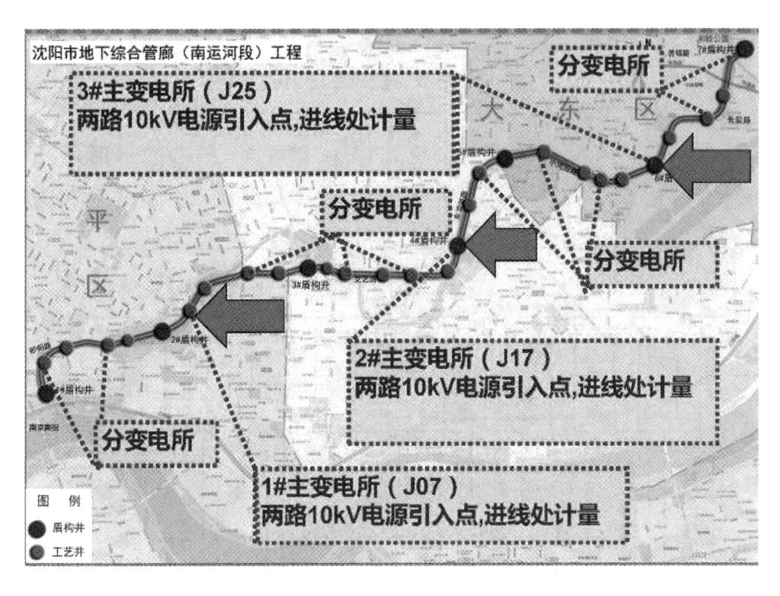

图 6.1　变电所布置图

处设人工接地装置。

五、监控与报警

（1）运用物联网、云计算、大数据技术，提升政府、运营单位及权属单位的管理、服务能力，实现可视化显示，智能、直观、准确。通过大数据挖掘技术来实现对海量数据的存储、计算与分析，可以形成具有更强的决策力、洞察力和流程优化能力的海量、高增长和多样化的数据资产。GIS 系统应用到综合管廊项目上，应具有综合管廊内部各专业管线基础数据管理、图档管理、管线拓扑维护、数据离线维护、维修与改造管理、基础数据共享等功能。随着大数据技术的成熟，可以为政府、运营单位和权属单位提供准确、全方位的综合数据分析及决策支持服务。

（2）综合管廊智能巡检机器人系统。在综合管廊蓬勃发展的大形势下，创造了良好的创新环境。智能巡检机器人系统的研究正符合综合管廊技术的发展，且适合将来管廊巡检实现智能化、高效率、准确性要求的技术新亮点。管廊现代化智能巡检机器人系统，可以确保“管廊”内全方位监测，运行信息反馈不间断和低成本、高效率维护管理效果，减轻劳动强度、改善劳动环境。

（3）综合管廊高效能的城市基础设施管理系统。地下综合管廊内设置的智能化监控系统采用以智能化固定监测与移动监测为主、人工定期现场巡视为辅的方式，确保“管廊”全方位受控，低成本、高效率运行。所有的系统在管理中心构建统一的管理平台，集成软件平台安装在监控服务器上，对子系统进行统一监视、控制和协调，从而构成一个统一的协同工作的整体。从属关系示意如图 6.2 所示。

（4）打造城市高等级防恐、防灾安全管廊。采用全面、可靠的综合智能化安防系统，由视频监控系统、入侵报警系统、出入口控制系统、电子巡查管理系统组成的集成式安防系统，能集成在一个平台下统一管理。

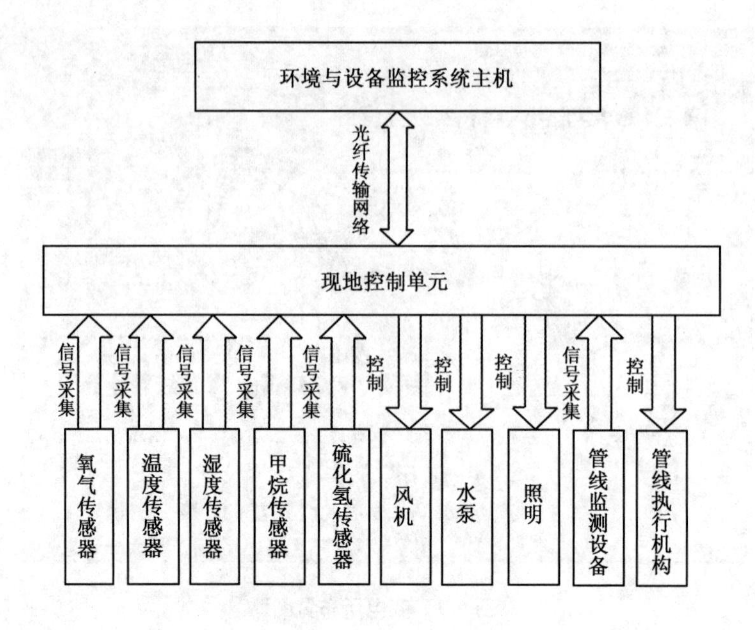

图 6.2 从属关系示意图

由于南运河综合管廊设计中包含天然气管线，为保障天然气舱安全，在舱室内不仅设有气体浓度探测器，重点部位还进行了重点区域防护，进而提高综合管廊防灾能力及安全等级。

六、给排水与消防

(1)天然气舱排水，尽量不要对下层管线有影响，通过市场调研及对相关资料的研究，确定一种使用地下综合管廊天然气舱室的低吸式排水装置替代正常的潜水泵，保证天然气舱集水坑内的水能顺利地排至室外。

(2)本工程电力舱室的消防设计，电力舱采用无管网式超细干粉灭火系统，电力舱每 50m 设一个防护区，每 200m 防火分隔内设 4 个防护区，发生火灾时，同一防护区超细干粉灭火装置同时启动；发生防护区分隔处的火灾，则相邻的两个防护区的超细干粉灭火装置同时启动。

在设计各阶段，分标段分区间进行重点、难点梳理，对需要解决的重点难点问题进行三级审核(专业审核、设计单核、设计院审核)、三级评审论证(专业评审、综合评审、外部专家专题论证)。

第七章　设计标段

管廊工程设计分工：本项目管廊工程分为 3 个设计标段。

(1)一标段：起点南运河文体西路北侧绿化带内至青年公园段工程，长度约 4.58km，以及综合管廊管理中心。

(2)二标段：青年公园至万泉公园段工程，长度约 3.81km。

(3)三标段：万泉公园至终点(善邻路)段工程，长度约 4.24km。

标段分段平面示意图如图 7.1 所示。线路平面示意图如图 7.2 所示。

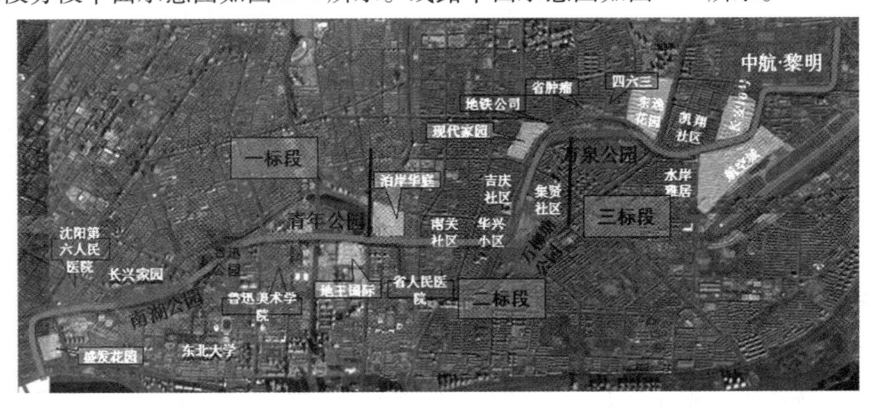

图 7.1　标段分段平面示意图

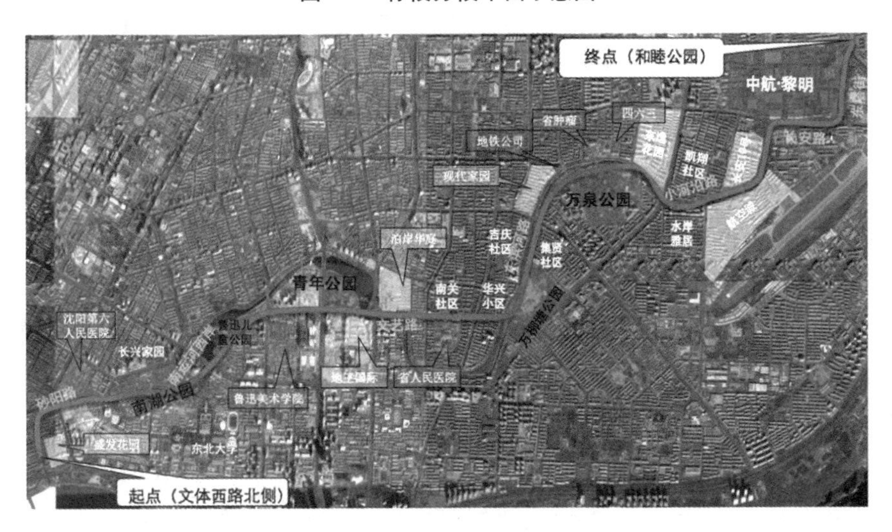

图 7.2　管廊线路平面示意图

第八章　专业设计

本工程的主要设计内容为管廊主体(含管理中心)的建筑、结构、工艺及机电(供电、通风、给排水与消防及监控与报警)的设计。

第一节　线路设计

设计原则：综合管廊规划线路选线；各管线单位的需求位置选线(干线、分支管线)；根据工程现场实施条件进行选线。

平面：线路最小曲线半径，一般情况采用300m，困难情况采用250m；考虑到沿线建(构)筑物、道路宽度等因素，全线以12m线间距设计；结合管廊规范要求，含有天然气管道舱室的线路不允许下穿建筑物；考虑7个盾构井的设置条件。

纵断面：保证管廊最小覆土为6m；纵坡一般情况为2%，困难情况为35%；考虑管廊下穿或上跨沿线地铁、南北二干线、电塔、水域、桥梁等风险源。

第二节　工艺设计

一、综合管廊平面设计

(1)干线综合管廊平面上分为左线、右线，为满足周边各市政管线运行的能源需求，与外部市政管线连接采用在节点井顶部设置出线小室或外侧设置接驳竖井的方式，均不在地面设置检查井盖。

(2)全线共设计29座节点井，包含20座工艺井、1座逃生井(单一功能)、1座出线井(单一功能)及7座盾构井。相邻两座节点井间距不超过600m。利用盾构井和工艺节点井，将人员出入口、紧急逃生通道出入口、吊装口、进风口、排风口、管线分支口、与市政管线接驳口及地下变电所进行有机整合，在井内统一实现。

(3)电力舱室设置防火分隔，长度不大于200m，全线共设计划分76个防火分隔。其中，一标段25个，二标段24个，三标段27个。

(4)天然气舱设置事故分隔，长度不大于800m，全线共设计划分26个事故分隔。其中，一标段9个，二标段8个，三标段9个。

(5)共设置3个地下主变电所，10个地下分变电所。主变电所每标段各1处，分别布置在一标段内J07节点井、二标段内J17节点井、三标段内J25节点井；分变电所，一标段3处、二标段3处、三标段4处。

综合管廊总体平面图如图8.1所示。

图8.1　综合管廊总体平面布置图

二、综合管廊标准断面

1. 舱室布置

干线综合管廊主要收容电力(10kV)、通信、给水、中水、供热、天然气共6种管线，并保留了部分增容空间。干线综合管廊标准段采用盾构施工工法，断面是两个直径(D)为5.4m的单圆。每个单圆结构内均分为三个舱，其中左线为：管线二层为热力，管线一层为天然气舱及其专用的紧急逃生通道；右线为：管线二层为水舱+通信舱，管线一层为电力舱及其专用的紧急逃生通道(由小里程向大里程方向的左侧管廊空间为左线，右侧为右线。如图3.2所示)。

2. 紧急逃生通道设置

由于电力舱、天然气舱的逃生口间距均不宜大于200m，而本工程干线综合管廊建设在老(旧)城区内，现场实地踏勘及地下构筑物风险分析确定的定线，很难满足前述的地面开口要求，同时由于结构采用盾构工法，为避免在管片上频繁开口造成综合管廊出现结构风险源，同时为降低整个管廊的建设造价，因此，在管廊空间内分别设置电力舱、天然气舱的专用紧急逃生通道，且均设置机械加压送风系统，用于人员安全通行至室外出口的室内安全区域，到达逃生通道即认为已到达安全出口。

三、综合管廊纵断面

设计综合管廊的最小坡度不小于0.2%，纵向斜坡超过10%时，应在人员通道部位设防滑地坪或台阶；综合管廊的埋设受结构施工工法及上部直埋管线埋深的控制；综合管廊与地铁交叉时，首先考虑使地铁隧道在深层，并合理布置交叉口处的设计；与其他地下构筑物交叉时，充分沟通、统筹协调；综合管廊纵段设计时，考虑为道路直埋管线的穿越留有空间。在进行平纵面组合设计时，力求使环道和管廊与地形、地物、景观和视觉相协调，保证行车安全、舒适，使平纵指标均衡、协调，满足管线的连接、检修、维护、更换的要求，尽量避免出现各种不良线形搭配和组合。

四、综合管廊节点设计

除标准断面外，在干线综合管廊设置节点井，将逃生口、逃生通道出入口、人员出入口、吊装口、通风口、分支口功能整合在节点井内。其中人员出入口、逃生通道出入口和通风口因露出地面，因此与城市道路、景观系统相结合。

1. 逃生口

电力舱、天然气舱：逃生口间距不宜大于200m；水舱、热力+通信舱：逃生口间距不大于600m。

2. 逃生通道出入口和人员出入口

逃生通道出入口间距不大于600m，尺寸不应小于1m×1m；每个标段共设两处人员出入口，兼做逃生通道出入口。

3. 吊装口

在地面设总吊装口，间距不大于800m，净尺寸应满足管线、设备的最小允许限界要求；每个标段共设不少于两处出地面的总吊装口，其他均采用地埋式。

4. 通风口

干线综合管廊采用机械进风、机械排风的通风体系。通过节点井将全线干线管廊分为29段，在每段两端节点井处分别布置排风口和进风口，相邻两段的进、排风井及风亭合建；天然气舱室的排风口与其他舱室排风口、进风口、人员出入口以及周边建(构)筑物口部距离不应小于10m。天然气管道舱室的各类孔口不得与其他舱室连通，并应设置明显的安全警示标识。

5. 分支口

满足入廊管线公司提供的进出线需求；每个节点井均预留管线接驳口：在保证现状管线埋设深度要求时，可采用节点井顶部设置出线小室的方式。另外，可采用在节点井外侧设置出线竖井的方式。

第三节　建筑设计

一、设计范围

设计内容包括：综合管廊节点井及盾构井内的通风井、逃生口、逃生楼梯、吊装口、变电所、各舱室的进排风机房及管廊综合管理中心等。

二、消防设计

1. 火灾危险性分类及说明

火灾的危险性分类及说明见表8.1。

表8.1　本工程各舱室火灾危险性分类

<table>
<tr><th colspan="2">舱室内容纳管线种类</th><th>舱室火灾危险性类别</th></tr>
<tr><td colspan="2">天然气管道</td><td>甲</td></tr>
<tr><td colspan="2">阻燃电力电缆</td><td>丙</td></tr>
<tr><td colspan="2">通信线缆</td><td>丙</td></tr>
<tr><td colspan="2">供热管道</td><td>丙</td></tr>
<tr><td rowspan="2">给水管道、中水管道</td><td>塑料管等难燃管材</td><td>丁</td></tr>
<tr><td>钢管、球墨铸铁管等不燃管材</td><td>戊</td></tr>
</table>

注：当舱室内含有两类及以上管线时，舱室火灾危险性类别应按火灾危险性较大的确定。

2. 本工程各个舱室事故工况逃生说明

(1)天然气舱室：当天然气舱室某一区段发生泄漏且浓度超标时，开启对应区段的事故风机进行稀释通风，同时开启对应区段的应急逃生通道的正压送风设备，人员逃至应急通道，通过工井内应急通道的楼梯逃至地面安全区域。

(2)电力舱室：当电力舱室某一防火区段发生火灾时，密闭该区段，使电缆因为缺氧而窒息灭火，同时开启对应区段应急逃生通道的正压送风设备，人员逃至应急通道，通过工井内应急通道的楼梯逃至地面安全区域。待火灾熄灭后，开启对应区段的事故风机进行排烟。

(3)供热、给水、中水舱室不考虑发生火灾的情况。

3. 综合管廊消防设计

建筑耐火等级为一级，墙体、楼板、柱、梁、屋顶承重构件、逃生楼梯及吊顶均应满足相应耐火等级所规定的耐火极限要求；与天然气舱贴邻的墙体、楼板，必须满足密封要求；电力舱应每隔200m，采用耐火极限不低于3.0h的不燃墙体进行防火分隔。防火分隔处的门应采用甲级防火门，管线穿越防火隔断部位应采用阻火包等防火封堵措施进行严密封堵。天然气舱每400~800m设事故分隔。

4. 综合管廊装修做法

选择的装修材料应具有不燃、无毒、放射性指标满足国家环保要求、经济、耐久、便于设备管理和清洗的性能，地面材料应防滑、耐磨、耐腐蚀。装修材料种类不宜繁多，构造应尽量统一，并考虑好防震措施以利于今后维修保养。应在满足工艺要求的前提下尽量简化、实用。天然气管道舱地面应采用撞击时不产生火花的材料。

5. 墙体材料

内隔墙采用200厚加气混凝土砌块，内墙装修为A级不燃涂料。建筑装修材料及结构构件按一级耐火等级要求设计选用；防火分区均以防火墙及甲级防火门作为防火分隔。分隔墙砌至梁底或板底。装修做法见表8.2。

表8.2　装修做法表

主管廊	细石混凝土楼面(50厚)	模板接缝处毛刺磨平，清理墙面油污，表面平整光洁	同左		
排风/进风机房	细石混凝土楼面(50厚)	刮腻子喷涂墙面	刮腻子喷涂墙面	水泥抹面120高	刮腻子喷涂顶棚
舱室、走道、变电所	细石混凝土楼面(50厚)	水性耐擦洗涂料墙面	水性耐擦洗涂料墙面	水泥抹面120高	刮腻子喷涂顶棚
逃生楼梯	细石混凝土楼面(50厚)	水性耐擦洗涂料墙面	水性耐擦洗涂料墙面	水泥抹面120高	刮腻子喷涂顶棚

6. 门窗

综合管廊在防火分区处设置甲级防火门，逃生口处设置甲级防火门及满足一级耐火等级要求的隔墙与其余部分隔开，设置变电所楼层的楼梯间设置甲级防火门与其余部位隔开，在地面排风亭处设置防风防水铝合金百叶。

7. 楼爬梯

在地下一层疏散口处设置钢爬梯通往地面层，在节点井/盾构井管线二层至管廊处设置楼梯，在设有变电所的节点井内设置通往地面层的楼梯。此外，在部分盾构井内设置通往地面层的楼梯。楼梯尺寸见表8.3。

表8.3　楼梯尺寸表

类型	宽度	洞口尺寸	数量
钢爬梯	400mm	1000mm×1000mm	46个

8. 人孔位置

在地下一层至地面层的疏散口设人孔。人孔尺寸1000mm×1000mm。

9. 排水沟、坡度等

(1)在主管廊层各舱分别设置排水沟，坡度与地面道路同坡，不小于3%；每个防火分区最低点设置集水坑。

(2)在小内环支线管廊设置排水沟，坡度与地下道路同坡，不小于3%；小内环支线管廊为独立防火分区，最低点设置集水坑。

10. 地面附属设施设计

(1)设计原则。

① 风亭设计原则。所有进风亭风口底距地均为0.5m；天然气舱排风亭排风口底距

地不小于2.0m；其他舱室排风亭排风口如果不对行人，风口底距地均为0.5m，排风口对行人风口底距地不小于2.0m；天然气风亭距离其他风亭最小间距10m。如图8.2所示。

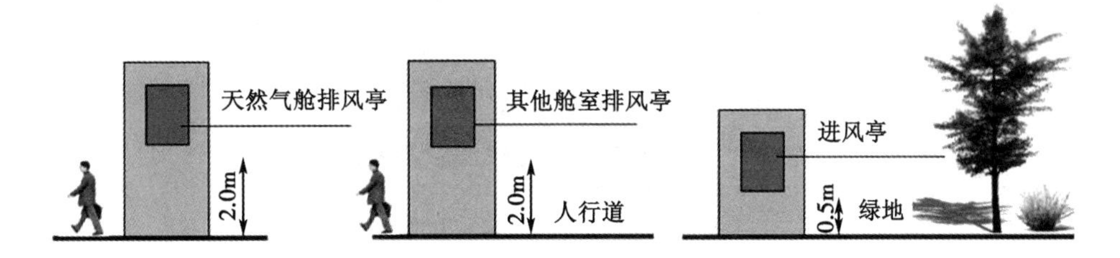

图8.2 风亭设计原则示意图

② 人员出入口及逃生口设计原则。用地条件紧张区位采用高出地面300mm液压井盖形式的逃生口；人员出入口宜与逃生口、吊装口、进风口结合设置，并且兼顾方便携带检修器械进入管廊的空间条件。在地面条件比较富裕的公园或绿地内可以采用楼梯的方式，外立面材质及造型需要与周围环境相结合。

③ 吊装口设计原则。盾构井处吊装口高出地面500mm，与周围景观相结合设计；其他节点井采用地面下覆土500mm的形式。

（2）优化设计。

① 吊装口、液压井盖由设计总体提供标准化图纸，实现全线统一，可以采用涂真石漆方法与周围环境融合。

② 减小人员出入口的尺寸，全线原设计8个人员出入口，经过优化设计后，仅保留其中3个与主变电所连接的楼梯间，从而方便检修人员带入维修器材，其他均降低高度至1800mm，变成半高人员出入口，降低对周围环境的影响。

③ 通过加大风机速度，减小风亭百叶的尺寸，同时，结合充满艺术感的表皮设计，将原本呆板的风亭进行美化处理，这样可以将天然气舱排风亭排风口、排风口对行人风口底距地不小于2.0m的要求均降到距地0.5m。

在风亭外增加装饰设计，不但可以将原本呆板的造型丰富化、活跃化，同时利用其与风亭中间至少250mm的空隙，促使排风上行，减少对周围行人的不良影响。与此同时，鉴于南运河段综合管廊出室外构筑物所处的位置基本是使用人群较多的公园、绿地、护坡、人行路等，注重风亭外表皮及造型设计，可以促进人与环境的互动及交流。富有内涵的标识、颜色、造型都是引领人们积极向上的精神力量。如图8.3所示。

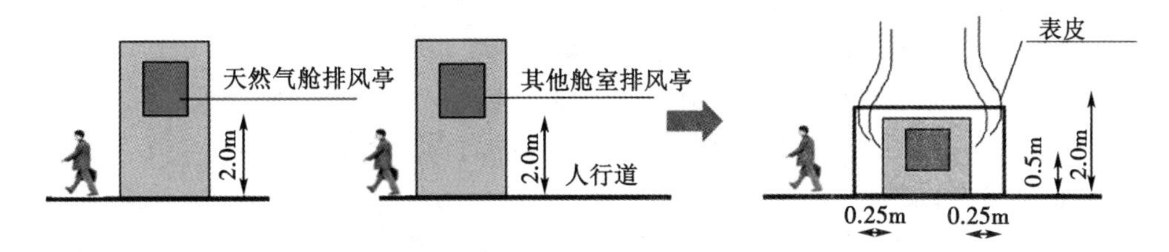

图8.3 风亭优化设计示意图

① 控制室外构筑物的尺寸，保证最大限度地模数化、简化板材尺寸，保证施工安装方便。

② 将室外构筑物纳入夜景照明的一部分，利用不同灯源及编程实现小区域的城市亮化。

③ 出室外构筑物所处位置类别划分见表 8.4。

表 8.4　出室外构筑物所处位置类别划分表

分类	位置	设计位置	地块特点	恢复	数量
第一类	绿地区域	J01、J04、J08、J11、J13、J17、J18、J19、J22、J23、J25、J27、J28	宽敞、绿化葱郁	恢复绿地	13
第二类	公园广场、绿化区域	J06、J12、J29	宽敞、绿化葱郁	运动场地	3
第三类	护坡区域	J02、J03、J05、J07、J16、J20、J21、J24、J26	宽敞、绿化葱郁	恢复护坡	9
第四类	市政分车带绿化区域	J09、J10、J14、J15	地块局促，对城市空间影响大	恢复分车带绿化	4

将 29 个节点井所处位置特征进行归类，总结出以上四类区域特征。并且，分别挑选四个类型中比较有代表性的 J03、J06、J10、J15、J19、J21、J29 节点井着重进行出室外构筑物的外立面设计分析。

第四节　结构设计

一、设计原则

(1)结构设计应根据沿线不同地段的工程水文地质条件及城市总体规划要求，结合周围地面建筑物和构筑物、管线及道路交通状况，通过对技术、经济、环保及使用功能等方面的综合比较，本着结构安全可靠、经济合理的原则选择施工方法和结构型式。

(2)结构设计以线路平、纵剖面图，建筑及其他设备等相关专业的要求作为设计输入和设计目标，以工程地质勘察报告为参考，在满足相关规范规定的条件下进行工作。

(3)结构设计应满足施工、运营、城市规划、防水、防腐、抗震的有关要求。

(4)结构设计应采取有效措施，满足规范规定的耐久性要求。应保证结构在施工及使用期间具有足够的强度、刚度和稳定性，并满足抗倾覆、滑移、漂浮、渗流、疲劳、变形、抗裂的验算条件。

(5)结构设计应减少施工中和建成后对环境造成的不利影响，考虑城市规划引起周围环境的改变对结构的作用。

(6)结构设计应根据结构或构件类型、使用条件及荷载特性等，选用与其特点相同或相近的结构设计规范和设计方法。

（7）结构设计应以地质勘察资料为依据，按不同设计阶段的任务和目的确定工程勘察的内容和范围；考虑不同施工方法对地质勘探的特殊要求，通过施工中对地层的观察和监测反馈进行验证。

（8）结构设计应采用信息化设计法，建立严格的监控量测制度。监控量测的目的、内容和技术要求，应根据施工方法、结构型式、周围环境等综合分析确定。

（9）结构的净空尺寸应满足管线安装和运营维护的要求。

（10）钢结构及钢连接件应进行防腐、防锈处理。

（11）结构所有的受力构件，应满足现行的《建筑设计防火规范》（GB 50016—2014）的有关规定。

（12）结构设计中应严格控制基坑开挖施工中引起的地面沉降量。应对由于土体位移可能引起的周围建筑、构筑物、地下管线产生的危害加以预测，并提出安全、经济、技术合理的支护措施，防止过量的地面变形对周围建筑和市政管线造成危害。地面变形允许数值应根据管廊沿线不同地段的地面建筑及地下构筑物的实际情况，参照相关规范规程及类似工程的实践经验确定。

（13）结构穿越建（构）筑物基础时，对建（构）筑物允许产生的沉降量和次应力，应依据不同建（构）筑物按有关规程、规范及要求予以验算。并根据验算结果及类似工程的实践经验采用可靠的技术方案以确保建（构）筑物正常使用不受影响。

（14）盾构法和矿山法施工的平行区间距离较近时，考虑施工期间的相互影响，并根据地质条件、盾构区间断面尺寸、埋置深度，选择合理的施工方法和施工顺序，采取适当的安全措施。

（15）结构防水应满足有关地下工程防水技术规范的规定。

（16）地下结构设计应充分考虑地震力的影响。

（17）当结构位于液化地层时，应考虑地震可能对地层产生的不利影响，并根据结构和地层情况采取相应的技术措施。

（18）选择合理的施工方法和施工工序，尽量降低施工难度，简化施工工序，结构构件应力求简单、施工简便、经济合理，尽量减少对周边环境的影响，同时要尽量缩短工期。

（19）为保证施工工期，应充分考虑冬季施工的特点和要求。

（20）地下管廊结构不考虑人防功能要求。

二、设计标准

（1）管廊结构的设计使用年限为 100 年，相应结构可靠度理论的设计基准期均采用 50 年。

（2）管廊主体结构按永久结构设计，安全等级为一级，相应的结构构件重要性系数 γ_0取 1.1；在地震荷载组合下，相应的结构构件重要性系数 γ_0取 1.0。

（3）管廊结构的地震作用应符合 7 度抗震设防烈度的要求，主体结构的抗震设防分类为乙类，结构框架的抗震等级为三级。

（4）地下结构中露天或与无侵蚀性的水或土壤直接接触的迎土面混凝土构件的环境

类别为二类，非迎土面及内部混凝土构件的环境类别为一类，两者均视为一般环境条件。

（5）结构构件按荷载效应准永久组合并考虑长期作用的影响进行结构构件裂缝验算。二类环境混凝土构件的裂缝宽度（迎土面）应不大于0.2mm，一类环境混凝土构件（非迎土面及内部混凝土构件）的裂缝宽度均应不大于0.3mm，预制混凝土管片内外侧的裂缝宽度应不大于0.2mm。当计及地震或其他偶然荷载作用时，可不验算结构的裂缝宽度。

（6）结构设计应按抗浮设防水位进行抗浮稳定验算。在不考虑围护桩侧壁摩阻力时，其抗浮安全系数不得小于1.05。当适当考虑围护结构侧壁摩阻力时，其抗浮安全系数不得小于1.15。当结构的抗浮不能满足要求时，应采取相应工程措施。

（7）所有迎土结构采用防水混凝土，迎土结构埋深<20m时，抗渗等级≥P8；迎土结构埋深≥20m时，抗渗等级≥P10。其他部位（楼梯、楼板等）采用普通混凝土。

（8）结构中主要构件的耐火等级为一级。

（9）当地下结构处于侵蚀地段时，应采取抗侵蚀措施，混凝土抗侵蚀系数不得低于0.8。

（10）中隔板、中隔墙应按永久结构设计，并满足承载力和耐火设计要求，天然气舱中隔板和中隔墙同时应满足气体密闭性要求。

（11）盾构管廊与明挖节点井接头处应满足二级防水要求。

三、工程材料

（1）混凝土的原材料和配比、最低强度等级、最大水灰比和每立方米混凝土的水泥用量、外加剂的性能及掺加量等应符合耐久性要求，同时要满足抗裂、抗渗、抗冻和抗侵蚀的需要。一般环境条件下混凝土强度按不低于表8.5所列的数值选用。混凝土强度设计等级见表8.5。

表8.5　混凝土强度设计等级表

	施工方法	部位		混凝土标号	抗渗标号
地下结构	明挖法	模筑混凝土结构	顶板、底板、边墙	C40	P8（P10）
			管廊内部结构、楼板、楼梯等	≥C35	
			混凝土柱	C50	
		灌注桩		C30	—
		喷射混凝土		C25	—
		素混凝土垫层		C15	—
	矿山法	喷射混凝土初衬		C25	—
		现浇混凝土或模注钢筋混凝土二衬		C40	P8（P10）
		钢管混凝土柱		≥C40	—
	盾构法	装配式钢筋混凝土管片		≥C50	P10

注：① 当采用水下或泥浆下灌注混凝土时，施工配合比应提高一级混凝土强度等级。② 当采用单层地下连续墙作为永久结构时，对在稳定液泥浆中浇注的混凝土耐久性应作充分论证。③ 凡与岩土层接触的顶板、边墙、底板均最低采用C40，考虑到楼板可采用C35，但楼板与边墙交界处需要用同一种混凝土浇注，建议采用C40；楼梯建议采用C35。④ 围护结构兼作抗浮桩等永久结构时，混凝土等级可采用C35。

(2)普通钢筋宜采用HPB300级和HRB400级钢筋，焊条采用E4303、E5003。预应力钢筋宜采用预应力钢绞线、钢丝，也可采用热处理钢筋。

(3)当盾构下穿部位与围护桩标高矛盾时，下穿部位可采用玻璃纤维筋(GFRP)，但材料的性能应通过必要的调研、论证及现场试验验证并报请建设主管部门批准后，方可应用。

(4)盾构区间钢筋混凝土管片连接螺栓的机械性能等级应满足结构受力要求，一般可采用5.6级，特殊情况也可采用8.8级。对螺纹紧固件表面应进行防腐蚀处理，以满足其使用寿命要求。

四、结构计算

1. 地下结构设计的荷载类型

结构设计时应根据结构类型，按照结构整体和结构构件可能出现的最不利工况进行组合，按照相应设计规范，确定组合系数并进行计算。决定荷载的数值时，应考虑施工和使用过程中发生的变化。地下结构荷载分类见表8.6。

表8.6　地下结构荷载分类表

荷载类型		荷载名称
永久荷载		结构自重
		地层压力
		结构上部和破坏棱体范围内的设施及建筑物压力
		水压力及浮力
		混凝土收缩及徐变作用
		预加应力
		管线、设备荷载
		设备基础、建筑做法、建筑隔墙等引起的结构附加荷载
		地基下沉影响力
可变荷载	基本可变荷载	地面车辆荷载及其冲击力
		地面车辆荷载引起的侧向土压力
		人群荷载
		管线、设备安装及检修荷载
	其他可变荷载	温度变化影响力
		施工荷载
		有压管线轴向推力
偶然荷载		地震荷载

注：① 盾构区间上部和破坏棱体范围内的设施及建筑物压力应考虑现状及以后的变化情况，凡规划明确的，应依其荷载设计；凡不明确的，应在设计中给出具体的规定。② 设计中要求考虑的其他荷载，可根据其性质分别列入上述三类荷载中。③ 表中所列荷载本节未加说明者，可按国家有关规范或根据实际情况确定。④ 截面厚度大的结构、超长结构或叠合结构应考虑混凝土收缩的影响。⑤ 施工荷载包括：设备运输及吊装荷载、施工机具及人群荷载、施工堆载、相邻区间施工的影响、盾构法或顶进法施工的千斤顶顶力及压浆荷载等。

2. 荷载计算

(1)结构自重。结构自重指结构自身重量产生的沿各构件轴线均匀分布的竖向荷载。钢筋混凝土取25kN/m³，素混凝土取22kN/m³，钢结构取78.5kN/m³，其他材料按现行《建筑结构荷载规范》(GB 50009—2012)附录A取值。

(2)地层压力。地层压力应根据结构所处工程地质和水文地质条件、埋置深度、结构型式及其工作条件、施工方法和相邻区间间距等因素，结合已有的试验、测试和研究资料，按有关公式确定，包括竖向压力和水平压力。

① 竖向压力：明挖结构、浅埋暗结构以及浅埋盾构结构，一般按计算截面以上全部土柱重量考虑，深埋结构按泰沙基公式或其他经验公式计算。

② 水平压力：根据结构受力过程中墙体位移与地层间的相互关系，可分别按主动土压力、静止土压力或被动土压力计算。施工期间围护结构的主动土压力宜按朗金公式的主动土压力计算，在对支护结构横撑施加预应力或采用逆做法施工时，宜根据结构的变位取静止土压力或介于静止土压力与主动土压力之间的经验值。在使用阶段，结构承受的水平力宜按主动土压力和静止土压力对结构产生的不利工况进行计算。设计采用的侧向水、土压力，在施工阶段对于黏性土地层及坑(洞)内外同时进行降水的砂性地层可采用水土合算，对于仅在坑(洞)内进行降水、坑(洞)外做止水帷幕的砂性地层可采用水土分算；在使用阶段，要考虑水对结构的长期效应，应采用水土分算。计算中应计及地面荷载和邻近建筑物以及施工机械等引起的附加水平侧压力。

(3)结构上部和受影响范围内的设施及建筑物压力。在计算结构上部和受影响范围内的设施和建筑物压力时，对已有或已经批准待建的建筑物压力在结构设计中均应考虑。但对于暗挖结构，当盾构区间顶部覆土厚度足以形成天然卸载拱时，该项可不予考虑。

(4)水压力及浮力。结构计算中应计及地下水压力及其产生的浮力影响。对于结构整体，应根据施工阶段和使用阶段地下水位的最不利情况，计算水压力和浮力的大小，使用阶段的地下水位应根据勘探部门提出的设防水位或沈阳地区规划的地下水回灌水位确定。竖向的水压力取为均布荷载。作用在结构顶部的水压力等于作用在其顶点的静水压力值，作用于底部的水压力等于作用在结构最低点的静水压力值，竖向顶、底部水压力的差值为结构底部所受的浮力。水平方向的水压力取为梯形分布荷载，其值等于静水压力。

(5)设备荷载。设备荷载是指各机电设备系统设备的荷载，如通风系统等。设备荷载的计算，应根据设备的布置情况、实际重量、动力影响、安装运输路径等确定荷载值大小和范围。设备用房区荷载包括设备用房荷载和设备荷载。设备用房荷载应根据设备用房隔墙布置、墙体高度及墙体结构型式确定其大小和范围。设备用房区荷载需根据设备实际布置、墙体实际布置、墙体高度及墙体结构型式计取荷载标。

(6)结构附加荷载。指由设备基础、建筑面层、设备管线、建筑隔墙等引起的结构附加荷载。

(7)地面车辆荷载及其冲击力。在道路下方的结构，覆土厚度小于1.5m时，应根据道路通行要求，按现行《公路桥涵设计通用规范》(JTG D60—2015)计及地面车辆荷载及其最不利排列布置；当覆土厚度大于1.5m时，地面车辆荷载可按20kPa的均布荷载取值，且不计冲击力的影响。

(8)地面车辆荷载引起的侧向土压力。一般按20kPa计算，但覆土较浅时应按实际情况考虑扩散后作用在地下结构侧向的作用力。盾构井周边考虑盾构吊装时，如无特殊要求，可按照30kPa计算荷载。

(9)楼板上人群活荷载按3.5kPa计算，通风机房等设备区活荷载按8kPa计算，楼梯活荷载按3.5kPa计算；楼板上管线及支座荷载按实际情况计算，并应考虑安装、更换时的荷载集中效应。

(10)施工荷载：结构设计中应考虑下列施工荷载之一或可能发生的几种情况的组合。

① 设备运输及吊装荷载。

② 施工机具荷载，一般不小于10kPa。

③ 地面堆载、材料堆载一般不超过20kPa，盾构井处不得超过30kPa。

④ 暗挖法施工时相邻盾构区间前后开挖的影响。

⑤ 盾构过中间井的设备荷载。

(11)地震荷载：抗震设防烈度为7度，根据沈阳市地震局审批办《关于沈阳市地下综合管廊(南运河段)工程地震设防要求情况说明》，本工程不在《需开展地震安全性评价确定抗震设防要求的建设工程目录》范围内的，为一般建设工程，应根据《中国地震动参数区划图》(GB 18306—2001)进行设防，即加速度峰值为0.1g，特征周期为0.35s。地震荷载及计算方法按现行《建筑抗震设计规范》(GB 50011—2010)(2016年版)要求确定。

五、结构设计

1. 盾构节点井设计

(1)全线盾构井工程概况。本工程全长约12.63km，考虑到盾构的施工能力，共设置7座盾构节点井，共6段盾构区段，间距约2.1km，在两座盾构井之间设置工艺节点井(间距400~600m)，中部工艺节点井可兼做盾构检修井。

(2)盾构井长度选择。

① 本工程盾构井特点。本工程盾构井作为盾构始发、接收使用，同时兼做管廊逃生、通风、出支线的工艺节点井使用，盾构井尺寸应同时满足工艺节点井最小尺寸(不小于21m)和盾构始发、接收(不小于14.5m)的要求。

② 盾构始发方案。盾构机始发模式分为两种：一种为整体始发，当盾构井足够大时，可将盾构机盾体与后配套台车一起吊入始发端，连成整体一起始发掘进；另一种为分体始发，当盾构始发施工场地盾构井较小时，将盾构机盾体与一部分主要的后配套台车吊入到始发端，另一部分台车安装在地面上，在盾构隧道达到足够能使所有的后配套台车放入的长度后，再按整体始发的模式进行第二次始发。

③ 由于本综合管廊采用盾构法施工，经过对市场主要盾构机尺寸的调研，结果如表8.7所示。

表 8.7　市场主要盾构机供货商主机及整机长度统计(管片外径 6m)

序号	盾构制造商	开挖直径/m	主机长度/m	整机长度/m	用途	备注
1	北方重工	6.28	9.08	76.67	城市地铁	中国
2	中铁工程装备	6.28	9.134	80	城市地铁	中国
3	铁建重工	6.41	~	84	城市地铁	中国
4	海瑞克	6.28	8.5	80	城市地铁	德国
5	罗宾斯	6.29	9.48	89	城市地铁	美国
6	川崎重工	6.26	9	76.7	城市地铁	日本
7	三菱重工	6.26	9.58	86.98	城市地铁	日本
8	小松	6.26	9.41	76.2	城市地铁	日本
9	石川岛播磨重工	6.17	9.6	76	城市地铁	日本
10	日立造船	6.18	8.64	74.1	城市地铁	日本

注：以上主机长度均不含螺旋机和盾尾平台长度(日本系列)，相关数据来自已建成地铁实际技术方案统计。

从表8.7可以看出，盾构井尺寸从50~130m均能够实现盾构始发。盾构井长度大于130m时可以实现整体始发，小于130m时需采取分体始发，但分体始发盾构井长度不应小于50 m(井内必须放下整个电瓶车编组)。

④ 调研成果初步结论。盾构井长度越短，始发越复杂；盾构井越长，土建费用越高。整体始发施工效率高，不需要额外的措施费用，但盾构井长度大，土建费用高；分体始发反之。由于分体始发的难度与盾构井长度、工期等关系密切，因此，结合本工程具体情况及调研结果，经分析、比较后初步得出以下结论。

采用50m长盾构井分体始发土建造价比整体始发约节省3000万元，工期长约2个月。考虑到整体始发造价较高，且现场设置130m整体始发井较困难，另外盾构井兼做节点井，应同时满足盾构作业和管廊工艺井最小尺寸(不小于21m)的功能要求，避免地下空间浪费，因此，推荐采用盾构井长50m的盾构分体始发方案。

(3)盾构井井位选择。根据本工程线路走向，对于盾构井井位选择应遵循以下原则：

① 井位施工场地大小应满足盾构井围护结构及主体结构施工、盾构始发作业和接收作业的要求；

② 盾构井应尽量避开城市路口和宽度较小且交通繁忙的城市道路；

③ 盾构井应尽量避开城市路下大型给水、污水、燃气、供热、高压电力等重要市政管线；

④ 盾构井应尽量靠近城市道路，便于施工车辆进出场地和材料运输。

遵循以上原则，本工程盾构井分别位于城市空地、沿河绿化带、公园及河道内，最大限度地减小了对城市交通及管线的影响，同时满足了施工作业的需求。

(4)盾构井结构设计。本工程盾构井主要在市政绿地及公园内，所以均采用明挖法施工、坑外降水方案，围护结构采用钻孔灌注桩加内支撑支护体系，明挖法施工桩间土设置挂网喷混凝土保护，为减小围护结构的受力变形，对钢支撑预加轴向力。

盾构井主体结构采用全现浇钢筋混凝土箱形框架体系，顶板覆土 3.5~4.0m，底板埋深 15.5~21.5m，全外包防水做法，两端设置盾构始发井及盾构接收井。如图 8.4 和图 8.5 所示。

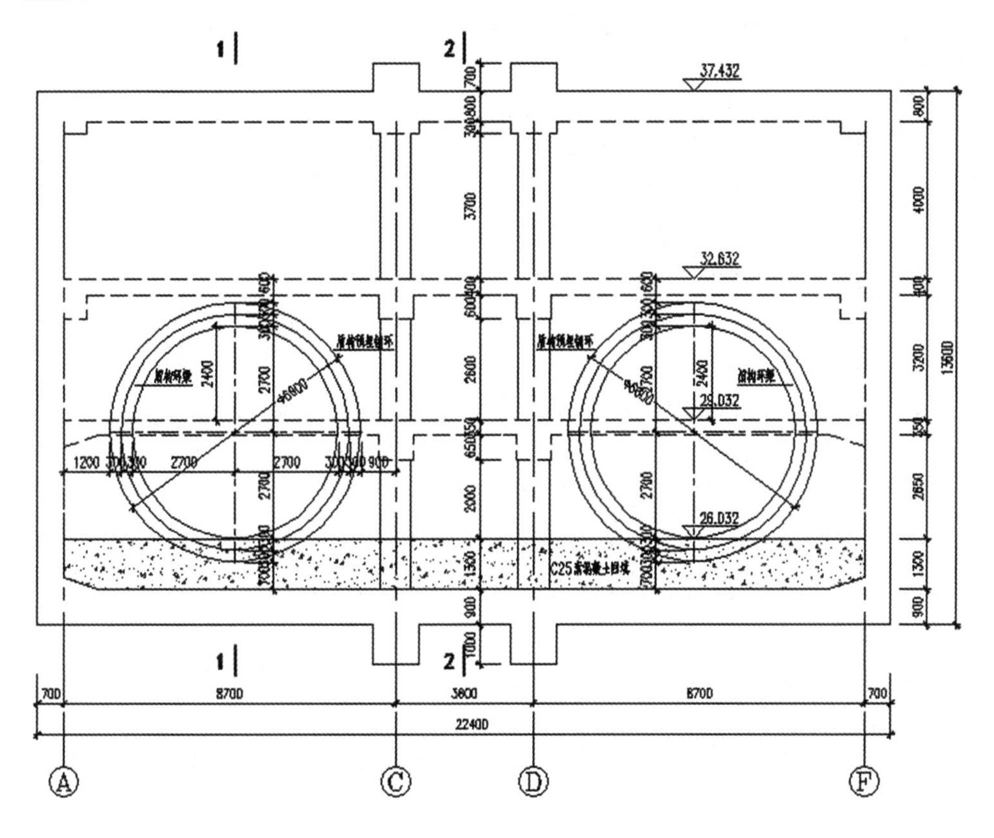

图 8.4　盾构井结构型式

2. 工艺节点井设计

(1)全线工艺井工程概况。管廊节点井结构主要包括盾构井及工艺井，利用盾构井和工艺井，将人员出入口、紧急逃生通道出入口、吊装口、进风口、排风口、管线分支口、与市政管线接驳口及地下变电所进行有机整合，在井内统一实现。

根据进出管线的需求全线共设置 29 座节点井(含 7 座盾构井及 22 座工艺井)，间距为 400~600m。盾构井根据盾构始发要求，长度为 50m；工艺井根据工艺专业要求，长度为 21m，平均深度约 20m。

(2)工艺井井位选择。沈阳市地下综合管廊(南运河段)工程位于城市老城区，多数沿市政道路、城市绿地及河流敷设，相邻两座节点井间距不超过 600m。节点井的井位选

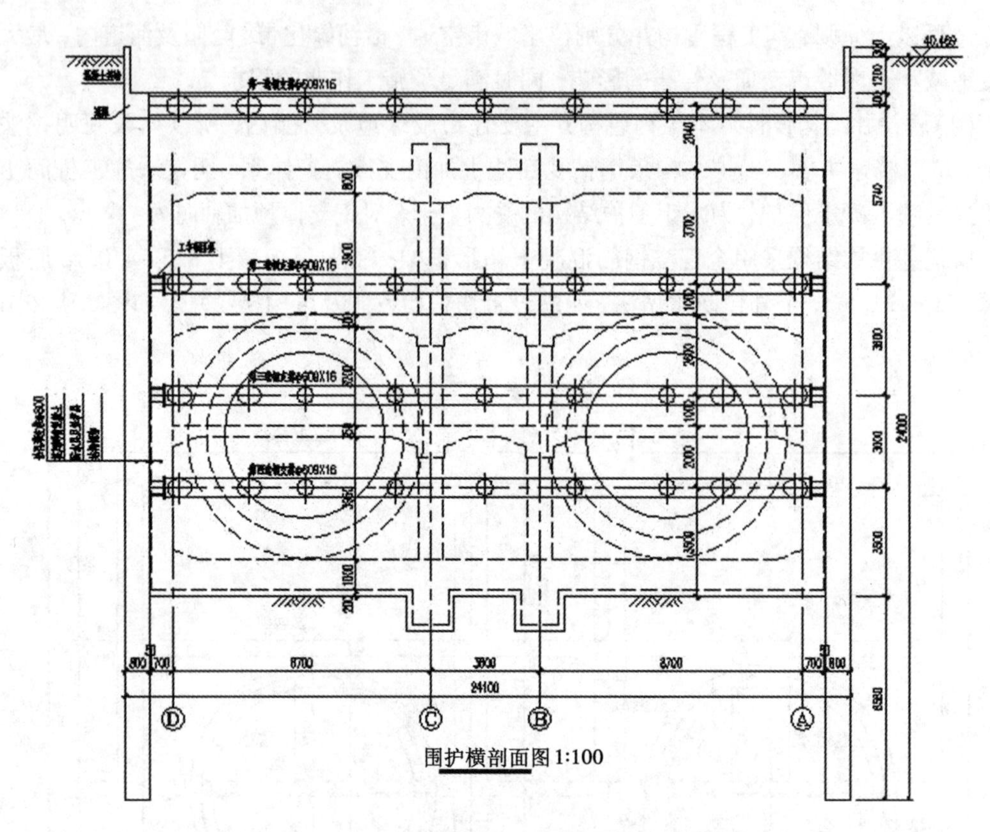

图 8.5　盾构井围护型式横剖面图(明挖法施工)

择应尽量降低管廊施工对道路交通、市政管线和运河水系的影响。平面线路走向尽量避让重要管线、重要交通路口及运河水系。

(3)工艺井结构设计。由于管廊沿线地质条件较为简单，环境条件较好，根据已建成的沈阳地铁工程的深基坑施工经验，各工艺节点井均采用钻孔灌注桩加内支撑、坑外降水的方案。

全线共计 22 座工艺井，根据工艺井所在位置选择合适的施工方法，在公园绿地、市政绿地、河道内的工艺井采用明挖法施工。在市政道路下方的工艺井采用半盖挖法施工。

工艺井主体结构采用全现浇钢筋混凝土箱形框架体系，顶板覆土 3.0~7.0m，底板埋深 15.0~27.0m，全外包防水做法，为盾构过站、检修提供条件。如图 8.6 和图 8.7 所示。

(4)工艺井风险源设计。

① 工艺井基坑邻近人行天桥。节点井基坑临近人行天桥桥桩，水平净距为 11m。人行天桥桥桩基础为人工挖空桩，直径 1.8m，桩长 6.2~7.5m，为摩擦桩。为一级环境风险工程。

风险工程处理措施如下：

a. 基坑的变形控制保护等级为一级；

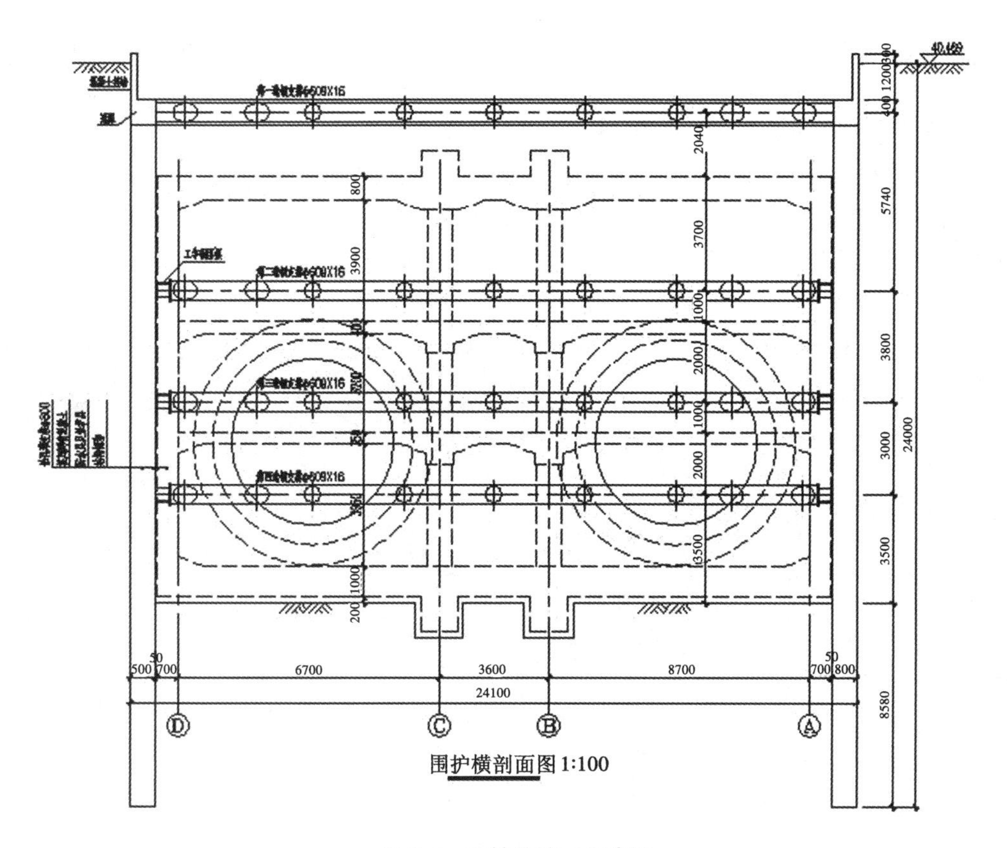

图 8.6　明挖法施工示意图

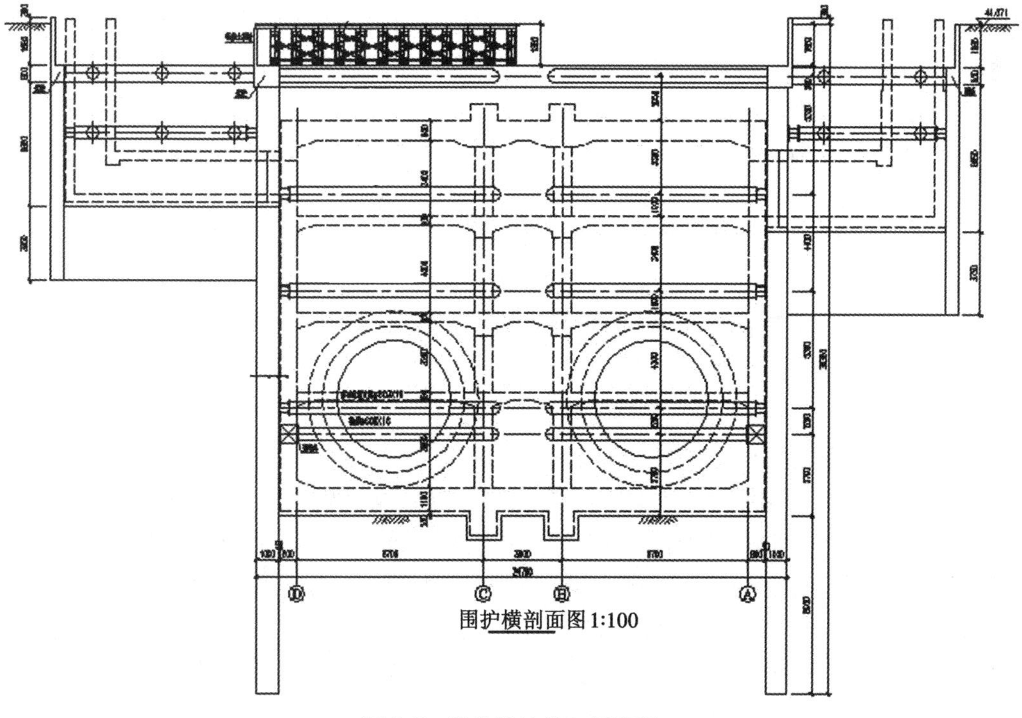

图 8.7　半盖挖法施工示意图

b. 增加围护结构刚度，采用 Φ1000@ 1400mm 钻孔灌注桩，第一道支撑采用混凝土支撑；

c. 围护结构竖向设四道支撑和一道倒撑；

d. 加强监控量测；

e. 详细调查人行天桥结构现状，施工时，采取双排旋喷桩直径 Φ550@ 400mm 的措施对桥桩进行保护。

如图 8.8 所示。

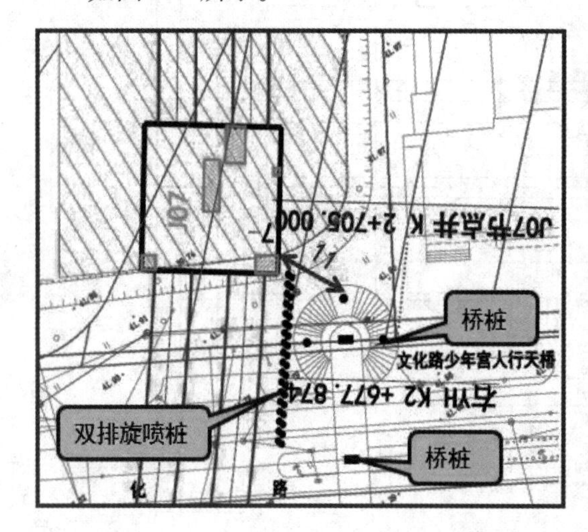

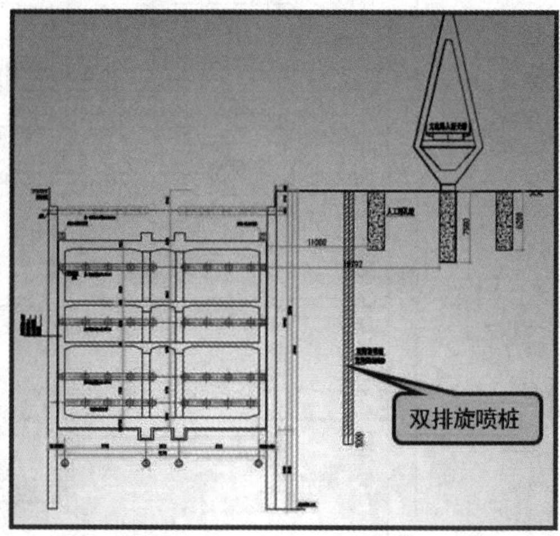

图 8.8　节点井基坑邻近人行天桥

② 工艺井基坑邻近建筑物。工艺井基坑开挖深度为 17.2m，平面尺寸为 22.2m×24.2m。基坑北侧分别邻近 17 层高层住宅和 8 层多层住宅。其中 17 层住宅为框架结构、1 层裙房，两层地下室，箱基，埋深 7.0m，最小水平净距约 9.8m；8 层住宅为砖混结构，条形基础，埋深 2.7m，水平净距约 9.1m。

风险工程处理措施如下：

a. 采用 Φ800@ 1200mm 钻孔桩，考虑临近建筑物附加侧载，围护桩加长；

b. 采用三道支撑加一道换撑，第一道支撑采用混凝土支撑加钢筋混凝土半盖挖临时路面；

c. 土方开挖时，随挖随撑，同时预加轴力控制变形；

d. 加强监控量测。

如图 8.9 所示。

3. 盾构区段设计

(1) 全线区段工程概况。本工程 80%沿南运河绿地及河道敷设，20%沿道路（文艺路）下方敷设。沿线河流、绿地和道路已实现规划，从现场踏勘情况看，道路较窄，交通流量较大，地下管线较多；河边绿化带 0~50m，树木较多；南运河宽度 20~35m，河底相比道路标高低约 3m。共设盾构井 7 座，下料口、通风及逃生井（合建）29 座。本工程采用单圆盾构法施工，盾构井和下料、通风、逃生井附属结构采用明挖法施工。沿途分别需要盾构上跨地铁 2 号线和 10 号线地铁区间，盾构下穿南北二干线公路隧道及多处下

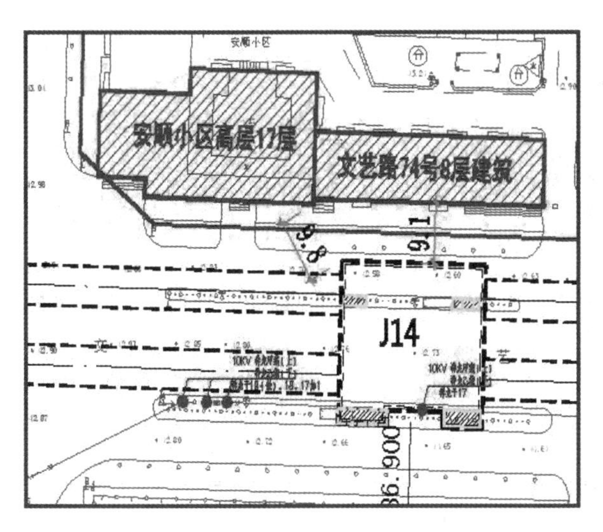

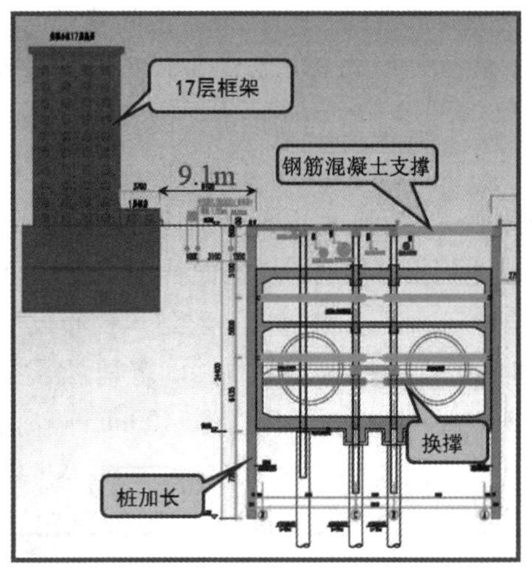

图 8.9　节点井基坑邻近建筑物

穿/侧穿房屋、市政桥梁、南运河河道、地面附属构筑物基础等重要风险源。

(2)盾构机的选型。本工程隧道主要穿过中粗砂、砾砂等土层，地下水位较高，因此要求盾构机须适应饱水砂层。根据工程地质、现有的岩土物理力学指标以及隧道结构的特点、施工组织、工期、技术经济情况，盾构机宜采用加泥式土压平衡盾构机。

(3)盾构施工组织。为避免同一座盾构井双向始发 4 台盾构机，可能出现空间交叉作业、相互干扰，出土效率降低，盾构掘进速度降低等问题，因此推荐每座始发井始发 2 台盾构机，即用 D1、D7 盾构井单向始发，D2、D3、D4、D5 盾构井单向始发及接收，D6 盾构井接收，全线采用 12 台盾构机。如图 8.10 所示。

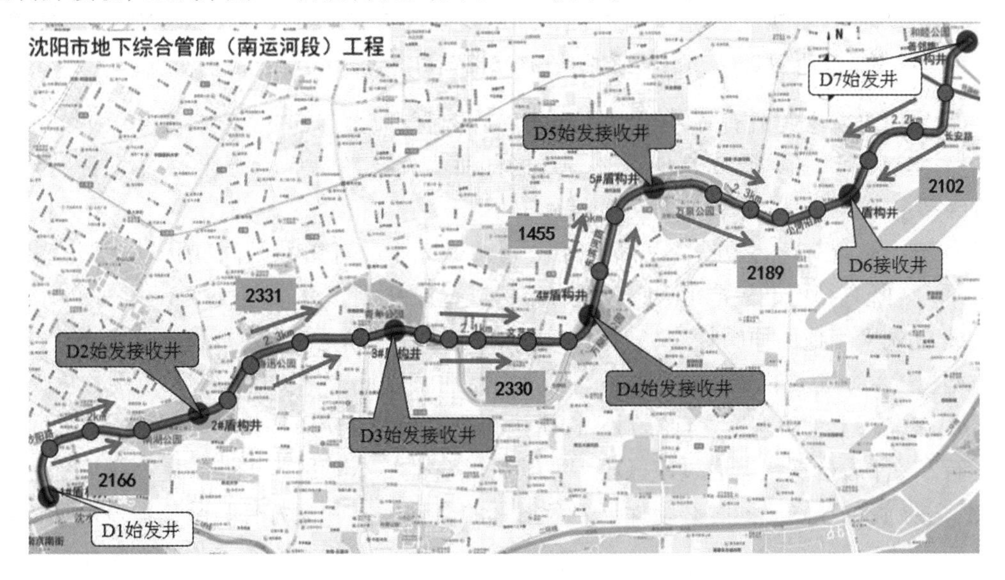

图 8.10　盾构施工组织

(4)盾构区段风险源设计。

① 盾构管廊右线侧穿 5 层砖混结构居民楼。盾构管廊侧穿 5 层砖混结构居民楼，该

楼为条形基础，埋深 2m。区间管廊与该居民楼水平净距为 5.0~9.0m；区间管廊埋深约 8.8m。为一级环境风险工程。风险工程处理措施如下。

a. 控制合理的推进速度，使盾构均衡匀速施工，减少盾构对土体的扰动。

b. 做好同步注浆及二次注浆，严格控制注浆压力。若在盾构推进时同步注浆填补空隙后，还存在地面沉降的隐患，可相应增大同步注浆量，如监测数据证实地面沉降接近或达到报警值时，用地面补压浆或地面跟踪补压浆进行补救。

c. 加强监控量测，对建筑物布设监测点，在施工时进行实时监控，根据监测数据及时调整盾构掘进参数，并确定是否需要采取地面加固措施。

d. 打设直径 $\Phi800$@ 1400mm 隔离桩，桩长 16m。

如图 8.11 所示。

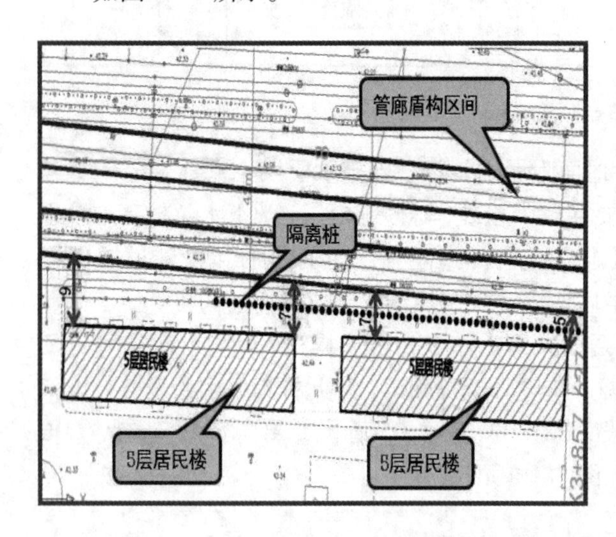

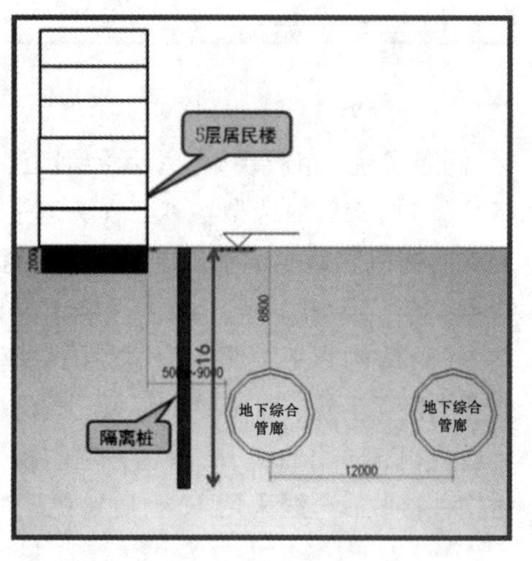

图 8.11　盾构管廊右线侧穿 5 层砖混结构居民楼示意图

② 盾构管廊上跨既有 2 号线地铁区间。盾构管廊上跨地铁 2 号线青年公园站—工业展览馆站区间，盾构管廊与地铁 2 号线区间垂直净距约 2.5m；盾构管廊埋深约 6m。为一级环境风险工程。风险工程处理措施如下。

a. 施工前应对既有地铁 2 号线青年公园站—工业展览馆站区间现状进行调查并做好记录，如既有结构破坏严重，应对既有结构进行修补。

b. 优先采用地面袖阀管注浆加固，若地面条件难以满足时，对既有区间左、右线周边盾构掘进影响范围内土体进行洞内注浆加固，平面加固范围为区间交叉范围外皮 3m。

c. 在进入上跨影响区之前需对盾构机进行全面检修，使盾构机的任何零部件都能正常运行，以便盾构机快速通过该区段。尤其是刀盘上泡沫管的畅通、盾尾刷良好的密封性能、注浆管的通畅。同时必须保证刀盘刀具的合理配置和完好性，避免在该区段内停机换刀。

d. 上跨地铁 2 号线区间范围内，地铁 2 号线区间做钢环内衬进行加固。

e. 盾构推进过程中做好推力、推进速率、出土量等推进参数的控制，控制好隧道轴线，尽量减少蛇形和超挖。

f. 做好同步注浆及二次注浆，严格控制注浆压力。

g. 加强监控量测，提高监测的数量及频率，并采用自动化监测技术，根据监测反馈信息，随时调整施工参数。

如图 8.12 所示。

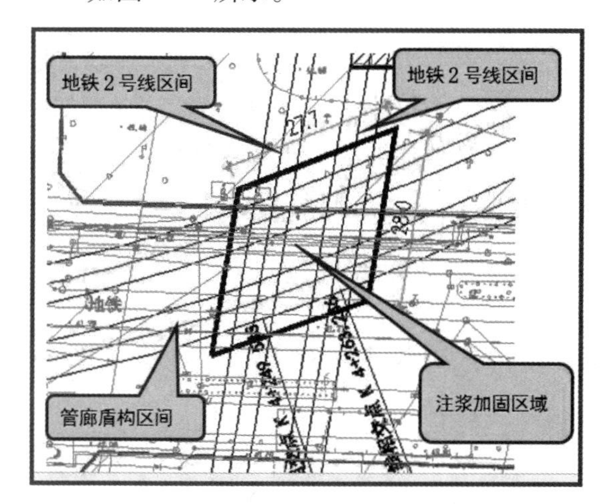

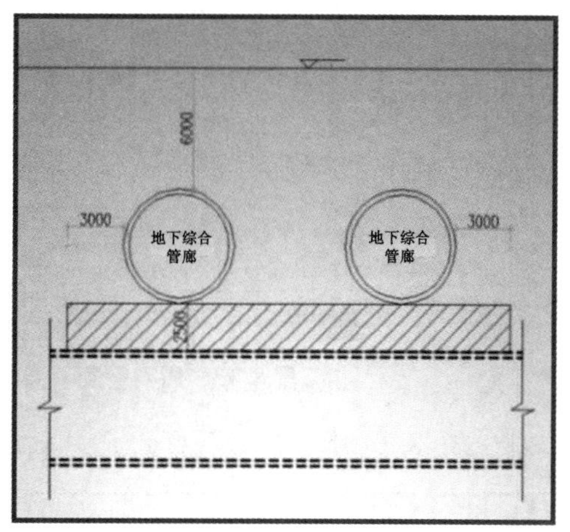

图 8.12　盾构管廊上跨既有地铁 2 号线区间示意图

③ 盾构管廊下穿 2 层砖砌青年公园管理用房。盾构管廊下穿 2 层砖砌青年公园管理用房，盾构管廊与公园管理用房垂直净距约 5.5m；盾构管廊覆土约 6m。为一级环境风险工程。风险工程处理措施如下。

a. 为使盾构推进参数的设定更具科学性和准确性，现场应建立监测信息交流沟通网络，以达到控制地面沉降的目的。

b. 控制合理的推进速度，使盾构均衡匀速施工，减少盾构对土体的扰动。

c. 严格控制同步注浆量和浆液质量，在盾构推进时同步注浆填补空隙后，还存在地面沉降的隐患，可相应增大同步注浆量，如监测数据证实地面沉降接近或达到报警值时，用地面补压浆或地面跟踪补压浆进行补救。

d. 加强监控量测，对建筑物布设监测点，在施工时进行实时监控，根据监测数据及时调整盾构掘进参数，并确定是否需要采取地面加固措施。

e. 盾构穿越时，需撤离管理用房内的工作人员，必要时对基础进行袖阀管跟踪注浆。

如图 8.13 所示。

④ 盾构管廊侧穿市政桥梁。盾构管廊下穿万泉桥，该桥为拱桥，钢筋混凝土桥台埋深约 4.98m，左线下穿该桥，该处隧道覆土 13.82m，盾构隧道拱顶距桥墩基础竖向净距 8.84m。风险工程处理措施如下。

a. 下穿前，应对桥台进行地表注浆加固，注浆采用斜向导管，水平加固范围为桥台外扩 3m，竖向加固范围为地面下 2m 至桥台底以下 3m，注浆小导管间距为 1m，梅花形布置，要求加固后土体抗压强度不低于 0.5MPa。

b. 优化盾构施工参数，加强同步注浆管理，必要时进行二次注浆。

c. 加强监测。

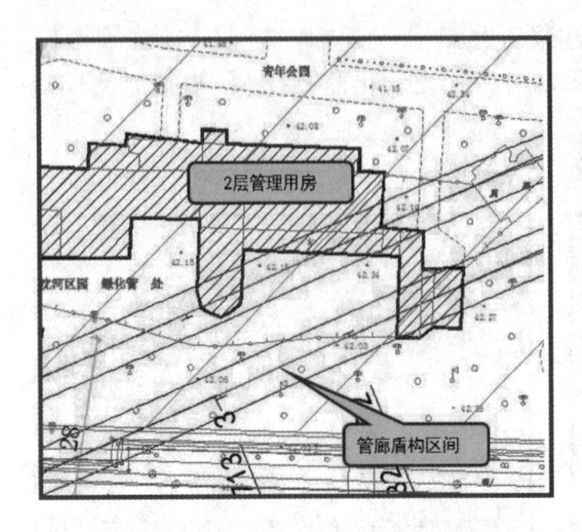

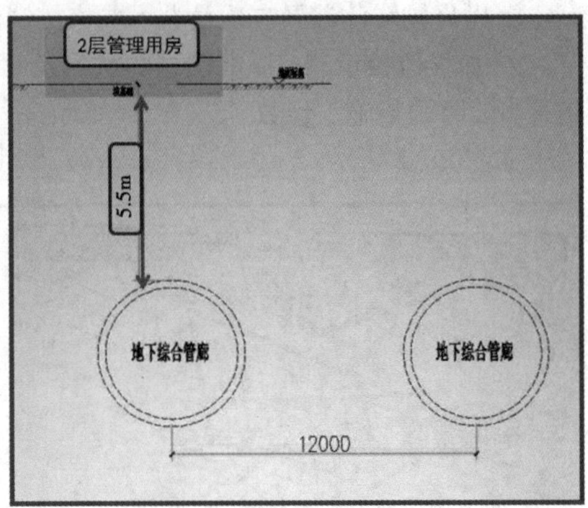

图 8.13　盾构管廊下穿 2 层砖砌青年公园管理用房示意图

如图 8.14 所示。

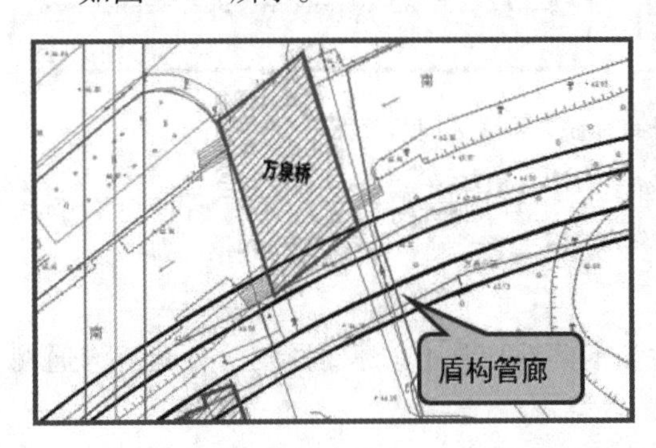

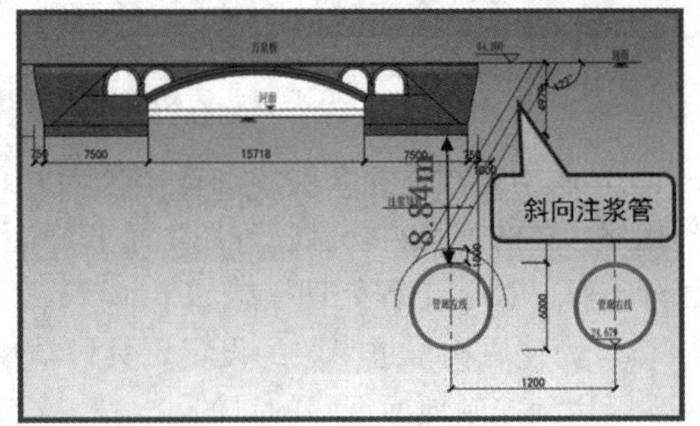

图 8.14　盾构管廊侧穿市政桥梁示意图

⑤ 盾构管廊下穿南北二干线。盾构管廊下穿在建南北二干线公路隧道，夹角约为 67°，南北二干线采用盖挖法施工，下穿处双层双室箱形结构，覆土 3. 1m，埋深 17. 26m；下穿处管廊覆土 20. 5m，与隧道竖向净距 3m。经两个项目设计单位院内评审及总体院审核，并由施工单位对可实施性的确认，确定下穿方案如下。

a. 南北二干线隧道为盾构管廊下穿预留条件。

❖调整隧道栈桥板立柱位置为管廊预留盾构下穿条件，盾构下穿范围两侧立柱桩与底板连接，起到抗隆起和抗沉降作用。

❖盾构下穿范围的隧道围护桩底部采用玻璃纤维筋，便于盾构破除。

❖由于立柱位置调整，加大了隧道临时路面的梁、板跨度，需分别加大其结构截面。

❖盾构下穿两侧围护桩需加大桩径及桩长，并加大破桩范围的冠梁尺寸，以满足临时路面支承要求。

❖盾构斜向破除围护桩，为保证盾构姿态，对盾构破桩处土体局部加固，且需在施作南北二干线围护时完成。

b. 盾构管廊通过时，应采取以下措施降低施工风险。

❖南运河管廊盾构下穿隧道主体施工之前需告知南北快速路指挥部，隧道需要根据监测情况进行配重，防止隧道隆起。盾构破桩过程中，此范围冠梁上禁止行车。

❖南运河管廊盾构下穿过程中及穿过后，需安排专业监测单位对南北二干线影响范围内的基坑及栈桥板体系进行安全监控。

❖在盾构下穿过程中应保证盾构机注浆效果，防止后期沉降。

如图 8.15 所示。

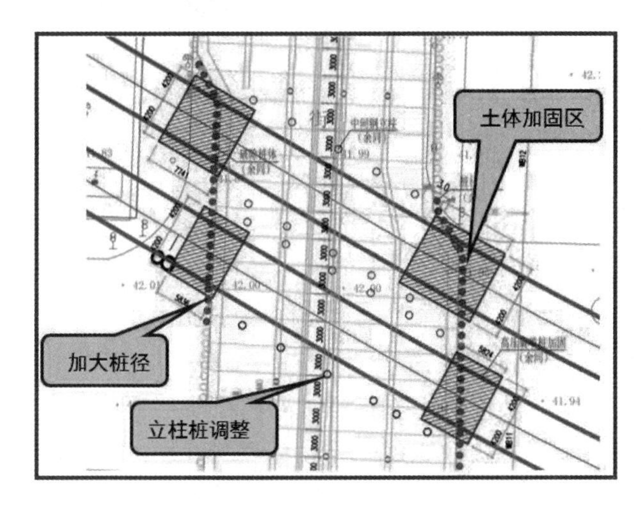

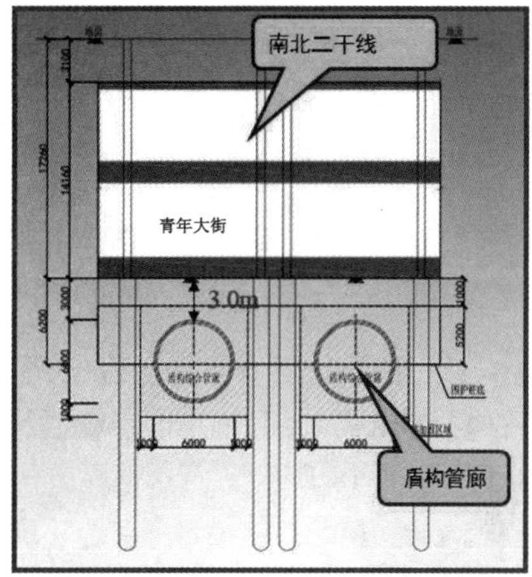

图 8.15 盾构管廊下穿南北二干线示意图

⑥ 盾构管廊下穿信号塔基础。盾构管廊下穿信号塔基础，信号塔基础为钻孔灌注桩，埋深 12m，该处隧道埋深 13.2m。此风险源按一级风险源考虑。风险工程处理措施如下。

a. 采用上下台阶法进行施工，增加临时仰拱。并以双层小导管做超前支护，每个台阶开挖时，两拱脚施作锁脚锚管增加格栅稳定性。

b. 施工时应做好洞内超前注浆，改良地层。同时应加强初支背后注浆和二衬背后注浆，以保证开挖面的稳定和有效控制地面沉降。

c. 施工中应对开挖面前方土体进行超前探测，以便提前采取预防措施，避免土体失稳。

d. 施工中应做好本区间段的降水工作，确保在无水状态下施工。

e. 加强洞内及地表监测，必要时进行跟踪注浆，发现问题及时启动防护预案。

如图 8.16 所示。

六、结构设计重难点

1. 盾构穿越暗挖段：暗挖法施工截断基坑锚索后初支内回填再盾构穿越

(1)原方案概况(盾构法)。区间管廊原方案采用盾构法施工，线间距 12m，穿越锚索区段覆土 7.2~11.2m。区间管廊左线距离宝能大厦锚索净距 1m。由于后期在与沈阳电力公司配合供电管线入廊设计的过程中，在文艺路上有一条既有的电力隧道，该隧道采用复合式衬砌，宽 2.96m，高 3.32m，覆土 6m，电力隧道线位于彩塔街和文艺路上，部分与管廊路由重合，影响了管廊的平面和纵段位置。结合工程进度，考虑平面和纵断关

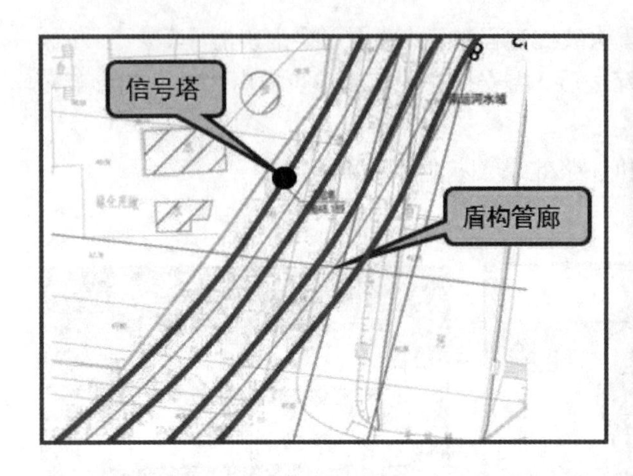

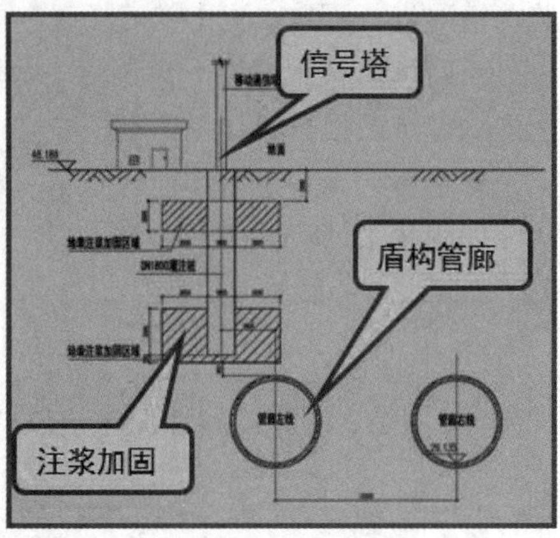

图 8.16　盾构管廊下穿信号塔基础示意图

系，此区段盾构管廊只能上跨地铁 2 号线区间，无法下穿地铁 2 号线区间（若下穿，D3 盾构井基坑需加深，而当时 D3 盾构井底板部分已经浇筑）。原方案平面图、剖面图如图 8.17、图 8.18 所示。

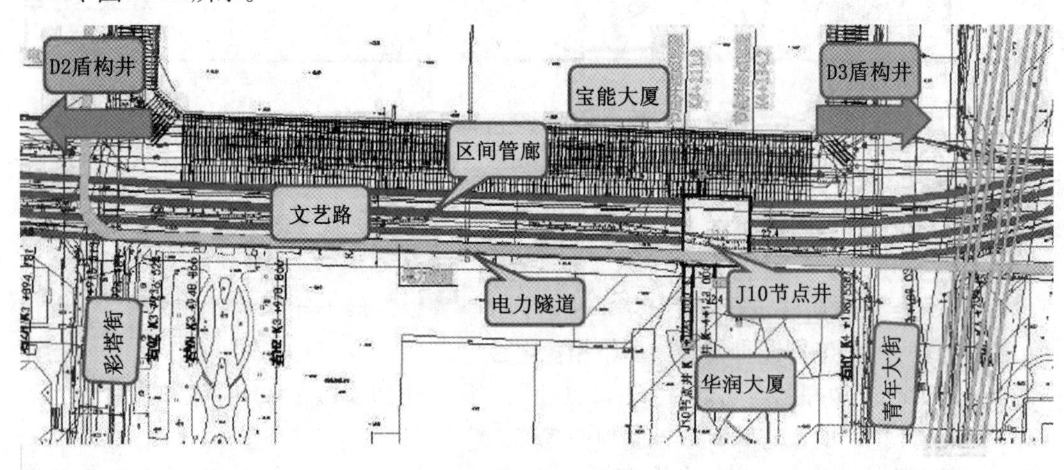

图 8.17　原方案平面图

（2）现方案概况（暗挖法）。

暗挖段结构位于文艺路上，西起彩塔街，东至青年大街。暗挖起止里程为左 K3+885~左 K4+137.8，全长 252.8m，为盾构左线的初支结构，左右线间距 12m，线路纵断为单面坡，结构覆土 5.7~10.5m，为单线单洞马蹄形断面，采用矿山法施工。暗挖断面初支外宽 7.2m，高 7.3m，初支内填充 C10 混凝土及中粗砂，回填后盾构在初衬中穿越。暗挖段范围内存在宝能大厦预应力锚索，施工中须截断。右线仍采用盾构法施工。现方案平面图、剖面图如图 8.19 和图 8.20 所示。

（3）暗挖主要支护参数及锚索处理。

① 超前支护：DN32 焊接钢管，长 2.0m，环向间距 300mm，打设角度 10°~15°，每榀一打，纵向搭接长度不小于 1.0m。小导管在永久初支外拱部 150°范围沿环向布设，注水泥水玻璃浆液。

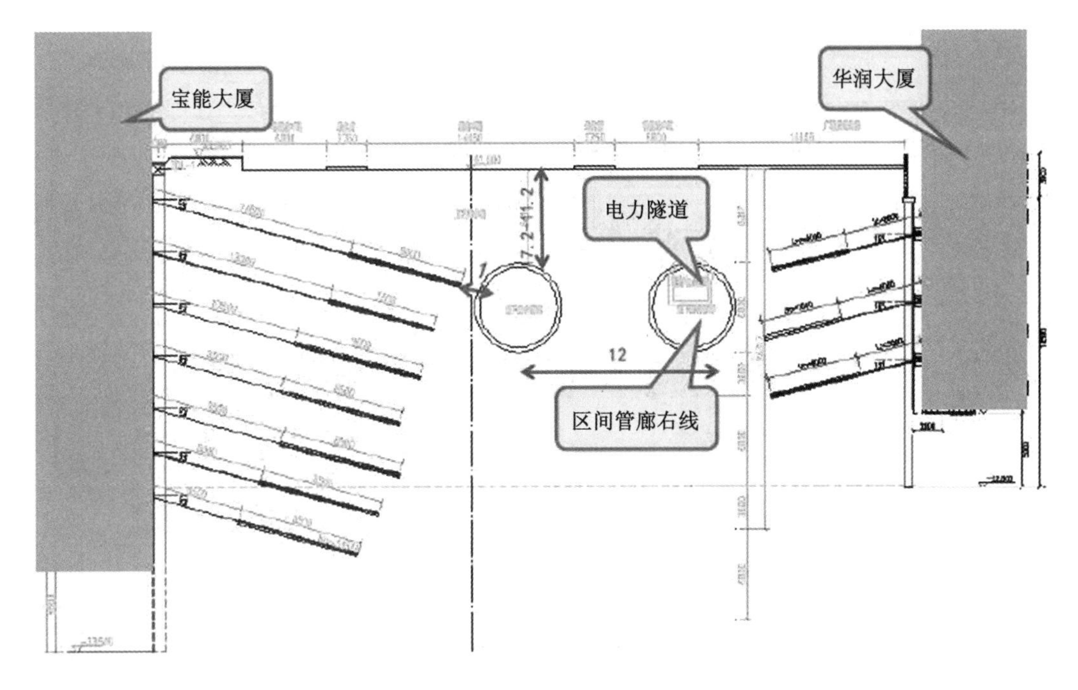

图 8.18　原方案剖面图

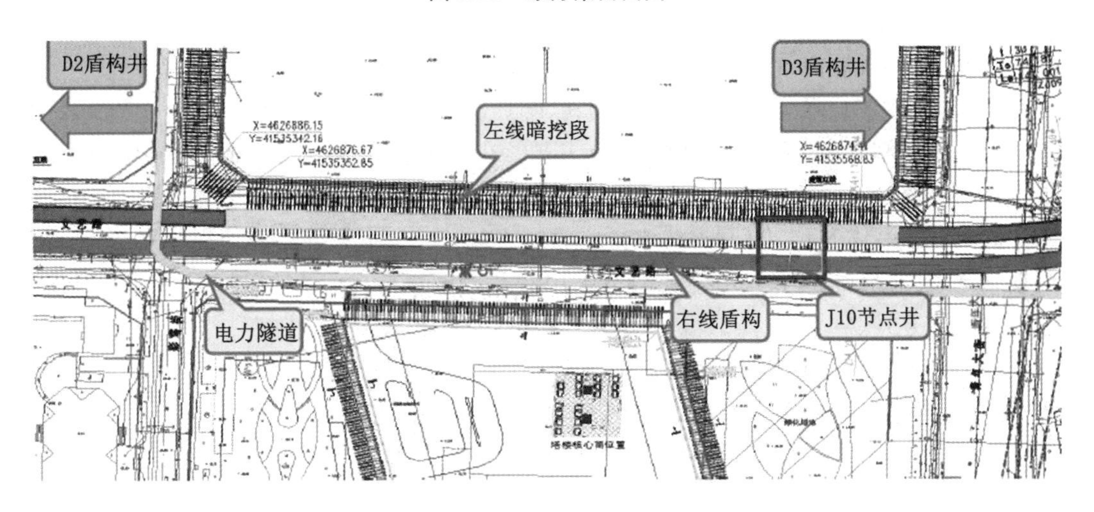

图 8.19　现方案平面图

② 喷混凝土：C25 早强混凝土，厚 300mm。

③ 钢筋网：每榀全断面设 ϕ6.5 双层钢筋网，网格间距 150mm×150mm，钢筋网片搭接长度为两个网格。

④ 格栅钢架：钢架纵向间距为 0.5 米/榀。

⑤ 纵向连接筋：ϕ22 螺纹钢，初期支护纵向连接筋每榀设置。连接筋环向间距 1m，全断面设置，内外双层，梅花形布置。

(4)施工过程中，每侧拱脚(墙脚)均打设 2 根锁脚锚管，锁脚锚管采用 DN32 钢管，L=2.5m，与水平夹角为 45°，管内注水泥浆。

(5)初期支护背后注浆应跟随开挖工作面，并距开挖工作面 5m 的地方进行，注浆管

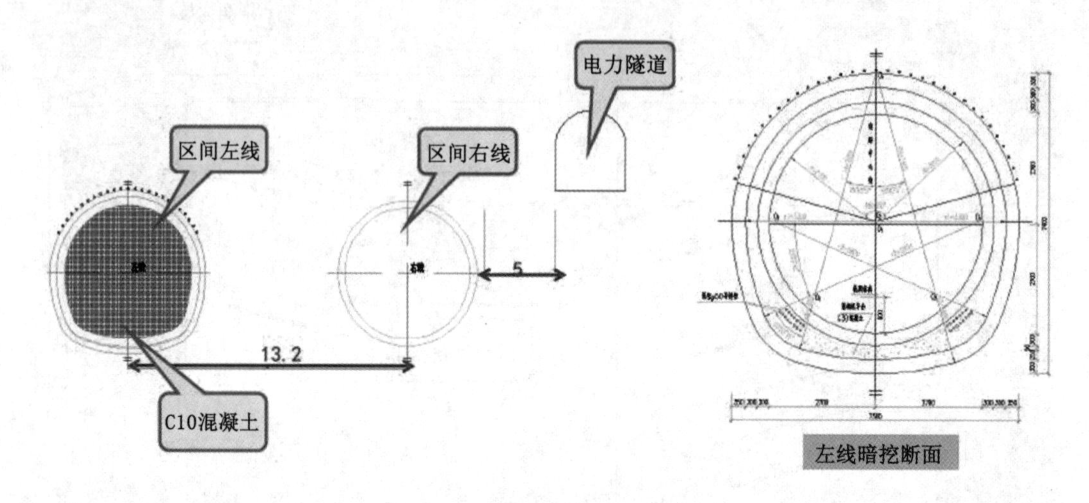

图 8.20　现方案剖面图

采用 DN32×3.25mm 焊接钢管，沿隧道拱部及边墙布置，环向间距：拱部为 2.0m，边墙为 3.0m；纵向间距为 3.0m，梅花形布置，浆液采用水泥浆，具体配比根据现场试验情况确定。

(6)初支与预制混凝土管片间填充 C10 混凝土。

(7)施工中应加强监控量测，并根据其反馈信息对支护参数进行调整。

(8)宝能基坑内地下结构已出地面十几层，在截断宝能基坑锚索前应对宝能基坑地下结构与暗挖段结构间的情况进行调查，征得产权单位的同意后方可对锚索结构进行截断。同时在截断锚索前，需调查锚索预应力是否放松，应确保拆除部位周边安全，应先对锚索预应力进行检测，并由专业人员采用专业机械进行拆除，拆除应采用缓慢有序、逐层拆除的方式。

(9)暗挖段回填施工步序如图 8.21 所示。

2. 暗挖段临时竖井改节点井设计变更

(1)原方案概况。J10 节点井位于青年大街与文艺路交叉口西侧的文艺路上，原方案采用半盖挖法施工。施工竖井采用倒挂井壁法施工，用于左线暗挖段施工(为截断宝能基坑锚索)，暗挖区间初支形成后进行回填，盾构进行穿越，由 J9 节点井始发进入 J10 节点井。原方案平面图如图 8.22 所示。

① J10 节点井原方案概况。J10 节点井原方案采用半盖挖法施工，顶板覆土 3.5m。

基坑围护结构采用 Φ800@ 1200mm 的钻孔灌注桩，内支撑采用 3 道支撑加 1 道倒撑，其中首道支撑为 800 mm×800 mm 混凝土支撑，其余为 ϕ609×16mm 钢管撑。

施工期间占用市政道路约 24 m。

② 原施工竖井方案概况。施工竖井位于文艺路北侧的人行道上，为矩形断面，采用倒挂井壁法施工，净空尺寸为 4.6m×6.0m，基坑深 17m。横通道内净空为 4.00m×8.64m，为直墙拱结构，采用暗挖法施工。

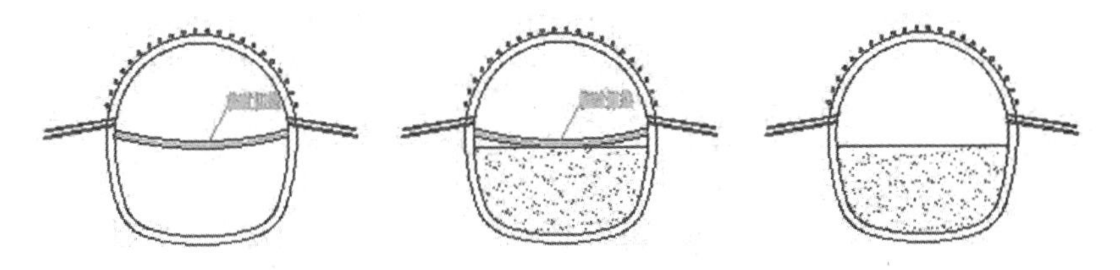

(a)初支结构横断面图 (b)下断面回填中粗砂至临时仰拱处 (c)拆除临时仰拱

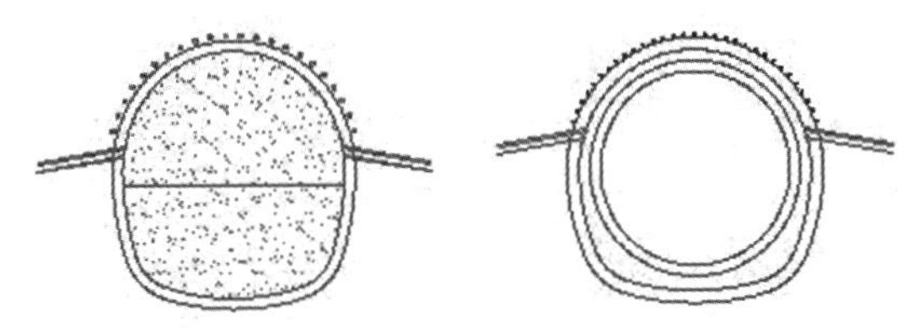

(d)上断面回填中粗砂至拱顶补位，保证回填结实 (e)暗挖结构进行中粗砂全部填充密实后进行盾构机过暗挖段施作

图 8.21 暗挖段回填施工步序示意图

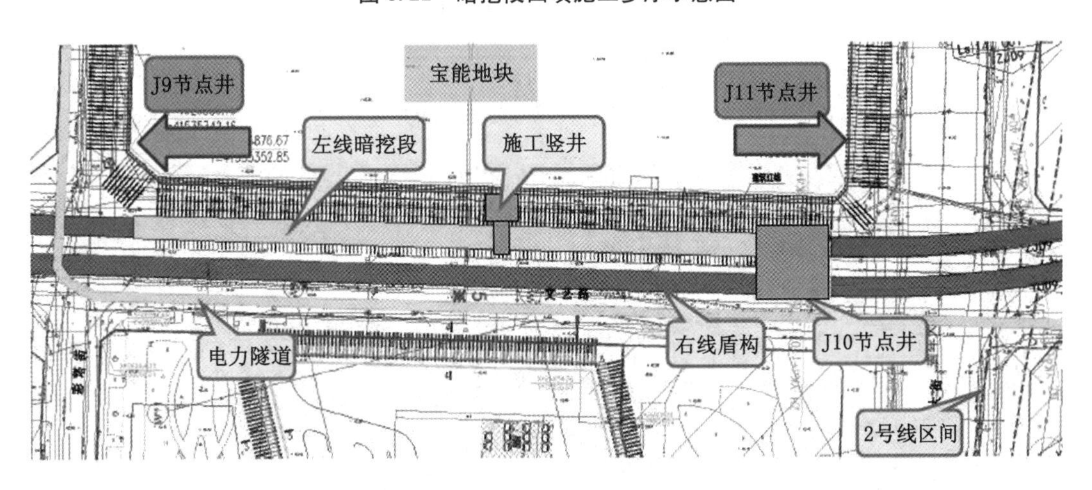

图 8.22 J10 节点井原方案平面图

横通道超前小导管：$\Phi32\times3.25$@ 300mm，小导管长为 2.0m，每榀打设一环，纵向搭接 1m，水平倾角 10°~15°。新增部分平面图如图 8.23 所示。

(2)变更原因。J10 节点井位于青年大街与文艺路交叉口，采用半盖挖法施工，施工时占用文艺路半幅车道，对现状交通有一定影响。为了减少施工期间对文艺路交通的干扰，现提出以下方案。节点井示意图如图 8.24 所示。

(3)现方案概况。在原方案竖井，初衬净空为 4.6m×6.0m，紧贴着原竖井基础上，施作一个小竖井，将原竖井净空增加至 4.6m×10.7m；竖井井深由原来的 17m 增加至 22m。新增竖井采用倒挂井壁法施工，横通道采用暗挖法施工。两竖井中隔壁与横通道中隔壁平齐，确保受力转换。

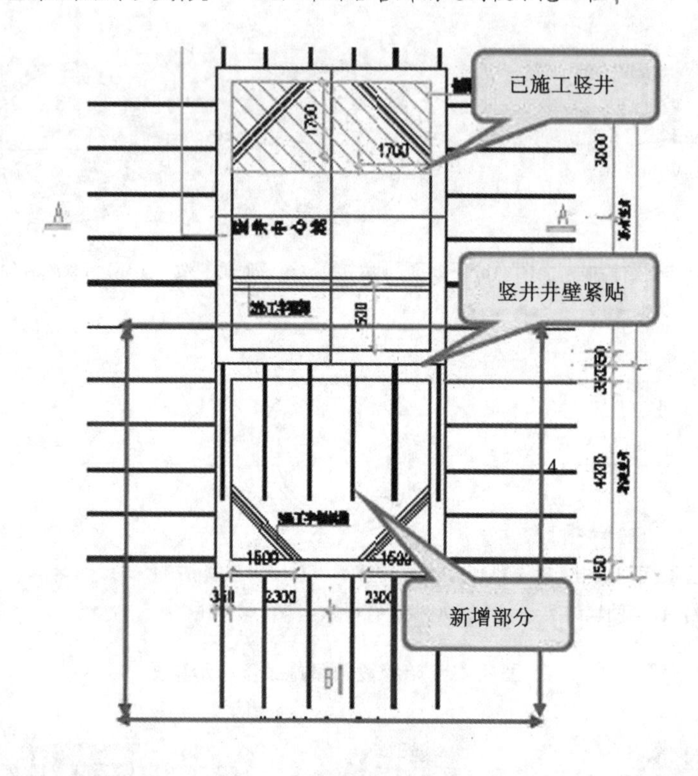

图 8.23　新增部分平面图

图 8.24　J10 节点井示意图

竖井井壁打设锚管：横通道以上每两榀格栅，横通道以下每榀格栅，横向 1m，梅花形布置。锚管参数：$\Phi 32$ 锚管，$L=2.5$m，水平倾角 10°~15°。

3. 盾构管廊先盾后井方案研究

(1)工程概况。J14 节点井位于小南街文艺路十字路口东。因为 J14 节点井现场交通条件较差，需要采用半盖挖法施工，且工期较长，为了保证全线洞通工期不因节点井施工而延后，该井位均采用先盾后井法施工。J14 节点井示意图如图 8.25 所示。

图 8.25　J14 节点井示意图

(2)施工重难点。

① 本施工方法为先施工完围护桩，再进行盾构穿越施工，最后基坑开挖。

② 盾构穿越后围护桩都已经压在管片上。

③ 拆除管片解除了纵向约束，且依靠洞内联系拉紧代替。

④ 管片的竖向承载力设计值一般为全土柱压力的 20 倍，远远大于桩体重力。

⑤ 断桩桩体由冠梁连接，两侧非断桩对断桩也有提拉作用力。

4. 管廊结构分舱设计

(1)盾构管廊二次结构分舱概况。本工程为双线单圆盾构法综合管廊，管廊隧道内直径为 5.4m，每个单圆结构内均分为 3 个舱，各舱室组合形式如下。

左线为：热力+通信舱、天然气舱及其专用的紧急逃生通道；

右线为：水舱、电力舱及其专用的紧急逃生通道。

二次结构分舱设计范围包括：垫层、中板、板下支撑体系(梁、柱或拱墙)分隔墙(管线支墩由管线设计单位设计)，内部结构布置如图 3.2 所示。

(2)管廊二次结构设计条件。

① 中板上隔墙要满足防火和密闭的分隔要求。

a. 天然气舱需要密闭分隔；

b. 电力舱需要满足 3h 阻燃分隔要求。

② 中板要满足上层舱室排水设计要求及吊装管线和悬挂设备仪器的受力要求。

a. 根据排水专业设计要求，在隧道上层每个舱室底板面层上，沿纵向各设置一道 200mm×100mm 的排水沟；

b. 为满足大管径管线安装需求，在中板下方需设置 1 组吊钩，每组 3 个均匀布置，纵向间距 4m，每个吊钩荷载 1.0~1.5t；

c. 为满足下层舱室悬挂设备仪器需求，在中板下方需安装弱电线槽、线型差定温火灾探测器、O_2 检测仪、湿度监测仪、监控摄像机及机器人系统等(荷载约 0.1t)。

③ 中板及垫层要满足入廊管线支墩荷载受力要求。根据各舱室管线敷设要求，内部结构中板和垫层设计需考虑管线支墩及支架的规模、位置、功能及荷载。

a. 支墩布置间距：天然气-12m、给水-6m、中水及热力管线支墩-12m，其中热力管线支墩除承受竖向荷载外还需要承受 100t 水平推力，间距 100m；

b. 给水、中水均按满管水计算。

(3)二次结构实施方案经济、技术比较(见图 8.26)。

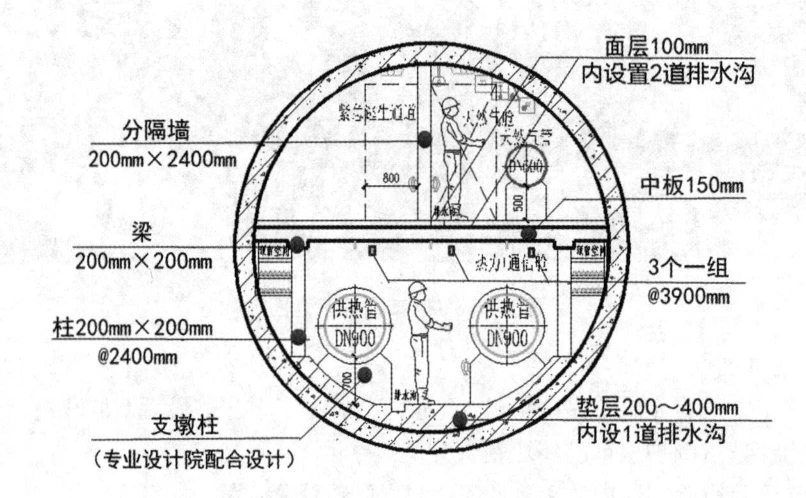

(a)梁柱支撑体系结构设计

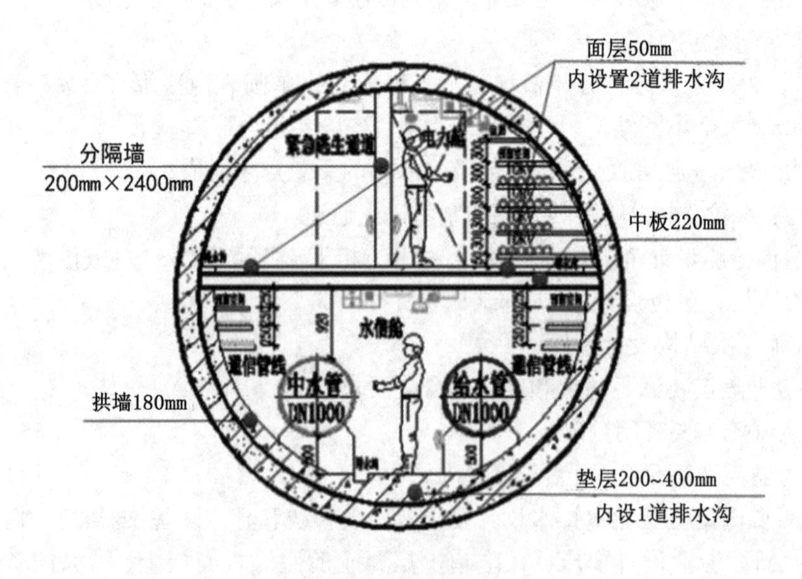

(b)拱墙支撑体系结构设计

图 8.26　二次结构实施方案经济、技术比较示意图

中板支撑体系方案见表 8.8。

表 8.8　中板支撑体系方案表

支撑体系类型	施工工艺	造价
现浇混凝土梁柱结构	施工需要架设模板，工艺较烦琐，施工速度一般	一般
钢结构梁柱结构	施工便捷，但耐腐蚀性较差，钢结构需要定期维护保养（约 15 年）	考虑后期维护费用造价较高
现浇混凝土拱墙结构	采用整体滑模，施工便捷，速度较快	一般

中板方案见表 8.9。

表 8.9　中板方案表

中板类型	结构性能	施工工艺	造价/(元·米$^{-1}$)
现浇混凝土中板	受施工环境、养护条件限制，混凝土浇注质量有一定影响，强度、刚度较高，耐久性较好	需架设脚手、模板，施工速度一般	2100
装配式预制混凝土板	预制混凝土构件施工质量有保证，强度高，刚度大，耐久性好	预制板施工便捷、速度快，但是圆形断面内运输、安装难度较大	2500
压型钢板组合楼板	强度高，刚度大，耐腐蚀性一般，钢板需要定期维护保养（约 15 年）	无须架设模板，施工速度较快	6500

其中：

❖普通预制混凝土板：600mm×5300mm×150mm，单块质量 1.22t，板端与盾构管片预留 20mm 裕量，预制板简支铺设于现浇混凝土纵梁上，通过预制板上的 100mm 厚面层保证中板的密闭性及平整度；

❖预埋吊钩的预制混凝土板：吊钩处配置加强筋；

❖如果不砌中隔墙，中板上需预留 1m×1m 逃生孔洞，间距 200m，考虑在 1800mm 范围作局部现浇混凝土板。

中墙方案如表 8.10 所示。

表 8.10　中墙方案表

中墙类型	施工工艺	造价
预制混凝土墙板	① 预制板现场安装难度较大，为保证墙体稳定性，每块墙板上下需要有预埋构件与管片及中板连接固定；② 由于管廊左线上舱为天然气舱，有密闭性要求，预制构件墙板两侧边接口需采取密闭构造措施	较高
砌块墙体	施工简便，200mm 厚粉煤灰硅酸砌块墙体自身能够满足密闭性要求；耐火等级 4	较低

（4）管廊二次结构推荐方案及施工工序。经综合比较分析及现场实际情况，推荐使用现浇混凝土拱墙结构支撑体系、现浇混凝土中板、砌块墙体。施工工序如图 8.27 所示。

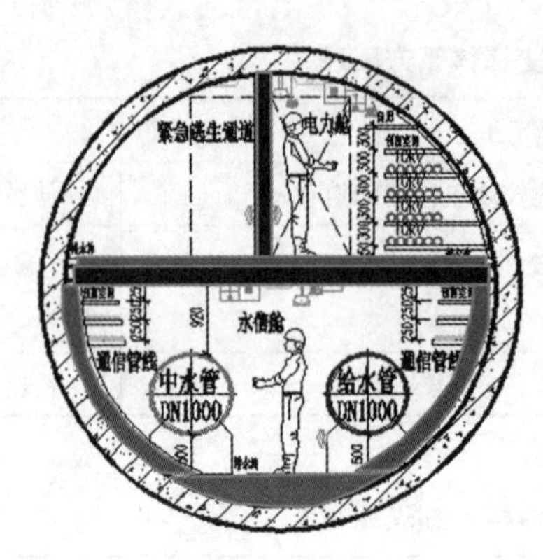

内部结构施工步序：

(1)施工现浇混凝土管廊垫层

(2)施工现浇混凝土中板下支撑体系

(3)现浇混凝土中板

(4)浇筑中板上部面层

(5)砌筑中隔墙

图 8.27　二次结构施工工序示意图

5. 河道内井位相关问题及设计解决方案

(1)河道内井位相关问题。根据线路走向及现场场地条件，节点井多占用市政道路、公园绿地及运河河道。其中，占用市政道路的节点井采用半盖挖法施工，占用公园绿地的节点井采用明挖法施工，占用运河河道的节点井采用筑岛围堰后明挖法施工。

本工程 30%的节点井局部或全部占用运河河道，针对占用河道内的节点井，为降低管廊施工运河水系的影响，保证河道畅通，对如何实现河流导流、筑岛围堰等相关问题进行了研究。

(2)设计解决方案。根据占用河道的宽度提出以下解决方案。

① 对于局部占用河道的节点井，施工期间将河岸线向另一侧绿化带内拓宽，确保排水能力。有条件时筑岛围堰后场坪至河底标高打设围护桩，减小偏压和基坑深度，降低工程风险。示意图如图 8.28 至图 8.30 所示。

图 8.28　部分占用河道的实景图

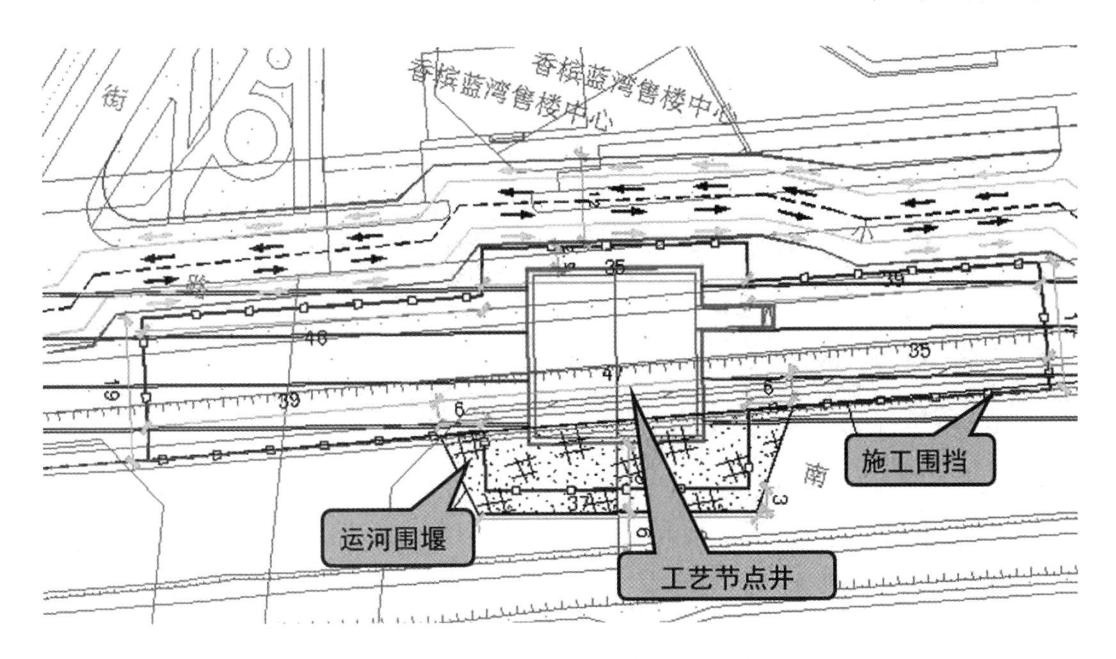

图 8.29　部分占用河道的节点井平面图

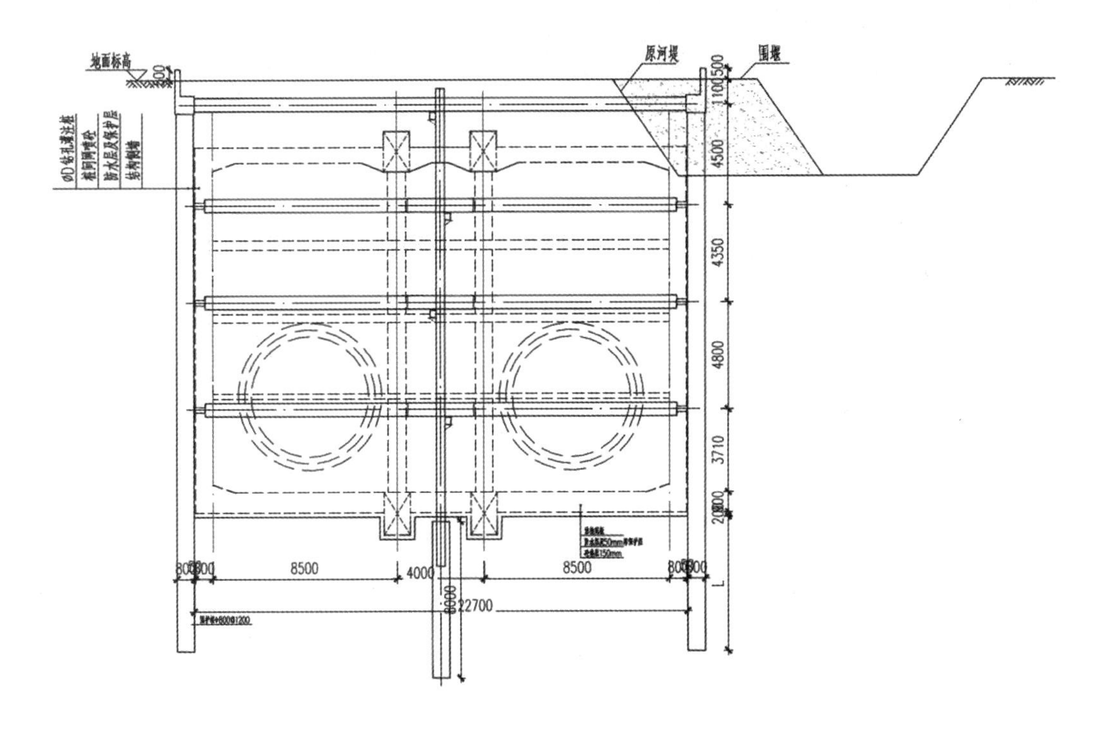

图 8.30　局部占用河道的节点井剖面图

② 对于全部占用河道的节点井，施工前应在场地周边做好施工围堰止水，并敷设临时便道与现状道路相连接，施工便道下面设置过水管，施工期间保证河道平时水流和汛期排涝的要求。实景图如图 8.31 所示。

图 8.31　全部占用河道的实景图

(3)河道内筑岛围堰与施工便道过水管设计。

① 对于位于河道内的节点井，需利用土袋围堰结合既有堤岸，通过回填筑岛提供施工场地。

② 河道围堰可采用中间回填土，外侧加黏性土土袋的围堰方法。回填土需逐层压实，压实度不低于93%。外侧堆码的土袋应互相交错，码放密实平整，在土袋与填土之间设置一层防水布，围堰外侧采用毛石铺砌。施工单位根据自身条件也可另选其他围堰方式。

③ 为满足施工期间河道的平时水流和汛期排涝的要求，施工便道下方需预埋混凝土过水管。过水管下方应做好清淤及垫层基础工作，具体埋设做法及过水管规格应根据运河管理处要求的过水能力，以及施工车辆荷载的承重要求确定。

④ 在筑岛回填之前，对河底需采用级配较好的砂石压实挤淤。如若淤泥层较厚，需进行清除换填处理，以保证场地内物资堆放、施工车辆运输等地基承载要求。

⑤ 处理河底淤泥层时，应防止破坏河底隔水层。避免河水渗透进入基坑周围土体中，影响基坑稳定和施工。

⑥ 在筑岛围堰之前，应与相关产权单位做好沟通，在满足其相关要求并得到许可后方可施工。

⑦ 加强对围堰的观察及监测，施工前应做好应急预案，若发现围堰不稳定、渗水等情况，应立即通知各方会同解决，并采取有效截水措施。

⑧ 节点井施工完成后，应做好围堰回填的清除工作，超出河底标高的临时结构需凿

除，并按原样恢复原河道，不得在河道内遗弃任何建筑垃圾。全部占用河道的节点井施工便道平面图、施工便道做法剖面图如图 8. 32 和图 8. 33 所示。

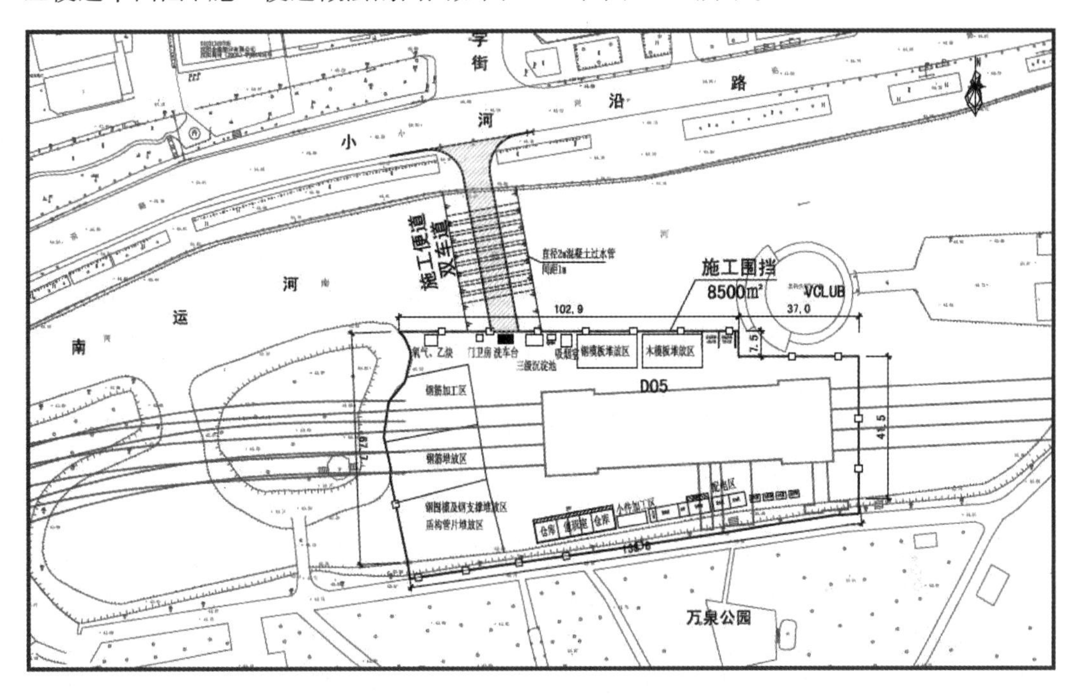

图 8. 32　全部占用河道的节点井施工便道平面图

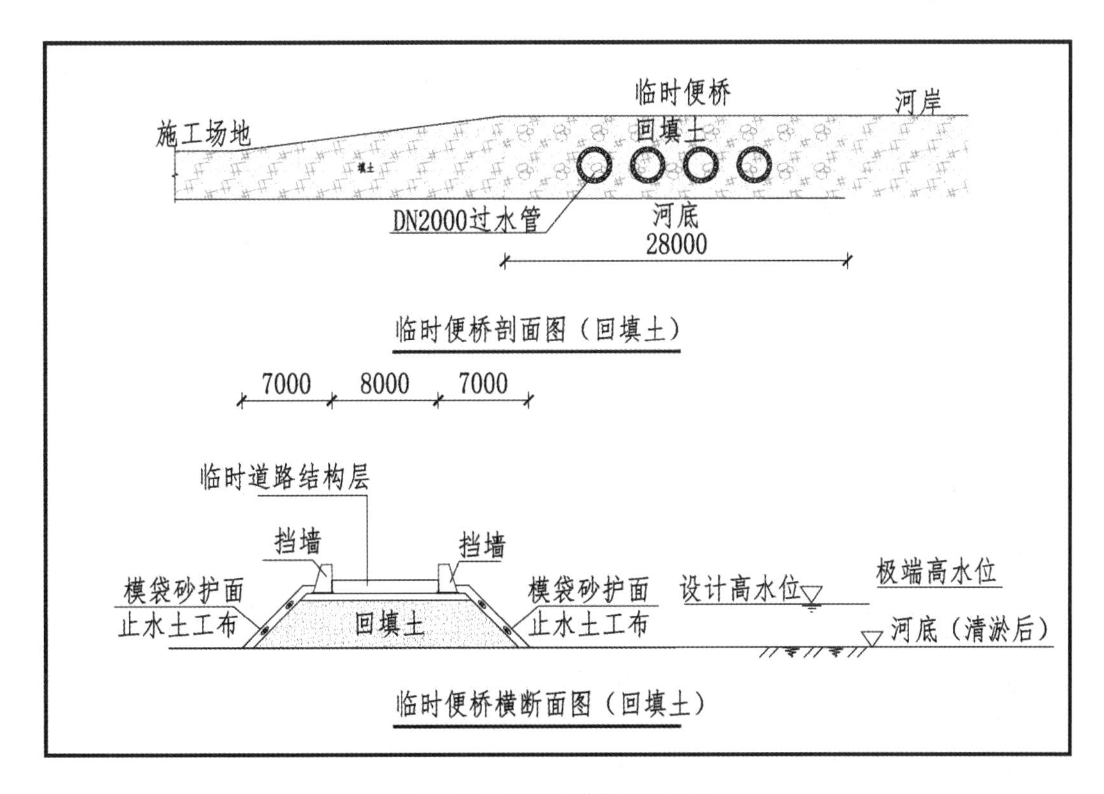

图 8. 33　施工便道做法剖面图

6. 上跨地铁(2号线区间)

详见本书第三篇第十二章第五节“三、超浅覆土富水砂卵石地层盾构近距离上跨地铁2号线施工技术”。

七、防水与降水

1. 地下结构防水原则

(1)地下结构防水应遵循“以防为主、刚柔结合、多道防线、因地制宜、综合治理”的原则进行设计。

(2)确立钢筋混凝土结构自防水体系，即以结构自防水为根本，以施工缝(包括后浇带)、变形缝、穿墙管、桩头等细部构造防水为重点，并在结构迎水面设置柔性防水层。

2. 地下结构防水等级

综合管廊工程是个永久性的重要建筑物，根据其使用功能的不同，其防水等级如下。

(1)变电所、工艺节点井等机电设备密集部位的防水等级应为一级，不允许渗水，结构表面无湿渍。

(2)盾构区间及连接通道等附属的结构防水等级应为二级，顶部不允许滴漏，其他地方不允许漏水，结构表面可有少量湿渍。

3. 地下结构防水方案的选择

本工程拟采用防水混凝土自防水结构，并设置附加防水层的综合性防水方案。根据结构所处的地质及水文地质情况和结构型式及施工方法的不同，设计其具体防水方案如下。

(1)明挖法施工的盾构井、工艺节点井等结构除采用现浇防水混凝土外，并敷设外包防水层。

(2)盾构区间衬砌的防水一般采用预制管片自防水，抗渗等级不低于P10。管片接缝外侧设置多孔特殊断面的橡胶密封垫，与遇水膨胀橡胶相结合，构成了双重防水功能、耐久性好的防水线；管片内弧侧预留嵌缝槽，用密封胶嵌缝密封；在螺栓孔、注浆孔等特殊部位设置弹性密封垫圈，采用缓膨胀型遇水膨胀材料。同时，利用壁后同步注浆改善管片结构防水和抗渗性能。对于施工后的渗漏现象，采取管片背后注浆等措施达到防水目的。

第五节　通风设计

一、设计原则

综合管廊通风、空调系统应该具有以下功能。

(1)当管廊正常运行时，通风系统排除管廊内的余热和余湿，保证管廊内的空气质量，为检修人员提供适量的新鲜空气。

(2)当电力舱发生事故后，能够及时排除残余的有毒烟气，为人员灾后进入清理提供条件。

(3)在天然气舱内保证通风良好，及时稀释爆炸性气体混合物，降低其浓度至安全水平。

(4)综合管廊内发生火灾或事故时，紧急疏散通道提供必要的新风量及正压，保证人员安全撤离。

(5)对设备用房分别按工艺和功能要求提供一定温湿度条件或通风换气次数，排风系统兼具排烟功能。

二、设计标准

1. 管廊内通风设计参数

管廊内通风设计参数见表 8.11。

表 8.11　综合管廊内通风设计参数

编号	房间名称	室内温度/℃	换气次数/(次·时$^{-1}$)			
			平时排风量	平时送风量	事故通风排风量	事故通风送风量
1	水、暖舱	≤40	3	2.5		
2	电力舱	≤40	3	2.5	6	5
3	天然气舱	≤40	6	5	12	10
4	节点井内变电所	≤35	6	5	6	5

2. 风速设计标准

(1)平时通风。

土建风道：自然进风：5m/s；机械进风：5m/s，机械排风：6.5m/s；

非土建风道、风管：8m/s。

(2)事故通风。

土建风道：自然进风：8m/s；机械进风：8m/s，机械排风：15m/s；

非土建风道、风管：18m/s。

(3)风口风速按不大于 4m/s 计算。

(4)平时通风穿消声器风速按不大于 8m/s 计算。

3. 主要设备散热量

设备用房内设备散热量按照各专业实际提供的发热量计算。

4. 噪声标准

通风空调机房≤80dB(A)；地面风亭：符合《声环境质量标准》(GB 3096—2008)的规定，同时还应该满足全线“环境影响报告书”的要求。

5. 防排烟设计标准

地下综合管廊仅按同时只有一处发生火灾设计；紧急疏散逃生通道设置机械加压送风系统，送风量按通道净面积每平方米不小于 30m^3/h 计算；排烟风机耐高温要求为 280℃条件下能连续工作 30min；穿越防火分区的防火墙、楼板、每层水平干管与垂直总管的交接处、穿越变形缝且有隔墙、进出通风空调机房等处的风管应设防火阀；排烟风机及烟气流经的附属设备如风阀及消声器等应保证在280℃时能连续有效工作30min。防烟防火阀和排烟防火阀的设置标准应符合相关消防规范要求。

6. 风亭设计标准

进风亭格栅底部下沿距地面不小于0.5m。送、排风亭在高度、方向或水平距离上尽量错开；若送、排风亭位于同一高度，则水平距离大于5m，并错开口部方向；若送、排风亭位于同一位置，则排风亭在上部，送风亭在下部，排风亭下沿与送风亭口部上沿距离大于5m，并尽可能错开口部方向，避免二次污染；若排风亭与其他建筑物(包括管廊出入口)结合在一起，则风亭口部距建筑物门、窗或其他送、排风口等直线距离均大于5m，以免污染其他建筑物内环境或相互污染影响；风亭排烟口与人员出入口之间的距离应大于10m；天然气管道舱室的排风口与其他舱室排风口、进风口、人员出入口以及周边建(构)筑物口部距离不应小于10m；原则上不设置敞口风亭，特殊情形需设置时，敞口风亭通风口距离建筑洞口、出入口和其他送、排风口的距离不小于10m。

三、设计内容

通风空调系统由管廊通风系统、设备管理用房通风空调系统两部分组成。

1. 管廊通风系统

(1)天然气舱内设独立机械进排风系统，通风系统按疏散间隔依次设置机械进风机房及机械排风机房。每个疏散间隔两端设置双速送、排风机各一台，均为防爆风机。平时开启送风机及排风机低速挡通风，事故通风时开启本疏散间隔的送风机及排风机高速挡进行通风。

(2)电力舱设机械排风、机械进风。按200m设置防火分隔，按疏散间隔依次设置机械进风机房及机械排风机房。每个疏散间隔一端设机械进风机房，另一端设机械排风机房，设双速送、排风机各一台。平时开启送风机及排风机低速挡通风。事故后排烟时开启本疏散间隔的送风机及排风机高速挡进行通风。电力舱内每个防火分隔墙上设置一个电动防火门，平时通风常开，发生事故时全部关闭。事故后排烟时开启发生事故的疏散间隔内的电动防火门。

(3)水、暖舱设机械排风、机械进风。通风系统按疏散间隔设置，结合每个疏散间隔一端设机械进风机房，另一端设机械排风机房。机械通风时，室外新鲜空气由进风口经送风机进入管廊内，沿沟纵向流向排风口，并由排风机排至室外。水舱进、排风机可以在冬季严寒时关闭，仅在每周人员进入管廊进行维护管理之前启用。

(4)紧急逃生通道设置机械加压送风系统，送风量按通道净面积每平方米不小于$30m^3/h$计算。机械加压送风系统按紧急逃生通道的防火分隔设置，每个送风节点井相邻的两个紧急逃生通道共用一台加压风机，两个疏散通道之间用带电控阀的防火风口连通。当维护人员从该紧急逃生通道疏散时，打开该段防火间隔对应的加压风机、电动阀及防火风口进行加压送风。紧急逃生通道同时设置平时通风系统。平时通风系统按紧急逃生通道的防火分隔设置，结合每个防火分隔在两端分别设置机械进、排风机。机械通风时，室外新鲜空气由进风口经送风机进入管廊内。

(5)管廊内送、排风管均采用镀锌钢板制作。

2. 设备管理用房通风空调系统

各设备管理用房通风空调系统组成和划分根据具体情况而定，按工艺要求、使用功能和排烟要求进行空调、通风和排烟设计。管廊节点井内地下变电所设通风系统，同时设置多联机空调系统排除余热。

第六节　供电与照明设计

一、设计依据

相关专业提供的工程设计资料，甲方提供的设计任务书及设计要求，中华人民共和国现行主要标准及法规，当地绿色节能规范，其他有关国家及地方的现行规程、规范及标准。

二、设计范围

本工程设计包括红线内的以下电气系统：10kV/0.4kV 变配电系统（含电力监控系统）；动力、照明配电系统；照明系统；防雷、接地及电气安全系统；绿色节能环保措施。

三、主要设计原则

（1）认真执行国家的规程、规范、标准，并符合国家的行业标准及相关的地方性法规。

（2）设计要满足工艺管线的要求，做到安全适用、技术先进、经济合理、管理维护施工方便、绿色节能环保。

（3）选用技术成熟可靠、先进适用、节能高效、经济性好、易维护，并具有国家权威机构质量检验合格证书以及符合 3C 认证的机电设备。

（4）在限定的投资条件下，积极贯彻和执行国家绿色节能和可持续发展的相关政策，积极采用先进技术。

（5）供电系统满足安全、可靠、经济、合理的要求。

四、10kV/0.4kV 变配电系统

10kV/0.4kV 变配电系统包括：供电电源；负荷等级；高、低压供电系统结线型式及运行方式；变电所的设置；变压器的选择；10kV 继电保护；功率因数补偿；计量方式。

五、动力、照明配电系统

动力、照明配电系统包括配电系统、照明系统、应急照明系统、灯具的选择及要求、动力设备的控制。

六、主要设备选择及安装

变压器的选择，配电柜、配电箱的选择，其他电气设备的选择。

七、电缆选择及敷设

包括：非消防设备供电电缆、控制电缆、导线的选择及敷设；消防设备供电电缆、控制电缆、导线的选择及敷设。

八、电气火灾监测系统

设置剩余电流式电气火灾监测系统，用于低压配电线路的早期电气火灾监控。管理主机位于综合管廊控制中心内，区域管理主机设在主变电所内，现场控制器设在变电所低压柜内。

九、消防设备电源监控系统

设置消防设备电源监控系统，对各个消防设备均采集信号进行监控。消防设备电源状态监控器设在综合管廊控制中心内，在各消防设备配电箱的双电源进线处设电源监控模块。

十、防雷、接地及电气安全系统

综合管廊低压接地系统采用 TN-S 系统。变压器中性点接地、电气设备的保护接地、监控系统接地、防雷接地等共用统一接地装置。在变电所内设置总等电位连接箱，在监控机房、设备机房、配电间等处设置局部等电位连接箱。

十一、绿色节能措施

包括：供配电系统节能；电气设备节能；照明节能。

第七节　监控与报警设计

一、设计原则

(1)认真执行国家的规程、规范、标准，并符合国家的行业标准及相关的地方性法规。

(2)积极贯彻和执行国家制定的建筑行业相关的绿色节能和可持续发展的政策，做到技术先进、经济合理、实用可靠，并适度考虑发展裕量。

(3)以增强建筑物的科技功能和提升建筑物的应用价值为目标，以建筑物的功能类别、管理需求及建设投资为依据，具有可扩展性、易维护性、开放性和灵活性。

(4)管廊内设置现代化智能化监控管理系统，确保“管廊”内全方位监测、运行信息反馈不间断和低成本、高效率维护管理效果。

(5)根据综合管廊建设规模、纳入管线的种类、综合管廊运营维护管理模式等合理确定监控与报警系统的组成及其系统架构、系统配置。规划落实各级控制管理职能，规划预留与智慧城市、各市政管理系统及城市管理系统的接口。

二、设计内容

本工程监控与报警系统包含以下几项。

1. 智能化集成系统

为实现各种信息共享、建立地下空间的统一管理平台，要求智能化系统进行集成。并应具有数据通信、信息采集和综合处理功能。

智能化集成系统主要包括设备的集成、系统软件的集成，从而提高管理效率、共享各种信息资源、降低运行成本。本系统应与各专业管线配套监控系统联通，与各专业管线单位相关监控平台联通，并与城市市政基础设施地理信息系统联通或预留通信接口。

2. 信息设施系统

信息设施系统的建设是为使用和管理创造良好的信息应用环境，对建筑物的各类信息进行接收、交换、传输、存储、检索等综合处理，并提供符合信息化应用功能所需的各类信息设备系统组合，主要包括地理信息系统、运营维护管理系统、信息网络安全管理系统、智能卡应用系统。

3. 环境与设备监控系统

环境与设备监控系统主机设于控制中心内。内设监控工作站、服务器、打印机、网络通信设备等，对各监控设备进行统一监测、控制和管理，并完成系统设置、数据处理、能耗统计管理等工作。

环境与设备监控系统主要功能：设备的手/自动状态监视，启停控制，运行状态显示，运行记录，故障报警，温湿度等环境参数监测及自动控制，以及实现各种相关的逻辑控制关系、统计分析、能耗计量、电力监控等，确保各类设备系统运行稳定、安全、可靠和高效，并达到节能和环保的管理要求。

4. 安全防范系统

安全防范系统为由视频监控系统、入侵报警系统、出入口控制系统、电子巡查管理系统组成的集成式安防系统，能集成在一个平台下统一管理。系统采用结构化、规范化、模块化、集成化的配置，构成先进、可靠、经济、适用和配套的安全防范系统。消防安保监控主机设备设在控制中心内。控制中心为禁区，内设紧急报警装置并预留有向上一级接警中心报警的通信接口。

5. 预警与报警系统

在管廊内设置火灾自动报警系统。火灾自动报警及联动系统采用集中式报警系统。消防控制中心设在管廊管理用房的控制中心内，以便于发生火灾时进行统一指挥，系统设备占有独立的工作区。控制中心内应设有119直拨电话。控制中心的报警控制设备由火灾管理工作站、集中式火灾报警控制主机、联动控制台、CRT显示器、打印机、消防专用电话设备和电源设备等组成。控制主机能将信号送至上一级消防调度指挥中心。主机采用标准接口及通信协议，以便系统集成。

天然气管道舱设置可燃气体探测器，接入可燃气体报警控制器。可燃气体报警控制器采用通信接口接入火灾报警控制器，发生事故时由可燃气体报警控制器联动相关设备。

6. 机房工程

监控与报警设备用房包括：控制中心、通信网络机房、通信接入机房，均设在综合管廊管理用房内。

控制中心包含：火灾报警主机、安防系统主机、环境与设备监控系统主机、集成系统主机及服务器等，内部空间可根据管理需要进行划分，便于统一指挥和管理。通信网络机房在管理用房内，管廊的信息网络系统、电话系统中心设备设于其中。通信接入机房与其相邻。根据风机房的位置在风机房内或弱电间内设置现场控制模块等弱电分控设备，便于对现场设备进行控制管理。

7. 接地及安全

本工程保护性接地和功能性接地采用共用接地装置，并采用总等电位联结，总等电位箱 MEB 设于变电所，采用总等电位联结。控制中心、通信网络机房内设有局部等电位联结箱 LEB，LEB 与总等电位联结箱及墙内接地预埋件之间采用 YJV-1×25 电缆或镀锌扁钢可靠联结，接地电阻小于或等于 1Ω。

8. 线路敷设及设备安装

非消防线缆选择阻燃型线缆，消防设备的线缆选择耐火型线缆。干线采用封闭式金属线槽敷设。管廊层的弱电线路分两层敷设在电信电缆托架的下部，其中一层为消防线槽，另一层为安防楼控线槽、通信线槽。支路采用热镀锌钢管敷设。火灾报警、广播系统明敷设的管线刷防火涂料处理。天然气管道舱内设置的监控与报警系统设备的安装与接线技术应符合现行国家标准《爆炸危险环境电力装置设计规范》(GB 50058—2014)的有关规定。环境与设备监控系统设备选用工业级产品。管廊内设备防护等级不低于 IP65。

9. 绿色节能措施

环境与设备监控系统：将变配电系统、通风系统、给排水系统、照明系统等，纳入环境与设备监控系统统一监控和管理，提高运行管理水平，实现建筑的节能运行，实现节能减排的目标。

第八节 消防设计

一、消防系统设计

1. 规范消防要求

现行《城市综合管廊工程技术规范》(GB 50838—2015)的相关规定如下。

(1)综合管廊逃生口的设置应符合下列规定。

① 敷设电力电缆的舱室，逃生口间距不宜大于 200m。

② 敷设天然气管的舱室，逃生口的间距不宜大于 200m。

③ 敷设热力管道的舱室，逃生口的间距不宜大于 400m；当热力管道采用蒸汽介质

时，逃生口间距不宜大于100m。

④ 敷设其他管道的舱室，逃生口的间距不宜大于400m。

(2)天然气管道舱及容纳电力电缆的舱室每隔200m采用耐火极限不低于3h的不燃性墙体进行防火分隔，防火分隔处的门应采用甲级防火门，管线穿越防火分隔部位应采用阻火包等防火封堵措施进行严密封堵。

(3)干线综合管廊中容纳电力电缆的舱室，支线综合管廊中容纳6根及以上电力电缆的舱室，应设置自动灭火系统，其他容纳电力电缆的舱室宜设置自动灭火系统。

2. 本工程消防设计问题

(1)本工程全线长12.63km，根据现有规范要求，天然气舱和电力舱各需划分为64个防火分隔及64个逃生口，其他舱室需设32个逃生口。

(2)根据综合管廊试点城市沈阳市地下综合管廊(南运河段)工程申报的定线线路，本工程基本位于运河河岸绿地、南运河河道及城市道路下方，道路较窄，交通流量较大，地下管线较多，河岸绿地树木较多。

(3)沿线需上跨地铁2号线青年公园站至工业展览馆站区间和10号线万泉公园站至泉园一路站区间，下穿南北二干线公路隧道、中航黎明专用线铁路、南二环路，邻近30座市政桥梁。

(4)现有《城市综合管廊工程技术规范》(GB 50838—2015)主要是对现浇混凝土、预制拼装综合管廊进行了比较明确的规定，对盾构工法的综合管廊，特别是在老旧城区的综合管廊建设规范有些条款有不适用之处。

(5)由于盾构施工工法，根据断面受力特点，不宜在盾构结构管片上随意设置开口，需采取特殊的加强处理，风险较大，易降低其管廊结构的安全性及可靠性，且造价高。

3. 消防系统方案

(1)沈阳市地下综合管廊(南运河段)工程全线仅按同一地点位置、同一时间、一处发生事故火灾考虑。

(2)设置紧急逃生通道，解决管廊紧急状态下的逃生问题。

(3)尽量减少天然气舱内的隔断墙，减少天然气舱通风死角，有利于通风系统良好的气流组织，便于事故工况下及时排除泄漏气体。燃气舱每400~600m(800m)采用耐火极限不低于3.0h的不燃性墙体进行防火分隔。

(4)电力舱每200m采用耐火极限不低于3.0h的不燃性墙体进行防火分隔。

(5)热力舱及给水中水舱不设防火分隔。

(6)每400~600m(800m)设置出地面逃生口。

(7)电力舱室采用无管网式超细干粉灭火系统，在防火分隔内按计算要求设置超细干粉灭火装置，同一防火分隔内控制同时启动。

(8)管廊内及节点部位根据火灾危险程度设置手提式干粉灭火器(节点井分变电所采用手推车式灭火器)。

(9)天然气舱设置可燃气体探测报警系统及事故排风系统，天然气舱室内全线无阀门。地面采用撞击时不产生火花的材料。

(10)水舱、热力加电信舱及其连接通道火灾危险等级为轻危险级，在其舱内单侧墙上每隔 40m 布置灭火器箱，内设 3kg 装磷酸铵盐干粉灭火器 2 具。

(11)电力舱设事故后排烟系统，换气次数按 6 次/时计算。

(12)紧急逃生通道按每平方米 $30m^3/h$ 送风量设置事故工况下的加压送风系统，维持不小于 50Pa 的余压。

(13)在舱室内的维修管理人员遇到事故时可逃入紧急逃生通道，由通道进入地下一层的地面逃生口出地面。

(14)人员紧急逃生线路。

综合管廊地下二层逃生节点平面示意图、综合管廊地下二层逃生间距平面示意图等如图 8. 34 至图 8. 39 所示。

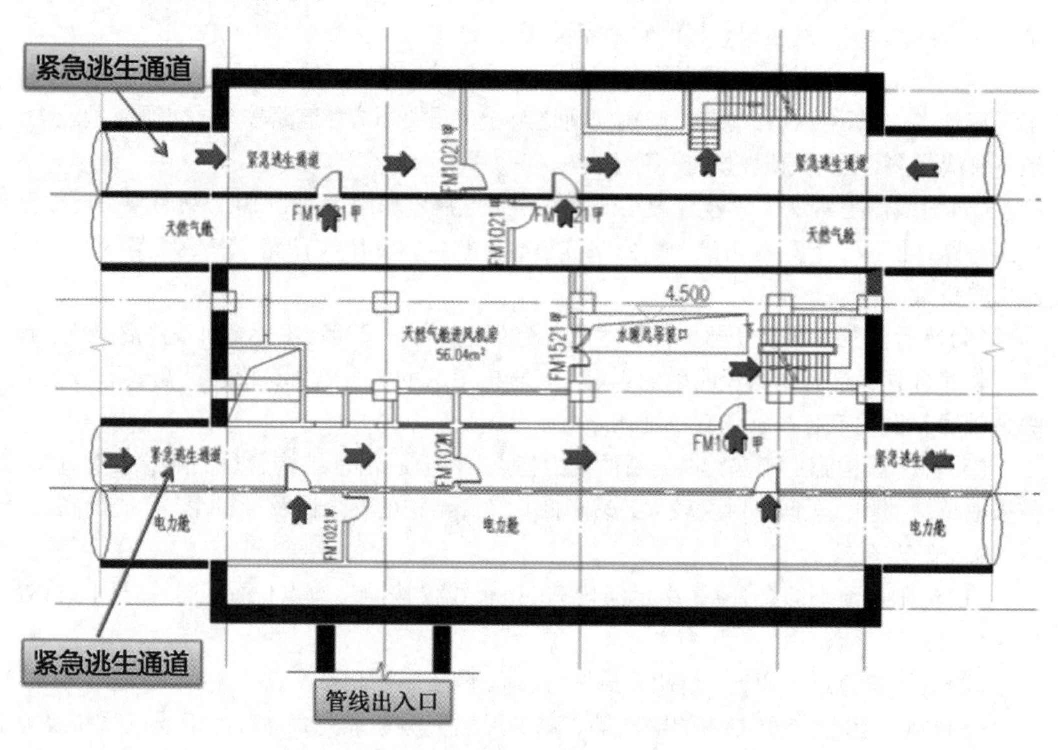

图 8. 34　综合管廊地下二层逃生节点平面示意图

二、消防系统安全设计

1. 通风系统

详见本章第五节的内容。

2. 供电系统设计

(1)综合管廊的消防设备、监控与报警设备、应急照明设备为二级负荷供电。天然气舱的监控与报警设备、管道紧急切断阀、事故风机应按二级负荷供电。

(2)二级负荷采用双电源供电，并于供电末端进行自动切换。

(3)在消防配电设备的盘面等处加“消防”标志。

(4)消防设备配电箱的备用回路不得接入非消防设备。

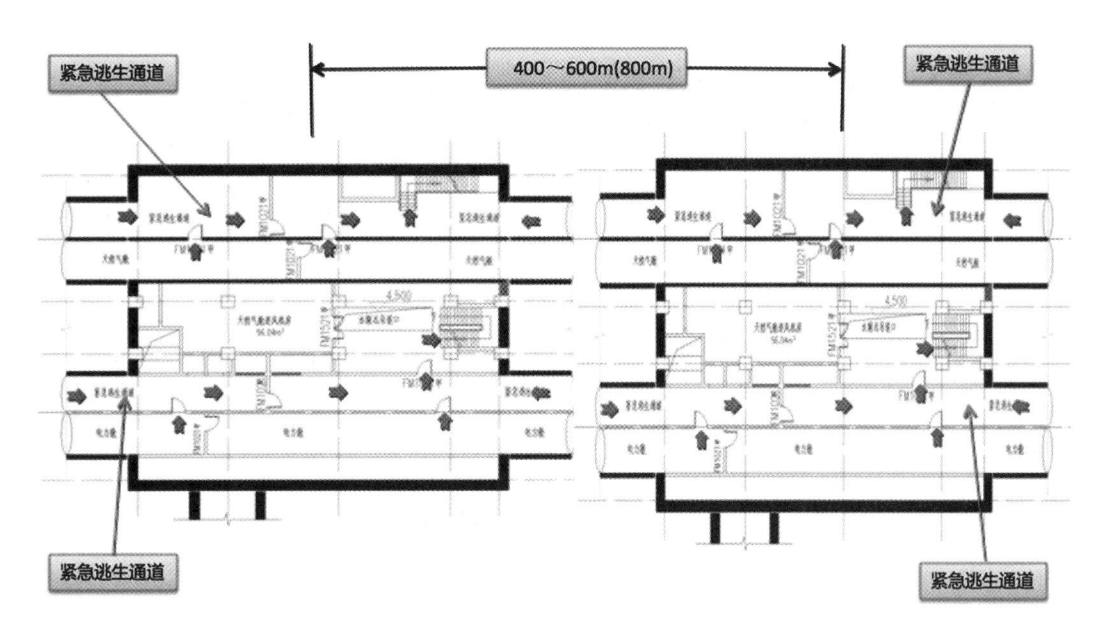

图 8.35　综合管廊地下二层逃生间距平面示意图

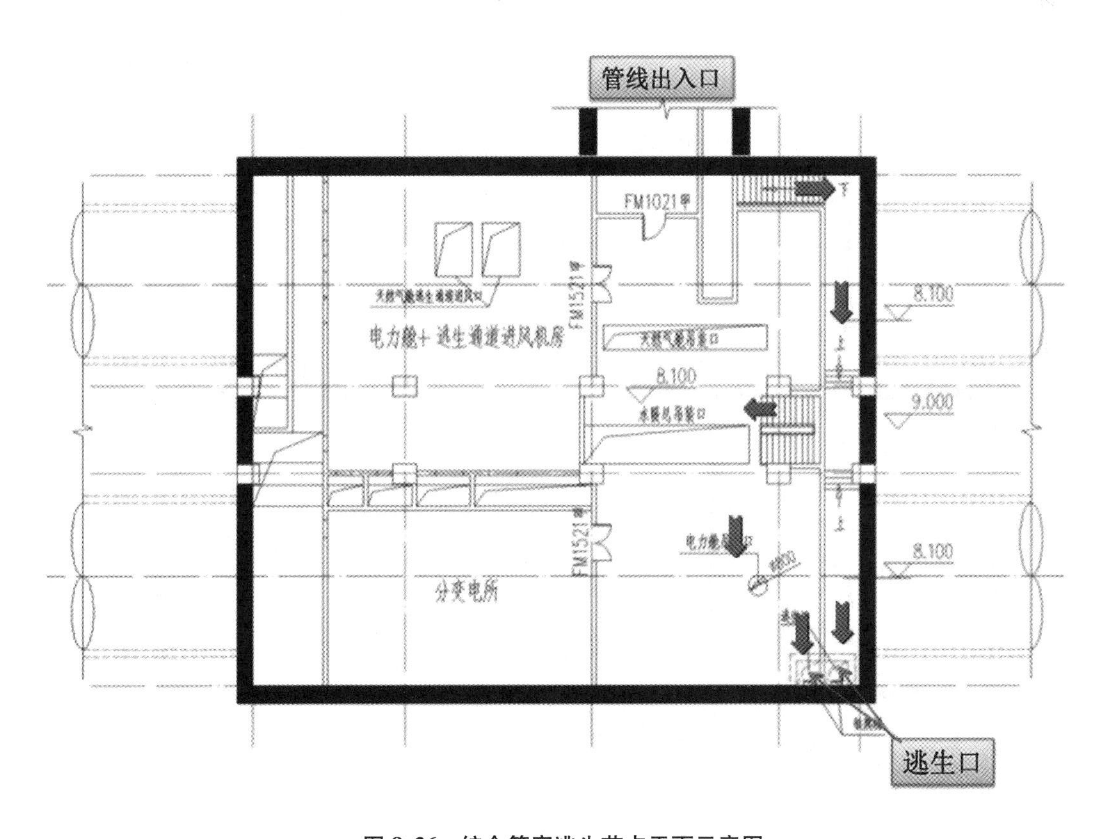

图 8.36　综合管廊逃生节点平面示意图

(5)消防专用设备的过载保护只报警，不跳闸。

(6)消防用电设备配电线路采用耐火型电缆或导线，暗敷设时，应穿金属管并应敷

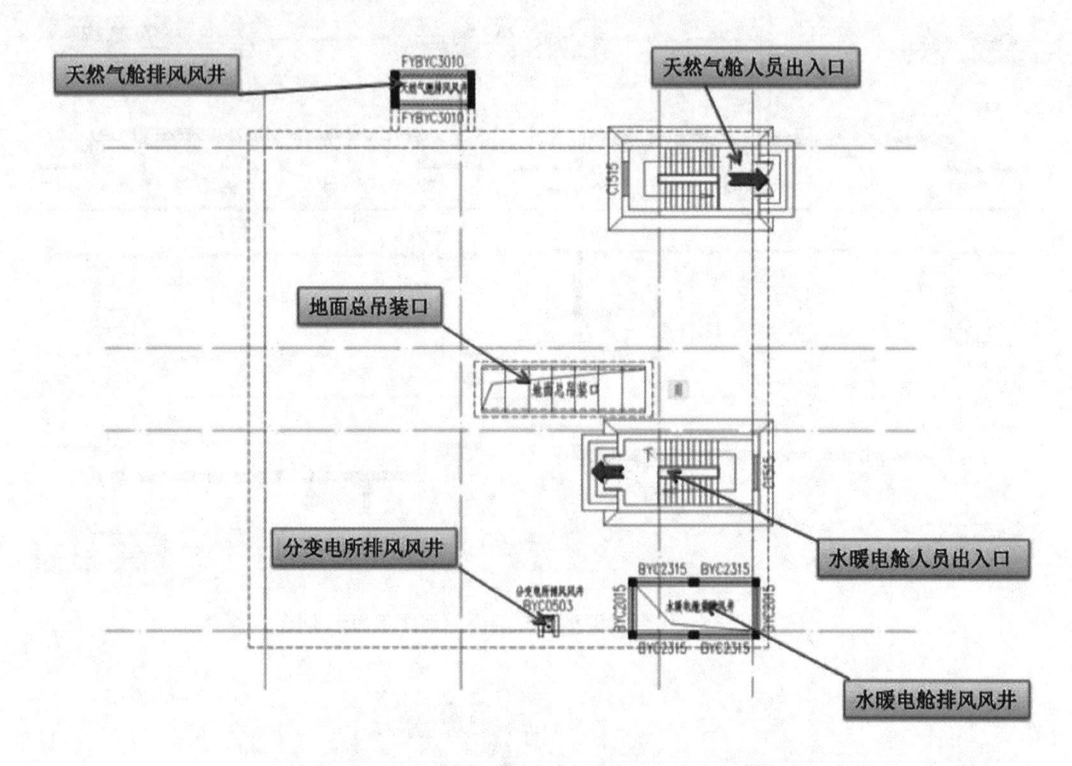

图 8.37　综合管廊地面人员出入口(兼逃生口)平面示意图

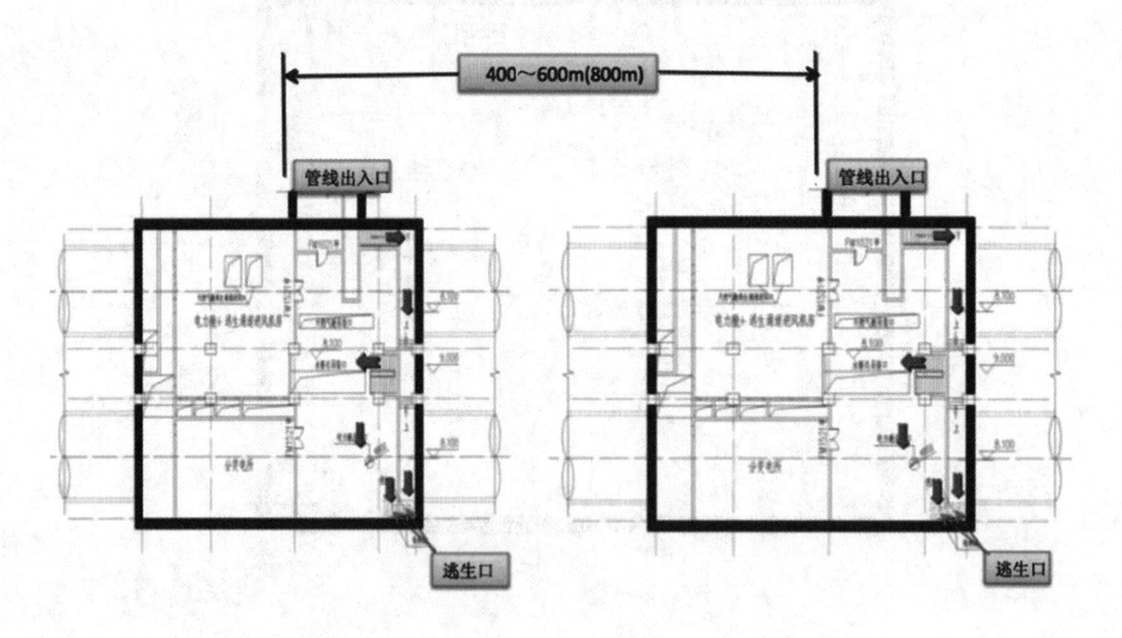

图 8.38　综合管廊地下一层出地面逃生口间距平面示意图

设在不燃烧体结构内且保护层厚度应大于 30mm。明敷设时，应穿金属管或封闭式金属线槽，并采取防火保护措施。

(7)电缆桥架穿过防烟分区、防火分区、楼层时应在安装完毕后，用防火材料封堵。

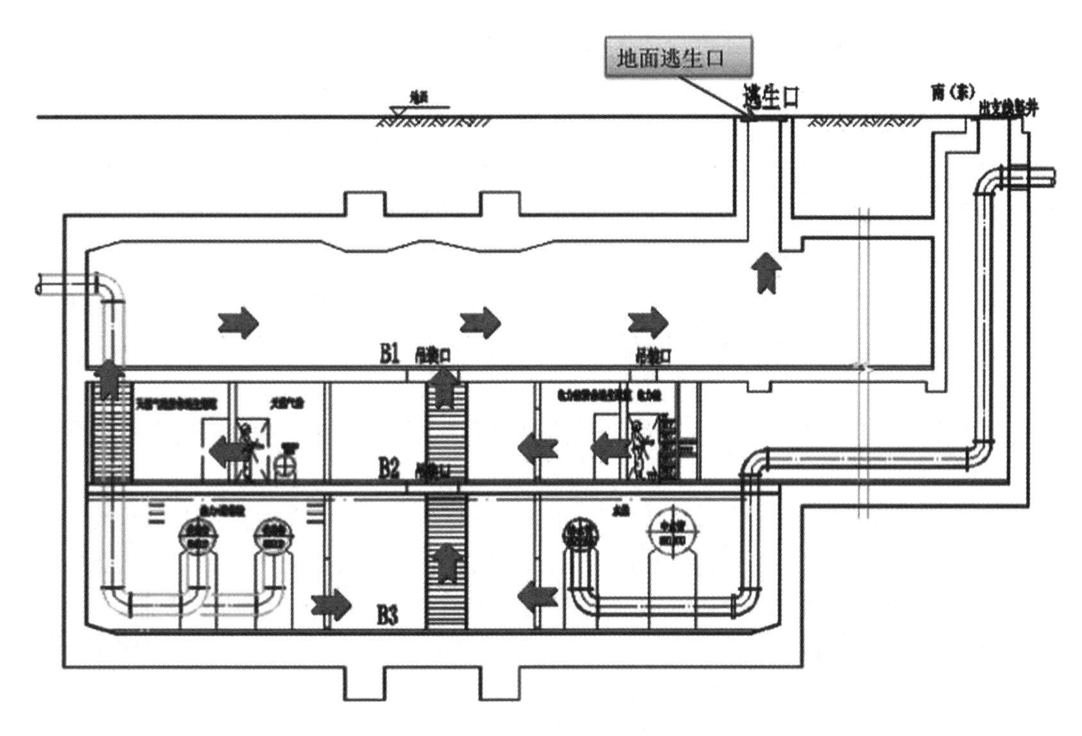

图 8.39　综合管廊出地面逃生口节点剖面示意图

(8)消防设备的配电线路与其他线路分桥架敷设。

(9)应急照明。

① 为保证应急照明的供电，设置 EPS 不间断电源，并保证照明中断时间不超过 0.3s，持续供电时间不应少于 90min。EPS 蓄电池柜电源由双电源切换箱提供。

② 监控室、排烟风机房、变电所以及发生火灾时仍需坚持工作的场所设置备用照明，并保证正常照明的照度。

③ 综合管廊在出入口和各防火分区防火门上设置安全出口标志灯。

④ 在楼梯和疏散走廊设安全出口标志灯及疏散指示灯，并根据规范要求设疏散照明灯。

⑤ 应急照明灯具应采用玻璃或不燃烧材料制作的保护罩。

(10)天然气舱设有的事故送、排风机按一级负荷供电，采用双电源供电末端自动切换。为确保天然气电源的连续供电，热继电器只设过负荷报警，不切断电源。

(11)天然气舱的应急照明采用集中供电应急电源系统。

(12)天然气舱内照明管线为导线穿镀锌钢管明敷，灯头盒、灯具等所有电器设备均采用隔爆型，管线敷设严格按照防爆规范进行施工。

3. 水消防系统

(1)室外消防。

消防给水水源为城市市政自来水，即采用市政消火栓。

(2)管廊内消防。

① 自动灭火系统：干线综合管廊中容纳电力电缆的舱室，支线综合管廊中容纳 6 根

及以上电力电缆的舱室，应设置自动灭火系统，其他容纳电力电缆的舱室宜设置自动灭火系统。拟在电力舱室采用无管网式超细干粉灭火系统，在电缆舱内每隔 3.6m 设置一个，同一防火分隔内控制同时启动。

② 干粉灭火器系统：电力舱、天然气舱分别为 E 类、C 类火灾场所，均按严危险级配置磷酸铵盐手提式干粉灭火器，灭火级别为 3A 级，最大保护面积为 $50m^2/A$，灭火器最大保护距离为 15m，每处设置 2 具 5kg 手提式干粉灭火器。

③ 水舱、热力加通信舱及连接通道火灾危险等级为轻危险级，在其舱内单侧墙上每隔 40m 布置灭火器箱，内设 3kg 装磷酸铵盐干粉灭火器 2 具。

4. 事故、火灾自动报警系统

在管廊内设置火灾自动报警系统。火灾自动报警及联动系统采用控制中心报警系统。

(1) 消防控制中心设在管廊管理用房的控制中心内，以便于发生火灾时进行统一指挥，系统设备占有独立的工作区。控制中心内应设有 119 直拨电话。控制中心的报警控制设备由火灾管理工作站、集中式火灾报警控制主机、联动控制台、CRT 显示器、打印机、消防专用电话设备和电源设备等组成。控制主机能将信号送至上一级消防调度指挥中心。主机采用标准接口及通信协议，以便系统集成。火灾报警系统采用智能化的系统。控制主机采用总线制闭合环路探测系统，任一点断线系统出现故障并不影响系统正常工作。系统应扩展方便，便于安装，方便调试，易于维护管理。探测器和模块混合编址，没有数量限制。系统使用上要实用、准确、可靠、操作简便。系统应可以灵活组网。系统具有开放的通信协议和通信接口。系统应提供简体中文操作界面。中文图像显示终端应为火灾报警控制器厂家提供的专用配套设备，其主、备电源应满足相关规范的要求。系统可与安防系统联动，可以自动或手动将报警点及相邻点的图像准确调出。火灾报警系统对所有运行信息的存储时长应保持 6 个月以上。系统应对所出现的火警、故障及其他异常情况，提供准确无误的文字、图形信息，并有明显的声光报警。

(2) 火灾报警系统采用总线制闭合环路探测系统，任一点断线系统出现故障并不影响系统正常工作，系统应扩展方便，便于安装，方便调试，易于维护管理。系统总线上应设置总线短路隔离器，每只总线短路隔离器保护的火灾探测器、手动火灾报警按钮和模块等消防设备的总数不应超过 32 点；总线穿越防火分区时，应在穿越处设置总线短路隔离器。一台火灾报警控制器所连接的设备总数和地址总数不超过 3200 点，其中每一个回路所连接的设备总数不宜超过 200 点，也应留有不少于额定容量 10%的余量。一台消防联动控制器地址总数或所控制的各种模块总数不超过 1600 点，每一联动总线回路连接设备的总数不宜超过 100 点，且应留有不少于额定容量 10%的余量。本报警区域的模块不应控制其他报警区域的设备。

(3) 消防控制中心的功能。消防控制中心可接收手动报警按钮、感烟等探测器的火灾报警信号。消防控制中心除了具有能够自动控制消防设备启停并显示其工作和故障状态的功能外，还具有手动硬线控制功能。可与安防系统互联，报警的同时可联动报警点附近的摄像机进行图像复核，并能将门禁系统解锁。

(4) 火灾探测器的选择及设置。① 火灾探测器主要采用感烟探测器、感温探测器、可燃气体报警探测器、吸气式报警系统。② 感温探测器设在管廊电力舱内，采用缆式感温探测器。点式感烟探测器设置在设备机房、管理用房、走道等处。③ 缆式感温探测系统由光纤感温控制器、感温光纤、系统工作站组成。本系统工作站与火灾报警管理工作站合用。本工程电力舱每个防火分区内至少设置 1 台光纤感温控制器。在控制中心，集中式火灾报警主机接收显示光纤感温探测主机报警及故障信号。④ 可燃气体报警探测器设在燃气舱内。

(5) 手动报警按钮等的设置：在管廊的每个防火分区内及管廊出入口处设置手动报警按钮装置。

(6) 声光报警装置：设备用房出入口设发生火灾事故后提示禁入管廊的声光报警信号装置。

(7) 消防通信系统。① 为解决管廊内的应急通信，在控制中心设有专用的总线型直通应急电话总机，兼消防通信功能；② 设备用房内的变电所、排风机房等处设有消防电话挂机，并采用专用回路，管廊内其他设有手动报警按钮处设消防电话插孔。

(8) 消防联动控制。消防模块集中设置在被控设备附近的消防模块箱内。① 监测对象：手动报警按钮、70℃防火阀、70℃防烟防火阀、280℃防火阀及各控制设备运行、故障、手/自动状态等；② 联动控制对象：排烟风机、相关风阀、非消防电源的切除、应急及疏散照明的启动、门禁的解除、安防系统摄像机的切换、启动声光报警装置等。这些受控对象火灾时都应按相关规范规定的程序进行控制。

(9) 防火门监控系统。防火门监控器设置在消防控制室内，电动开门器的手动控制按钮设置在防火门内侧墙面上，距门 0.4m，底边距地 1.3m。

(10) 漏电火灾报警系统。系统采用二总线制、模块化结构，采用智能网络体系。漏电火灾报警系统监控主机设置在消防控制室，该系统只报警，不用于切断电源。变电所低压配电柜内每个低压出线回路设探测器，每面柜设监控单元，通过通信总线引至漏电火灾报警监控主机。

(11) 消防电源：采用双电源供电并在末端互投。火灾自动报警系统设有主电源及直流备用电源。主电源由控制室专用双电源切换箱集中统一供电，并且点式、吸气式报警系统均采用独立回路；系统主电源为双电源供电，双电源在末端配电箱处进行切换。系统设备均应自带直流 24V 电源和满足规范及使用要求的专用蓄电池作为备用电源，消防设备应急电源输出功率应大于火灾自动报警及联动控制系统全负荷功率的 120%，蓄电池组的容量应保证火灾自动报警系统及联动控制系统在火灾中同时工作负荷条件下连续工作 3h 以上。备用电源由设备承包商提供。

三、综合管理中心消防设计

1. 建筑

本建筑地上部分耐火等级为二级，地下部分耐火等级为一级。共设两个防火分区。其中地上一层为一个防火分区，地下一层为一个防火分区。防火分区之间以耐火极限不低于 3h 的防火墙及耐火极限不低于 1.5h 的楼板分隔。

防火门窗及建筑构造。楼梯间及前室门为乙级防火门，水暖设备管井、强弱电缆井的门均为丙级防火门。地下室内各设备用房的门为甲级防火门或甲级防火隔音门；用于疏散走道、楼梯间、前室的防火门应具有自闭功能，双扇门具有自闭及按顺序关闭的功能（设闭门器及顺位器）；凡上下水管、电缆桥架穿越防火墙处，均应采用与被穿越防火墙的耐火极限等同的不燃材料封堵；竖向管道井每层均用配筋混凝土封堵，管道与套管之间用岩棉填塞密实；所有非承重隔墙均要求砌筑到楼板或梁底，不留任何缝隙；防火墙上设备开洞时应在设备箱背后进行特殊处理，刷5mm厚防火漆，并加双层10mm厚防火板，耐火极限要求达到3h；所有楼梯间及前室，疏散走道、空调风机房、消防泵房、变配电室的墙面、楼面及顶棚用料的燃烧性能均为A级。

2. 通风系统

有可开启外窗的房间采用自然排烟，其可开启部分面积为排烟区域地面面积的2%。不具备自然排烟条件的超过20m的内走道、地上超过100m^{2}的内房间、地下超过50m^{2}的内房间等采用机械排烟。排烟系统分区设置原则是根据建筑平面的防火分区进行划分的，即每一个防火分区为一个排烟系统，在每个防火分区内划分若干个防烟分区，每个防烟分区内均设置有排烟口，当排烟口由排风口兼用时为常开型，当独立设置时为常闭型，发生火灾时由烟感通过消防控制室进行开启。每个防烟分区的最大面积按不大于500m^{2}进行划分，当负担一个排烟分区时排烟量按不小于每平方米60m^3/h计算，负担两个或两个以上排烟分区时按最大防烟分区面积不小于每平方米120m^3/h计算；所有风管在穿过防火墙时设70℃或280℃（排油烟风管为150℃）熔断关闭的防火阀；空调风管均采用不燃材料，保温材料采用不燃或难燃材料。

3. 供电照明

消防用电设备、消防控制中心、变电所用电为二级负荷，管廊设备管理用房中的正常照明、空调用电为三级负荷；二级负荷采用双电源供电，并于供电末端进行自动切换；在消防配电设备的盘面等处加“消防”标志；消防设备配电箱的备用回路不得接入非消防设备。

消防专用设备的过载保护只报警，不跳闸；消防用电设备配电线路采用耐火型电缆或导线，暗敷设时，应穿金属管并应敷设在不燃烧体结构内且保护层厚度应大于30mm。明敷设时，应穿金属管或封闭式金属线槽，并采取防火保护措施；电缆桥架穿过防烟分区、防火分区、楼层时应在安装完毕后，用防火材料封堵；消防设备的配电线路与其他线路分桥架敷设；为保证应急照明设备的供电，设EPS不间断电源，并保证照明中断时间不超过0.3s，持续供电时间不应少于90min。EPS蓄电池柜电源由双电源切换箱提供；变电所、消防泵房、排烟机房以及消防控制室等房间的照明100%为备用照明；楼梯间、前室、疏散走道等公共场所的疏散照明一般按正常照明的10%~15%设置；公共场所同时设置疏散指示灯及安全出口标志灯；应急照明灯具应采用玻璃或不燃烧材料制作的保护罩。

4. 给排水消防系统设计

（1）七氟丙烷管网灭火系统。本楼监测用房、控制中心及网络机房等配电用房采用七氟丙烷管网灭火系统。防护区应设置泄压口，泄压口应位于防护区净高的2/3以上。气灭区烟、温探测器通过回路线接入报警主机，报警主机通过光线网络将火灾报警信息传到气灭主机，气灭主机通过回路线将一报、二报及复位信号传到接口卡，接口卡通过485总线将信号传到气灭控制盘，控制盘执行相应灭火程序。

(2)移动式灭火器。

① 办公室部位按A类火灾中危险级设手提式磷酸铵盐干粉灭火器，灭火级别为2A级，最大保护面积为75m²/A，灭火器最大保护距离为20m，每处设置2具3kg手提式干粉灭火器。

② 变配电用房内按E类火灾严危险级设手提式磷酸铵盐干粉灭火器，灭火级别为3A级，最大保护面积为50m²/A，灭火器最大保护距离为15m，每处设置2具5kg手提式磷酸铵盐干粉灭火器。

③ 室外消火栓系统：不单独设置室外消火栓系统，由周边现状市政消火栓辐射。

5. 监控与报警系统

详见本节“二、消防系统安全设计”中第4点的内容。

第九节　给排水设计

一、一般要求

(1)结构渗漏水、表面凝结水以及管道检修发生泄漏水等通过排水沟收集至节点井集水坑中，由潜水泵提升到节点井外，并就近排至城市污水系统。

(2)管道检修放空水在泄水阀处通过管道泵提升至节点井外，并就近排至城市污水系统。其中，热力管检修放空水需在室外冷却至40℃后，才能排入城市污水系统。

(3)盾构井和工艺节点井处排水管与市政排水管接口位置、管径、检查井等，均应与沈阳市有关部门达成协议。

(4)排水设备的选型，应采用技术先进、安全可靠、经济合理并经过实践运营考验的产品，规格尽可能统一，以便于安装和维修。

(5)设计中不仅考虑工程建设投资，还需要与工程总寿命期间所有费用进行综合比较，在充分考虑节约工程建设投资的情况下，提倡节能、节水等以减少长期运营成本，同时制定建立节约型社会的具体措施。

二、主要技术要求

(1)地下结构渗水量按每平方米1L/d计算。

(2)热力管检修放空水量按放空长度不超过1.5km，5小时放空计算。

(3)给水及中水管检修放空水量按放空长度不超过1.5km，12小时放空计算。

(4)天然气舱为独立排水系统，设置集水干坑，干坑尺寸为3.0m×0.6m×0.5m($L\times B\times H$)，坑内不设固定式潜水泵，预留防爆型插座。

(5)水舱、热力加通信舱合用一个集水坑；电力舱及紧急逃生通道内排水通过地漏引至下层排水沟，并排至集水坑，经由潜水排污泵排至室外。

第十节　标识系统设计

一、设计范围

综合管廊标识系统的设计范围为南运河综合管廊的区段及节点井内标识系统设计。

本设计需结合运营管理单位意见，由专业公司或厂家进行深化设计，施工单位还需对标识进行现场校准。

二、设计要点

(1)综合管廊的主出入口内应设置综合管廊介绍牌，并应标明综合管廊建设时间、规模、容纳。标识牌尺寸为：1000mm×500mm。

(2)纳入综合管廊的管线，应采用复合管线管理单位要求的标识进行区分，并应注明管线属性、规格、产权单位名称、紧急联系电话。标识应设置在醒目位置，间隔距离不应大于100m。标识牌尺寸为：500mm×150mm。

(3)综合管廊的设备旁边应设置设备铭牌，并应标明设备的名称、基本数据、使用方式及紧急联系电话。标识牌尺寸为：500mm×150mm。

(4)综合管廊内应设置“禁烟”“注意碰头”“注意脚下”“禁止触摸”“防坠落”等警示、警告标识。标识牌尺寸为：400mm×300mm。

(5)综合管廊内部应设置里程标识。标识牌尺寸为：300mm×150mm。

(6)交叉口应设置方向标识。标识牌尺寸为：250mm×140mm。

(7)人员出入口、逃生口、管线分支口、灭火器材设置处等位置，应设置带编号的标识。标识牌尺寸为：360mm×180mm。

(8)综合管廊穿越南运河时，应在河道两侧醒目位置设置明确的标识。标识牌尺寸为：800mm×400mm。

(9)管廊内所有标识用阻燃材料及自发光材料制作。

(10)与城市其他地下空间开发利用项目不同，沈阳市地下综合管廊(南运河段)工程中的标识系统主要功能在于警告、说明与紧急疏散导向。

(11)警告类标识。警告类标识是综合管廊管理的重要手段，主要通过醒目的表达方式向进入综合管廊的各类参观人员、作业人员、管理人员，明示综合管廊内的禁止事项。根据国内外综合管廊管理的经验，一般综合管廊内应禁止以下事项。

① 面向参观者：禁止吸烟，禁止明火，保持综合管廊清洁、严禁乱扔杂物，未经允许严禁触摸任何电器等。

② 面向工作人员：禁止吸烟，注意防火，保持综合管廊清洁、严禁乱扔杂物，综合管廊内严禁堆放任何物品，作业完毕请检查是否有遗漏工具，作业完毕请进行安全检查，未经申请禁止使用本次作业范围外的任何设备。

(12)说明类标识。综合管廊内的说明性标识主要用于对综合管廊内的管线、附属设备、电器设备使用、综合管廊概况的系统进行说明，一般包括：给水管(各种管径)、供冷供热管(各种管径、功能)、信息缆线(各单位)、电力电缆(各种电压)、灭火器、冲洗水箱、通风口、各种电器(照明、水泵、风机)适用范围、综合管廊系统说明、其他说明性标识(注意碰头、注意脚下、注意楼梯、注意坡度)等。

(13)紧急疏散标识。综合管廊内的紧急疏散标识根据功能可分为两类，一类为紧急疏散标识，一类为紧急状态下设备的使用标识。前者以国家规范为基础，在紧急状态下，将综合管廊内的工作人员、管理人员等，以最短的路径疏导至人员出入口；后者主要是对紧急状态下，一些逃生设备的使用说明。标识内容包括：各种紧急疏散导向标识、紧急电话标识、防护门拉下标识等。

(14)标识材质统一规划。综合管廊内的各种标识必须严格遵守国家规范制作、设置，除采用阻燃材料外，警告类和说明类标识表面应为反光材料，紧急疏散标识应采用自发光材料。同时，标识设置除满足国家规范外，还须在综合管廊内的转弯、坡度变化、设备突出等部位的底板上采用自发光材料，印刷、贴附部分导向标识。

(15)标识色彩统一规划。综合管廊具有内部光照不强、非专业人员进入少、一旦发生照明故障将完全黑暗、多工种人员交互进入等特点，根据综合管廊的这些特点，其标识系统在色彩上应进行统一规划：

① 红色：表示严禁事项；

② 黄色：表示警告事项；

③ 绿色：表示安全事项；

④ 灰(白)色：表示说明事项。

三、主要材料说明

(1)不锈钢。均采用304材质，质量符合《不锈钢热轧钢板和钢带》(GB/T 4237—2007)，材料厚度严格按照设计要求，下差应小于0.2mm。

(2)亚克力。应符合以下要求，密度：$19kg/dm^3$，透光率：92%，冲击强度≥$16kg/cm^3$，拉伸强度≥$61kg/m^3$。

(3)油漆。全部采用进口汽车漆，要求漆膜丰满度好、光泽高、硬度高、遮盖力强、附着力好，有优良的机械性能，极好的光泽保持性、耐候性、耐磨性，良好的耐酸、耐碱等，各批次色差应小于5%。

(4)油墨。采用进口品牌，要求丝印图层色彩准确、硬度高、遮盖力强、附着力好，具有良好的耐候性和耐腐蚀性。

(5)PVC。采用高密度板材，厚度下差小于1mm。

四、深化设计及现场配合施工要求

(1)各类标牌色彩分区划分。根据各区域功能，必要时使用不同的色彩区域划分，对综合管廊整体区域功能需了解清楚，选择合适的色彩运用。

(2)标识内容缩写。根据各类标牌功能，确定引导内容及方向，保证内容准确、逻辑清晰。

(3)需进行现场尺寸测量和核实。根据点位核实每块标牌尺寸是否适合现场环境，根据现场尺寸及引导内容调整确定各类标牌的准确尺寸。

(4)安装方式深化。根据布点对各类标牌的安装位置进行核实后，对不符合安装要求或不具备安装条件的标牌进行调整(尺寸/种类/安装方式)，确保引导的连续性、合理性。

(5)样品制作与色彩确认。样品制作应严格按照设计要求进行，保证材料工艺、色彩内容准确无误，以验证材料结构的合理性，色彩款式风格与环境协调，兼顾美观与功能，达到预期效果。

第十一节　管理中心设计

一、规划要求

根据沈阳市地下综合管廊(南运河段)工程项目意见书要求，综合管廊需设置综合管廊管理中心，具体要求如下。

(1)南运河段综合管廊全长约12.63km，拟规划设置管理中心一处。该管理中心为南运河段综合管廊运维管理，在管理中心内设置集中监控中心、值班室、各入廊管线单位维护维修室及驻管理中心办公室等功能，是服务于沈阳市老城区地下综合管廊的运维管理中心。

(2)监控中心：负责监控管廊内人员的工作情况，各舱室内温度、湿度、氧气浓度以及消防系统等。

(3)备料间：存储平时维修用料、工具等及各种管线的房间。

(4)值班室：各管廊段及各入廊管线24小时值班人员房间。

二、建筑

1. 功能布局

各层功能布置如下：地下一层主要布置消防水池、水泵房及设备用房；首层主要布置综合管廊控制中心、值班室、展厅(参照其他城市地下综合管廊建设的管理中心经验而设置)；二、三层主要布置各管线专业及管理办公室、会议室、网络机房及培训中心。

2. 设计理念

建筑立面简洁完整，以深褐色为主，主要材料为真石漆外墙涂料和玻璃。在立面的设计上充分考虑了现代感较强的设计元素，强调竖向线条以及体块的厚重感，大气稳重的外形不但体现了新建筑应有的时代感，也保持了含蓄的风格，对空间进行最大化的利用，也与周围环境有机结合。

3. 优缺点

优点：包含全部的管理办公用房、生产及设备用房，方便集中管理。

缺点：建筑面积大，形体体量大。

4. 地下室设置需求

根据管理中心功能需求，本项目的供电电缆均需由管廊 J29 节点井通过电缆沟从地下室引入，南运河段管廊的监控与报警系统的控制电缆也需通过电缆沟引至本项目地下室，再通过竖井引至控制中心，由于本建筑消防需要，须在地下室设置消防水池、消防水泵房及给水泵房等其他机电附属用房。

5. 本楼竖向说明

由于本楼普遍采用 8.7m 柱跨，结构梁高 0.7m，建筑面层做法 0.1m，设备管线在梁下 0.3~0.5m，保证吊顶下净高 2.7m 以上，给人舒适的使用空间，首层作为人员使用最密集也最有效率的空间，综合考虑之后，层高定位如下，地下一层 4.2m，首层 5.1m（控制中心功能要求），二、三层 3.9m；本楼全长约 53m，尽端房间超规范要求最远距离 20m，考虑设置两部楼梯，分列南北。

6. 各房间材料做法

各房间材料做法见表 8.12。

表 8.12　各房间材料做法表

<table>
<tr><th>房间名称</th><th>楼地面</th><th>踢脚</th><th>内墙面</th><th>顶棚</th></tr>
<tr><td>大厅、走道</td><td rowspan="4">地砖楼面</td><td rowspan="4">地砖踢脚</td><td rowspan="4">乳胶漆</td><td rowspan="4">矿棉吸声板吊顶</td></tr>
<tr><td>值班兼接待室</td></tr>
<tr><td>调度员休息室</td></tr>
<tr><td>监控调度办公室</td></tr>
<tr><td>综合管廊控制中心</td><td>防静电地板</td><td>实木踢脚</td><td>乳胶漆</td><td>金属格栅式吸声板吊顶</td></tr>
<tr><td>工作成果展厅</td><td>大理石楼面</td><td>石材踢脚</td><td>乳胶漆</td><td>矿棉吸声板吊顶</td></tr>
<tr><td>楼电梯间</td><td>地砖楼面</td><td>地砖踢脚</td><td>乳胶漆</td><td>涂料</td></tr>
<tr><td>设备用房、备料间</td><td>混凝土楼面</td><td>水泥踢脚</td><td>乳胶漆</td><td>涂料</td></tr>
<tr><td>走道</td><td>地砖楼面</td><td>地砖踢脚</td><td>乳胶漆</td><td>涂料</td></tr>
<tr><td>卫生间</td><td>防滑地砖</td><td>地砖</td><td>釉面砖</td><td>金属板吊顶</td></tr>
</table>

按照辽宁省《公共建筑节能（65%）设计标准》（DB21/T 1899—2011）的规定，由于本楼面积不超过 2 万 m^2，故按乙类建筑设置节能措施，体型系数 <0.3，故门窗采用普通 Low-E 中空玻璃门窗，$k \leqslant 0.23$；外墙采用涂料外墙，采用 100 厚岩棉板保温材料，$k \leqslant 0.42$；屋面采用倒置式上人屋面，$k \leqslant 0.38$。

7. 无障碍设计

无障碍设计参照《无障碍设计规范》（GB 50763—2012）设计。本楼在首层入口设有无障碍坡道，且在首层设置无障碍卫生间。

8. 消防设计

本楼每层设置两部楼梯，地下一层，为一个防火分区，地上三层，为一个防火分区，每个分区均有两个疏散口，最远点到疏散楼梯的距离均不超过 20m，满足《建筑设计防火规范》（GB 50016—2014）中的各项要求。

三、结构

1. 设计原则

绿色环保、科学人文原则，以达到结构合理、经济、安全、可靠的目的。

2. 结构体系

采用现浇钢筋混凝土框架结构形式，楼板采用现浇钢筋混凝土梁板式楼盖体系，基础采用梁式筏板基础形式。

3. 结构设计基本参数

结构设计基准周期为50年，结构使用年限为50年，与地下综合管廊衔接的地下部分设计使用年限为100年。结构安全等级为一级，相应的结构构件重要性系数γ_0取1.1；基础及基坑支护的结构安全等级为二级，相应的结构构件重要性系数γ_0取1.0；临时构件的安全等级为三级，相应的结构构件重要性系数γ_0取0.9；结构按照前期意向报告书，不需考虑地下室人防荷载作用。结构按照7度抗震设防烈度的要求，抗震设防类别为乙类，设计基本地震加速度为0.10g，地震分组第一组，场地土类别为Ⅱ类；结构框架的抗震等级为二级；结构设计分别按施工阶段和使用阶段进行承载力极限状态和正常使用极限状态的要求，进行承载力、稳定、变形、裂缝宽度等方面的计算；楼面荷载和屋面荷载根据荷载规范和工艺设备实际重量选取；结构设计应保证具有足够的耐久性。结构中露天、地下部分与无侵蚀性的水或土壤直接接触的迎土面混凝土构件的环境类别为二类，非迎土面及地上部分的内部混凝土构件的环境类别为一类；结构构件按荷载效应准永久组合并考虑长期作用的影响进行结构构件裂缝验算。二类环境混凝土构件的裂缝宽度（迎土面）应不大于0.2mm，一类环境（非迎土面及内部混凝土构件）混凝土构件的裂缝宽度均应不大于0.3mm。当计及地震或其他偶然荷载作用时，可不验算结构的裂缝宽度；结构设计应按最不利地下水位情况进行抗浮稳定验算。在不考虑围护桩侧壁摩阻力时，其抗浮安全系数不得小于1.05；当适当考虑围护结构侧壁摩阻力时，其抗浮安全系数不得小于1.15；当结构的抗浮不能满足要求时，应采取相应工程措施。所有迎土结构采用防水混凝土，迎土结构埋深<10m时，抗渗等级≥P6；迎土结构埋深<20m时，抗渗等级≥P8；迎土结构埋深≥20m时，抗渗等级≥P10。结构中所有的受力构件，应满足现行的《建筑设计防火规范》（GB 50016—2014）的有关规定，主要构件的耐火等级为一级。当地下结构处于有侵蚀地段时，应采取抗侵蚀措施，混凝土抗侵蚀系数不得低于0.8。根据《建筑地基基础技术规范》（DB21/T 907—1996）（沈阳市区部分），土壤标准冻结深度为1.2m，最大冻结深度为1.5m。最终以地质勘查报告提供的数据为准。当结构位于液化地层时，应考虑地震可能对地层产生的不利影响，并根据结构和地层情况采取相应的技术措施。

4. 结构设计

（1）结构计算分析程序。整体分析计算采用中国建筑科学研究院开发的PKPM多层及高层集成设计系统V3.1.6版。补充构件分析计算采用理正工具箱V6.5PB3版。

（2）结构变形控制。在多遇地震作用下弹性层间相对侧移：$\leqslant h/550$；竖向挠度：楼面梁$L_0 \leqslant 7$m时，$\leqslant L_0/200$；7m$\leqslant L_0 \leqslant <$9m时，$\leqslant L_0/250$；$L_0>9$m时，$\leqslant L_0/300$。

（3）结构材料。结构梁、板、墙体、框架柱纵向受力钢筋选用符合抗震性能指标的HRB400级热轧钢筋，箍筋选用符合抗震性能指标的HRB400级，钢筋应满足《建筑抗震设计规范》（GB 50011—2010）的要求；混凝土全部采用商品混凝土，混凝土强度等级为C30～C40，基础垫层混凝土强度等级为C15；建筑填充墙墙体材料采用国家和当地允许的轻质高强的建筑节能环保材料。砌筑砂浆全部采用预拌砂浆，混合砂浆强度不小于M5.0。

四、给排水与消防

1. 设计参数

（1）室外给水排水工程。室外给水工程设计：工程水源为城市自来水，供水压力暂时按0.10MPa考虑；本工程从东侧道路的城市给水管道上接一根DN100mm的引入管。建筑红线内分别经一座水表井后，与管理用房给水管网相连接。

（2）室外消防给水工程设计。室外消防水源采用城市自来水。室外消防用水量为25L/s；消防水池储存室外消防水量，消防泵房设置两台室内外共用消火栓泵（互为备用），流量40L/s，扬程45m。由泵后消防环管引出两路DN150供水管，并在用地红线范围内形成环状管网，作为管廊管理中心的室外消防管网。室外消防管网上布置室外消火栓，其间距不超过120m，距道路边不大于2.0m，距建筑物外墙不小于5.0m。

（3）室外排水工程设计。城市排水管道情况：位于本工程东侧市政路有DN1000管径城市雨污合流水管道，允许本工程雨污水排入；本工程采用生活污水与雨水合流制排水的管道系统；本工程生活污水汇集并经化粪池处理后，与雨水一起排入东侧市政路上的城市雨污合流管道；本工程设一座2号钢筋混凝土化粪池。

2. 给水系统

（1）水源：来自城市自来水，按一路水源考虑，供水压力暂时按0.10MPa考虑，暂定由东侧城市自来水管中引入一根DN100mm给水管，室外设置水表井。地下一层及首层由市政给水直供，二层至三层由设在地下一层的给水泵房的变频泵加压供给。

（2）用水标准：管理人员生活用水量按每人40L/d计，使用时间为10h，小时变化系数为1.5。生活用水使用人数为85人，生活给水储水水箱有效容积为1.0m^3，采用变频水泵供水。

（3）生活用水量：最高日用水量：3.5m^3/d；最高日最大时用水量：0.53m^3/h。

3. 生活热水系统

本建筑单体生活热水系统采用60L家用电热水器2套，供男女浴室，共4个淋浴器。

4. 排水系统

本工程污废水采用合流制。室内污废水重力自流排入室外污水管，地下室污废水采用潜水排污泵提升至室外污水管。地下室卫生间设置污水集水坑，地下室走道设置排水沟和集水坑，排除消防排水。生活排水应经化粪池处理、厨房含油废水应经隔油池处理后排出。

5. 雨水系统

屋面雨水外排至散水，采用87型雨水斗；暴雨重现期取5年，溢流按50年考虑。

6. 消火栓系统

室内消火栓采用临时高压消火栓系统。由城市自来水管中引入一根DN100mm给水管，作为消防水池水源。消防水池储水量按室内15L/s和室外25L/s消防流量，火灾延续时间2h储存。消防水池为钢筋混凝土清水池，设置于地下一层消防泵房内，有效容积大于288m^3，不考虑补水量，消防水池设置取水口。消防泵房设置两台室内外共用消火栓泵(互为备用)，流量40L/s，扬程45m。由泵后消防环管引出两路DN150供水管，并在用地红线范围内形成环状管网，作为管理中心的室外消防管网。屋顶水箱间设有18m^{3}消防专用水箱，以满足消火栓系统前10min水量要求，并设有消火栓专用增压稳压装置。

7. 七氟丙烷无管网气体灭火系统

在通信网络机房和综合管廊控制中心设置七氟丙烷无管网气体灭火系统。

8. 移动式灭火器

办公室部位按A类火灾中危险级设手提式磷酸铵盐干粉灭火器，灭火级别为2A级，最大保护面积为75m^2/A，灭火器最大保护距离为20m，每处设置2具3kg手提式干粉灭火器；变配电用房内按E类火灾严危险级设手提式磷酸铵盐干粉灭火器，灭火级别为3A级，最大保护面积为50m^2/A，灭火器最大保护距离为15m，每处设置2具5kg手提式干粉灭火器。

五、通风与空调

1. 气象参数

地理纬度：北纬41°44′，东经123°27′；

大气压力：夏季P_x=1000.9hPa，冬季P_x=1020.8hPa；

夏季通风室外空气计算干球温度：28.2℃；

冬季通风室外计算温度：-11℃；

夏季空气调节室外计算干球温度：31.5℃；

夏季空气调节室外计算湿球温度：25.3℃；

冬季空气调节室外计算干球温度：-20.7℃；

冬季空气调节室外计算相对湿度：60%；

冬季供暖室外计算温度：-16.9℃。

2. 室内设计参数

室内设计参数见表8.13和表8.14。

表8.13　室内设计参数

房间名称	室内温度/℃		新风标准/(m^3·h^{-1}·p^{-1})	噪声值/A
	夏季	冬季		
办公室	26	20	30	50
会议室及培训中心	26	20	25	50
展室	26	20	30	50

表 8.14　数据机房室内参数

项目	环境要求	备注
冷通道或机柜进风区域的温度	18~27℃	不得结露
冷通道或机柜进风区域的相对湿度和露点温度	露点温度宜为 5.5~15℃，同时相对湿度不宜大于 60%	
主机房环境温度和相对湿度（停机时）	5~45℃，8%~80%，同时露点温度不宜大于 27℃	
不间断电源系统电池室温度	20~30℃	
主机房空气粒子浓度	应小于 17600000	每立方米空气中粒径大于或等于 0.5μm 的悬浮粒子数
新风量	工作人员 $40m^3/(h \cdot p)$ 及维持室内正压所需风量中最大值	

（1）空调供暖通风系统。

① 办公室、会议室等冬季设散热器供暖系统。热源为市政热力站直接供给热水，供回水温度为 60~40℃。散热器采用铝合金型柱翼散热器，在 $\Delta t = 64.5$℃时的散热量为 206 瓦/片，散热器均距地 200mm 安装，每组散热器装高阻力恒温控制阀及手动跑风门一个。

② 办公室、会议室等房间夏季设变冷媒多联机空调系统。

③ 供暖指标：$75W/m^2$，供暖负荷 230kW。

④ 空调冷指标：$90W/m^2$，空调冷负荷 276kW。

⑤ 机房空调冷指标：$350W/m^2$，机房空调总负荷：122kW。

⑥ 通信网络机房、移动通信机房等设有通风系统，同时设置机房空调排除余热。

⑦ 地下房间、卫生间及泵房等设有机械通风系统。

⑧ 采用气体灭火的场所，设有气体灭火后通风系统，换气次数为 6 次/时。与该房间相通的风管上均设有电动防火风阀，火灾时电控关闭，气体灭火后开启灭火房间风管上的电动防火风阀及风机排风。

（2）防排烟系统。

① 有可开启外窗的房间采用自然排烟，其可开启部分面积为排烟区域地面面积的 2%。不具备自然排烟条件的超过 20m 的内走道、地上超过 $100m^2$ 的内房间、地下超过 $50m^2$ 的内房间等采用机械排烟。排烟系统分区设置原则根据建筑平面的防火分区进行划分，即每一个防火分区为一个排烟系统，在每个防火分区内划分若干个防烟分区，每个防烟分区内均设置有排烟口，当排烟口由排风口兼用时为常开型，当独立设置时为常闭型，火灾时由烟感通过消防控制室进行开启。每个防烟分区的最大面积按不大于 $500m^2$ 进行划分，当负担一个排烟分区时排烟量按不小于 $60m^3/h$ 计算，负担两个或两个以上排烟分区时按最大防烟分区面积不小于每平方米 $120m^3$ 计算。

② 所有风管在穿过防火墙时设 70℃或 280℃（排油烟风管为 150℃）熔断关闭的防火阀。

③ 空调风管均采用不燃材料，保温材料采用不燃或难燃材料。

④ 防排烟风道、事故通风风道及相关设备应采用抗震支吊架。

(3)消声减振及环保措施。

① 所有通风机房内墙及顶面均作消声处理，机房采用防火隔声门。

② 本建筑内的所有通风机均选用低噪声风机。

③ 本建筑的所有风系统的风机进出口均加装消声器，消声器采用微穿孔板型消声器。

④ 所有通风机进出口及风管与空调机组连接处均加设软接头。

⑤ 当风机未设于风机房内时所有通风机加设隔声罩进行隔声处理。

(4)节能措施。

① 本工程采用节能型、节约型系统和产品(如风机、空调设备等)，在提升项目品质和舒适度的同时，满足国家和当地在节能和环保方面的法律及法规要求。

② 房间的温度、湿度、风速、新风量标准等参数满足国家《公共建筑节能设计标准》(GB 50189—2015)及地方有关节能标准规定的要求。

③ 建筑物各部分围护结构的传热系数和暖通空调设计均符合建筑节能设计标准的要求。

④ 在供暖入口设置热计量装置，且每组散热器的供水管上均设有高阻力恒温控制阀，以满足有效进行分室温度调节控制的要求。

⑤ 对空调系统输送管道采用优质的保温材料，减少冷热损失。

⑥ 变冷媒多联机空调机组的能效比及风机的单位风量耗功率均满足节能规定。

六、供电与照明

1. 设计范围

包括：低压配电系统；动力、照明配电系统；照明系统；防雷、接地及电气安全系统；绿色节能环保措施；低压配电系统。

(1)供电电源。管理中心供电电压采用380V。从J29节点井内变电所引来多路380V电源。J29节点井由市政引来2路10kV供电，J29节点井变电所内有2台400kVA变压器。变电所10kV为2路电源进线，2路10kV电源一主用，一备用，满足二级负荷的供电要求。J29节点井至本建筑供电距离约为200m，其中4路为普通负荷供电，2路为消防负荷供电。用电电缆从J29节点井变电所经电力管沟由管理中心西侧引入。通过地下一层电力小室引至各层供电。本工程还设置有EPS、UPS作为应急照明和火灾报警系统、监控系统及安防通信系统的应急电源。

(2)负荷等级。消防管理中心为二级负荷，管廊设备管理用房中的正常照明、空调用电为三级负荷。其中，三级负荷：405kW；二级负荷：167. 2kW；消防负荷：115. 75kW。

(3)计量方式：在低压配电系统装设计量表计。

2. 动力、照明配电系统

(1)配电系统。照明、制冷、动力等各项分类负荷以及消防分别自成配电系统，由配电室低压柜按负荷类别分别供电；配电系统采用~220/380V 放射式与树干式相结合的方式，对于单台容量较大的负荷或重要负荷采用放射式供电；对于照明及一般负荷采用树干式与放射式相结合的供电方式。各级负荷的供电方式如下。

二级负荷：采用双电源供电，在末端互投（或在适当位置互投）；或由变电所低压母线引出可靠的专用单回路供电。

三级负荷：采用单电源供电。

非消防电源的切除通过各级断路器的分励脱扣器实现。

设置剩余电流式电气火灾监测系统，用于低压配电线路的早期电气火灾监控，报警数据通过现场控制器上传至位于消防控制室内的系统主机。

设置消防设备电源监控系统，用于对消防系统电源的实时监测，监测数据均上传至位于消防控制室内的系统主机。

低压系统接地形式：本建筑物内采用 TN-S 系统，室外照明采用 TT 系统。

（2）照明系统。根据建筑内各场所的照明要求，合理利用天然采光。

光源：优先采用节能型光源，一般场所为荧光灯、金属卤化物灯或其他节能型灯具。采用节能型电感镇流器或电子镇流器。

照度标准按照现行国家标准《建筑照明设计标准》（GB 50034—2013）：

普通办公室、监控室：300lx，9W/m^2；

风机房、水泵房：100lx，4W/m^2。

控制：照明采用就地控制。

（3）应急照明。消防泵房、排烟机房以及消防控制室等房间的照明 100% 为备用照明，楼梯间、前室、疏散走廊等公共场所的疏散照明一般按正常照明的 10%~15% 设置，公共场所同时设置疏散指示灯及安全出口标志灯。备用照明系统采用双电源末端互投供电，主、备电源分别引自变电所低压侧不同母线段。疏散照明及疏散指示照明采用集中蓄电池 EPS 供电，蓄电池 EPS 供电时间选用 90min，EPS 蓄电池柜电源由双电源切换箱提供。应急照明平时采用就地控制或由建筑设备自动监控系统统一管理，火灾时由消防控制室自动控制点亮全部疏散照明以及疏散指示照明。安装高度低于 2.2m 的照明灯具应采用 24V 及以下安全电压供电。当采用 220V 电压供电时，应采取防止触电的安全措施，并应附设灯具外壳专用接地线。应急照明灯具须采用玻璃或不燃烧材料制作的保护罩。

（4）动力设备控制。空调机、新风机、排风机、送风机等采用 DDC 及手动控制。

消防专用设备：消火栓泵、消防稳压泵、排烟风机等不进入建筑设备监控系统；消防专用设备的过载保护只报警，不跳闸。

排风兼排烟风机，进风兼补风风机：平时由建筑设备监控系统控制，火灾时，由消防控制室控制，消防系统具有控制优先权；用于消防时，设备的过载保护只报警，不跳闸。

消防泵、排烟机（包括兼用）等消防时需要连续工作的设备同时可在消防控制室进行远程硬拉线控制；水泵采用楼宇自控系统控制、就地控制及液位信号自动控制，故障时报警；水位信号及水泵故障信号送至楼宇自控系统进行监视。

3. 主要设备选择及安装

低压配电系统为抽屉式低压配电柜；成套电控柜均由工艺设备厂家成套提供，所提供的成套电控柜均应包括配电、控制、保护以及信号传输功能；设备应选用能满足管廊环境要求，同时具备技术先进、成熟可靠、结构紧凑、便于安装和维护的产品。各种配电箱、柜的生产制作单位应为国家认可单位，消防电气设备需要有相关消防认证，并符合以下要求。

① 非消防设备供电电缆、控制电缆、导线应采用阻燃型，干线电缆沿电缆桥架敷设，出桥架部分沿墙面、顶板穿钢管暗敷设。所有穿过结构变形缝的管线作伸缩处理。

② 消防用电设备的电缆、导线应采用耐火型，暗敷设时，须穿钢管并敷设在不燃烧体结构内且保护层厚度不小于30mm；明敷设时，须穿金属管或封闭式金属线槽，并采用防火保护措施。电缆穿越结构板、不同的防火分区时均应按照相关规范要求实施防火封堵。照明回路导线应采用硬铜导线，截面面积不小于2. 5mm^2。

七、防雷、接地及电气安全系统

(1)本工程为二类防雷，防雷装置满足防直击雷、防雷电感应及雷电波的侵入，并设置总等电位联结。

(2)接闪器：在屋顶采用Φ10热镀锌圆钢作接闪带，屋顶接闪连接线网格不大于10m×10m。

(3)引下线：利用建筑物钢筋混凝土柱子或剪力墙内两根Φ16以上主筋通长焊接、绑扎作为引下线，平均间距不大于25m，引下线上端与接闪带焊接，下端与建筑物基础底梁及基础底板轴线上的上下两层钢筋内的两根主筋焊接——筏基(或与基础承台的上下两层钢筋内的两根主筋焊接——桩基础)。

(4)接地极：利用结构底板主钢筋上下两层各两根Φ>16焊接成环，并焊接成不大于20m×20m的接地网格——筏基(或将基础底梁内的主筋与基础承台焊接成环，同时利用基础承台的主筋与桩基焊接，采用桩基钢筋作为自然接地极——桩基)。

(5)为防雷电波侵入，电缆进出线在进出端应将电缆的金属外皮、钢管等与电气设备接地装置相连。

(6)过电压保护：在低压配电柜内安装Ⅰ级试验的电涌保护器(SPD)，所有引至室外照明或动力线路的配电箱内均安装Ⅰ级试验的SPD；弱电线路引入处根据线路类型装设相应试验等级的SPD。

(7)本工程防雷接地、电气设备的保护接地，消防控制室、通信机房、计算机房等的接地共用统一接地极，要求接地电阻不大于1Ω。接地电阻值不满足要求时补装人工接地装置。

(8)本工程采用总等电位联结，总等电位联结板至各弱电机房LEB板采用ZRBV-1×25mm^2-PVC32，所有引入建筑物的金属管道均就近与总等电位联结装置相连。各层强、弱电竖井采用热镀锌扁钢作接地干线。

(9)有洗浴设备的卫生间、淋浴间作局部等电位联结。

八、绿色节能措施

(1)电气设备节能：选择节能型电气设备和控制设备；风机水泵等设备可根据环境条件进行手动和自动控制。

(2)照明节能：照明指标严格执行《建筑照明设计标准》(GB 50034—2013)的规定，满足不同场所的照度、照明功率密度值等规定；光源、灯具、镇流器等均选择高效节能型的；照明控制采用自动、手动控制结合的控制方式，最大限度节约能源。照明控制预留了集中遥控系统的接口，统一管理，高效运行。

九、监控与报警系统

1. 设计范围

包括：智能化集成系统；信息设施系统；综合布线系统；无线对讲系统；信息导引及发布系统；信息化应用系统；物业运营管理系统；智能化卡应用系统；环境与设备监控系统；预警与报警系统；火灾自动报警系统；安全防范系统；视频安防监控系统；入侵报警系统；出入口控制系统；电子巡查管理系统；接地及安全；线路敷设及设备安装；绿色节能措施。

2. 机房设置要求

管理中心包含：火灾报警主机、安防系统主机、环境与设备监控系统主机、集成系统主机及服务器等，内部空间可根据管理需要进行划分，便于统一指挥和管理；通信网络机房在管理用房内，管廊的信息网络系统、电话系统中心设备设于其中。通信接入机房与其相邻。每层设置弱电间，集中放置弱电各系统设备。

3. 各系统技术要求

(1)智能化集成系统。为实现各种信息共享、建立地下空间的统一管理平台，要求智能化系统进行集成，并应具有数据通信、信息采集和综合处理功能。智能化系统集成主要包括设备的集成、系统软件的集成，从而提高管理效率、共享各种信息资源、降低运行成本。本系统应与各专业管线配套监控系统联通，应与各专业管线单位相关监控平台联通，并与城市市政基础设施地理信息系统联通或预留通信接口。综合管廊管理中心及变电所纳入智能化集成系统进行统一管理。

(2)信息设施系统。信息设施系统的建设为使用和管理创造良好的信息应用环境，对建筑物外的各类信息进行接收、交换、传输、存储、检索等综合处理，并提供符合信息化应用功能所需的各类信息设备系统组合的设施条件，主要包括以下几部分。

① 综合布线系统。综合布线系统是信息网络系统建设的基础，支持数据、语音、图像和多媒体通信等各种信号传输。将语音信号、数据信号的配线，经过统一的规范设计，综合在一套标准的配线系统上；采用6类非屏蔽系统。系统采用6类非屏蔽双绞线(水平)、2芯多模光纤(用于末端光纤插座)、6芯多模光纤(数据主干)、3类大对数铜缆(语音主干)构成星形的布线结构，提供一个易管理、安全、舒适、高效、真正信息化的物理通道。

② 无线对讲系统。本工程设无线对讲系统，为本管廊及管理中心内保安及管理人员

使用。在通信网络机房设主收发器、控制台，各弱电间内设功率分配器，每个舱室内设小型室内天线覆盖整个空间，保安及管理人员可通过手持机与总台及相互呼叫、对讲。无线对讲系统室内天线由供应商根据其产品型号，经过现场实测合理布置。本设计为其预留路径及电源。

③ 信息引导及发布系统。本工程在入口大厅及各层的公共区域设置信息导引及发布系统，信息发布系统通过设置电子显示屏向建筑物内的人员提供告知、信息发布和演示等服务。系统由信息采集、信息编辑、信息播控、信息显示和信息导览系统组成；系统设专用的服务器和控制器，配置信号采集和制作设备及选用相关的软件，支持多通道显示、多画面显示、多列表播放，支持所有格式的图像、视频、文件显示，支持同时控制多台显示屏显示相同或不同的内容；系统的编辑和管理工作站设在消防安保控制室内，服务器等设在网络机房内。发布系统的各终端播放机安装在各显示终端附近，系统的数据传输利用楼宇设备监控网络系统实现。安装：LCD 显示屏采用壁挂距地 1.5m 安装；触摸查询一体机落地安装。

(3)信息化应用系统。

① 物业运营管理系统。系统为运营方根据需求自行建设，对建筑物内各类设施的资料、数据、运行和维护进行管理。

② 智能卡应用系统。智能卡应用系统由控制器、网络接口器、读卡器等及管理软件组成。按功能，系统可分为门禁、考勤等多个相对独立的子系统。系统的组合十分灵活、方便，可随意扩展，甲方可根据需求进行调整；电源：本系统的电源采用弱电机房内的 UPS 电源，并采用独立回路。

③ 环境与设备监控系统。管理主机设在管理中心内，对各监控设备进行统一监测、控制和管理。

(4)预警与报警。

① 火灾自动报警系统。消防管理中心设在管理中心内，以便于发生火灾时进行统一指挥，系统设备占有独立的工作区。消防控制中心的火灾报警控制主机与管廊设备间内的区域火灾报警控制器须采用可靠的光纤网络通信。管廊设备间内的区域火灾报警控制器可独立工作，并直接将火灾报警信息上传给控制中心的火灾图形工作站和集中火灾报警控制器，当火灾图形工作站故障时，可确保消防控制中心对火灾报警进行实时监控。自建工业光纤环网也是火灾图形工作站、集中火灾报警控制器与区域火灾报警控制器可靠连接的网络需求。

本楼火灾自动报警系统纳入管理中心火灾报警系统，采用总线制闭合环路探测系统，任一点断线系统出现故障并不影响系统正常工作，系统应扩展方便，便于安装，方便调试，易于维护管理。系统总线上应设置总线短路隔离器，每只总线短路隔离器保护的火灾探测器、手动火灾报警按钮和模块等消防设备的总数不应超过 32 点；总线穿越防火分区时，应在穿越处设置总线短路隔离器。一台火灾报警控制器所连接的设备总数和地址总数不超过 3200 点，其中每一个回路所连接的设备总数不宜超过 200 点，也应留有不少于额定容量 10%的余量。一台消防联动控制器地址总数或所控制的各种模块总数不超过 1600 点，每一联动总线回路连接设备的总数不宜超过 100 点，且应留有不少于额定容量量10%的余量。本报警区域的模块不应控制其他报警区域的设备。

❖火灾探测器的选择及设置。火灾探测器主要采用感烟探测器、感温探测器、吸气式报警系统，感温探测器设在防火卷帘门等处。点式感烟探测器设置在设备机房、管理用房、走道等处，缆式感温探测系统由光纤感温控制器、感温光纤、系统工作站组成。本系统工作站与火灾报警管理工作站合用。本工程电力舱每个防火分区内至少设置1台光纤感温控制器。在管理中心，集中式火灾报警主机接收显示光纤感温探测主机报警及故障信号，吸气式报警探测器设在综合管廊管理中心机房内。

❖手动报警按钮等的设置。在疏散通道及主要出入口处，按照防火分区设置手动火灾报警按钮，手动火灾报警按钮均带消防电话插孔。

❖声光报警装置。在各层主要出入口处设声光报警装置。火灾自动报警系统应设置火灾声光警报器，并应在确认发生火灾后启动建筑内的所有火灾声光警报器。火灾自动报警系统应能同时启动或停止所有火灾声光警报器。每个报警区域内均应均匀设置火灾警报器，其声压级不应小于60dB；在环境噪声大于60dB的场所，其声压级应高于背景噪声15dB。

② 消防通信系统。在管理中心设有专用的总线型直通应急电话总机，兼消防通信功能；设备用房内的变电所、排风机房等处设有消防电话挂机，并采用专用回路，其他设有手动报警按钮处设消防电话插孔。

消防联动控制：消防模块集中设置在被控设备附近的消防模块箱内。

监测对象：手动报警按钮、70℃防火阀、70℃防烟防火阀、280℃防火阀及各控制设备运行、故障、手/自动状态等。

联动控制对象：排烟风机、相关风阀、非消防电源的切除、应急及疏散照明的启动、门禁的解除、安防系统摄像机的切换、声光报警装置的启动等。这些受控对象在发生火灾时都应按照规范规定的程序进行控制。

③ 防火门监控系统。防火门监控器设置在消防控制室内，电动开门器的手动控制按钮设置在防火门内侧墙面上，距门0.4m，底边距地1.3m。

④ 漏电火灾报警系统。漏电火灾报警系统采用二总线制、模块化结构，以及智能网络体系。漏电火灾报警系统监控主机设置在消防控制室内，该系统只报警，不用于切断电源。变电所低压配电柜内每个低压出线回路设探测器，每面柜设监控单元，通过通信总线引至漏电火灾报警监控主机。

消防电源采用双电源供电并在末端互投。火灾自动报警系统设有主电源及直流备用电源。主电源由控制室专用双电源切换箱集中统一供电，并且点式、吸气式报警系统均采用独立回路；系统主电源为双电源供电，双电源在末端配电箱处进行切换。系统设备均应自带直流24V电源和满足规范及使用要求的专用蓄电池作为备用电源，消防设备应急电源输出功率应大于火灾自动报警及联动控制系统全负荷功率的120%，蓄电池组的容量应保证火灾自动报警系统及联动控制系统在火灾中同时工作负荷条件下连续工作3h以上。备用电源由设备承包商提供。

⑤ 安全防范系统。安全防范系统是由视频监控系统、入侵报警系统、出入口控制系统、电子巡更系统(离线式)组成的集成式安防系统，并能集成在一个平台下统一管理。

综合运用安全防范技术、电子信息技术和信息网络技术等，采用结构化、规范化、模块化、集成化的配置，构成先进、可靠、经济、适用和配套的安全防范系统。

⑥ 安全防范综合管理系统。安全防范综合管理系统对各子系统进行统一监控与管理，其设备设在管理中心内。安全管理系统的故障不影响各子系统的运行，某一子系统的故障也不影响其他子系统的运行。

⑦ 视频监控系统。本工程高清数字摄像机设在出入口、走道、重要机房等场所。采用数字视频监控系统，由高清数字摄像机、数字光端机、光纤传输网络、显示设备、控制台、磁盘阵列存储设备组成。系统可作时序切换。摄像机具有固定、摇头、俯仰移动、变焦和适用于照度低的环境等特性，装在能获取最好画面的位置，并能进行有效的视频探测与监视，以及图像显示、记录与回放。

摄像机通过数字光端机及8芯光缆与管理中心视频服务器连接。监视图像质量不低于四级，图像回放质量不低于三级。

设备安装：摄像机采用壁装或吸顶安装，室外安装高度不低于3.5m，室内安装高度不低于2.5m。

线路敷设：光纤、视频线、电源线、控制线由设备供应商提供，光纤在安防桥架内敷设，前端点位的线缆穿管暗敷设。

电源：摄像机及数字光端机电源由各弱电间内的UPS配电箱提供（UPS及电源转换设备由系统承包商提供）。

⑧ 入侵报警系统。本工程在综合管廊管理中心的出入口等处设置双鉴探测器、声光报警装置进行防护。采用总线制入侵报警系统。系统主机设在监控中心内，通过8芯光纤及数字光端机与各弱电间内的多防区总线扩展模块连接，该模块与各前端设备（探测器和紧急报警装置）通过报警总线连接。

设备安装：总线扩展模块采用封闭的金属箱体保护并安装在各弱电间内，双鉴探测器在有吊顶的部位吸顶安装，在没有吊顶的部位壁挂安装，安装高度为2.2m。紧急报警按钮距地1.4m安装。

线路敷设：光纤、报警总线由设备供应商提供，光纤在安防桥架内敷设，前端点位的线缆穿管暗敷设。

电源：前端设备电源由各弱电间内的UPS配电箱提供（UPS及电源转换设备由系统承包商提供）。

⑨ 出入口控制系统。本工程采用总线型出入口控制系统。在安防监控中心内设置操作工作站（与安全防范综合管理工作站合用）。工作站通过数字光端机与各门禁控制器之间连接，完成系统设置、信息处理、实时控制、权限管理、报警等工作。

设备安装：门禁控制器采用封闭的金属箱体保护，安装在重要机房出入口；读卡器、出门按钮距地1.4m安装；电控锁根据门的材质、类型不同可选用磁力锁、机电一体锁、阳极锁、阴极锁、玻璃夹锁。

线路敷设：光纤、总线由设备供应商提供，光纤在安防桥架内敷设，前端点位的线缆穿管暗敷设。

电源：前端设备电源由各弱电间内的UPS配电箱提供（UPS及电源转换设备由系统

承包商提供）。

⑩ 电子巡查管理系统。本工程在主要出入口、重要通道、重要房间附近设置巡查点。采用离线式电子巡更系统，由信息装置、采集装置、信息转换装置、管理终端等组成。主机采用标准接口和通信协议，上传信号至安全防范综合管理系统统一监控与管理。巡查人员按照预先编制的巡查线路及规定的时间到达指定的巡查点，通过手持数据采集器读取在巡查点处设置的信息钮中的数据，并在巡查完毕后，将数据采集器内的巡查记录上传到安防监控中心内的安全防范综合管理工作站，实现对巡查人员的巡查线路、时间等进行监督、记录。

设备安装：巡查点信息钮距地 1.5m 安装。

电源：前端设备电源由各弱电间内的 UPS 配电箱提供（UPS 及电源转换设备由系统承包商提供）。

⑪ 接地及安全。本工程保护性接地和功能性接地采用共用接地装置，并采用总等电位联结，总等电位箱 MEB 设于变电所，采用总等电位联结。管理中心、通信网络机房内设有局部等电位联结箱 LEB，LEB 与总等电位联结箱及墙内接地预埋件之间采用 YJV-1×25 电缆或镀锌扁钢可靠联结，接地电阻小于或等于 1Ω。进出管廊的各种金属管及电缆外皮均应采用镀锌扁钢与等电位联结装置可靠连接。智能化各系统室外管线引入机房处均安装过电压保护装置。智能化系统电源配电箱内均安装浪涌保护器。电气和电子设备的金属外壳、机柜、机架、金属管（槽）、屏蔽线缆外层、信息设备防静电接地、安全保护接地、浪涌保护器接地等均应以最短的距离与等电位联结网络可靠联结。

❖线缆选型、敷设及设备安装。线缆选择阻燃低烟无卤型，火灾报警及广播线缆选择耐火型。干线采用封闭式金属线槽敷设。弱电线槽分为消防线槽、安防楼控线槽、通信线槽。支路采用热镀锌钢管敷设。火灾报警、广播系统明敷设的管线刷防火涂料处理。各系统设备箱均安装在设备用房内，便于统一维护和管理。除注明外，明装设备箱距地 1.2m 安装，暗装设备箱距地 1.4m 安装。管线过伸缩缝作沉降处理，过防火分区的孔洞作防火封堵。

❖主要绿色节能措施。设备监控与管理系统：将变配电系统、通风系统、给排水系统、照明系统等，纳入建筑设备管理系统统一监控和管理，提高运行管理水平，实现建筑的节能运行，达到节能减排的目的。

第十二节　工程概算

一、编制范围

工程概算编制范围包括：全线的土建结构、施工监测、降水、建筑装饰、供电与照明系统、通风空调与供暖系统、给排水及消防系统、监控与报警系统、附属用房、标志标识、管廊预埋槽道、管廊专项设备等工程费用，以及工程建设其他费用、基本预备费、建设期贷款利息等。

工程概算不含支线管廊、入廊管线及支架的费用。

二、编制依据

(1)(原)建设部建标〔2006〕279号文件发布的《城市轨道交通工程设计概预算编制办法》。

(2)辽宁省和沈阳市相关定额及国内行业定额与费用文件。

(3)沈阳市管廊指挥部提供的相关资料及有关要求。

(4)沈阳市地下综合管廊(南运河段)工程初步设计图纸、技术说明及有关工程数量。

三、采用定额

(1)结构工程,盾构区间、盾构(工艺)井等内容采用辽建〔2007〕87号文件发布的《辽宁省建设工程计价依据　市政工程计价定额》。

(2)房屋建筑工程的土建及装饰采用辽建〔2007〕87号文件发布的《辽宁省建设工程计价依据　建筑、装饰装修工程计价定额》。

(3)设备安装系统采用辽建〔2007〕87号文件发布的《辽宁省建设工程计价依据　安装工程计价定额》。

(4)上述定额不足部分,参考其他类似定额或单价分析,并以沈阳市的人工、材料和机械台班的单价进行换算。

四、工程费用取费标准

1. 采用"辽宁定额"的工程,取费标准按照以下文件的有关规定计取

(1)辽建〔2007〕87号文件发布的《辽宁省建设工程计价依据　建设工程费用标准》。

(2)沈建〔2011〕77号文件《关于调整建设工程税金计取标准的通知》。

(3)辽住建〔2011〕380号文件《关于建设工程人工费实行动态管理的通知》。

(4)沈建价〔2011〕1号文件《关于调整意外伤害保险、社会保障费及人工费、安全防护文明施工措施费用的通知》。

(5)辽建价〔2012〕4号文件《关于调整建设工程安全文明施工措施费费率标准的通知》。

(6)辽建价〔215〕9号文件《关于〈施工企业规费计取标准〉有关问题的通知》。

(7)辽住建〔2016〕49号文件《关于建筑业营改增后辽宁省建设工程计价依据调整的通知》。

2. 工、料、机单价的取定依据及来源

(1)人、材、机价格的确定。

① 人工费的确定。人工费调整根据辽住建〔2010〕36号文件、辽住建〔2011〕5号文件《关于调整2008年〈辽宁省建设工程计价定额〉人工日工资单价的通知》,普工按53元/工日、技工按68元/工日。人工费调整指数,执行辽宁建设工程造价管理总站发布的2016年第二季度建设工程人工费指数。建筑、装饰、安装、园林、房屋修缮工程人工费

指数为36%；市政工程人工指数为26%。

② 材料价格的确定。材料编制期价格采用《辽宁工程造价信息》2016年5月发布的价格。不足部分采用最新的市场咨询价格。

③ 机械费的确定。执行定额配套机械台班单价。机械台班中的人工单价，根据辽住建〔2010〕36号文件、辽住建〔2011〕5号文件《关于调整2008年〈辽宁省建设工程计价定额〉人工日工资单价的通知》中的规定调整。

(2)设备价格。所有设备价格均为到工地的价格。设备价格首先参照官方发布价格，其次再执行单位询价。

3. 工程建设其他费用、预备费和专项费用计取依据

参照(原)建设部建标〔2007〕164号文件《市政工程投资估算编制办法》的有关规定，参考类似工程的取费原则，结合本工程的情况，计取相关费用如下。

(1)建设用地费。包括征地、临时占地、建(构)筑物拆迁、绿化赔偿等费用。按照沈阳市现行规定，结合工程的建设情况综合编制。临时占用绿地，依据《沈阳市城市损坏绿地补偿标准和树木损害补偿标准》(沈城建〔2007〕50号)计算。

(2)场地准备及建设单位临时设施费。包括场地准备及建设单位临时设施、管线改移、交通疏解、市政道路破复、河道拓宽改造、施工便道等费用。

(3)建设单位管理费。按财建〔2002〕394号文件《基本建设财务管理规定》的有关规定计取。

(4)工程建设监理费。按工程费用总额的1%计列。

(5)招标代理服务费。按工程费用总额的0.2%计列。

(6)招标交易服务费。根据辽价〔2003〕21号文件《辽宁省建设厅关于制定建设工程交易中心服务收费标准的通知》计列。

(7)前期工作费。包括项目建议书、可行性研究报告的编制与评估费用。

(8)研究试验费。暂按工程费用的0.15%计列。

(9)勘察设计费。设计费按工程费用的1.7%计列；勘察费按设计费的13.5%计列。

(10)施工图审查费。依据辽价发〔2002〕119号文件，按建筑安装工程费用的0.15%计列。

(11)工程保险费。含施工人员意外伤害保险，参考中国人民保险公司建筑、安装工程保险条款，按工程费用总额的0.6%计列。

(12)安全生产专项费。根据建质〔2010〕5号文件《城市轨道交通工程安全质量管理暂行办法》，包括安全质量风险评估费、工程监测费、工程周边环境调查费及现状评估费等保障工程安全质量所需的费用。

(13)环境影响咨询费。包括环境影响报告书(含大纲)的编制与评估费用。

(14)运营筹备费。项目正式开通运营前，运营机构配备的人员工资。

(15)工程造价咨询费。按照辽财基字〔1997〕46号文件《辽宁省工程造价咨询企业服务收费管理办法》的有关规定。

(16)专项评估费。包括地震安全评价、地质灾害危险性评价、评估消防性能化专项设计、评估初设阶段抗震专项设计、评估初设阶段全线风险工程专项设计、评估施工图

阶段一级风险工程专项设计、评估下穿铁路专项设计、评估邻近南运河施工专项设计等费用。

(17)基本预备费。按工程费用和工程建设其他费用总额的3%计列。

(18)涨价预留费。根据国家计委计投资〔1999〕1340号文件《关于加强对基本建设大中型项目概算中“价差预备费”管理有关问题的通知》,投资价格指数按零计列。

第九章　同步设计

第一节　同步设计原则

沈阳市地下综合管廊(南运河段)工程由三大部分组成：管廊本体、附属设施及入廊管线。根据国务院办公厅关于推进城市地下综合管廊建设的指导意见要求，地下综合管廊本体及附属设施管理由地下综合管廊建设运营单位负责，入廊管线的设施维护及日常管理由各管线单位负责。在进行管廊本体及附属设施设计过程中入廊管线需同步进行设计，以满足入廊管线的入廊条件及相关要求。

第二节　设计界面划分

管廊本体设计包含管廊线路选线、工艺、结构、建筑及其相关的附属设施(消防、通风、供电、照明、监控与报警、排水、标识)，综合管廊管理中心的建筑、结构及相关机电等配套工程的设计。

管廊本体设计单位负责设计到节点井主体结构外墙皮，主体管廊内的入廊管线及外部入廊管线室外接线井应由管线产权单位自行委托设计，管廊本体设计单位配合完成。管廊本体舱室内的入廊管线、支墩、支架及室外接线井的施工建设需另委托施工单位完成。

第三节　同步设计内容

一、廊内管线

管廊本体设计单位在入廊管线同步设计过程中只是配合完成入廊管线设计单位的设计工作。入廊管线同步设计主要内容如下(但不限于此)。

(1)管线进出综合管廊设计。为管廊节点井提供管线安装预留预埋条件，如：进出线位置、管径尺寸、标高及接管方向、管线穿隔板开洞尺寸等。

(2)提供全线泄水位置。

(3)管廊内管线(热力管、天然气管、给水管、中水管、电力管、电信管)设计。

(4)管线(热力管、天然气管、给水管、中水管、电力管、电信管)室外接线阀门井设计。提供接线阀门井位置、尺寸。

(5)管线(热力管、天然气管、给水管、中水管、电力管、电信管)支墩(固定支墩、活动支墩)设计。为管廊内部结构设计提供同步设计条件，确保满足管廊项目工期和管线安装要求，如：设置点位、支墩(固定支墩、活动支墩)尺寸等。

(6)管线(热力管、天然气管、给水管、中水管、电力管、电信管)设计单位需要纳入管廊项目总体设计统一技术管理，配合管廊各阶段设计，如：参加涉及管线配合的设计例会、专题方案讨论会及相关图纸会签。

二、各入廊管线同监控与报警的接口管理

1. 接口管理

综合监控系统必须采用符合国际、国家标准的通用、开放的接口和协议，综合监控系统统一负责其与相关专业设备系统的通信接口的协议转换，与各相关专业系统设备实现无缝连接。

2. 硬线接口

(1)DI：开关量输入，即相关专业提供给环境与设备监控子系统的开关量信号，要求为无源接点，接点为单独，不与其他系统共用。

(2)DO：开关量输出，即环境与设备监控子系统提供给相关专业的开关量信号，为无源接点，接点为单独，不与其他系统共用。

(3)AI：模拟量输入，即相关专业提供给环境与设备监控子系统的模拟量信号，要求为无源接点，接点为单独，不与其他系统共享。

(4)AO：模拟量输出，即环境与设备监控子系统提供给相关专业的模拟量信号，有源接点，接点为单独，不与其他系统共享。

3. 数据线接口

(1)串行接口。串行接口采用符合 EIA 标 RS-422 或 RS-485，在通信距离不超过 1200m 不使用中继器时，通信速率不低于 9600bps。支持通用、开放的可软件解码的协议。当现场发生任何变化时，接口上的数据应实时更新。接口的通信通常采用查询或事件触发的方式。

(2)以太网接口。以太网接口应符合 IEEE802. 3CSMA/CD 标准，至少应支持超五类非屏蔽、屏蔽双绞线电缆，网络故障应能够自动检测和隔离，网络设备的接入或摘除均不会对双方正常的运行和操作造成影响。网络的设计原则应该是任何单点故障不会中断整个网络操作。

① 10Mbps/100Mbps 自适应以太网接口；

② 支持 TCP/IP 协议；

③ 以太网接口采用 RJ45 标准接口；

④ 支持通用、开放的可软件解码的协议；

⑤ 当现场发生任何变化时，接口上的数据应实时更新；

⑥ 接口的通信通常采用查询或事件触发的方式。

4. 综合监控平台与各子系统接口

（1）与环境与设备监控系统接口方式见表9.1。

表9.1　TCP/IP 工业以太网接口方式

接口界面	接口技术要求
接口方式	① 接口类型：TCP/IP 工业以太网 ② 接口协议：开放、通用、可软件解码的国际标准协议 ③ 传输介质：单模光纤、屏蔽双绞线
接口说明	① 综合监控平台通过监控主干网（千兆光纤环网）接收环境与设备监控子系统上传的所有数据 ② 综合监控平台具有对环境与设备监控系统的数据传输通道的检测功能和数据校对功能 ③ 综合监控平台负责协议转换并接入

（2）与火灾报警系统接口。综合监控平台与火灾报警子系统的接口界面、接口方式、接口说明、工作要求见表9.2。

表9.2　RS485 接口方式

接口界面	接口技术要求
接口方式	① 接口类型：RS485 ② 接口协议：开放、通用可软件解码的国际标准协议 ③ 传输介质：屏蔽双绞线
接口说明	① 综合监控平台应能准确地接收到火灾报警的信息，保证相关控制的启动，同时将信息反馈给火灾报警系统，各工况合用一个反馈信号，接口形式为通信接口 ② 综合监控平台接收到火灾报警系统的火灾指令后，对于正常工况和火灾工况兼用的设备，正常工况由综合监控平台监控管理，发生火灾时由火灾报警系统发出指令，综合监控平台执行联动控制，由正常工况转入火灾模式运行，火灾工况具有优先权 ③ 综合监控平台具有对火灾报警系统的数据传输通道的检测功能和数据校对功能 ④ 火灾报警系统负责传输火灾模式，综合监控平台执行相关模式 ⑤ 火灾报警系统向综合监控平台传送已经人工确认的火灾报警对应的模式号，综合监控平台根据火灾模式号启动对应的控制器内的灾害运行模式，实现关联设备的运行，保证灾害情况下通风设备的正常运行 ⑥ 综合监控平台负责协议转换并接入

（3）与视频监控子系统接口。综合监控平台与视频监控子系统的接口界面、接口方式、接口说明、工作要求见表9.3。

表 9.3　RJ45 电接口接口方式

接口界面	接口技术要求
接口方式	① 接口类型：2×1000M 以太网 RJ45 电接口 ② 接口协议：标准 TCP/IP 协议 ③ 传输介质：超五类屏蔽双绞线或单模光纤（根据传输距离确定）
接口说明	① 综合监控平台通过既定的协议，调用视频监控子系统相关画面数据，并在平台上显示，并能对摄像头画面进行缩放等相关操作 ② 综合监控平台可以对视频监控系统的视频数据进行查询、存档的操作 ③ 综合监控平台负责实现视频监控子系统与其他子系统之间的联动 ④ 综合监控平台负责协议转换并接入

(4)管线自身监控系统接口。综合管廊内的纳入管线自身的管线监控系统由管线归属单位自行设计并自成系统，与控制中心通过专业接口连通，能通过统一集成平台对管廊内所有设备、管线进行监视和管理。智能化系统集成主要包括设备的集成、系统软件的集成，从而提高管理效率、共享各种信息资源、降低运行成本。本系统应与各专业管线配套的监控系统联通，应与各专业管线单位相关监控平台联通，并与城市市政基础设施地理信息系统联通或预留通信接口。

综合监控平台负责其他子系统的接入，接口类型 1000M 以太网 RJ45 电接口；接口协议：标准 TCP/IP 协议；传输介质：超五类屏蔽双绞线或单模光纤（根据传输距离确定）。

5. 外线电话接口

监控中心设有电话中继器接口，以便外部电话系统接入，由通信公司负责电话网络的接入。当发生火警时，可以直拨 119 火警电话，及时通知消防部门，以便将灾情控制在最小范围内。

6. 与智慧城市接口

综合监控平台是一个统一的、完整的监控平台，具有统一的数据库。这就为智能监控系统接入到更高一层的监控系统，如智慧城市、线网中心等创造了便利条件。综合监控平台预留与智慧城市的接口，接口类型 1000M 以太网，采用标准 TCP/IP 协议，由智慧城市负责信号的接入。

第三篇　施工篇

第十章　节点井

第一节　工程概况及施工环境

一、水文及地质情况

1. 水文情况

沈阳市地下综合管廊(南运河段)工程东西贯穿浑河冲洪积扇。浑河冲洪积扇是由新老两扇叠置而成，扇地地下水的赋存条件与古地貌、地层结构、岩土孔隙度和水理性质等因素密切相关，不同地层赋存地下水的丰富程度有很大差别。整个区段内没有明显、连续的厚层隔水层，地下水类型为第四系松散岩类孔隙潜水。潜水主要赋存在第四系全新统冲积、冲洪积及第四系上更新统冲洪积地层中。含水层岩性主要为中粗砂、砾砂及圆砾，厚度不均匀，分布交错，变化复杂。含水层厚29.20~41.55m。

2. 地质情况

沈阳市所处的大地构造位置是阴山东西向复杂构造带的东延部位与新华夏系第二巨型隆起带和第二巨型沉降带的交接地区。东部属于辽东台背斜，西部属于下辽河内陆断陷。两个单元基底均由太古界鞍山群老花岗片麻岩、斜长角闪片麻岩组成。下第三系地层分布在城区北部，上第三系地层不整合于前震旦系花岗片麻岩上。第四系地层不整合于基岩之上，厚度东薄西厚，北薄南厚。

从区域上讲，沈阳地处两个构造单元的衔接地带，郯庐断裂的主干断裂与两侧分支浑河断裂构成复杂的交汇区，表现出明显的差异升降运动，并伴随有中更新世断裂的发育，这就是沈阳地区发生地震的地质构造背景。特别是经过城区西部的郯庐断裂带，目前仍是一条活动的深大断裂。它制约着两侧地壳的抬升和沉降，在其分布范围内地壳是不稳定的。

通过浑河南岸的浑河断裂虽然也是一条长期活动的深大断裂，但是进入第四纪以来活动已不明显，它与郯庐断裂带在苏家屯区永乐一带相会并被其折断。两条大断裂向东北走向各自延伸，从而构成一个三角形地块，该地块除有较薄的上第三系地层覆盖外，主要由太古代混合花岗岩构成，是处于两大构造活动带之间的刚性地块，在构造运动中具有相对的稳定性。

J01～J06 节点井区间采用两台土压平衡盾构机先后始发掘进。该盾构机适宜此区间圆砾、砾砂等地层的掘进施工。J01～J06 节点井区间地质断面图如图 10.1 所示，J01～J06 节点井区间地层统计图如图 10.2 所示。

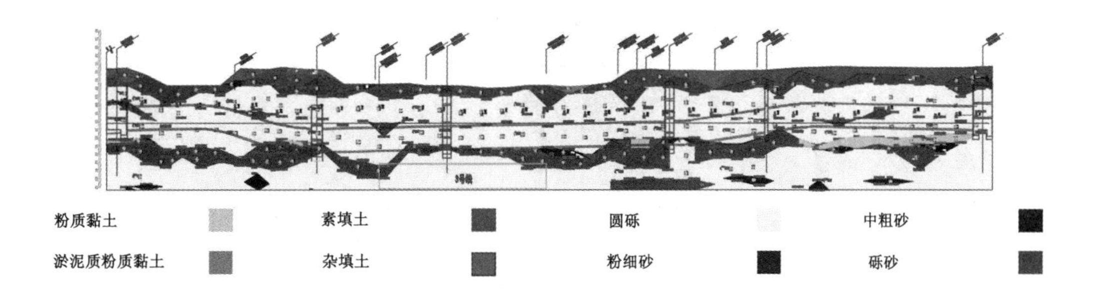

图 10.1　J01～J06 节点井区间地质断面图

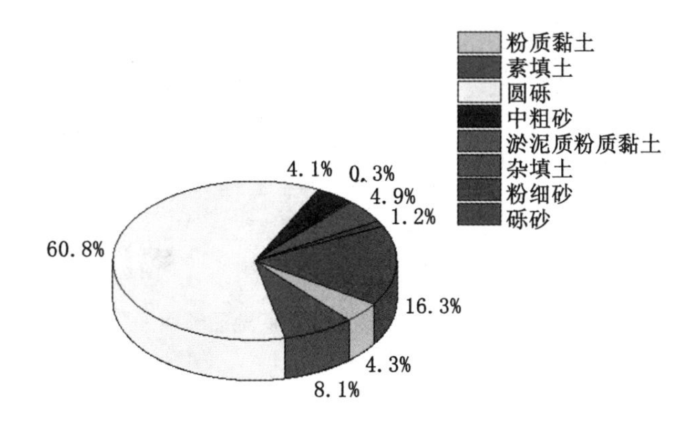

图 10.2　J01～J06 节点井区间地层统计图

J06～J11 节点井区间采用两台土压平衡盾构机先后始发掘进。该盾构机适宜此区间圆砾、砾砂等地层的掘进施工。J06～J11 节点井区间地质断面图如图 10.3 所示，J06～J11 节点井区间地层统计图如图 10.4 所示。

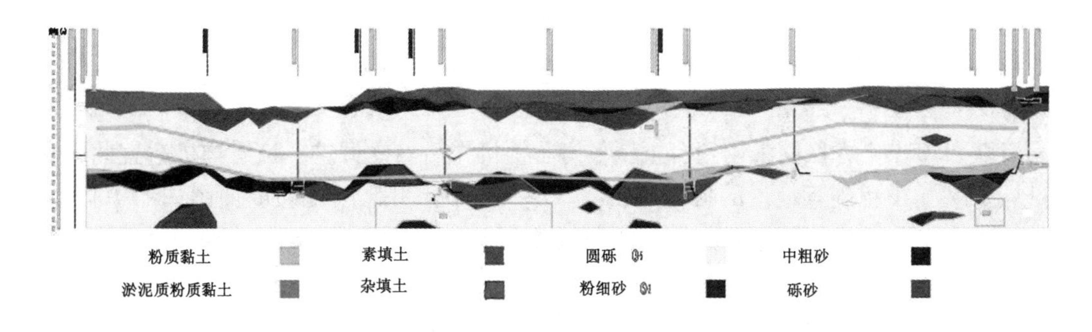

图 10.3　J06～J11 节点井区间地质断面图

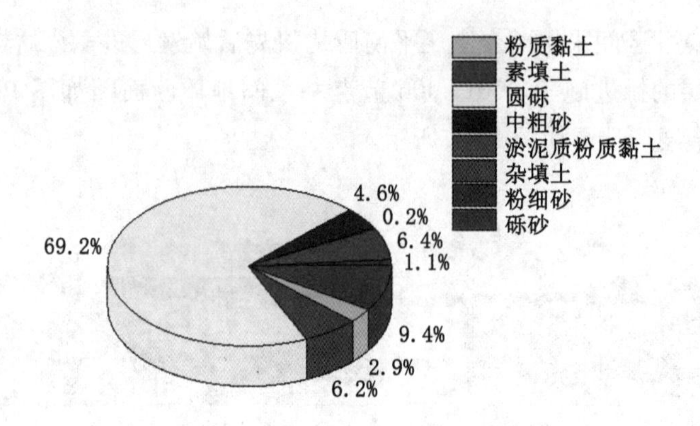

图 10.4 J06~J11 节点井区间地层统计图

J11~J17 节点井区间采用两台土压平衡盾构机先后始发掘进。该盾构机适宜此区间圆砾、砾砂、中粗砂等地层的掘进施工。J11~J17 节点井区间地质断面图如图 10.5 所示，J11~J17 节点井区间地层统计图如图 10.6 所示。

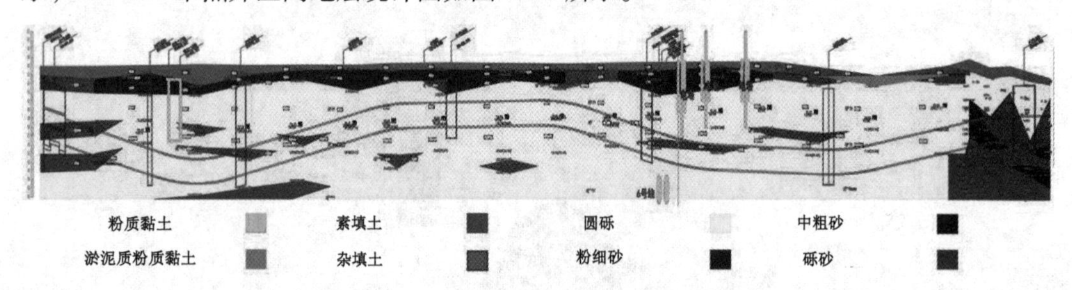

图 10.5 J11~J17 节点井区间地质断面图

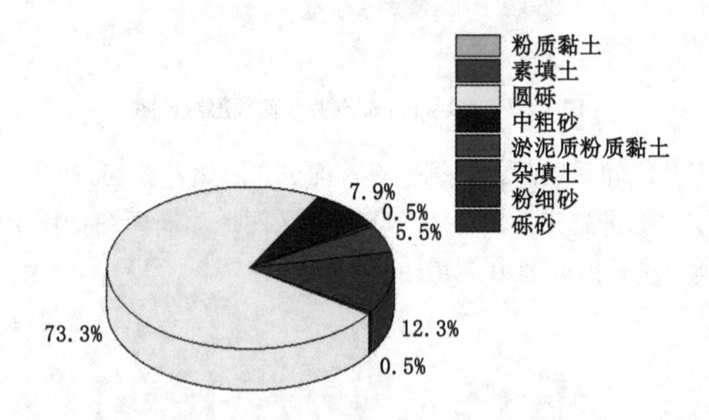

图 10.6 J11~J17 节点井区间地层统计图

J17~J20 节点井区间采用两台土压平衡盾构机先后始发掘进。该盾构机适宜此区间砾砂、圆砾、中粗砂等地层的掘进施工。J17~J20 节点井区间地质断面图如图 10.7 所示，J17~J20 节点井区间地层统计图如图 10.8 所示。

J20~J25 节点井区间采用两台土压平衡盾构机先后始发掘进。该盾构机适宜此区间砾砂、中粗砂、圆砾等地层的掘进施工。J20~J25 节点井区间地质断面图如图 10.9 所示，J20~J25 节点井区间地层统计图如图 10.10 所示。

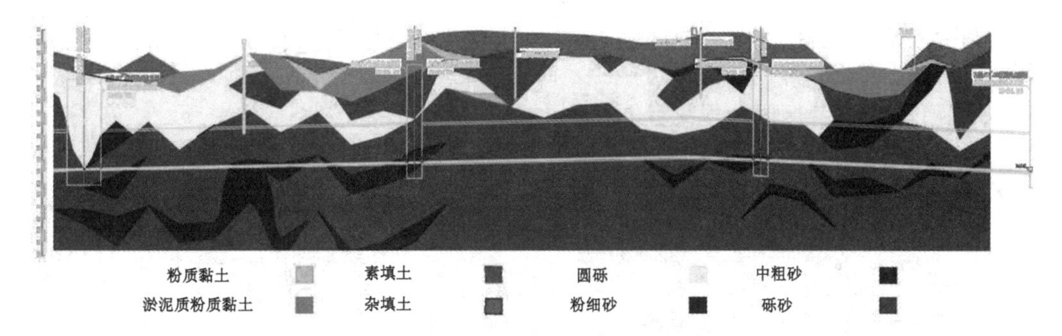

图 10.7　J17～J20 节点井区间地质断面图

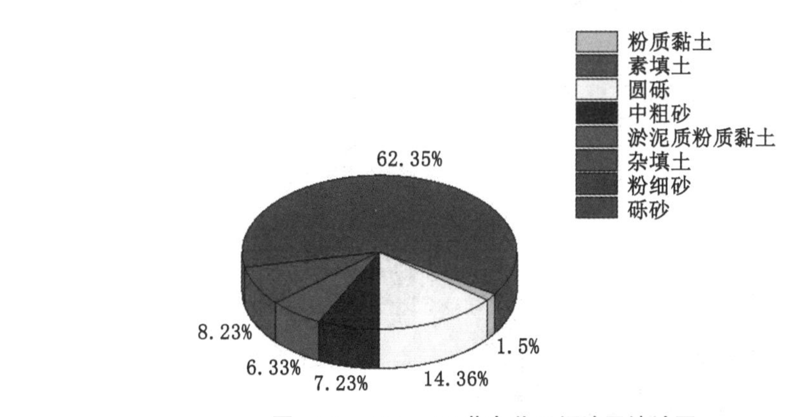

图 10.8　J17～J20 节点井区间地层统计图

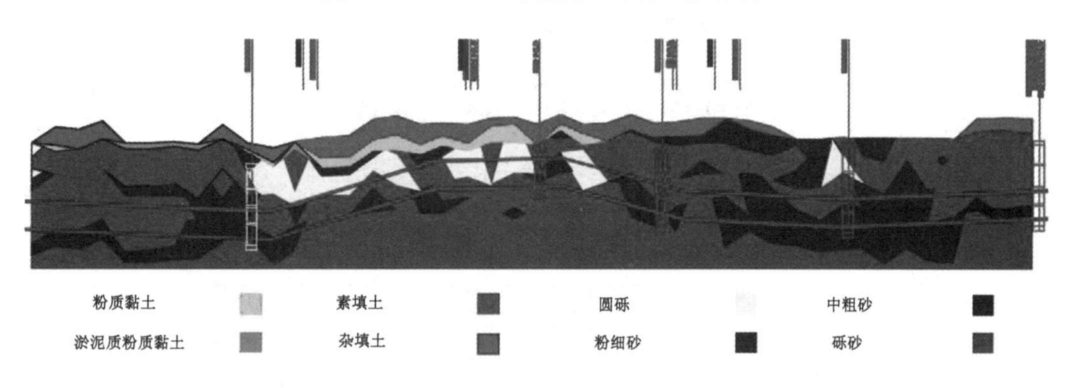

图 10.9　J20～J25 节点井区间地质断面图

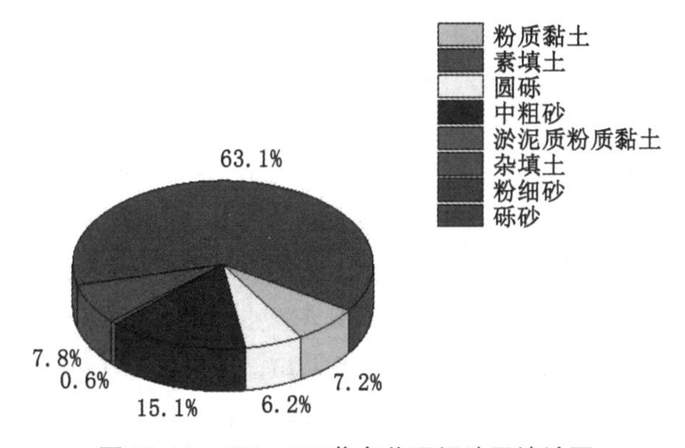

图 10.10　J20～J25 节点井区间地层统计图

J25~J29 节点井区间采用两台土压平衡盾构机先后始发掘进。该盾构机适宜此区间砾砂、圆砾、中粗砂等地层的掘进施工。J25~J29 节点井区间地质断面图如图 10.11 所示，J25~J29 节点井区间地层统计图如图 10.12 所示。

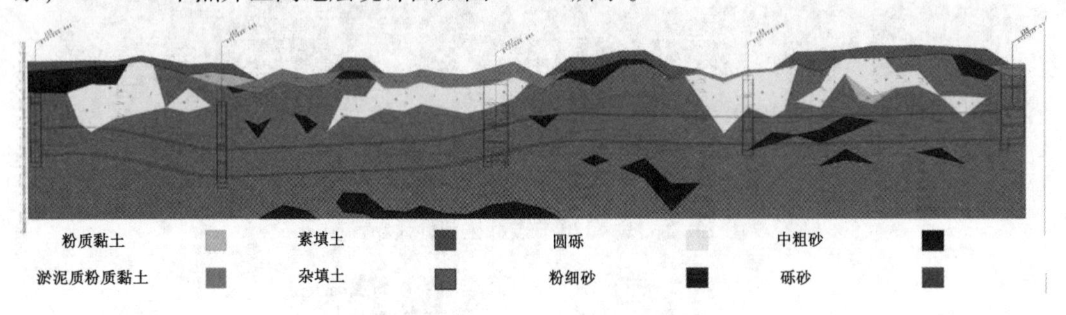

图 10.11　J25~J29 节点井区间地质断面图

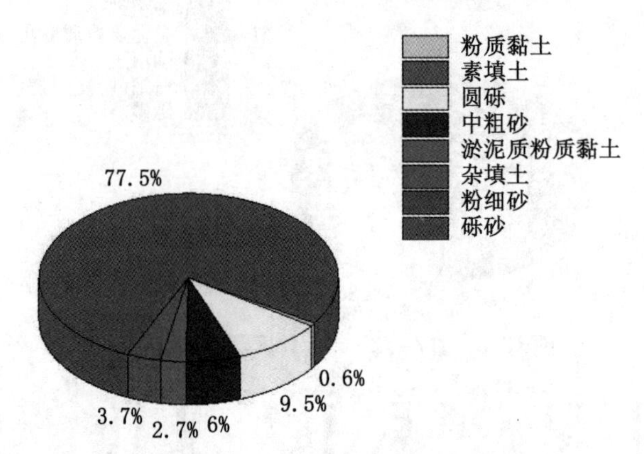

图 10.12　J25~J29 节点井区间地层统计图

二、区间位置和线路概况

J01~J06 节点井区间西起南运河文体西路，沿阳春园、砂阳路道路下方敷设，东至南湖公园东北角止。右线里程为：右 K0+051.400~右 K2+124.300，长度 2072.900m；左线里程为：左 K0+051.400~左 K2+124.300，长度 2095.048m。断面为单洞单圆形式，盾构区间外径 6.0m，内径 5.4m，盾构法施工，线间距 12m，最小曲线半径（R）为 300m。盾构区间拱顶覆土厚度为 8.0~15.0m，最大纵坡坡度为 21‰。本区段内设置 4 座节点井。J01~J06 节点井区间平面图如图 10.13 所示。

J06~J11 节点井区间西起南湖公园，东至青年公园。设计起止里程为：右 K2+175.7~右 K4+469.727，全长约 2294.027m，线间距 12m。区段采用盾构法施工，断面为单洞单圆形式，外径 6m，内径 5.4m。本区段最大纵坡坡度为 34‰，盾构区间拱顶覆土厚度为 5.8~17.3m。J06~J11 节点井区间平面图如图 10.14 所示。

J11~J17 节点井区间西起青年公园，沿文艺路向东敷设，东到万柳塘公园。区间左线起讫里程为 ZK4+528.653~ZK6+779.082，左线长 2236.061m。区间右线起讫里程为 YK4+525.245~YK6+779.082，右线长 2253.837m，区间总长 4489.898m，埋深为 14.2~27.1m。区段采用盾构法施工，断面为单洞单圆形式，外径 6m，内径 5.4m。J11~J17 节

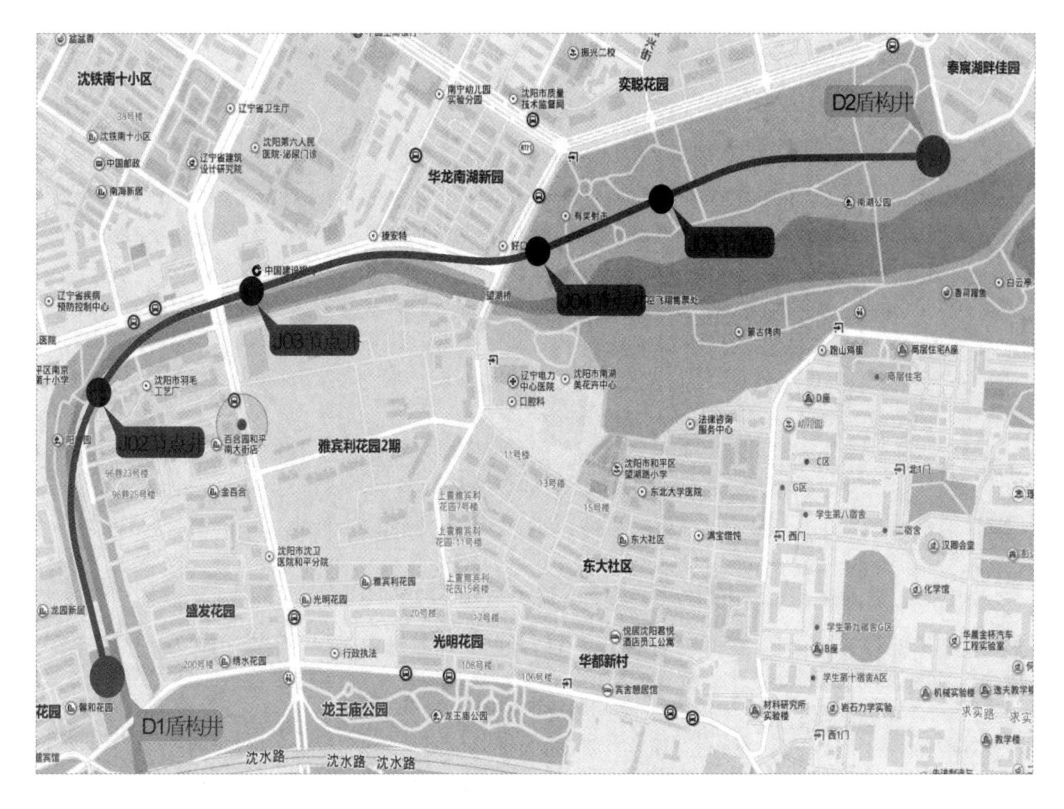

图 10.13　J01~J06 节点井区间平面图

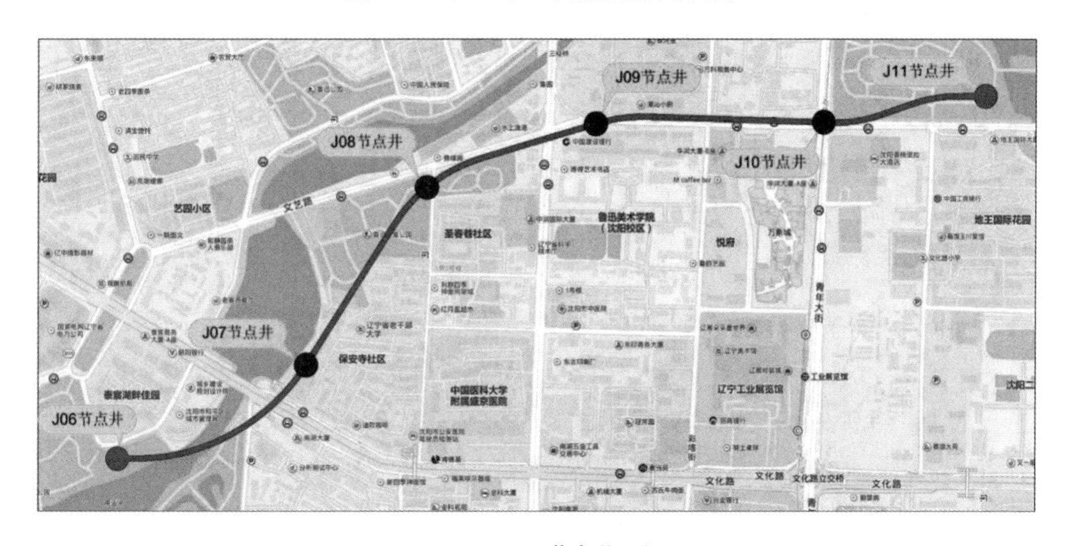

图 10.14　J06~J11 节点井区间平面图

点井区间平面图如图10. 15所示。

J17~J20 节点井区间南起万柳塘公园，东至万泉公园止。右线里程为：右 K0+826. 736~右 K8+199. 204，长度为 1372. 441m；左线里程为：左 K6+826. 763~左 K8+216. 210，长度为 1389. 447m，线间距为 12m。区段采用盾构法施工，断面为单洞单圆形式，外径 6m，内径 5. 4m。本区段最大纵坡坡度为 4. 0‰，盾构区间拱顶覆土厚度为

图 10.15　J11~J17 节点井区间平面图

7.5~14.8m。本区段内设置 4 座节点井。J17~J20 节点井区间平面图如图 10.16 所示。

图 10.16　J17~J20 节点井区间平面图

J20~J25 节点井区间西起万泉公园，东至民航东塔小区止。盾构在右线里程 K9+250~K9+280 范围内，上跨地铁 10 号线万泉公园站至泉园一路站，管廊区间与既有地铁 10 号线区间净距约3.2 m。管廊区间与既有地铁 10 号线区间平面相交角度约为 80°。管廊区间与万泉公园站水平距离较近，最小距离约 3.4m。J20~J25 节点井区间平面图如图 10.17 所示。

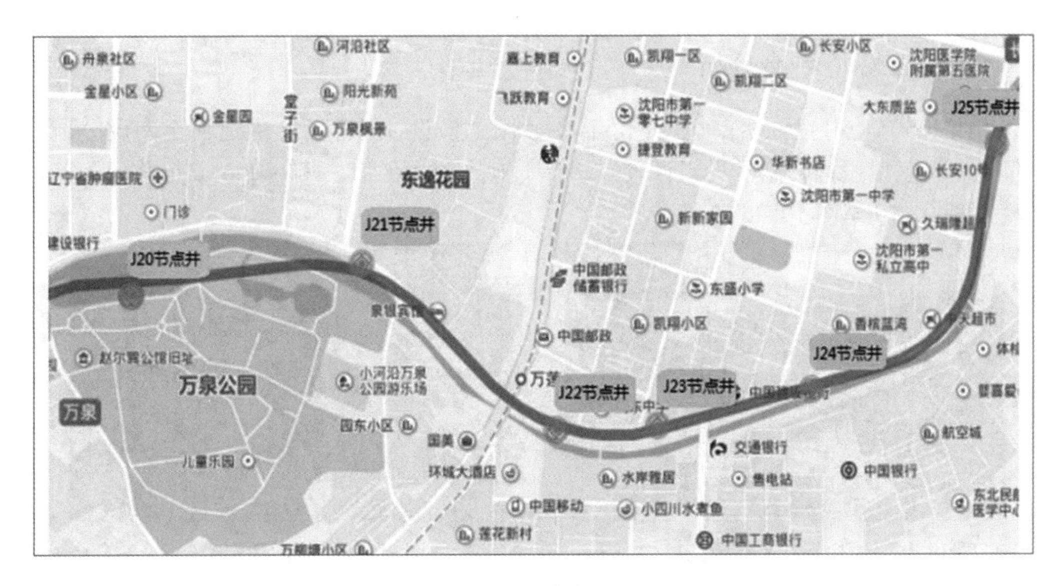

图 10.17　J20~J25 节点井区间平面图

J25~J29 节点井区间南起民航东塔小区，沿小河沿路、长安路、东塔街向北敷设，北到和睦公园。区间左线起讫里程为 ZK10+426.882~ZK12+566.188，左线长 2139.306m；区间右线起讫里程为 YK10+435.257~YK12+566.188，右线长 2130.931m，区间总长 4270.237m，埋深为 14.2~27.1m；区间设置 J26、J27、J28 三座节点井。盾构区间左右线均采用盾构法施工，断面为单洞单圆形式，外径 6m，内径 5.4m。J25~J29 节点井区间平面图如图 10.18 所示。

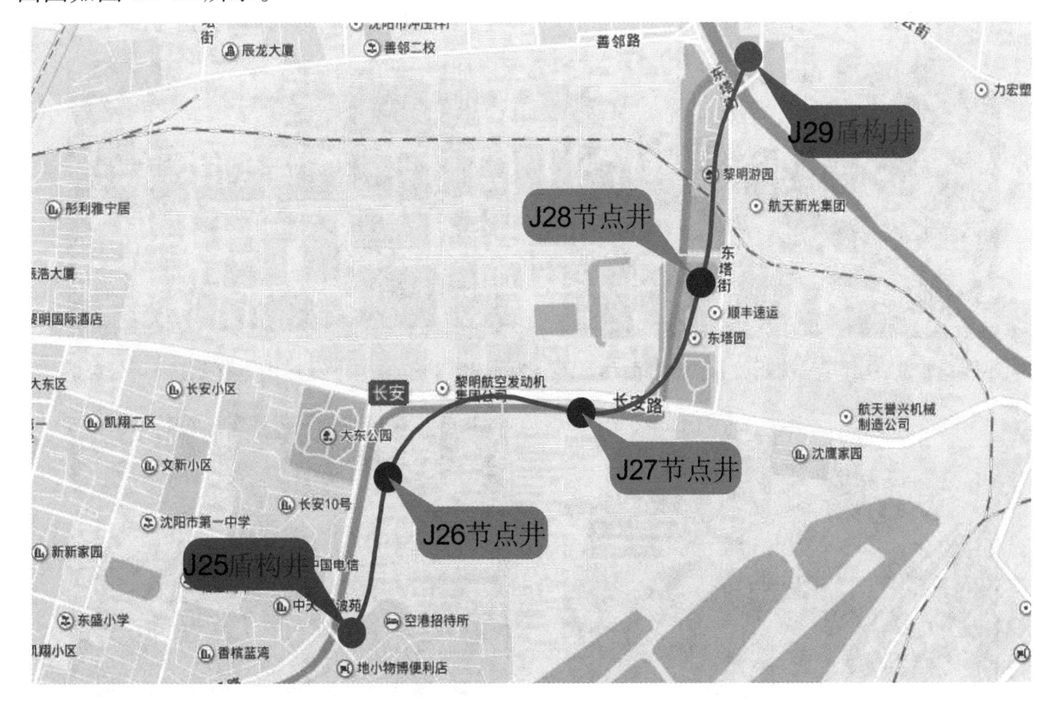

图 10.18　J25~J29 节点井区间平面图

三、施工环境特点分析

J01~J06 节点井区间沿南运河阳春园、砂阳路敷设，局部下穿南运河至南湖公园东北角止。本区段盾构管廊敷设条件较好，沿线地势较为平坦。J01~J06 节点井区间施工环境如图 10.19 至图 10.26 所示。

图 10.19　盾构下穿阳春园人行过河桥

图 10.20　盾构侧穿望湖桥

图 10.21　盾构侧穿和平桥

图 10.22　盾构下穿南运河

图 10.23　盾构下穿《沈阳晚报》读者活动基地

图 10.24　盾构下穿过山车基础(南湖公园)

图 10.25　盾构下穿过山车管理用房(南湖公园)

图 10.26　盾构下穿公园管理用房(南湖公园)

J06~J11 节点井区间沿南湖公园、文艺路，至青年公园止。本区段盾构管廊敷设条件较好，沿线地势较为平坦。J06~J11 节点井区间施工环境如图 10.27~图 10.32 所示。

图 10.27　盾构侧穿 5 层砖混结构居民楼

图 10.28　盾构侧穿文化路人行天桥

图 10.29　盾构管廊上跨地铁 2 号线区间

图 10.30　盾构管廊下穿 2 层青年公园管理用房

图 10.31　盾构下穿电力隧道

图 10.32　盾构侧穿蔻 CLUB

J11~J17 节点井盾构始发端位于青年公园内，场地均已实施围挡和场地硬化，始发场地周边环境较好，无影响因素；接收井场地位于万柳塘公园附近，接收井周边环境较空旷，无影响因素。J11~J17 节点井区间施工环境如图 10.33 至图 10.40 所示。

图 10.33　J11 节点井始发端

图 10.34　J17 节点井接收端

图 10.35　J11~J12 节点井区间下穿南运河

图 10.36　下穿移动通信塔

图 10.37　下穿南北二干线

图 10.38　下穿 66kV 及 10kV 电线杆

图 10.39　下穿东滨河路 120 号九层居民楼

图 10.40　J11~J17 节点井区间下穿南运河

J17~J20 节点井区段盾构管廊敷设条件较好，沿线地势较为平坦。J17~J20 节点井区间施工环境如图 8.41 至图 10.43 所示。

图 10.41　盾构下穿万泉桥

图 10.42　盾构下穿摩尼宝饭店

图 10.43　盾构下穿南运河

J20～J25 节点井区段盾构管廊敷设条件较好，沿线地势较为平坦。J20～J25 节点井区间施工环境如图 10.44 所示。

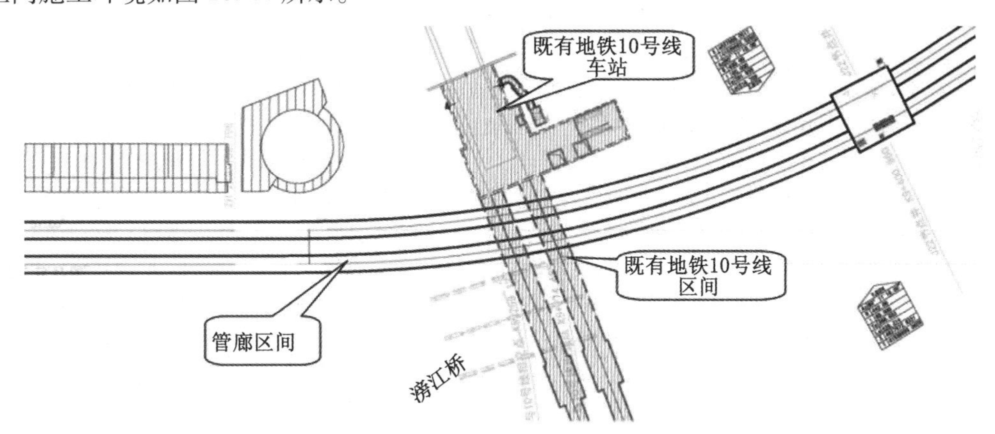

图 10.44　盾构上跨地铁 10 号线

四、工程重点、难点及主要应对措施

(1)J01～J06 节点井区间工程重点、难点分析及处理措施见表 10.1。

表 10.1　工程重点、难点分析及主要应对措施表

序号	工程重点、难点	工程重点、难点分析	主要应对措施
1	施工组织及协调是本工程的重点、难点	① 本工程盾构施工前，需完成前期工程、主体工程，施工工期压力大 ② 前期工程为土建工程，涉及的产权单位及管理单位众多，协调工作任务重 ③ 盾构施工过节点井较多，节点井主体结构施工工序安排及协调工作难度大	① 重视前期工程的工作任务，积极进行施工现场周边环境的调查 ② 与相邻标段、当地市政、场地权属单位加强协调，减少非工程因素干扰，确保各区段按计划开工，确保总工期的顺利实现 ③ 组建精干的管理队伍，统筹安排施工机械、人员、材料等资源，合理进行资源配置，保证工程项目平稳运行 ④ 抓住各工序间的逻辑关系，合理编制施工进度计划，严格按照施工进度计划组织施工 ⑤ 因时制宜、因地制宜地进行工法、结构的优化，合理进行工筹的调整
2	盾构机多次穿越南运河、和平桥、过山车基础及房屋，临近建筑物众多，安全风险、环境风险高是本工程的重点、难点	① 盾构右线侧穿和平桥桥桩，为Ⅰ级风险工程 ② 盾构下穿阳春园内人行过河桥，侧穿望湖桥，均为Ⅱ级风险工程 ③ 盾构下穿管线及线塔，为Ⅱ级风险工程 ④ 盾构下穿过山车基础及房屋，为Ⅲ级风险工程	① 开工前根据管线图对各类管线进行标定，并采用物探对施工范围进行细致排查 ② 成立外协管理部门，指定专人负责对接各类管线、建(构)筑物产权单位 ③ 根据施工需要和查勘结果对各类管线、建(构)筑物制定安全、合理的保护措施 ④ 根据设计图对建(构)筑物进行保护及监测 ⑤ 随时调整盾构施工参数，减少盾构的超挖和欠挖，以改善盾构前方土体的坍落或挤密现象，降低地基土横向变形施加于建(构)筑物基础上的横向力 ⑥ 采用同步注浆，减少盾尾通过后盾构区间外周围形成的空隙，减少盾构区间周围土体的水平位移及因此而产生的对桩基的负摩阻力 ⑦ 加强监测，采取相应措施，包括对建(构)筑物的变形、沉降的监测，如发生较大的变形，应及时反馈以调整施工参数 ⑧ 当盾构区间距离建(构)筑物较近时，在有条件的地段，可在盾构推进前进行地面预注浆，在盾构机通过后，进行补注浆，以保证建(构)筑物的安全

表10.1(续)

序号	工程重点、难点	工程重点、难点分析	主要应对措施
3	盾构机长距离掘进的轴线控制是重点	本区间工程线路长约2.1km，地下施工环境较差，导线测量受环境影响较大，一旦出现较大偏差，盾构机将偏离设计轴线，风险较大	① 编制详细的施工方案，进行精细的技术准备 ② 项目部成立测量队专门负责精确导线测量工作，测量队负责人为专业测量工程师 ③ 制定测量复核制度，确保测量数据能够达到三级复核 ④ 盾构姿态测量采用先进的自动测量系统跟踪监测盾构姿态，同时做好人工测量复核工作 ⑤ 在曲线段掘进时提前调整盾构姿态和管片姿态，尽量使盾构姿态和管片姿态形成同心圆 ⑥ 采用信息化施工，加强监测力度，进行动态管理，及时调整盾构施工参数
4	盾构施工质量控制是本工程的重点、难点	① 盾构机选型是保证盾构顺利施工的重点 ② 盾构机始发、接收风险高 ③ 盾构区间地层主要为中粗砂、圆砾，盾构下穿南运河，河床覆土厚度约4m，如施工参数控制不当，易发生“冒顶”、坍塌事故	① 根据本标段盾构区间设计要求、水文地质情况组织盾构施工技术专家、盾构机制造机械专家以及沈阳市地质专家对盾构机的技术参数进行确定 ② 采取措施对始发段、接收段进行充分加固，确保地面加固质量，并予以取样确认 ③ 穿越南运河前对盾构机进行全面检修，并提前50m作为下穿河流试验段，确定合理可行的穿越参数 ④ 建立值班制度，穿越过程中，加强监测与巡视，及时反馈以便指导施工 ⑤ 针对中粗砂、圆砾地层，根据施工监测数据合理进行参数优化，对渣土进行适宜的改良，及时同步注浆和二次注浆，防止超排及喷涌 ⑥ 刀盘增加搅拌棒，并在黏土、粉质黏土地层掘进过程中，加强渣土改良的措施
5	冬季施工是本工程的难点	本工程工期紧，同期施工工点多，其中大部分工序需在冬季完成，冬季施工的措施是保证工程质量的难点	① 在冬期施工前15日内，编制详细的冬季施工专项方案 ② 根据进度计划做好现场准备工作，包括供水管道保温防冻、搅拌机棚保温、洞口封闭及保温等 ③ 根据计划组织好外加剂材料、保温材料、保温设备的购置 ④ 做好冬季施工培训工作

表10.1(续)

序号	工程重点、难点	工程重点、难点分析	主要应对措施
6	施工测量及施工监测、信息化施工是本工程的重点	本区间全长约2.1km，施工测量、监测工作量极大，而施工测量及监测是工程质量和安全状态的眼睛，施工测量、监测数据的真实性、有效性以及数据传输的及时性对工程质量、安全至关重要	①建立专业监测小组，对工程施工进行全程监测 ②通过测量收集必要的数据，绘制各种时态关系图，进行回归分析，对支护的受力状况和施工安全作出综合判断，并及时反馈于施工中，调整施工措施，使施工过程完全进入信息化控制 ③及时向设计方及建设方汇报监测信息

(2)J06~J11节点井区间工程线路长约2.3km，盾构机多次穿越南运河、文化路人行天桥、蔻CLUB、五层砖混结构居民楼，上跨地铁2号线，临近建(构)筑物众多，下穿二层公园管理用房，安全风险、环境风险高，是本工程的重点、难点，其中：①盾构穿越南运河、文化路人行天桥，为Ⅱ级风险工程；②盾构下穿蔻CLUB，为Ⅱ级风险工程；③盾构下穿五层砖混结构居民楼，为Ⅲ级风险工程；④盾构下穿公园过山车基础及房屋，为Ⅲ级风险工程；⑤盾构上跨地铁2号线，为Ⅰ级风险工程；⑥盾构下穿电力隧道，为Ⅰ级风险工程；⑦盾构下穿二层公园管理用房，为Ⅱ级风险工程。其主要应对措施同表10.1中序号2的内容。本区间其他工程重点、难点(施工组织及协调、盾构机长距离掘进的轴线控制、盾构施工质量控制、冬季施工、施工测量及施工监测、信息化施工)及主要应对措施同表10.1。

(3)J11~J17节点井区间工程重点、难点分析及主要应对措施见表10.2。

表10.2　J11~J17节点井工程重点、难点分析及主要应对措施表

序号	工程重点、难点	工程重点、难点分析	主要应对措施
1	盾构始发、接收是本工程的重点、难点	盾构始发、接收是盾构法施工比较容易出现问题的环节，端头加固效果不好、始发基座定位偏差、洞门密封失效，进出洞渗漏、失压，造成地面塌陷等都是盾构始发、接收的关键控制点	①严格按照设计要求的施工方案对端头进行加固，做好过程控制；加固施工过程中严格按照相关要求，从材料进场、设备、施工工艺等方面严格控制施工质量，确保加固质量 ②端头地层加固完成后，对加固区域进行垂直取芯，检查其加固的完整性、强度。一旦发现存在问题立即进行二次补充加固，确保加固体的整体、连续，无加固盲区 ③做好洞口防水密封工作，避免在始发过程中及推进过程中破坏密封，确保工程安全 ④进出洞段应严格控制掘进参数及盾构姿态 ⑤在始发到达前做好始发到达安全应急预案的演练和应急物资的储备，确保出现异常情况后及时调拨人力、材料进行紧急处理，保证工程的安全

表10.2(续)

序号	工程重点、难点	工程重点、难点分析	主要应对措施
2	盾构机下穿南运河、建(构)筑物是本工程重点	本工程盾构区间下穿南运河、移动通信塔、高压线杆等建(构)筑物，因项目的特殊性、重要性不允许本项目出现安全事故，尤其是建(构)筑物地段	① 做好建(构)筑物和管线调查工作。成立专门的建(构)筑物和管线调查小组，在前期调查的基础上，对照设计图，对盾构区间通过段的地表情况进行详细的调查，准确绘制出建(构)筑物和管线与盾构隧道的位置关系 ② 根据施工需要和查勘结果，针对各类管线、建(构)筑物制定安全、合理的保护措施 ③ 根据设计图对既有管线、建(构)筑物进行保护及监测 ④ 根据监测数据分析情况及时优化盾构掘进参数，减少盾构的超挖和欠挖，以改善盾构前方土体的坍落或挤密现象，降低地基土横向变形施加于建(构)筑物基础上的横向力 ⑤ 同步注浆数量满足要求，减少盾尾通过后盾构区间外周围形成的空隙，减少盾构区间周围土体的水平位移及因此而产生的对桩基的负摩阻力 ⑥ 加强监测，采取相应措施，包括对建(构)筑物的变形、沉降的监测，如发生较大的变形，应及时反馈以调整施工参数 ⑦ 可提前对有条件的建(构)筑物地段进行地面预注浆，在盾构机通过后，进行补注浆，以保证建筑物的安全
3	盾构机多次穿越围护桩是本工程的重点	本工程盾构区间穿越南北二干线及5座节点井(J12、J13、J14、J15、J16)，多次穿越围护桩，及时检修刀具是本工程的重点	① 及时优化盾构掘进参数，减少盾构机刀具的磨损 ② 加强监测，采取相应措施，包括对建(构)筑物的变形、沉降的监测，如发生较大的变形，应及时反馈以调整施工参数 ③ 在J13及J16节点井处对刀具进行检修和换刀
4	盾构长距离掘进的轴线控制是本工程的重点	本区段总长2.2km，其他内容同表10.1序号4	同表10.1序号4的内容

表10.2(续)

序号	工程重点、难点	工程重点、难点分析	主要应对措施
5	盾构机掘进防止喷涌是本工程施工的重点	本盾构区间沿南运河敷设，盾构及主要穿越地层为圆砾层，盾构机在富水地层进行施工时，容易形成“喷涌”现象，导致地层超挖引起地面沉降	① 在盾构机刀盘面和轮缘上，设置多个独立操作的渣土改良注射口，并在刀盘室内装有渣土改良注射口和土压传感器，改良土体，防止喷涌或超排 ② 对盾构机螺旋输送机的出渣口进行改造，达到保压的目的，防止螺旋机喷涌和超排 ③ 向刀盘前掌子面注入膨润土(膨润土以悬浮液的形式加入，其体积使用量为 25%～40%)，在刀盘前形成一层厚厚的泥膜，阻止地下水的涌入 ④ 向土舱内加入高浓度泥浆或泡沫，改善泥土舱内土体的和易性，使土体中的颗粒、泥浆成为一个整体，使土体具有良好的可塑性、止水性及流动性，便于螺旋输送机顺利出土 ⑤ 通过管片吊装孔采用双液浆进行二次注浆，形成止水环，尽快封堵盾构区间背后汇水通道，阻断来自盾尾后方的水流
6	施工测量及施工监测、信息化施工是本工程的重点	本区间全长约 2.2km，其他内容同表 10.1 序号 6	同表 10.1 序号 6 内容

(4)J17～J20 节点井区间工程线路长约 1.6km，盾构区间下穿南运河、万泉桥、摩尼宝饭店、高压线杆等建(构)筑物，其主要应对措施同表 10.1 的序号 2 内容。本区间其他工程重点、难点(施工组织及协调、盾构机长距离掘进的轴线控制、盾构施工质量控制、冬季施工、施工测量及施工监测、信息化施工)及主要应对措施同表 10.1。

(5)J20～J25 节点井区间工程线路长约 2.1km，盾构机上跨地铁 10 号线，下穿南运河、建(构)筑物是本工程重点，其主要应对措施同表 10.1 序号 2 内容。本区间其他工程重点、难点(施工组织及协调、盾构机长距离掘进的轴线控制、盾构施工质量控制、冬季施工、施工测量及施工监测、信息化施工)及主要应对措施同表 10.1。

(6)J25～J29 节点井区间工程线路长约 2.1km，盾构机多次穿越南运河、民航北桥、迎宾桥、军区混凝土桥、无名混凝土桥、黎明厂区(敏感建筑)、铁路、地下人防及房屋，临近建筑物众多，安全风险、环境风险高是本工程的重点、难点，其中：① 盾构右线下穿民航北桥、无名混凝土桥，为Ⅰ级风险工程；② 盾构下穿黎明厂区(敏感建筑)、信号塔，为Ⅰ级风险工程；③ 盾构侧穿军区混凝土桥、迎宾桥、东宁街桥，均为Ⅱ级风险工程；④ 盾构下穿管线及线塔，为Ⅱ级风险工程；⑤ 盾构下穿地下人防、铁路及房屋，为Ⅱ级风险工程。其主要应对措施同表 10.1 序号 2 内容。本区间其他工程重点、难点(施工组织及协调、盾构机长距离掘进的轴线控制、盾构施工质量控制、冬季施工、施工测量及施工监测、信息化施工）及主要应对措施同表 10.1。

第二节　主要施工技术

一、管线迁改

（1）开槽施工的管道采用 180°砂砾基础与 360°钢筋包封。

（2）为防止浇筑混凝土时玻璃钢夹砂管道上浮，每 3m 设置一处固定钢筋。

（3）排水管线采用 Φ2000mm 的玻璃钢夹砂管，玻璃钢夹砂管接口采用橡胶圈接口，内外裱糊。

（4）排水暗渠 360°钢筋混凝土包封布设监测点，采用 Φ12mm HRB400 钢筋与包封钢筋相连，埋设在混凝土里，沿管线方向每 10m 布设一个，监测点预留钢筋高出回填路面 0.2m。排水暗渠现场施工图如图 10.45 所示。

图 10.45　排水暗渠现场施工图

（5）迁改管线设 4 座混凝土污水检查井，检查井均设置 0.5m 沉淀。井盖采用《检查井盖》（GB/T 23858—2009）中 D400 型球墨铸铁对开防盗井盖。井座下方设置 Φ1580mm 厚 180mm 的预制 C30 钢筋混凝土过渡井圈，防止井盖倾斜下沉。在井盖以下 0.5m 处设置圆形 Φ8mm 尼龙安全网，防止当井盖丢失、损坏时行人落入井内。井盖砌筑高度与规划地面高度一致，井位可根据实际情况做适当调整。污水检查井施工图如图 10.46 所示。

图 10.46　污水检查井施工图

(6)施工应从下游开始，以利于施工排水和穿越障碍。

二、节点井基坑遇浅层滞水降水问题的解决

随着近年来地下综合管廊建设工程的迅速推广，施工面临的地质、水文情况随着施工环境的改变而改变，地下隧道纵横交错，保证施工安全变得越来越困难，地下工程本身就有很多不可预见性，其中对施工安全产生最大威胁的因素就是地下水。降水问题也就变得尤为重要。

普通的降水井施工方法有以下不足之处。

(1)本工程沿河道施工，地层为砂卵石层，渗透系数极大，如果仅靠 PVC 波纹管上的孔洞排水，排水量不足，进而导致后期的围护桩、主体施工风险增大。

(2)易淤堵，一旦淤堵便不再具有降水功能。

(3)混凝土管段易错位，导致抽水泵卡死，严重的会导致砂土涌入降水井，地面沉降，甚至威胁施工安全。

为了更好地保证沈阳市地下综合管廊(南运河段)工程的安全施工，本工程采用钢筋竹笼结构来进行降水井施工，以克服以往传统降水井的不足之处，并且本技术由于钢筋笼为厂家生产的成品，而非现场制作，可保证质量。竹片之间的缝隙可以加大排水量且在富水环境中不易腐蚀，施工简单，节省工期。

1. 降水井施工流程(见图 10.47)

(1)定井位。根据降水设计方案提供的井位图、地下管线分布图及坐标控制点，并参照盾构井及工艺井的控制点施放降水井井位。正常情况下井位偏差应≤50mm，若遇特殊情况(如地下障碍、地面或空中障碍)需调整井位时，应及时通知技术人员在现场调整。为保证安全，确定井位后应挖探坑以查明井位处有无地下管线、地下障碍物。

(2)设置泥浆配制区及泥浆池。降水井施工利用桩基施工阶段布设的泥浆配制区进行泥浆的制作，泥浆采用膨润土，泥浆制作采用灰浆搅拌机(400L)搅拌。泥浆配制区主要由泥浆原料存放库房、泥浆搅拌棚、泥浆池、泥浆过滤池和废浆池组成。

(3)埋设钢护筒。为避免钻孔过程中循环水流将孔口回填土冲塌，钻孔前必须埋设钢护筒。护筒外径 0.8m，深度 3.5m。在护筒上口设进水口，并用黏土将护筒外侧填实。护筒必须安放平整，护筒中心即为降水井中心点，为了防止施工时管外返浆，护筒上部应高出地面 0.1~0.3m。

(4)降水井成孔。本工程降水井成孔，使用 2 台 GZ50 型反循环钻机同时进行。降水井设计孔深 36m，孔径不小于 Φ600mm。

(5)泥浆外排。现场泥浆排入泥浆池内，采用 8m^3 泥浆罐车随出随排，保证现场干净、整洁。

(6)吊放井管滤管。本工程井管采用 Φ400mm 钢筋笼滤水管，滤管采用包裹纱网的竹笼。降水井上部 4m 为井壁管，采用钢筋水泥管，下部 32m 为滤水管，采用钢筋笼，外部紧密绑扎竹排，井管封底。

(7)换浆。钻孔至设计深度以下 0.5m 左右，将钻头提高 0.5m，然后用清水继续反循环操作替换泥浆，直到泥浆黏度约为 20s 为止。

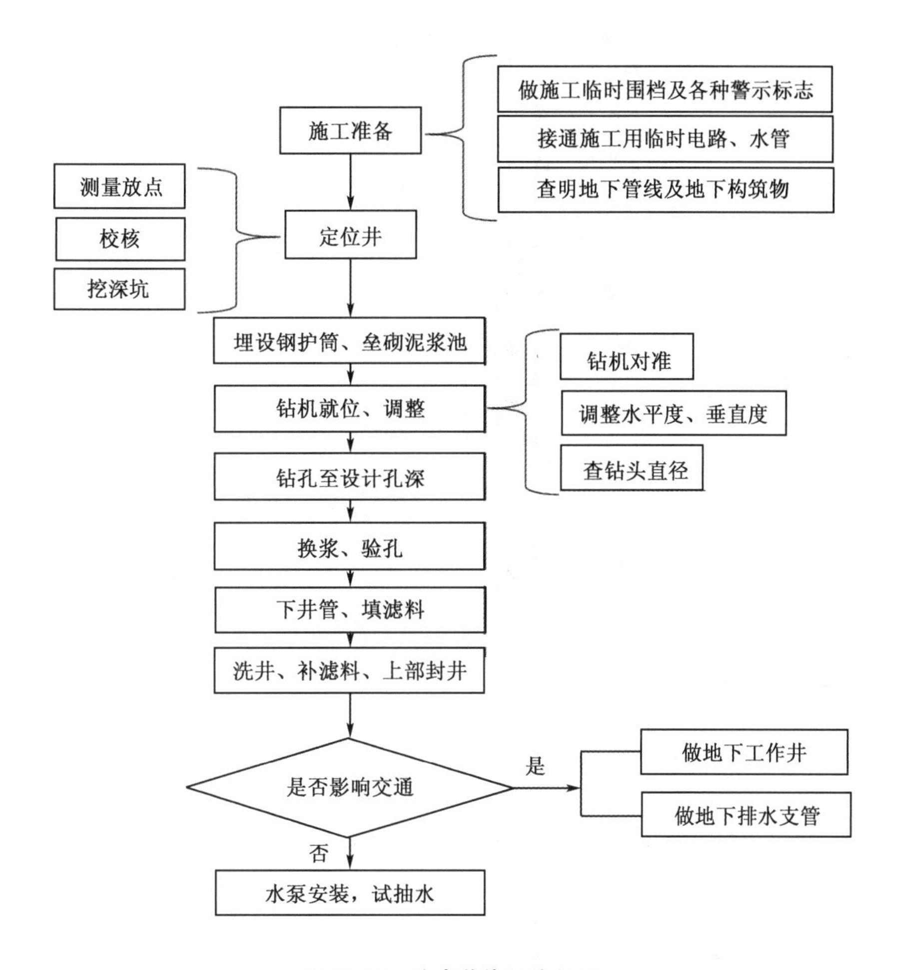

图 10.47　降水井施工流程图

(8)下管。下管前应检查井管是否已按设计要求包缠尼龙纱网；无砂水泥管接口处要用塑料布包严，钢筋笼滤水管上下段焊接时，钢管或袖头连接处要打坡口，以保证井管的垂直度，并焊接严实。

(9)填滤料。填滤料前在井管内下入钻杆至离孔底0.3~0.5m，井管上口应加密封闷头，之后从钻杆内泵送泥浆边冲孔边逐步稀释泥浆，使孔内的泥浆从滤水管内向外由井管与孔壁的环状间隙内返浆，使孔内的泥浆密度逐步稀释到1.05g/cm^3，然后开小泵量按前述井的构造设计要求填入滤料，并随填随测所填滤料的高度，直至滤料下入预定位置为止。降水管井结构如图10.48所示。

(10)井口填黏性土封闭。为防止泥浆及地表污水从管外流入井内，在地表以下回填0.8m厚黏性土封孔。

(11)洗井。采用活塞空压机和污水泵联合进行洗井。若井内沉没比不够时应注入清水。对于不同含水段需采用双隔离塞水气法冲洗，然后再捞砂。若成井过程中黏土使用过多，洗井不及时时，应加入焦磷酸钠药液浸泡不少于6h，然后再洗井，洗井必须洗到水清砂净为止。

(12)安泵试抽。成井施工结束后，在混合井内及时下入潜水泵，排设排水管道、地

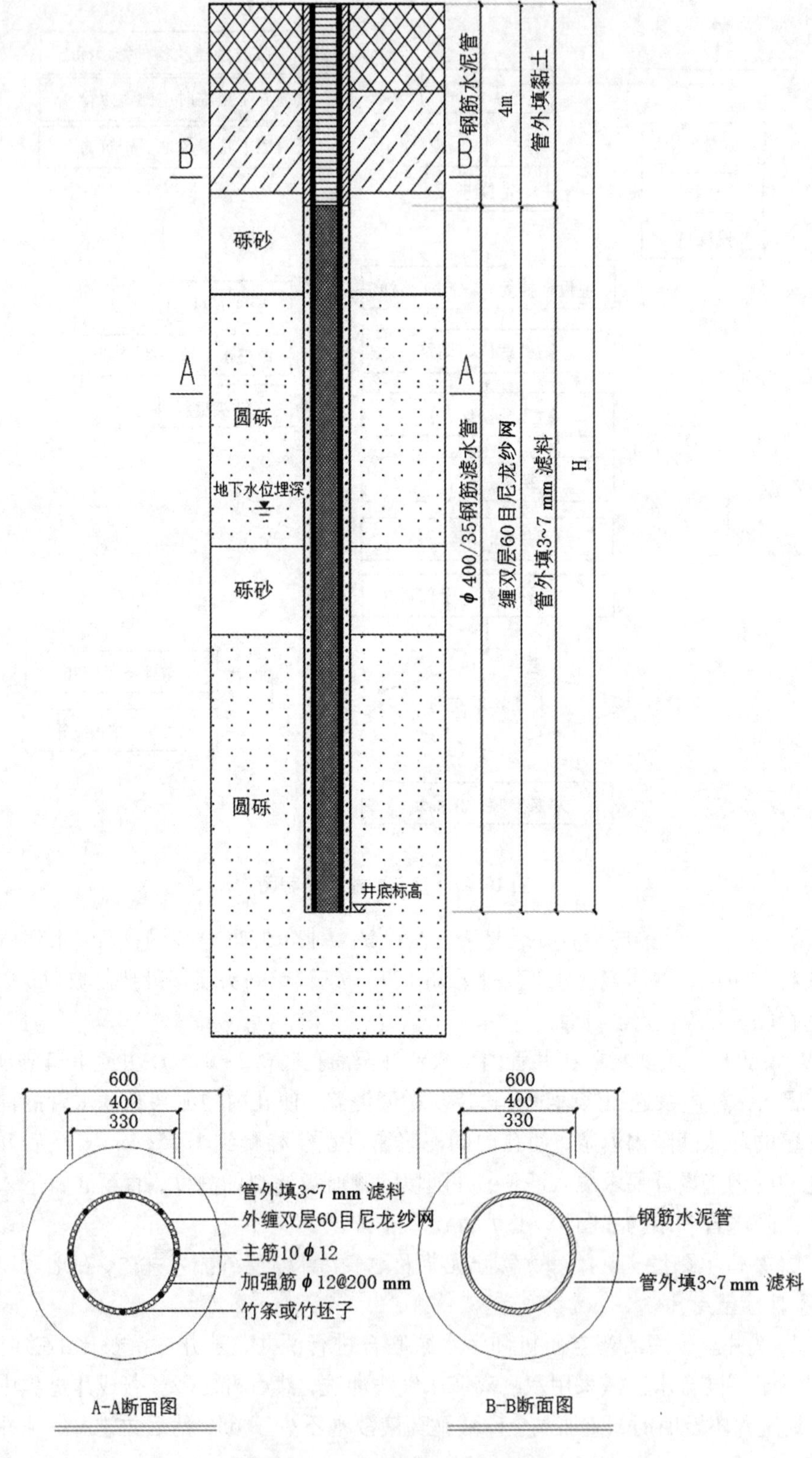

图 10.48 降水管井结构示意图

面真空泵安装、电缆等，电缆与管道系统在设置时应注意避免在抽水过程中不被挖土机、吊车等碾压、碰撞损坏，因此，现场要在这些设备上进行标识。抽水与排水系统安装完毕，即可开始试抽水。采用真空泵抽水，真空抽水时管路系统内的真空度不宜小于-0.06MPa，以确保真空抽水的效果。

(13)排水。洗井及降水运行时应用管道将水排至场地四周的排水管内，通过排水管汇入沉淀池后将水排入场外排水系统。排水管沿降水井布置方向距坑边1.5m四周设置。

(14)水位观测。抽水前应进行静止水位的观测，抽水初期每天早晚7点观测2次，水位稳定后应每天观测1次。

(15)水位降至基底以下1m，主体结构施工完成后且完成回填后方可停止降水。

2. 施工要点

(1)施工准备。

① 施工前必须详细调查核实场区地下管线、构筑物分布情况，井位施放后应采取人工探孔等方法进一步确定，当确认地下没有各种管线、构筑物后方可施工。

② 在场地允许的情况下，降水井施工宜在围护桩施工后进行，以避免围护桩施工灌注混凝土时水泥浆液渗漏到井中造成降水井损坏，降水井打设中心线与桩位中心线距离为2m。

③ 降水井施工需要对应桩位，避开锚杆位置，防止锚杆施工破坏降水井。

(2)成井方法。优先选用反循环成井，在施工条件不允许时，可选用旋挖钻和潜孔钻成井。由于该地层部分区域有粉质黏土夹层，应着重注意砾料充填和洗井的效果以满足降水要求。特别注意距离结构基础较近的降水井施工时，应采取措施严禁塌孔。

(3)井位要求。降水井施工前，应调查核实场区地下管线、构筑物分布情况，为避开各种障碍物，降水井间距可作局部调整，最大井间距调整不应大于设计标准井距±2m，且降水井总量不应减少。井距不能满足上述要求时应局部增加泵量，并采取其他辅助措施。

(4)管井井身结构误差。

① 井径误差应在±20mm之间，垂直度误差≤1%。

② 井管安置应对中。

③ 井深应满足设计要求。

(5)管井填料。

① 含水层段滤料应具有一定的磨圆度，滤料含泥量(含石粉)≤3%。对含水层以上部分的砾料，在磨圆度和粒径方面可适当降低要求，但严禁使用片状、针状的石屑。

② 各方位填料应均匀，速度不得过快，避免造成滤管偏移及滤料在孔内架桥现象。洗井后滤料下沉应及时补充滤料，实际填料量不小于理论计算量的95%。

(6)洗井。

① 洗井要求达到水清砂净。

② 下管、填料完成后宜立即进行洗井，特殊情况如上路施工，成井至洗井间隔不应超过24h。

③ 建议采用隔离塞分段洗井，如果泥浆中含泥沙量较大，可先进行捞渣后再进行洗井。

(7)抽水。

① 每个降水单元开挖前的提前封闭降水时间应不少于7d。

② 抽水含砂量控制：为防止因抽地下水带出地层细颗粒物质造成地面沉降，抽出的水含砂量必须保证：粗砂含量<1/50000；中砂含量<1/20000；细砂含量<1/10000。

(8)排水。

① 主排水管尺寸和类型应满足顺畅排水和抗压要求，排水管线敷设的纵向坡度应不小于3‰。

② 排水口应选择拟建结构范围外的市政雨污管线井口，如直接接入就近的雨污管线，应设置排水口工作井。

③ 所有排水在流入市政管线前必须经过沉淀池沉淀。

第三节　河流导流筑岛施工技术

沈阳市地下综合管廊(南运河段)是全国十大管廊试点城市中唯一穿越老城区的地下管廊，且是唯一一条盾构综合管廊。在综合管廊施工过程中，针对河流导流筑岛围堰施工方案进行了研究，总结形成了河流导流筑岛施工技术。

通过内外两部分构建施工平台，内部通过填土、压实等构建坚实基础核心，上铺混凝土，保证施工平台的强度；外部则采用防水土工布全方位防水设置，配合混凝土垫层及六棱石，组成防水防冲刷的截水帷幕，从而在保证施工平台安全的同时避免河流水的大量渗透而造成事故风险。

1. 施工工艺流程

河流导流筑岛施工工艺流程如图10.49所示。

2. 操作要点

(1)首先进行测量放线，标出岛屿外边轮廓线。

(2)岛屿填筑。使用运输车拉运粒径20~100mm碎石至筑岛位置，沿河岸侧或浅水侧，自上游往下游向河中间逐步推进，由推土机从河边开始逐渐向河中间推挤，顺坡送入水中，避免直接倒入河中被水洗去泥土。首次填筑应比河面高出50cm，首层填筑完成后用压路机压实，压实时应注意观察顶面高度不得低于河面。水面上的填土要分层夯实，压实度不低于93%。填筑完成后高度需高出水面1.25m，筑岛外侧采用1∶1的坡度放坡。

(3)筑岛完成后，岛外水面以下边坡采用三层土袋围堰。围堰土袋用绿色编织袋装黏性土，人工装土，装土量约为袋容积的60%，袋口以铁丝或麻绳缝合。在水流流速较大时，过水面及迎水面袋内可装填粗砂或卵石。堆码土袋时，要求上下左右内外相互错缝，搭接长度为1/3~1/2，且堆码应密实平整。投放土袋时不宜采用抛投，应顺坡送入水中。在水中堆码土袋可用一对带钩的杆子钩拉到位。必要时应抛片石防护，或者外圈

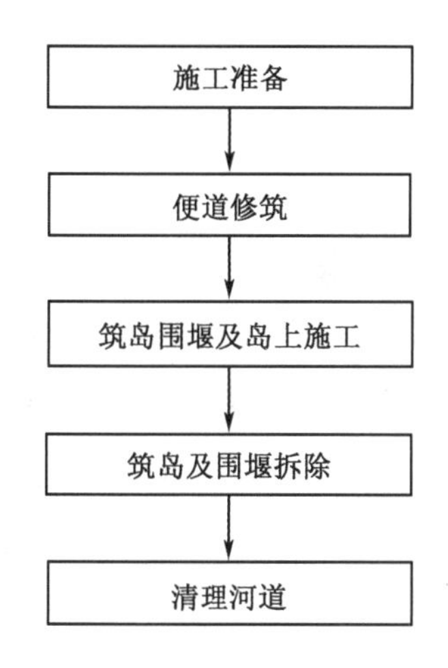

图 10.49 河流导流筑岛施工工艺流程图

改用竹篓或荆条筐内装砂石。待土袋码放至与水面高度一致时，在土袋上铺设 10cm 混凝土垫层。筑岛围堰外部防水土工布铺设如图 10.50 所示。

图 10.50 筑岛围堰外部防水土工布铺设图

(4)岛外水面以上边坡采用六棱块防护，六棱块内回填种植土并植草。岛外边坡如图 10.51 所示。

(5)堰堤迎水面应筑成向堰外拱的弧形。围堰外形应考虑河流断面被压缩后，流速增大引起水流对围堰、河床的集中冲刷及导流等因素，并应满足堰身强度和稳定的要求。堰内平面尺寸应满足筑岛施工的需要。筑岛施工如图 10.52 所示。

(6)筑岛完成后，测量放线定位出盾构井桩基位置，以桩径外侧为基准向外开挖 5m，以桩径内侧为基准向内开挖 2m，设置黏土芯墙。开挖深度为河底标高下 1.5m。开

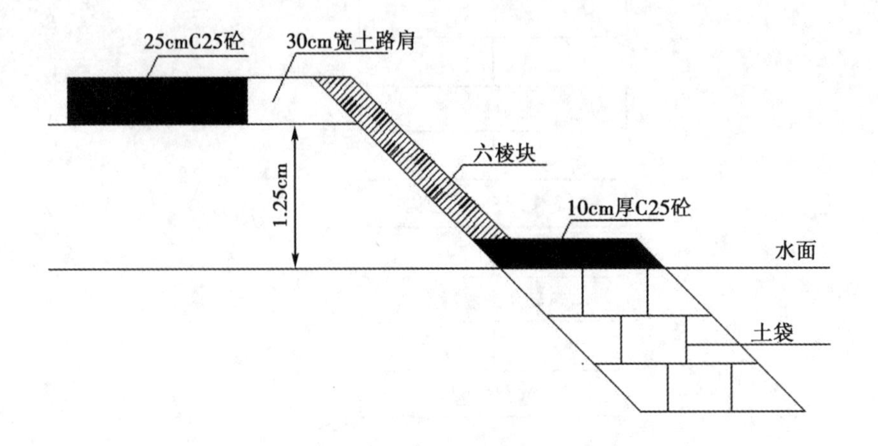

图 10.51　岛外边坡示意图

图 10.52　筑岛施工图

挖时配备两台污水泵同步排水，开挖完成后进行回填，回填土与碎石之间设置一层防水布，分层回填黏土，每层厚度不超过 50cm。逐层使用压路机压实，压实度不低于 93%。土芯墙如图 10.53 所示，土芯墙剖面图如图 10.54 所示。

(7)筑岛完成，并经碾压达到施工所需地基承载力后，即可进行岛内施工。

(8)岛内便道以 25cm 厚 C25 混凝土硬化处理。

(9)筑岛围堰的拆除。施工完成后，按筑岛和修筑围堰的顺序，逆向进行，拆除围堰，挖除筑岛。围堰拆除时应自下游至上游，由堰顶至堰底，由背水面至迎水面，逐步拆除。并按照水利部门的要求，清理河道。

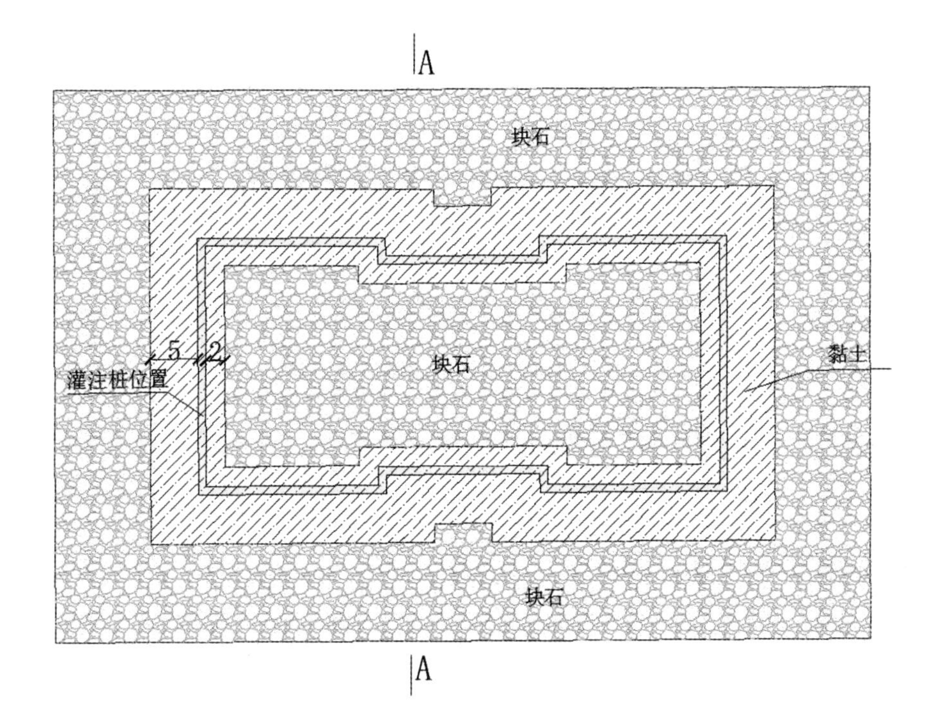

图 10.53　土芯墙示意图

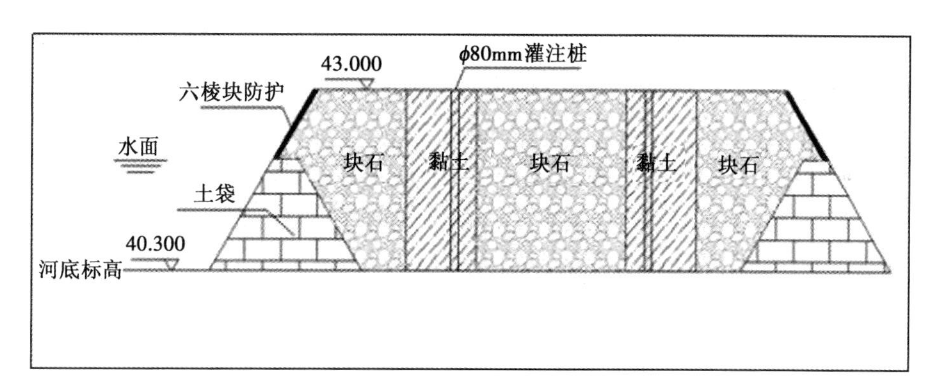

图 10.54　土芯墙剖面图

第十一章　区间暗挖

第一节　工程概况及施工环境

一、水文及地质情况

1. 水文情况

沈阳市地下综合管廊(南运河段)东西贯穿浑河冲洪积扇。浑河冲洪积扇是由新老两扇叠置而成，扇地地下水的赋存条件与古地貌、地层结构、岩土孔隙度和水理性质等因素密切相关，不同地层赋存地下水的丰富程度有很大差别。

沈阳地区地下水位年变化幅度为1~2m，地下水位埋深为7~20m(竖井北侧有采取降水措施的深基坑工程)。根据现场实际情况，抗浮设防水位约为地下4m。

2. 地质情况

在勘探范围内，场地地基土主要由第四系全新和上更新统黏性土、砂类土及碎石类土组成。地层划分主要考虑成因、时代以及岩性，划分依据为野外原始编录、土工实验结果，同时参照原位测试指标的变化。自上而下一次描述如下。

(1)第四系全新统人工填土层(Q4ml)。

杂填土(①-1)：杂色，松散，稍湿，主要由路面、碎石、混粒砂、黏性土及建筑垃圾组成，钻孔揭露厚度为1.00~5.00m，顶层深度为0.00m，层顶高程为40.20~42.96m。

(2)第四系全新统浑河高漫滩及古河道冲积层(Q42al)。

砾砂(③-4)：灰黑色、黄褐色，稍湿，稍密，混粒结构，主要成分由石英和长石组成，含有少量黏性土，大于2mm的约占总重量的40%，钻孔揭露厚度为0.50~5.50m，层顶深度为1.00~5.20m，层顶高程为35.30~41.27m。

圆砾(③-5)：黄褐色，稍密~中密，稍湿~饱和，颗粒不均，亚圆形，磨圆度较好。母岩以火成岩为主，最大粒径为60mm，一般粒径为2~20mm，大于2mm颗粒占总重量的50%~65%，由中粗砂填充，钻孔揭露厚度为1.20~12.70m，层顶深度为1.30~8.00m，层顶高程为32.61~39.84m。

圆砾(③-5-5)：黄褐色，中密，饱和，颗粒不均，亚圆形，磨圆度较好，母岩以火成岩为主。最大粒径为60mm，一般粒径为2~20mm，大于2mm颗粒占总重量的50%~65%，由中粗砂填充，钻孔揭露厚度为2.00~10.30m，层顶深度为5.40~18.00m，层顶高程为 23.42~34.69m。图 11.1 为暗挖段地质纵断面图。

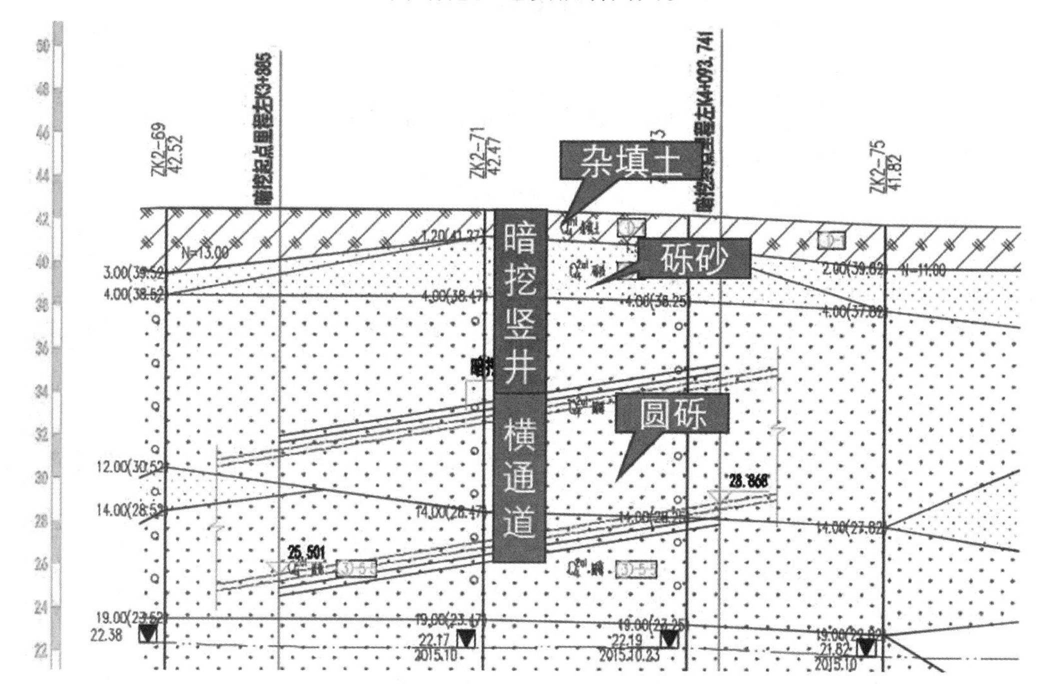

图 11.1　暗挖段地质纵断面图

根据地勘报告暗挖竖井地层自上而下分别为：杂填土(①-1)、砾砂(③-4)、圆砾层(③-5)、圆砾层(③-5-5)；暗挖横通道及隧道正线位于圆砾层(③-5)。

二、工程施工重点、难点

1. 降水井施工

根据施工需求，共设置 34 口降水井，用于区间降水，根据现场结构位置需求，参考地下管线布置情况，在竖井及横通道周边布置降水井，降水井设计深度为 40m，使用锤击钻机施工。由于地下管线情况复杂，施工较为困难；同时暗挖区间地处市区，施工过程要严格控制噪声及环保措施。

2. 竖井开挖

暗挖区间竖井开挖采用倒挂井壁法施工，竖井净空尺寸为 4.6m×10.7m，设计深度为 22m。由于暗挖场地狭小，现场无法布置钢筋场，渣土池布置尺寸较小，无法长期存土，施工材料无法存储；开挖过程至原地面 2m 处，存在大量管线群，影响整体施工。

3. 横通道开挖

暗挖区间横通道开挖采用分舱分层开挖法施工，横通道净空 14.1m×7.7m，开挖深度为 21m，横通道开挖深度较深，打设超前管棚较长、较困难；横通道施工净空较大，共分设 6 舱施工，施工难度较大；施工过程施工工序烦琐，需交替穿插施工。

4. 隧道正洞开挖

J06~J11 区间工程暗挖段结构位于文艺路上，隧道正上方存在电力管线，施工困难；隧道左线存在宝能大厦锚索，施工工程需首先进行锚索切割，施工难度较大。

三、工程施工重点、难点分析与对策

1. 降水井施工重点、难点分析与对策

针对出现的情况，采取措施，联系各管线单位，收集资料，进行探沟挖探、钻井施工、噪声管控、排水管排水。

2. 竖井开挖重点、难点分析与对策

竖井开挖为施工主要步骤，将钢筋加工场建设在距离施工地4km处，采用运输方式进行钢筋等材料运输；渣土池每天进行土方外运，保证渣土池第二天的存储量；竖井开挖过程中，遇到地下管线，及时联系管线建设方并调整施工工序，保证施工工期不滞后。

3. 横通道开挖重点、难点分析与对策

横通道开挖为重点施工项，要严格管控施工中的质量与安全，按照“十八字方针”进行支护开挖。横通道开挖施工前，打设超前大管棚，设计深度10m，严格按照设计施工，并及时注浆进行超前支护；共分为6舱进行开挖，采用上下分层开挖，严格控制开挖进度，控制进尺深度，及时观测地面沉降并采取相应措施；针对交替施工，对施工队伍进行责任划分，合理衔接施工工序，保证施工工期。

4. 隧道正洞开挖分析与对策

隧道正洞开挖为工程最重要部分，为盾构推进提供施工条件，施工过程严格按照“十八字方针(管超前、严注浆、短开挖、强支护、快封闭、勤量测)”施工，严格控制进尺长度，每天进行监控测量；对宝能大厦锚索施工应用专用切割工具进行切割、拉运，并及时与宝能大厦施工方进行沟通，保证正洞施工质量。

第二节　主要施工技术

一、暗挖工法选择

1. 工程介绍

本工程盾构穿越J09节点井后，沿文艺路下穿青年大街至J10节点井。经过前期地质勘探及现场调查，发现在文艺路下方，彩塔街至青年大街段存在密集锚索群。锚索群为沈阳宝能大厦基坑开挖时所打设，影响盾构机行进的部分全长253.8m，锚索水平距离1m，垂直距离3m，梅花形布置。因为锚索影响，盾构机无法通过。

2. 工法选择

因盾构机无法穿越锚索区域，本工程通过联合设计、勘探等单位对现场进行调查和分析后，对施工工法进行比选。施工工法比选如表11.1所示。

表 11.1 施工工法比选表

序号	比选工法	实施效果	现场条件
1	盾构区间改线+盾构法	成本低，施工安全	线路南侧有电力隧道，北侧有宝能大厦，不具备改迁条件
2	注浆加固+盾构法	成本高，风险大	沿线有电力隧道 1 条、污水管 2 条、给水管 2 条、通信管线 3 条，无法进行地面注浆，不具备条件
3	暗挖法+盾构法	成本高，施工安全	具备条件

经过现场实际情况调查、施工工期分析和施工工法比选，最终确定采用“暗挖法+盾构法”解决盾构机无法穿越锚索群问题。根据锚索相关资料显示，暗挖区间每 1.3m 设置一组锚索，施工遇锚索时，首先切断隧道外轮廓锚索，将锚索两端切断后，再破除锚索面层砂浆混凝土，移除锚索。施工过程中严格按照施工顺序切除锚索，避免锚索预应力伤人。

二、暗挖工法工序

暗挖段施工示意图如图 11.2 所示。

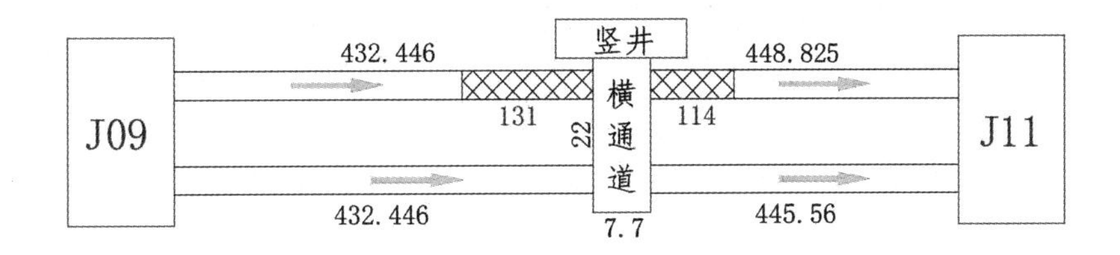

图 11.2 暗挖段施工示意图

总体施工工序：

(1)竖井采用明挖倒挂井壁法施工，开挖至横通道处进行马头门管棚施工；

(2)竖井开挖至负二层暂停开挖，进行横通道马头门施工；

(3)横通道 6 个导洞进行台阶法施工；

(4)暗挖隧道正线台阶法施工；

(5)横通道负一层、负二层防水、二衬施工；

(6)暗挖隧道正线回填，盾构通过；

(7)竖井开挖至底，横通道负三层开挖、初衬施工，施做防水、二衬；

(8)竖井二衬及横通道内部结构施工。

三、暗挖竖井改建及与J10节点井合并

1. J10节点井概况

暗挖竖井与J10节点井全部位于文艺路上方，但节点井距离青年大街较近，施工时需占用青年大街一半马路，交通导改复杂；并且地下管线较多，管线改迁条件差。J10节点井由于客观因素限制，施工工期不可控制。

2. 施工变更

因J10节点井施工困难，本工程将暗挖竖井扩大与J10节点井合建，既保证节点井的功能，又满足盾构机的穿越，节省工期和成本。

3. 变更概况

新增竖井位于原竖井东侧，紧贴原竖井结构。新增竖井为矩形断面，竖井净空尺寸按施工要求确定为4.7m×5.3m，基深由原来的17m加深至22m，井口设置钢筋混凝土圈梁，采用倒挂井壁法施工，井壁采用格栅钢架加喷射混凝土支护体系。为满足工艺要求，横通道内净空由原来的4.0m×8.64m改为7.2m×13.65m，为直墙拱结构，采用暗挖法施工，初衬为格栅钢架加喷射混凝土。为满足全线洞通要求，横通道地下二层二衬施工完成及管廊左线暗挖段初衬完成并回填后，盾构在管廊暗挖段及横通道二衬中穿越。

四、浅覆土粉细砂地层暗挖工法综合施工技术

1. 工程介绍

J06~J11节点井区间工程暗挖段结构位于文艺路上，西起彩塔街，东至青年大街。暗挖起止里程为左K3+885~左K4+136.8，单线全长252.8m，线间距12m，线路纵断面为单面坡，结构覆土5.8m~10.5m，为单线单洞马蹄形断面，采用矿山法施工。暗挖断面初支外宽7.2m，高7.3m，初支内填充C10混凝土，回填后盾构通过。工程地理位置关系如图11.3所示。

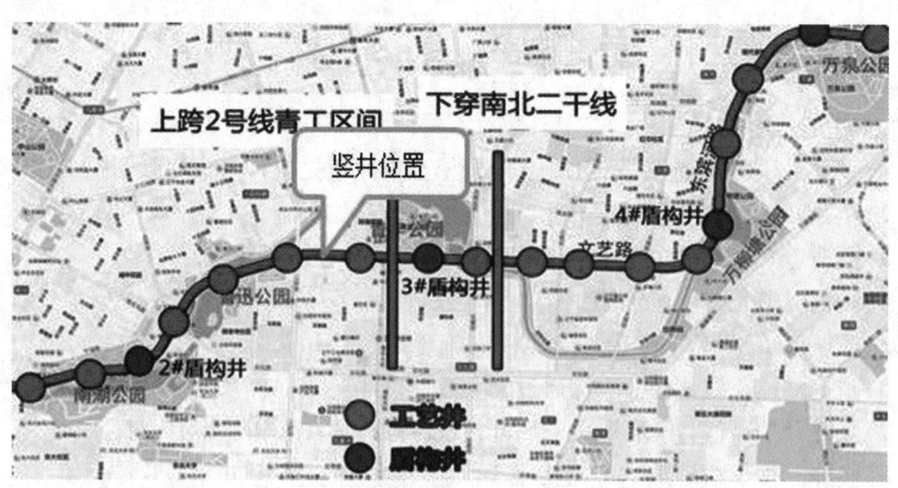

图11.3 J06~J11节点井区间工程暗挖段地理位置关系图

在勘探范围内，场地地基土主要由第四系全新和上更新统黏性土、砂类土及碎石类土组成。暗挖竖井基底土层位于圆砾层(③-5)、圆砾层(③-5-5)。

暗挖竖井及横通道设置于暗挖盾构区间中间位置，初期支护形式为格栅钢架、喷射混凝土及二次衬砌。初支完成后竖井平面尺寸为4.6m×9.7m，深度为21.737m；横通道全长21.339m，初支完成后平面尺寸为7.2m×13.7m，覆土埋深约9.6m。竖井及横通道平面图如图11.5所示，竖井及横通道断面图如图11.6所示。

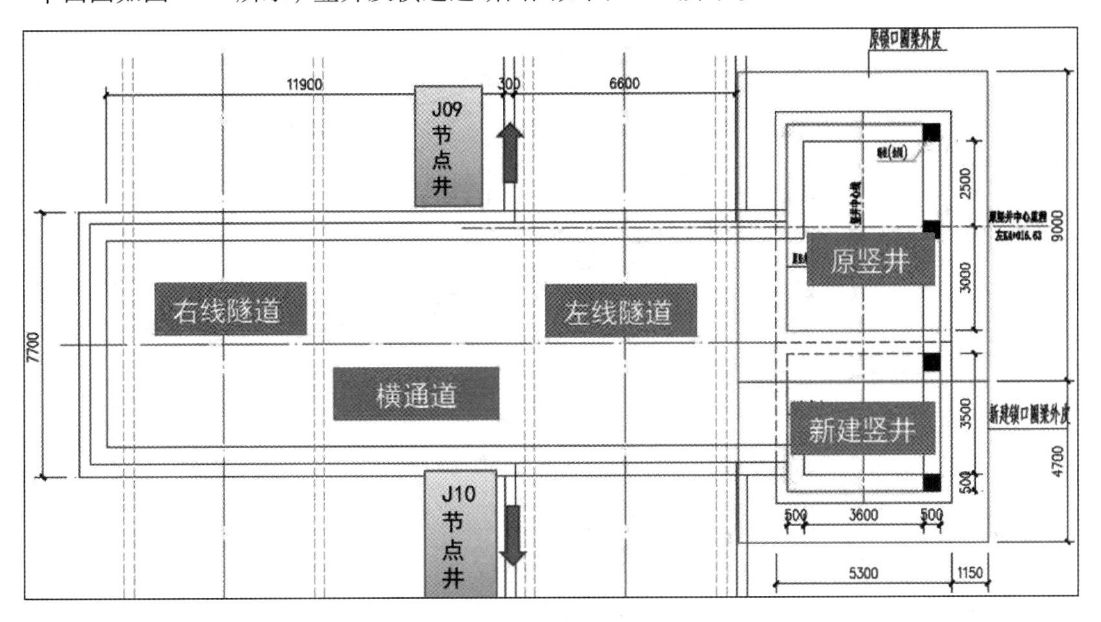

图11.5　竖井及横通道平面图(单位：mm)

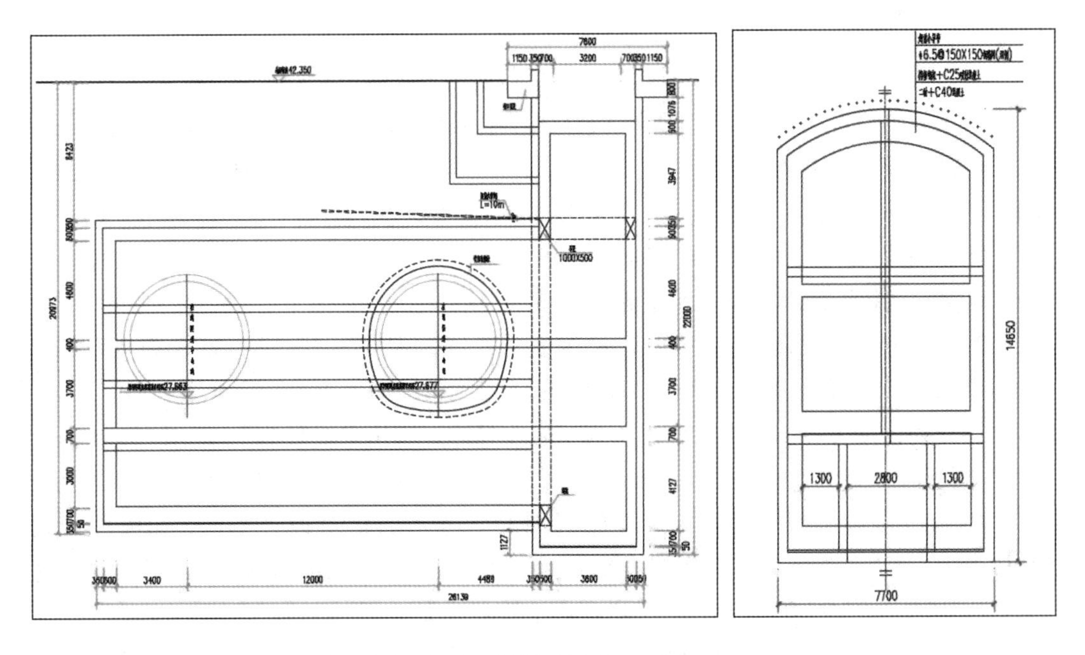

图11.6　竖井及横通道断面图(单位：mm)

暗挖段施工范围内存在宝能大厦预应力锚索，施工中需截断。暗挖段与既有结构锚索断面示意图如图 11.7 所示。

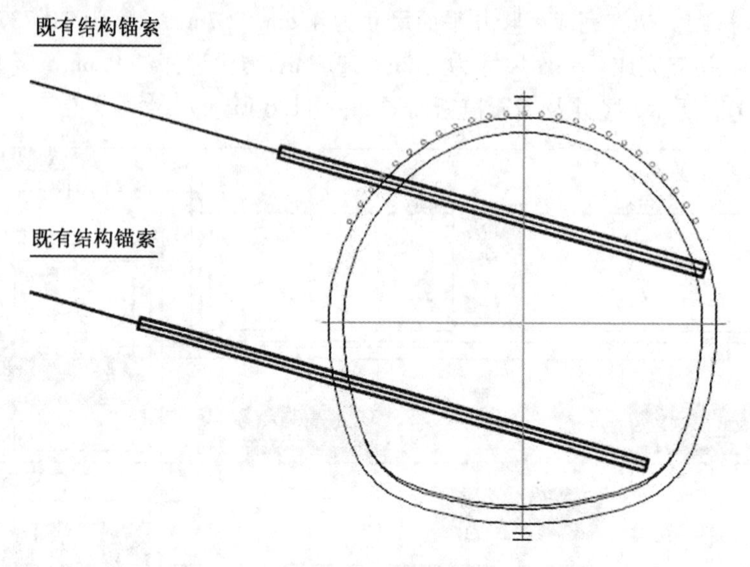

图 11.7 暗挖段与既有结构锚索断面示意图

2. 施工准备

(1)施工前图纸答疑交底、施工方案报审、技术交底、安全交底等内业准备就绪。

(2)选定经验较为丰富的施工作业队伍进行施工。

(3)施工所用钢筋、水泥、砂、石和钢管等材料进场并进行复试、报验。

3. 竖井开挖与支护

各项准备工作完成并经条件验收后，即进行竖井开挖与支护。

(1)土石方开挖。根据地质分析，竖井地质上部为杂填土，其余地质多为砂土，采用机械分区分层开挖，机械装土，并人工配合，将土装入提升斗中，利用提升架将装有土的提升斗提出竖井，将土倒入存土区，装载机装渣，自卸汽车运至弃土场。下部少量岩层采用爆破开挖。竖井开挖考虑到变形、防水层厚度等因素的影响，开挖断面尺寸外扩 5cm，以保证内衬墙的厚度及建筑限界。

(2)钢格栅制作安装。竖井第一榀格栅安装在锁口圈混凝土下面，格栅钢架紧邻锁口圈混凝土。锁口圈施工时，预埋 Φ22 钢筋，间距 1m，内外交错布置。

(3)喷射混凝土。初支喷射混凝土为了减少扬尘，采用“湿喷法”：即水泥、砂石及速凝剂按配合比要求下料，在地面经过搅拌机搅拌均匀后运至作业面，将混合料送入喷射机内，通过压风机压送到喷头处。喷射混凝土分两层喷至设计厚度，初喷厚度为 50mm，后一层在格栅钢架安装完成且前一层终凝后进行。喷射时依次自下而上进行，并先喷钢筋格栅与开挖面间混凝土，再喷两榀格栅间混凝土。

(4)封底施工。竖井开挖至横通道上台阶，要进行临时封底。临时封底采用喷射混凝土封底，喷射厚度为 350mm。竖井开挖至基底要进行正式封底，正式封底做法如下：

从竖井底部往上连续架立 3 榀竖井格栅钢架，竖井底部铺设单层 Φ6. 5@ 150mm×150mm 钢筋网，再喷射 350mm 厚 C25 混凝土。钢筋网要与格栅钢架焊接或绑扎牢固。

4. 横通道开挖与支护

（1）横通道设计参数如表 11. 2 所示。

表 11. 2 横通道设计参数表

项目		材料及规格	施工参数
横通道初期支护	超前小导管	Φ32mm 钢管、壁厚 t = 3. 25mm，L=3. 5m	纵向间距为 1. 5m，环向间距为 0. 3m，外插角为 10°～15°，注浆采用单液水泥浆
	钢筋网片	Φ6. 5mm、网格间距为 150mm×150mm	单层敷设
	纵向连接筋	Φ22 mm HRB400 钢筋	环向间距为 2. 0m，内外双层交错布置
	喷射混凝土	C25 混凝土	厚度为 250mm
	格栅钢架	主筋、桁架筋为 HRB400 钢筋，箍筋为 HRB300 钢筋	纵向间距为 0. 5m
	拱脚锁脚锚管	Φ32mm 钢焊管，L=2. 5m	每循环拱脚打设，角度 30°～45°斜向下打设，全长注浆
	初支背后注浆管	Φ32mm 钢管	注浆孔沿盾构区间拱部及边墙布置，环向间距为 3m，纵向间距为 3m，梅花形布置

（2）工艺流程。横通道施工工艺流程如图 11. 8 所示。

5. 盾构区间施工

（1）超前支护。由于本区间暗挖段大部分位于砂层中，采用超前小导管注浆支护。暗挖盾构区间超前支护采用小导管预注浆，管壁每隔 100～200mm 交错钻眼，眼孔直径 6～8mm。拱顶小导管每榀格栅打设一环，环向间距为 0. 3m，长度为 2. 0m，外插 10°～15°。注浆浆液根据地层情况选用，浆液配合比应由现场试验确定，并根据盾构区间周围的围岩条件控制好注浆压力（0. 5～1MPa）。为防止浆液外漏，必要时可在孔口设置止浆塞。超前小导管支护断面图如图 11. 9 所示。

（2）超前小导管施工工艺流程。超前小导管注浆工艺流程图如图 11. 10 所示。

（3）施工方法。

① 超前小导管制作。选用钢管的品种、规格、级别和数量必须符合设计要求，并经监理现场验收后方可进行加工。

小导管集中在人工洞外加工，采用无缝钢管，外径为 32mm，壁厚为 3. 25mm，管身设置注浆孔，孔径为 6～8mm，孔间距为 15cm，呈梅花形布置，前端加工成锥形，尾部长度不小于 30cm，作为不钻孔的止浆段。

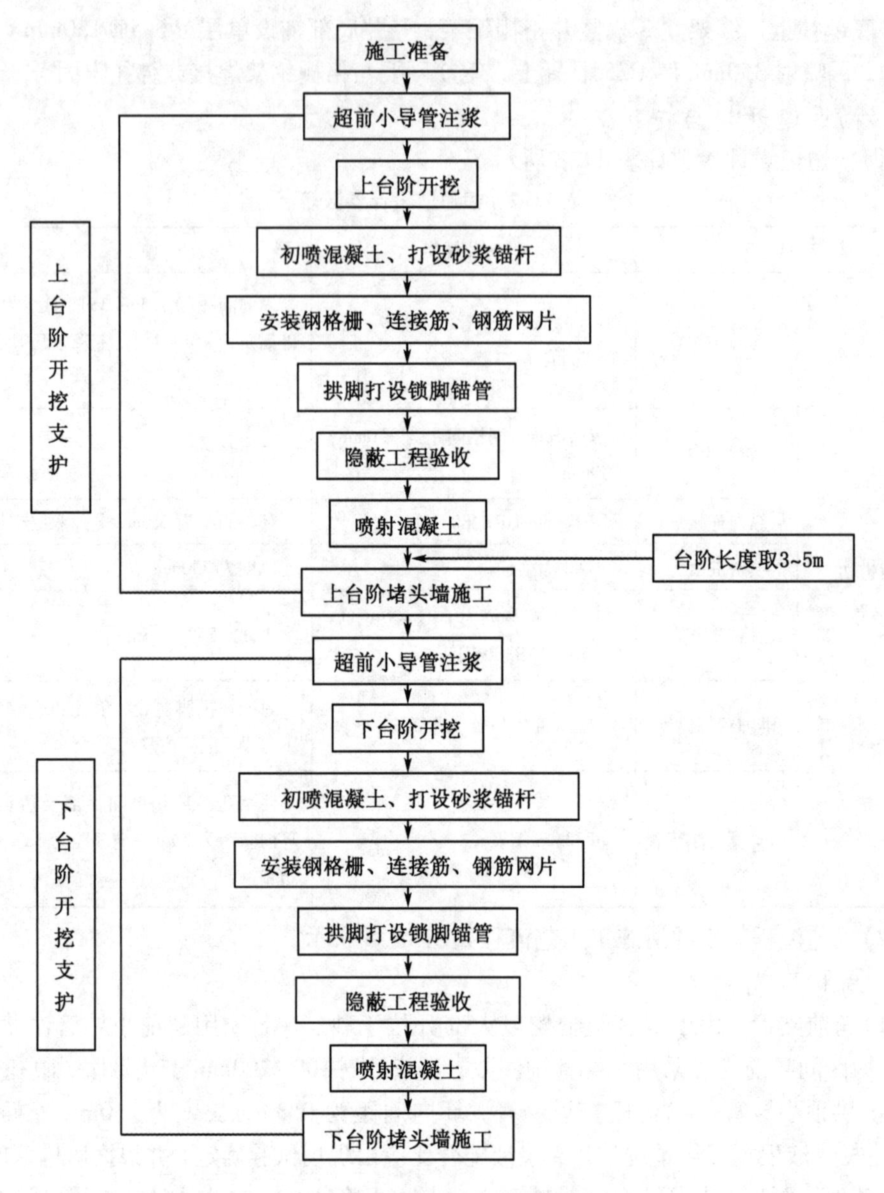

图 11.8　横通道施工工艺流程图

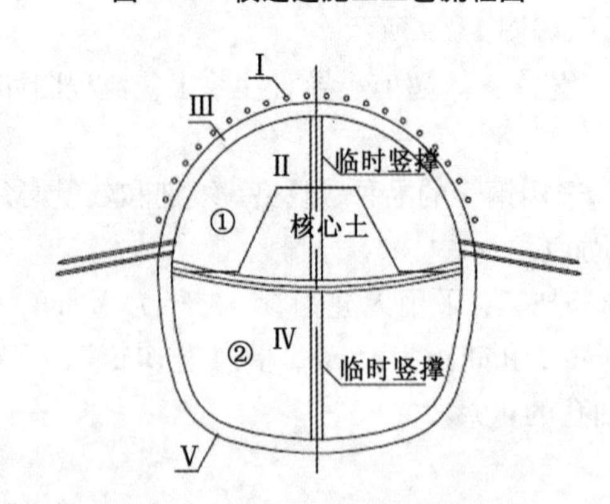

图 11.9　超前小导管支护断面图

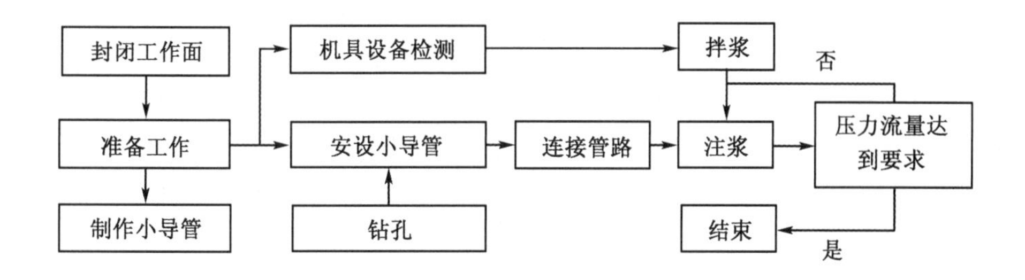

图 11.10　超前小导管注浆工艺流程图

② 超前小导管安装。超前小导管及注浆是对盾构区间周围围岩进行超前支护，因此要在盾构区间开挖之前进行。每次超前支护后连续开挖 1~2 个循环后进行下一次超前支护。

采用风镐将小导管顶入，稍硬地层采用机械钻孔或洛阳铲成孔后安装小导管。安装过程中要严格控制小导管的角度和外露长度。小导管与钢架采用焊接连接，且要连接牢固。小导管施工允许偏差如表 11.3 所示。

表 11.3　小导管施工允许偏差表

项目	外插角	孔间距	孔深
偏差	±2°	±50mm	+50mm~0mm

③ 超前小导管注浆。注浆材料为水泥、水玻璃双液浆，注浆压力为 0.5~1MPa，浆液配合比根据现场土层情况由试验确定，并报设计单位认可。

注浆必须充满钢管及周围的空隙并密实，现场注浆参数根据实际情况施工选定，根据不同地质及时调整施工参数，确保小导管注浆质量满足要求，并确保土体稳定。

④ 洞身开挖。开挖采用超前小导管加台阶的施工方法，台阶分为上下两台阶进行开挖，上台阶开挖高度为 3.66m，宽度为 7.2m；下台阶开挖高度为 3.64m，宽度为 7.2m。支护采用超前小导管注浆支护，初期支护采用格栅钢架、钢筋网和喷射混凝土。暗挖段结构横断面示意图如图 11.11 所示。

(4)初期支护。初期支护施工内容包括格栅钢架制安、钢筋网安装、喷射混凝土、锁脚锚管、初期支护背后注浆以及掌子面临时支护等施工。

① 格栅钢架。盾构区间每级台阶土方开挖完成、表面修整后进行安装、固定。

② 加工。

❖钢格栅使用的钢筋、角钢的规格、种类、型号必须符合设计要求。

❖钢格栅采用洞外地面集中加工，后分片吊装运至施工作业面进行安装。

❖钢格栅在焊接过程中，焊接质量应符合设计及钢筋焊接施工验收规范的规定。

❖第一榀钢格栅加工好后应在平坦地面试拼，经监理验收合格后方可进行批量生产。

③ 安装。

❖洞内安装采用人工安装的方法。

❖格栅钢架安装基面应坚实并清理干净，必要时可采取提前加固后进行，或者根据

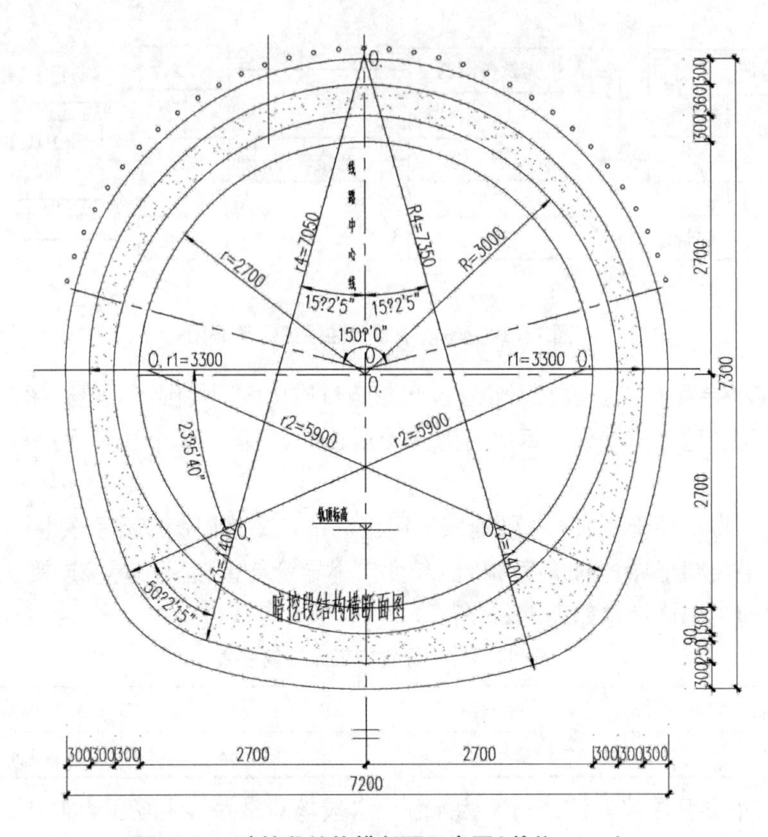

图 11.11 暗挖段结构横断面示意图(单位: mm)

现场实际情况,也可在喷射一层混凝土后进行安装。

❖钢格栅安装纵向间距为 0.5m,安装位置符合设计要求,每片连接接头采用角钢与主筋端部焊接,后用螺栓连接牢固。

❖钢格栅与壁面必须楔紧,钢架纵向连接筋直径为 22mm,环向间距为 1000mm,内外侧双排布置,相邻钢架必须连接牢固。

❖施工过程中,根据现场情况,可将钢架接头位置进行调整,但必须确保钢筋质量符合设计要求。

(5)钢筋网。钢筋网施工在钢架安装固定、第一层混凝土喷射完成后进行。

① 工艺流程。钢筋网施工工艺流程图如图 11.12 所示。

② 加工。全断面设单层钢筋网,环、纵向钢筋直径为 6.5mm,间距为 150mm×150mm。

③ 安装。钢筋网在格栅钢架安装固定完成且第一层混凝土喷射后进行,如果土体稳定,可直接在钢架安装完成后进行钢筋网片安装,再分层喷射混凝土支护。

(6)喷射混凝土。

① 技术参数。水泥:普通硅酸盐水泥,标号不小于 352 号,性能符合现行标准;

砂:采用中砂,含水率控制在 5%~7%;

豆石:粒径为 5~15mm;

配合比:水泥与砂石质量比为 1∶4~1∶4.5,砂率为 45%~55%,水灰比为 1∶2.5~

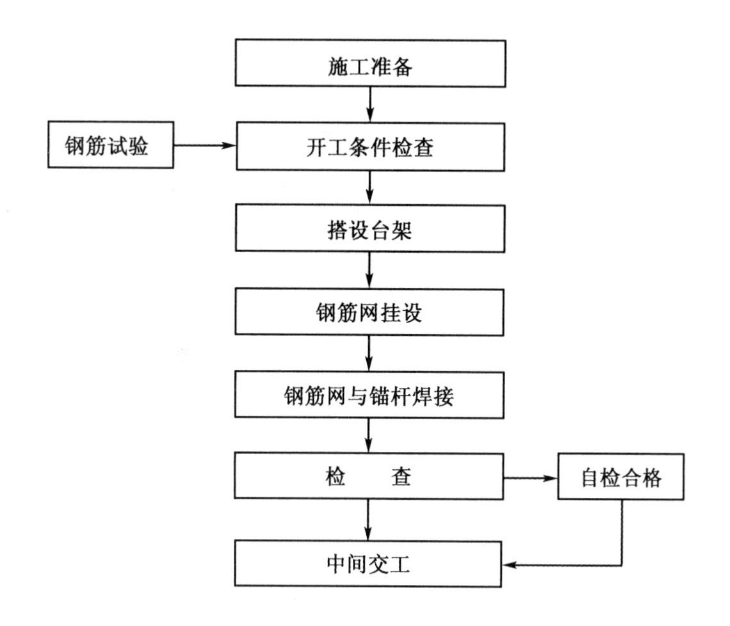

图 11.12　钢筋网施工工艺流程图

1∶2；

原材料称量允许偏差：水泥和速凝剂±2%，砂石±3%。

② 工艺流程。喷射混凝土施工工艺流程图如图 11.13 所示。

③ 施工方法。采用湿喷工艺，喷料在洞外拌好通过竖井口送入洞内，喷混凝土前检查开挖断面，清除岩面灰尘、松散土石、污迹，润湿岩面。

喷头作连续不断的圆周运动，并形成螺旋状运动，后一圈压前一圈三分之一，喷射线路要自下而上，呈 S 形运动，盾构区间内喷射混凝土要先边墙后拱部。

混凝土喷射分两次进行，第一次喷射厚度为 10~15cm，第二次喷至设计厚度，操作时严格控制风压，喷射作业后及时清除反弹溅落的混凝土，对喷射表面进行湿润养护。

喷射混凝土的厚度检验采用埋设钢筋标尺的方法，围岩黏结力的检验采用埋设拉环法进行抗拉试验。

(7)锁脚锚管注浆。锁脚锚管为防止格栅钢架下沉而影响地面沉降所采取的措施，主要设置在洞身拱脚位置，每侧设置 2 根 Φ32mm 钢管，并注射水泥、水玻璃双浆液。

(8)掌子面临时封闭注浆。掌子面为砂层时，根据现场实际情况分析，如地层土质较差，可采用超前注浆加固地层、挂网加喷射混凝土方式封闭掌子面。

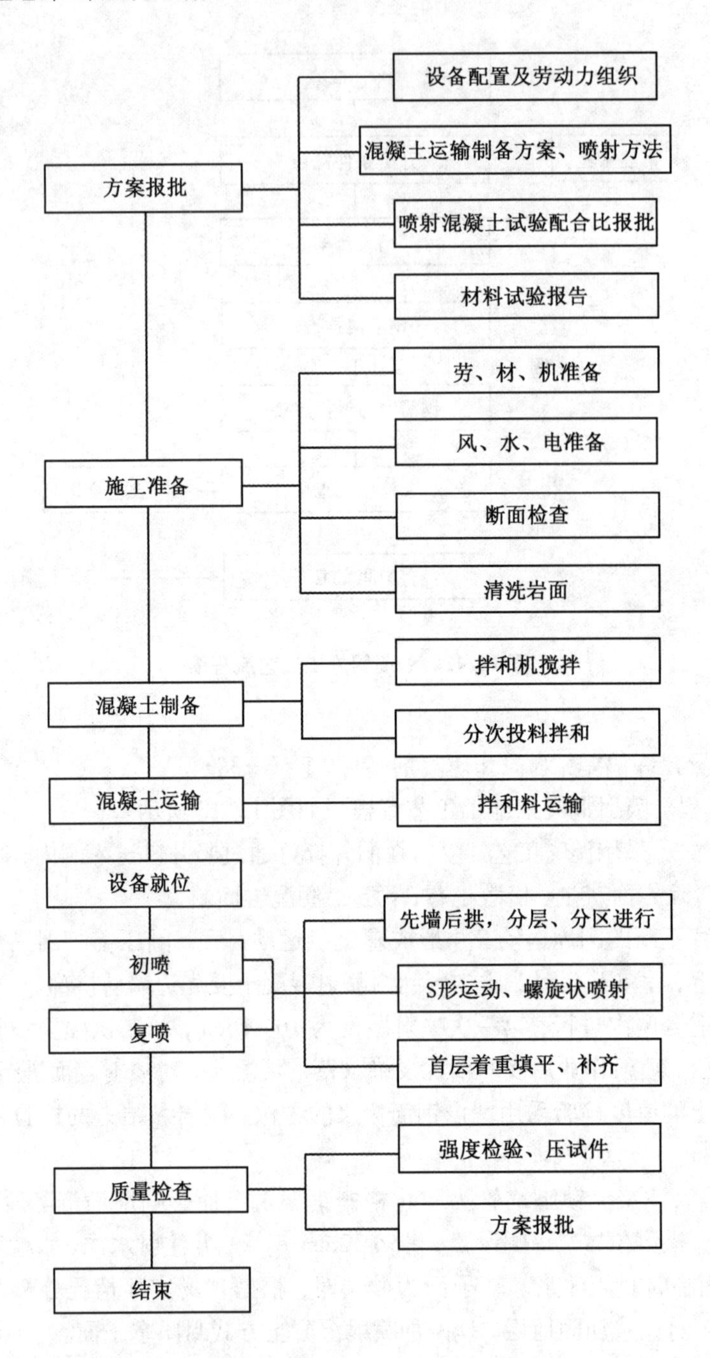

图 11.13　喷射混凝土施工工艺流程图

第十二章　区间盾构施工技术

第一节　工程概况及施工环境

一、水文及地质情况

区间盾构的水文及地质情况见第十章第一节中“一、水文及地质情况”相关内容。

二、工程重点、难点及主要应对措施

区间盾构的工程重点、难点及主要应对措施见第十章第一节“四、工程重点、难点及主要应对措施”相关内容。

第二节　盾构机选型

一、管廊盾构机形式选择

1. 盾构机

盾构机由盾构外壳及内部各种专用设备构成。外部水土荷载由盾构外壳承担，在外壳的支承保护下，盾构内部空间安装有刀盘驱动装置、排土装置、盾构千斤顶、中折机构、举重臂支承机构等诸多设备。土压平衡式盾构机的内部构造示意如图 12.1 所示。

盾构机施工工序主要有：盾构机刀盘切屑挖土，出土，盾构机前进，管片拼装，壁后注浆等。

盾构自身控制要求如下。

(1)为使盾构推进参数设定更具科学性和准确性，现场应建立监测信息交流沟通网络，以达到控制地面沉降的目的。

(2)由于地质条件、地面附加荷载等诸多不同因素的制约，导致平衡压力值的波动，为此需及时分析沉降报表。若盾构切口前地面沉降，则需调高平衡压力设定值，反之调低；若盾尾后部地面沉降，则需增加同步注浆量，反之减少。

(3)根据盾构及管片间的间隙及各土层特性合理控制出土量，并通过分析调整寻找

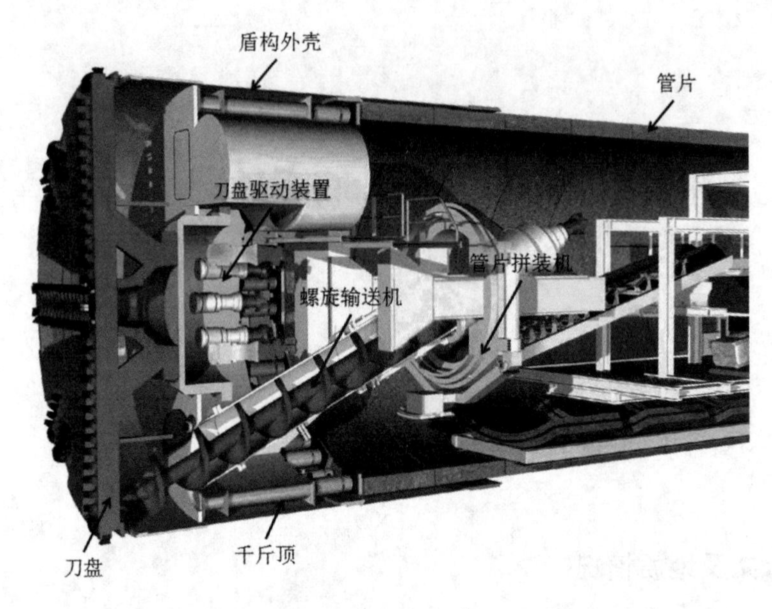

图 12.1　土压平衡式盾构机内部构造示意图

最合理的数值。

(4)控制合理的推进速度，使盾构均衡匀速施工，减少盾构对土体的扰动。

(5)严格控制同步注浆量和浆液质量，在盾构推进时同步注浆填补空隙后，如果还存在地面沉降的隐患，可相应增大同步注浆量，如监测数据证实地面沉降接近或达到报警值时，可用地面补压浆或地面跟踪补压浆进行补救。

(6)加强监控量测，在施工时进行实时监控，根据监测数据及时调整盾构掘进参数，并确定是否需要采取地面加固措施。

2. 盾构区间设计方案

本工程 6 个盾构区间均采用单圆断面型式，盾构区间管片内径为 5.4m，错缝拼装预制钢筋混凝土管片衬砌。

盾构区间管片采用错缝拼装，环宽为 1200mm，环向分 6 块，即 3 块标准块(中心角 67.5°)，2 块邻接块(中心角 67.5°)，1 块封顶块(中心角 22.5°)。管片之间采用弯螺栓连接，环向每接缝设 2 个螺栓，纵向共设 16 个螺栓。管片厚度为 300mm，管片环与环之间采用错缝拼装；在管片环面外侧设有弹性密封垫槽。环缝和纵缝均采用环向螺栓连接；管片强度等级为 C50，防水等级为 P10；盾构区间的防水等级为二级标准、以管片混凝土自身防水、管片接缝防水、盾构区间与其他结构接头防水为重点，盾构区间管片采用弹性密封垫和嵌缝两道防水并结合管片背后注浆的方式对盾构区间进行防水。

3. 盾构机选择的原则

综合考虑工程地质、水文地质、隧道的埋设、周边环境等方面条件，确保盾构设备与地层的适应性，同时确保盾构管片结构自身安全。

(1)考虑隧道区间平、纵断面设计，确保盾构施工满足设计线路要求。

(2)重点考虑施工环境条件和相关风险工程及地表变形控制标准，确保环境风险工程安全。

二、管廊区间盾构机主要参数

根据以上原则，沈阳市地下综合管廊(南运河段)工程选择了以下盾构机。J01~J06节点井区间盾构机具体性能和参数如表12.1所示。

表12.1 J01~J06节点井区间盾构机性能和参数表

位置	名称	参数
整机	型号	QJRT-063
	开挖直径	6280mm
	前盾外径	6256mm
	主机长度	9.3m
	整机长度	77m
	盾构及后配套总重	450t
	最小转弯半径	250m(纠偏)
	纵向爬坡能力	35‰
刀盘	刀盘形式	辐条式
	开挖直径	6280mm
	刀盘(直径)最大允许磨损量	50mm
	开口率	52%
	先行撕裂刀	74把
	标准刮刀(切刀)	66把
	周边刮刀	12把
	中心刀	1套
	泡沫/泥浆注入孔数量	6个
	质量	36t
主驱动	驱动方式	变频电机驱动
	电机数量	6个
	转速	0~3.2r/min
	最大工作扭矩	5500kN·m(1.2 r/min)
	最大脱困扭矩	6875kN·m
	主驱动装机功率	780kW
	主轴承形式	3排轴向-径向圆柱滚子轴承
	主轴承直径	3000mm
	(密封)工作压力	400kPa
	主轴承密封形式	1×3道四唇形密封
	主轴承密封润滑方式	自动集中润滑HBW+EP2

J06~J11 节点井区间、J17~J20 节点井区间右线工程以及 J25~J29 节点井区间盾构机具体性能和参数如表 12.2 所示。

表 12.2 J06~J11 节点井区间、J17~J20 节点井区间右线工程以及 J25~J29 节点井区间盾构机性能及参数

位置	名称	参数
整机	型号	Φ6260mm 土压平衡盾构机
	开挖直径	6290mm
	刀盘转速	0~1.8r/min
	最大推进速度	92mm/min
	最大推力	40000kN
	整机长度	69m
	主机长度	9.8m
	盾构及后配套总重	300t
	最大工作压力	600kPa
	最大设计压力	650kPa
	装机功率	约 1100kW
	水平转弯半径	250m
	最大坡度	50‰
刀盘	刀盘规格(直径×长度)	Φ6290mm×1825mm
	旋转方向	正反双向
	刀盘进渣口数量	6 个
	开口率	50%
	结构总重	40t
	主要结构件材质	Q345B/Q235B
	泡沫口数量	5 个
	膨润土口数量	5 个
	主动搅拌臂数量	6 个
主驱动	驱动方式	变频电机驱动
	驱动组数量	11 组
	驱动总功率	605kW
	转速范围	0~1.8r/min
	额定扭矩	6154.5kW
	脱困扭矩	7388kW
	主轴承直径	3056mm
	主轴承设计寿命	大于 10000h
	密封型式	唇形密封
	内唇形密封数量	2
	外唇形密封数量	4

J11~J17节点井区间盾构机具体性能和参数如表12.3所示。

表12.3　J11~J17节点井区间盾构机性能和参数

位置	名称	参数
整机	型号	CTE6250H-0945
	开挖直径	6280mm
	刀盘转速	0~3.7r/min
	最大推进速度	80mm/min
	最大推力	35000kN
	整机长度	80m
	主机长度	9.1m
	盾构及后配套总重	500t
	最大设计压力	500kPa
	装机功率	1684.45kW
	水平转弯半径	250m
	纵向爬坡能力	50‰
刀盘	刀盘规格(直径×长度)	Φ6280mm×1785mm
	旋转方向	正反
	刀盘开口率	55%
	结构总重	40t
	主要结构件材质	Q345B
	泡沫口数量	4个
主驱动	驱动方式	液压驱动
	驱动组数量	8组
	驱动总功率	945kW
	转速范围	0~3.7r/min
	最大扭矩	6000kN·m
	脱困扭矩	7200kN·m
	主轴承直径	3061mm
	主轴承设计寿命	>10000h
	密封型式	唇形密封

J17~J20 节点井区间左线工程盾构机性能及参数如表 12.4 所示。

表 12.4 J17~J20 节点井区间左线工程盾构机性能及参数

位置	名称	参数
整机	主机长度	8.6m
	整机长度	76m
	开挖直径	6160mm
	前盾外径	6140mm
	盾尾间隙	30mm
	装备总功率	1043kW
	最大掘进速度	80mm/min
	最大总推力	37840kN
	盾尾密封	3 道钢丝刷
刀盘	开口率	37%
	支撑形式	中间支撑
	刀盘结构形式	带平盘的轮辐型
	超挖直径	6300mm
	超挖刀形式、数量	撕裂刀式，1 把
	泡沫注入口数量	4 个
主驱动	主轴承规格尺寸	圆柱滚子轴承
	主轴承密封最大承压能力	1000kPa
	驱动方式	变频电机驱动
	马达数量	10 个
	总功率	550kW
	转速范围	0.2~1.94r/min
	额定扭矩	5415kN·m
	脱困扭矩	6498kN·m

J20～J25 节点井区间左线工程盾构机具体性能和参数如表 12.5 所示。

表 12.5　J20～J25 节点井区间左线工程盾构机性能和参数

位置	项目名称	参数
整机	主机长度	9.0m
	质量	353t
	开挖直径	6280mm
	前盾外径	6250mm
	中盾外径	6250mm
	尾盾外径	6250mm
	装备总功率	924.7kW
	最大掘进速度	8.5cm/min
	最大推力	37730kN
	盾尾密封	3 道钢丝刷
	土压传感器	土舱胸板上下左右 4 个
	油压传感器	5 个推进油缸、1 个铰接油缸
	主轴承寿命	不小于 10000h
	整机长度	64.88m
刀盘	刀盘开口率	45%
	超挖刀形式	油缸形式
	最大超挖量	125mm
	超挖刀数量	2 个
	刀盘对复合地层的适应性	能适应各种软土层
	刀间距布置	全断面切削
	中心刀类型	鱼尾刀形式
主驱动	形式	复合式
	驱动方式	变频电动机驱动
	主驱动最大承受压力	刀盘密封 1000kPa
	开挖、超挖直径	开挖直径 6280mm（最大超挖 125mm）
	最大转速	2.2 r/min
	扭矩	5733kN · m（100%）
	脱困扭矩	6176kN · m（120%）
	扭矩系数	α=23.5（100%）
	驱动功率	440kW

J20~J25 节点井区间右线工程盾构机具体性能和参数如表 12.6 所示。

表 12.6　J20~J25 节点井区间右线工程盾构机性能和参数

位置	名称		参数
盾构主机	主机长度		14.0m
	外径		6140mm
	质量		269t
推进系统	千斤顶		2500kN×34.3MPa×2200×16
	推进速度		0~60mm/min
	总推力		40000kN
刀盘系统	驱动方式		变频电机驱动
	额定扭矩系数		$\alpha=22.6kN/m^2$
仿形刀	行程		120mm
	工作压力		20.6MPa
铰接系统	千斤顶		2500kN×34.3MPa×200×12
	转动角度	左右	1.50°
		上下	1.0°
	最小曲线半径		250m
	总推力		30000kN
螺旋输送机	驱动方式		液压
	结构形式		螺旋输送
	螺旋内径		770m
	最大排土能力		$307m^3/h$
	闸门紧急关断装置		储能器（安装在后续台车上）紧急开关在操作室内
皮带运输机	驱动方式		电动
	输送能力		$280m^3/h$
管片起吊机	起吊能力		50kN
	提升速度		4.6m/min
	行走速度		11.0m/min
管片拼装机	垂直行程		800mm
	水平行程		475mm
	回转角		±200°
	最大起重量		35kN
管片正圆器	支撑千斤顶		172kN
	滑动千斤顶		140kN
盾尾间隙测量系统	量程		2~100mm

表12.6(续)

位置	名称	参数
盾尾密封系统	密封结构	三道钢丝刷
	自动注油脂泵	1套
盾尾密封油脂注射口	安装位置	壳体外周
	数量	6点×2个

第三节　工筹及工期

盾构工筹及工期如图12.2所示。

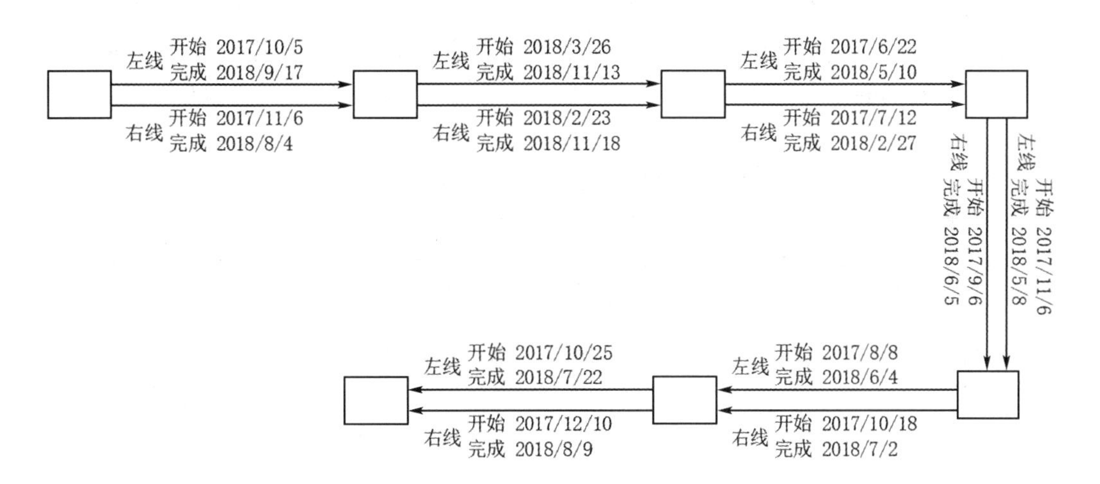

图12.2　盾构工筹及工期示意图

第四节　盾构机适应性分析

一、盾构机维修原则

1. 刀具的检查

盾构机掘进中，当推进油缸的推力逐渐增大，推进速度变慢，推进时间延长时；或当地质条件发生变化时，必须检查刀盘及刀具。认真准确详细地进行刀具的检查是了解刀具运转状况和进行刀具更换的基础。

(1)刀具外观检查。检查刀盘上所有刀盘螺栓是否有脱落现象、刀圈是否完好、有无断裂及平刀圈(弦磨)现象、刀体是否漏油、挡圈是否断裂或脱落、刀圈是否移位。

(2)刀具螺栓的检查。用手锤敲击螺栓垫，通过声音来辨别螺栓的紧固程度，或一边敲击一边用手感觉其振动情况来辨别螺栓的紧固程度。

(3)刀具磨损量的测量。正确地进行刀具磨损量的测量是更换刀具的基础。

盾构运行时，刀盘上不同位置的滚刀磨损量不一样，可根据磨损程度的不同，进行位置更换，以节约施工成本。

2. 刀具损坏的判断方法

在施工中，可采用如下方法来判别滚刀是否损坏。从人为的角度来说，有观、闻、嗅、测、析及综合判断等方法。

(1)“观”。观最为确切，尤其是能进舱检查，观察刀具的损坏情况。当然，在掘进过程中或开挖面不稳定等导致进舱难以实现的状况下，对从舱内输送出来的渣土进行观察、总结、研究，也可作为一个有效的判别方法，并且这种方法实用性很强，准确性也较高。

(2)“闻”。刀盘转动时，可以在密封土舱背后听到滚刀与岩面切削摩擦的声音，如果正常掘进时突然发生异响，且掘进参数异常，就要尽快进行刀具检查。当开挖面全部或局部断面有硬岩或软硬相间的情况下，如果盾构机纠偏过急或转速过快时，能听到或感觉到刀盘震动的声音；如果盾构机盾体被卡，还能听到盾壳脱困时“噼啪”的震晃响声。

(3)“嗅”。有的滚刀供应商在滚刀极限磨损的界面上预先设置含有特殊气味的包裹体，当磨损到此位置时，气味扩散出来，嗅之，即知某滚刀的磨损程度。

(4)“测”。方法一是将测滚刀或其他刀具磨损量的传感器设置在滚刀或其他刀具内，可及时测得磨损量。目前，特别是在穿越江河的盾构工程中，增加和普及了刀具破损监测装置，防止刀具过度磨损或损坏而损伤刀盘。自动磨损检测主要有三种方法：超声波探测法、液压法、电气法。后两种方法使用较为普遍，其中液压法与电气法相比成本较低，使用范围更广。另一种方法是通过测量或手摸渣土的温度，来辅助推断滚刀磨损情况。滚刀温度奇高，那么很有可能其正面已偏磨。

(5)“析”。即通过跟踪分析盾构机的掘进参数，并结合地质条件来判断刀具的磨损情况。比如，在地质条件相同及密封土舱主、被动土压力与有效推力相同的情况下，若出现速度降低，刀盘扭矩迅速增大的工况，很有可能是刀盘、刀具严重磨损的结果。

扭矩很小，总推力很大，掘进速度也很小，并且密封土舱内积土较少或气压作业，造成这种情况的原因可能有两种：① 总推力很大，但有效推力很小，意味着盾壳周边摩擦力很大或被卡住；② 总推力很大，有效推力也很大，意味着周边滚刀磨损严重。

(6)“综合判断”。通过“观”“闻”“嗅”“测”“析”等综合研究，其判别方法更准确。长距离施工时，刀具往往因磨耗脱落、缺损，必须进行更换，以免造成刀盘损坏，酿成事故。当地层条件发生变化时，为保证盾构施工安全和加快施工进度，也必须更换适应地层条件的刀具。

3. 刀具更换的基本原则

(1)中心刀的最大磨损极限为25mm，双刃正滚刀的最大磨损极限为20mm，单刃正滚刀的最大磨损极限为20mm，单刃边刀的最大磨损极限为10mm。更换标准为：边滚刀磨损量为8mm，正滚刀为15mm，中心刀为20mm。

(2)当刀具出现下列任一损坏情况时，必须更换：刀圈断裂、平刀圈、刀体漏油、刀圈剥落、挡圈断裂或脱落、刀具轴或刀座损伤。

(3)相邻刀具的磨损量高差不大于 15mm。

(4)更换刀具后，将固定刀具轴的螺栓紧固至规定的扭矩，待掘进一环后，再开舱复紧刀具螺栓。

4. 刀具更换方法及要求

刀具的更换方法，通常选用在地表对掘削面前方土体进行注浆加固后，入舱更换刀具。此外，也可利用旋转球体，封堵掘削面，随后使刀盘后退再进行更换的方法。

刀具更换是一项较复杂的工序。首先除去压力舱中的泥水、残土，清除刀头上黏附的泥沙，确认要更换的刀头，运入工具，设置脚手架，然后拆去旧刀具，换上新刀具。更换刀具停机时间比较长，容易造成盾构整体沉降，引起地层及地表沉降，损坏地表及地下建(构)筑物。因此，更换刀具时要按如下要求进行。

(1)更换前做好准备工作，尽量减少停机时间。

(2)更换作业尽量选择在中间竖井或地层条件较好、较稳定的地段进行。

(3)在地层条件较差的地段进行更换作业时，必须带压更换或对地层进行预加固，确保开挖面及基底的稳定。

(4)更换刀具的人员必须系安全带，刀具的吊装和定位必须使用吊装工具。在更换滚刀时要使用抓紧钳和吊装工具。所有用于吊装刀具的吊具和工具都必须经过严格检查，以确保人员和设备的安全。带压作业人员必须身体健康，并经过带压作业专业培训，制定并执行带压工作程序。

(5)做好更换记录。主要包括刀具编号、原刀具类型、刀具磨损量、修复刀具的运行记录、更换原因、更换刀具类型、更换时间和更换人等。

5. 刀具的修理

刀具的修理主要是指滚刀的修理，刮削刀具一般不具备可重新修复的条件。滚刀的修理主要有以下几个环节。

(1)刀具修理前的检查。刀具在修理前将刀具清理干净，彻底进行冲洗，安放在专用工作台架上，应仔细检查刀具的损坏情况，确定出刀具需修理的部位和修理方案，制定出详细的修理工艺，根据各个项目的资源配备情况进行修理，必要时返回刀具厂家修理。

(2)刀具的解体。根据刀具的修理方案和修理工艺，仔细将刀具各部件进行拆分解体，然后再对解体后的刀圈、刀体、刀盖、刀轴和轴承密封等进行仔细检查，确定各部件的修理方案，能修则修，不能修的报废。

(3)刀具的装配。刀具在修理过程中，刀具的装配是关键环节，装配质量控制得好，其使用效果能像新刀一样，若装配质量控制得不好，掘进施工中会很快出现问题，影响相邻刀具的正常使用，特别要注意以下几个关键装配环节。

① 刀圈的更换。在更换刀圈时要注意清洁刀体安装面和刀圈安装面，并检查配合的过盈量，要符合设计要求，刀圈的加热温度要控制好，温度过低刀圈涨量不够，装配困难；温度过高冷却后刀圈收缩量大，容易断裂。

② 确定轴承内套隔圈的宽度。刀具在装配过程中其轴承内套隔圈的宽度尺寸是非

常关键的，宽了无法调整轴承的预紧力并且滚刀启动扭矩达不到合适的要求，轴承容易串动，无法正常工作，窄了容易使轴承的预紧力过大，刀具使用中轴承容易抱死不转动，使刀圈偏磨。

③ 浮动密封的装配和试验。装配时要特别仔细检查浮动密封的结合面，不能有任何的划伤缺陷存在，进行压力试验后才能装配，这是因为浮动密封在使用中是金属面对金属面滑动摩擦，全靠刀具内部罐装的润滑油形成油膜进行润滑，一旦浮动密封面有划伤存在，润滑油会很快漏掉，造成轴承和浮动密封干摩擦，刀具会很快失效报废。

④ 刀具的标识与记录。装配修好的刀具时要及时进行标识和记录，在指定区域存放待用。无论何时，盾构机刀具的安装都需严肃对待，做到清洁、紧固、正确。加强监督检查刀具安装质量。尤其在硬岩地段，不正确的刀具安装会带来盾构机刀盘刀具的损坏和出现掉刀、打刀的严重后果。

二、J01~J06 节点井区间

1. 刀具更换情况

J01~J06 节点井区间施工过程共更换 190mm 宽的刮刀 13 把，边刮刀(左线)5 把，边刮刀(右线)6 把，中心刮刀 5 把。

2. 刀具磨损记录

刀具磨损记录如表 12.7 所示。

表 12.7　J01~J06 节点井区间施工刀具磨损记录表

刀具名称	磨损情况/mm
刮刀	22
中心刮刀	26
边刮刀(左线)	10
边刮刀(右线)	8
其余刀具	均在磨损规定范围值内

3. 注浆参数和效果

注浆参数如表 12.8 所示。

表 12.8　J01~J06 节点井区间施工注浆参数表　　单位：kg/m^3

水泥	砂	粉煤灰	水	膨润土
130	620	320	350	80

注浆效果：注浆饱满，地表监测点变化速率小，盾构区间无渗水情况。

三、J06~J11 节点井区间

1. 刀具更换情况

J06~J11 节点井区间施工过程共更换宽的刮刀 10 把，边刮刀(左线)6 把，边刮刀(右线)4 把，中心刮刀 6 把。

2. 刀具磨损记录

刀具磨损记录如表 12.9 所示。

表 12.9　J06～J11 节点井区间施工刀具磨损记录表

刀具名称	磨损情况/mm
刮刀	26
中心刮刀	24
边刮刀(左线)	8
边刮刀(右线)	9
其余刀具	均在磨损规定范围值内

3. 注浆参数和效果

注浆参数如表 12.10 所示。

表 12.10　J06～J11 节点井区间施工注浆参数表　单位：kg/m^3

水泥	砂	粉煤灰	水	膨润土
130	620	320	350	80

注浆效果：注浆饱满，地表监测点变化速率小，盾构区间无渗水情况。

四、J11～J17 节点井区间

1. 刀具更换情况

J11～J17 节点井区间施工过程共更换撕裂刀 4 把，焊接撕裂刀 2 把，中心撕裂刀 2 把，焊接撕裂刀(165mm)14 把，焊接撕裂刀(145mm)13 把，可更换撕裂刀 19 把，焊接撕裂刀(175mm)16 把，焊接撕裂刀(150mm)24 把，边刮刀(左线)8 把，边刮刀(右线)6 把，切刀 3 把，螺机耐磨块 18 块。

2. 刀具磨损记录

刀具磨损记录如表 12.11 所示。

表 12.11　J11～J17 节点井区间施工刀具磨损记录表

刀具名称	磨损情况/mm
撕裂刀	21
焊接撕裂刀	28
中心撕裂刀	18
焊接撕裂刀(165mm)	21
焊接撕裂刀(145mm)	28
焊接撕裂刀(175mm)	22
焊接撕裂刀(150mm)	25
可更换撕裂刀	42
边刮刀(左线)	10
边刮刀(右线)	9
切刀	8

3. 注浆参数和效果

注浆参数如表 12.12 所示。

表 12.12　J11~J17 节点井区间施工注浆参数表　单位：kg/m³

水泥	砂	粉煤灰	水	膨润土
210	700	320	300	80

注浆效果：注浆饱满，地表监测点变化速率小，盾构区间无渗水情况。

五、J17~J20 节点井区间

1. 刀具更换情况

J17~J20 节点井区间未换刀具。

2. 刀具磨损情况

刀具磨损情况如表 12.13 所示。

表 12.13　J17~J20 节点井区间施工刀具磨损情况表

刀具名称	磨损情况/mm
焊接撕裂刀	25
中心撕裂刀	22
焊接撕裂刀(165mm)	28
可更换撕裂刀	29
边刮刀(左线)	8
边刮刀(右线)	7
切刀	9

3. 注浆参数和效果

注浆参数如表 12.14 所示。

表 12.14　J17~J20 节点井区间施工注浆参数表　单位：kg/m³

水泥	砂	粉煤灰	水	膨润土
130	620	320	350	80

注浆效果：注浆饱满，地表监测点变化速率小，盾构区间无渗水情况。

六、J20~J25 节点井区间

1. 刀具磨损记录

J20~J25 节点井区间换刀时间及型号、刀具磨损记录如表 12.15 所示。

表 12.15　J20~J25 节点井区间换力时间及型号记录表

序号	产品名称	规格型号	数量	时间
1	先行刀(重型)	宽 300mm，高 190mm，圆弧底	1	2018 年 4 月
2	先行刀(重型)/周边刀	宽 150mm，高 230mm，平底	1	2018 年 4 月

2. 注浆参数和效果

注浆参数如表 12.16 所示。

表 12.16　J20~J25 节点井区间施工注浆参数表　　单位：kg/m³

水泥	砂	粉煤灰	水	膨润土
130	620	320	350	80

注浆效果：注浆饱满，地表监测点变化速率小，盾构区间无渗水情况。

七、J25~J29 节点井区间

1. 刀具更换情况

J25~J29 节点井区间施工过程共更换撕裂刀 4 把，焊接撕裂刀 2 把，中心撕裂刀 2 把，焊接撕裂刀(165mm)14 把，焊接撕裂刀(145mm)13 把，可更换撕裂刀 19 把，焊接撕裂刀(175mm)16 把，焊接撕裂刀(150mm)24 把，边刮刀(左线)8 把，边刮刀(右线)6 把，切刀 3 把，螺机耐磨块 18 块。

2. 刀具磨损记录

刀具磨损记录如表 12.17 所示。

表 12.17　J25~J29 节点井区间施工刀具磨损记录表

刀具名称	磨损情况/mm
撕裂刀	22
焊接撕裂刀	25
中心撕裂刀	15
焊接撕裂刀(165mm)	27
焊接撕裂刀(145mm)	25
焊接撕裂刀(175mm)	21
焊接撕裂刀(150mm)	22
可更换撕裂刀	40
边刮刀(左线)	11
边刮刀(右线)	8
切刀	8

3. 注浆参数和效果

注浆参数如表 12.18 所示。

表 12.18　J25~J29 节点井区间施工注浆参数表　　单位：kg/m³

水泥	砂	粉煤灰	水	膨润土
210	700	320	300	80

注浆效果:注浆饱满，地表监测点变化速率小，盾构区间无渗水情况。

第五节　主要施工技术

一、管廊盾构区间穿越桥梁施工技术

1. 工程介绍

沈阳市地下综合管廊(南运河段)工程 J01~J06 节点井区间，盾构管廊在右 K0+740~右 K0+785 处下穿和平桥。和平桥是沈阳市重点机动车通行桥，车流量大，盾构施工组织、参数控制、应急准备难度大。和平桥为三跨连续桥梁，总跨度为 38~41m，桥宽为 42m，为灌注桩(摩擦桩)基础，其中桥墩桩桩径为 1.2m，桩长为 20m；桥台桩桩径为 1.2m，桩长为 12m。盾构侧下穿桥桩，盾构机外壳与桥台桩最近点约为 2.1m，盾构机上方管线群复杂，管线交汇重叠，涉及燃气、供水、供电、通信、交通信号、架空线等。为一级环境风险工程。和平桥现场如图 12.3 所示，管廊盾构区间下穿和平桥管线剖面图如图 12.4 所示。

图 12.3　和平桥现场照片

2. 水文地质条件

盾构区间地层主要由第四系全新统和上更新统黏性土、砂类土及碎石类土组成。盾构区间施工范围内所处地层主要由圆砾层、砾砂层及粉细砂层组成。地下水稳定水位埋深为 6.5~9.3m，地下水位高，透水性强，过河段地层主要以富水砾砂为主。

3. 采取的技术措施

(1)盾构掘进自身控制。

① 设试验段。因盾构施工对周边土层影响程度受控因素较多，如土舱压力、推进速度、总推力、出土量、注浆量和注浆压力等盾构参数，在侧穿既有桥桩前设置试验段，试验段长度为 50~100m。总结盾构掘进试验段的参数，并进行优化。

② 严控姿态。在侧穿既有桥桩时盾构机应均衡匀速推进施工，减少刀盘对土体的扰动，在掘进过程中，要派专人负责观察桥梁的监控量测变化情况。因侧穿既有桥桩段为直线段，掘进时要进行严格的线形控制和姿态控制，以避免对土体的超挖和扰动。

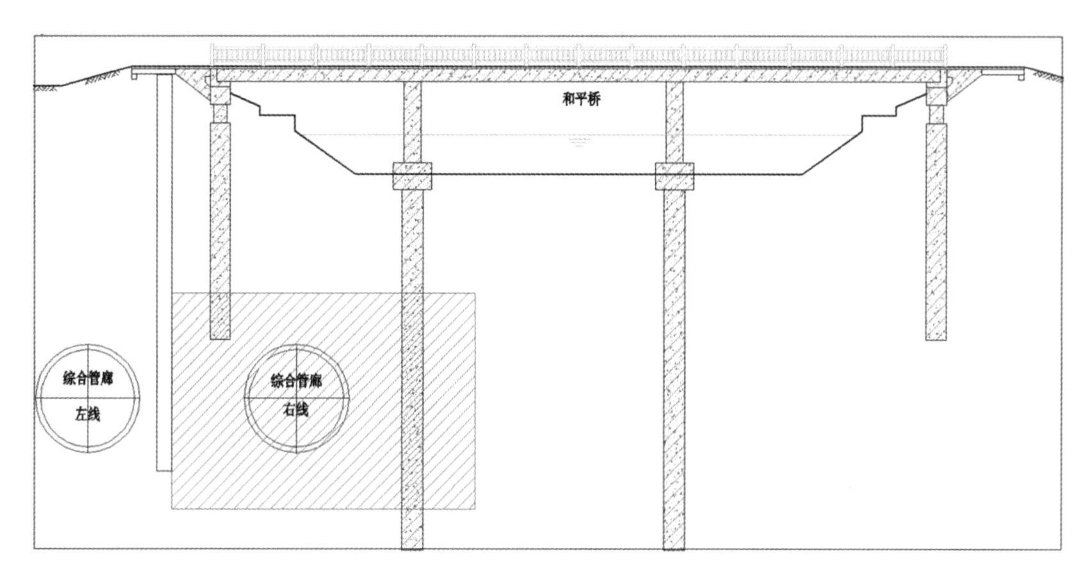

图 12.4　管廊盾构区间下穿和平桥管线剖面图

③ 确保注浆。严格控制同步注浆量和浆液质量，在盾构推进时增大同步注浆量填补空隙，重点对盾构区间拱部及邻近桥桩范围进行二次注浆，确保二次注浆的注浆量及注浆压力，每隔 5 环采用水泥、水玻璃双液浆做止水环，采用地面补压浆或地面跟踪补压浆进行补救。

④ 快拼装。快速拼装管片，减少盾构停留时间，在盾构区间开挖过程中洞身围岩塑性区的发展是具有一定滞后性的，通过快速地完成管片拼装的方式来减少盾构在通过既有桥桩范围内停留的时间，从而减少地层变形。

⑤ 预防停机。盾构穿越前对盾构机进行全面检修，使盾构机各系统都能正常运行，确保刀盘上泡沫管的畅通、盾尾刷良好的密封性、同步注浆管的畅通。同时必须保证刀盘刀具的合理配置和完好性，避免在该区段内停机换刀，以最好的状态侧穿既有桥桩。

⑥ 加强监测。盾构穿越过程中，加强监控量测的数量及频率，对施工过程进行实时监控，根据监测数据及时调整盾构掘进参数，加强对桥面、桥墩的沉降及倾斜观测，当监控量测达到黄色预警时，及时对桥梁采取临时支护措施。

(2)地面注浆加固技术。

① 盾构左线与和平桥采用隔离桩防护，隔离桩采用 Φ800@ 1400mm C30 混凝土桩，钢筋为 Φ10mm HPB300 级钢筋、Φ16mm HRB400 级钢筋、Φ18mm HRB400 级钢筋，钢筋笼主筋保护层为 70mm，主筋采用搭接焊。

② 桥台及桥墩桩间及四周外扩 3m 范围采用旋喷桩加固，旋喷桩采用 Φ550@ 500mm 双重管工艺，相邻桩间咬合为 50mm。浆液采用水泥浆，加固深度根据现场实测确定，实桩长度 12m，确保加固后能使被加固范围内的土体连成一个整体。

③ 旋喷桩无操作空间则采用袖阀管注浆加固，袖阀管按 1m×1m 梅花形布置，注浆压力宜控制在 0. 2~0. 5MPa，注浆速度为 7~10L/min，浆液采用水泥浆，水灰比为 0. 8~1. 0，初凝时间控制在 20~30min。

④ 注浆结束 7 天后进行注浆检验，当检验点不合格时，要对不合格的区域重复注浆

加固。

⑤ 加固施工前，需对施工范围采取围挡，减少施工对周围环境的影响。在盾构侧穿既有桥桩区域内，桥面的宽度方向两侧各外扩 3m 范围内为加固区，桥台与桥墩两侧外扩 3m 为加固区，加固范围 47200mm×17800mm。和平桥加固范围如图 12.5 所示。

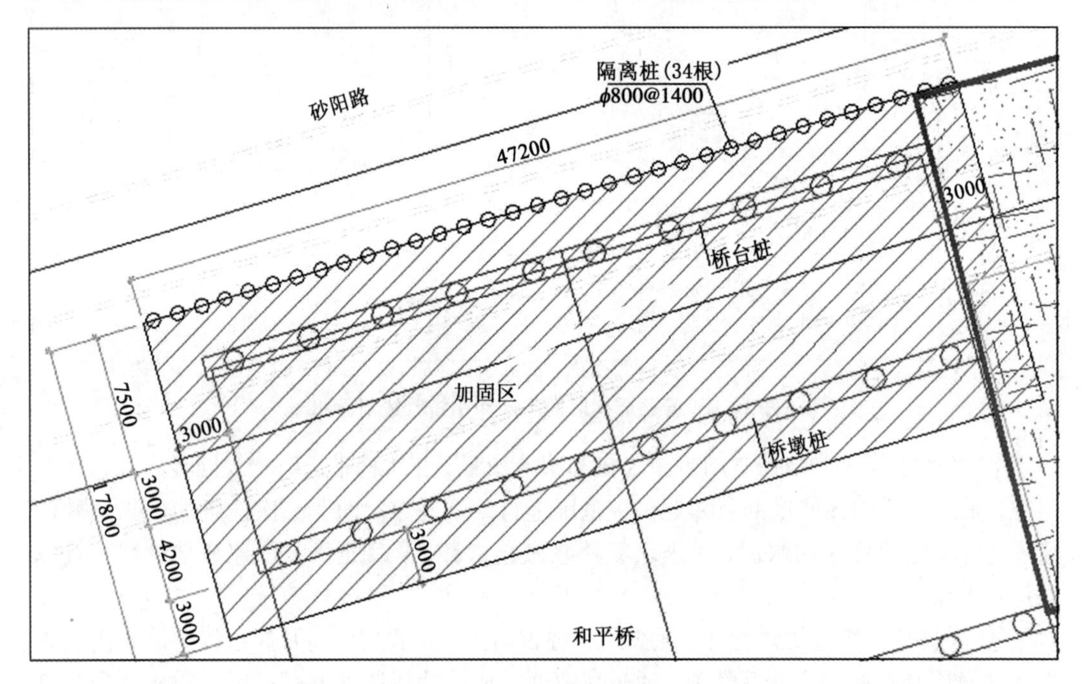

图 12.5　和平桥加固范围示意图

二、盾构空推拼装管片过矿山法初期支护盾构区间技术

J06~J11 节点井区间地质条件比较复杂，环境保护要求较高，针对这一问题，本工程选用盾构空推拼装管片过矿山法施工，充分发挥了矿山法和盾构法各自的优点，避开各自的不足，取得了良好的经济、社会和环境效益。

盾构空推拼装管片过矿山法具有以下优点。

(1)采用矿山法的台阶法开挖并施作初期支护结构，盾构空推过暗挖段，并拼装管片，极大地拓展了盾构法的地层适用范围，并能保证周边环境和结构的安全。

(2)避免了盾构在中粗砂层、长距离的地层中施工对设备、刀具的磨损和意外破坏以及施工短距离盾构区间经济效益低。

(3)盾构区间前后均是通过盾构拼装管片形成二次衬砌，整条盾构区间线形一致、通风流畅。

(4)施工速度快、工期和经济效益显著。盾构机拼装管片通过矿山法使先期成型的初支结构段的施工速度平均可达 14.5m/d，加快了施工速度，获得较高的经济效益。

盾构进入和驶出矿山法隧道与纯盾构隧道的进出洞类似，是整个施工中关键环节和主要风险点，因此，盾构法与矿山法在隧道结合部的支护隧道技术至关重要，针对这一问题，本工程采取了以下技术措施。

（1）暗挖盾构区间封堵墙施工采用玻璃纤维钢筋与初支结构钢筋固定在一起的方法，喷射混凝土至300mm厚。

（2）盾构进入到达暗挖段封堵墙前30m，复核盾构区间内测量控制网，并根据测量结果调整盾构机姿态，暗挖初支结构净空6600mm，盾构机刀盘6280mm，与初支之间缝隙为160mm，因此，盾构机姿态一定要按照施工完暗挖段封堵墙处断面中心线调整。

（3）待盾构机全部进入暗挖段内，有初支结构支护，盾构掘进可欠压掘进，提高掘进速度。

（4）盾构出暗挖段距离封堵墙10m，建立土舱压力，出暗挖段后到达浅覆土地层，该处地层覆土约为5.8m，地层为圆砾和砾砂。

（5）盾构掘进出暗挖段提前做好渣土改良，以注入泡沫剂和膨润土改良剂为主，泡沫比例：泡沫原液占3%~5%，水占95%~97%；压缩空气占90%~95%，泡沫混合液占5%~10%；泡沫原液每环使用量约80~120L。膨润土泥浆调制黏度40~50，注入量为10%~20%的出土量。

（6）严格控制出渣量，保证土舱内压力稳定。盾构区间每环理论出渣量（实方）$V=\pi D^2/4\times L=3.14\times6.28^2/4\times1.2=37.1\text{m}^3$；经扰动、渣土改良等作用后，每环出渣量控制在理论出渣量的1.15~1.25倍，即42.6~46.3m^3。掘进过程中出渣量要严格控制在此范围内，同时需密切注意地表沉降、隆起情况。

三、超浅覆土富水砂卵石地层盾构近距离上跨既有地铁2号线施工技术

沈阳市地下综合管廊（南运河段）工程J06~J11节点井区间在右线里程K4+167~K4+186范围内上跨既有地铁2号线青年公园站至工业展览馆站区间，既有地铁2号线采用盾构法施工，管廊区间与既有地铁2号线区间净距约2.5m。管廊区间与既有地铁2号线区间平面相交角度约为75°。区间平面图如图12.6所示，区间纵断面图如图12.7所示。

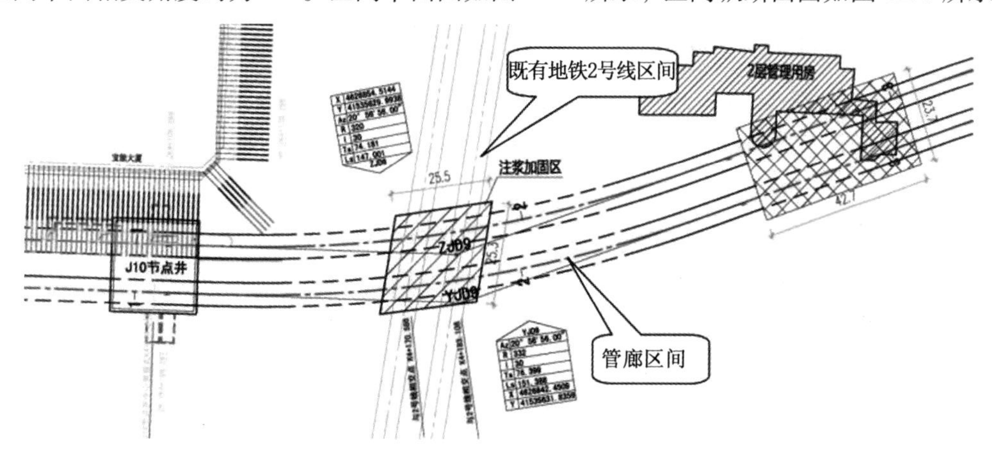

图12.6　J06~J11节点井区间右线上跨既有地铁2号线区间平面图

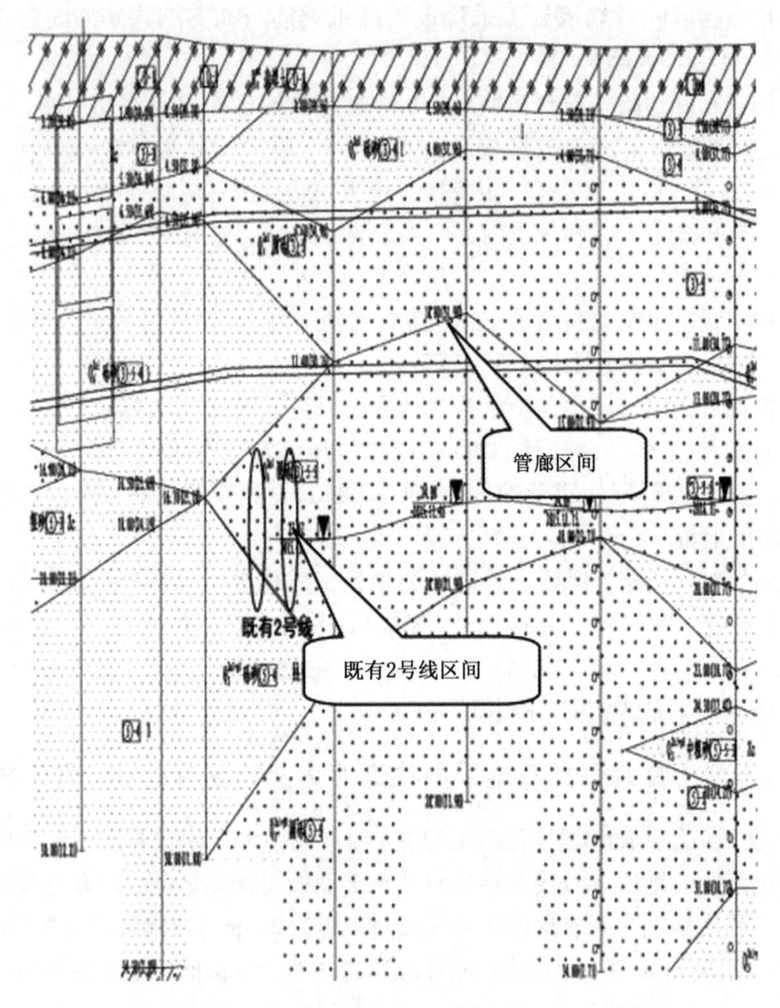

图 12.7　J06~J11 节点井区间右线上跨既有地铁 2 号线区间纵断面图

本工程结合 J06~J11 节点井区间上跨既有地铁 2 号线区间设计文件及设计资料，对管廊区间上跨既有地铁结构风险源的设计进行安全评估。从既有地铁区间及车站结构的变形情况、内力变化情况进行分析，对既有结构受影响的程度、受影响的范围、运营的安全性进行评估，并对既有结构提出安全保护措施建议，为工程安全建设提供指导。

结合风险源专项设计、相关规范、地方控制标准及轨道交通运营线路检查相关规定，参照相似工程实例，对既有结构变形的评估控制指标进行确定。既有地铁 2 号线结构变形评估控制指标如表 12.19 所示。

表 12.19　既有地铁 2 号线结构变形评估控制指标

项目	控制标准	
竖向位移	沉降	6mm
	隆起	4mm
水平位移	4mm	
差异沉降	0.04%L_s	

注：L_s 为沿隧道轴向两监测点间距。

以地勘资料、设计资料为基础资料，应用 MIDAS GTS NX 有限元分析软件建立 1∶1 有限元模型，利用数值分析的方法，综合考虑地层条件、空间效应、开挖方法等影响因素，模拟分析隧道开挖力学行为。评价新建管廊结构对周边既有结构的影响。得出以下结论及建议。

(1)管廊区间施工引起地铁 2 号线既有结构最大上浮量为 2.99mm，最大水平变形为 0.41mm，满足竖向及水平变形要求。

(2)管廊区间施工引起地铁 2 号线轨道结构最大上浮量为 2.41mm，最大水平变形量为 0.31mm。

(3)下穿点位于 37m 范围内地铁 2 号线既有结构竖向变形较大，最大差异变形约为 0.02%L_s，满足变形要求。

(4)南运河管廊施工对既有地铁隧道内力影响较小，既有地铁隧道衬砌内力略有减少，内力变化在 5%以内，对二衬安全性影响较小。

(5)对既有地铁 2 号线区间进行地面注浆加固时，应严格控制注浆管入土深度，防止触碰既有地铁结构；严格控制注浆压力，防止压力过大，造成既有结构损坏。

施工要点如下。

(1)穿越前准备。对机械设备进行维修保养，严格保证上跨地铁线路时的匀速、连续性，确保在上跨地铁隧道时不停机。

在地铁隧道内提前布设自动化监测点，在盾构机穿越前、穿越中和穿越后对地面及既有地铁隧道变形情况进行监测，并根据监测数据对施工参数进行合理的调整。

现场管片、盾构施工耗材、周转材料、管片螺栓、止水橡胶条、抽水水泵等日用配件及常用现场设备准备充分，包括注浆材料的水泥、粉煤灰、水玻璃、膨润土等。

地面渣土及时组织外运，保证盾构区间内能及时出土。

(2)土体加固。由于管廊盾构区间上跨地铁 2 号线隧道所夹土层均为圆砾、砾砂层，需对中间土体进行加固改良。地面采用袖阀管注浆加固，上跨地铁 2 号线隧道平面加固范围为区间交叉范围外扩 3m，竖向加固范围为盾构管廊上表面以上 2m 至地铁 2 号线下表面底部，袖阀管间距 1m×1m，注浆压力 0.5~1MPa。加固范围图如图 12.8 所示，加固区剖面图如图 12.9 所示。

(3)姿态控制。通过在上跨地铁 2 号线隧道前 50m 建立试验段，控制盾构机始发时的姿态。在掘进过程中及时量测并通过纠偏楔子、调整区域油压、主动铰接等方式进行纠偏。

(4)上跨地铁掘进参数控制。

① 推进速度控制。在推进到距离地铁 2 号线隧道影响范围前 10m 左右时，根据地面沉降等各种变化，不断地调整推进参数，达到推进的理想参数配置，为真正上跨地铁 2 号线隧道取得试验数据。

盾构机推进时速度设定为 40~60mm/min，扭矩保持在 2500~3300kN·m，刀盘转速设置在 1rad/min，掘进中适当增加泡沫、膨润土的注入量。在盾尾刷位置加强盾尾油脂注入，以保证盾尾密封性。土舱压力值取 0.07~0.1MPa。最小出渣量不小于 40m^3/环，最大出渣量不大于 46m^3/环。期间，土舱压力调整量一般为 10 kPa，同时需密切注意地

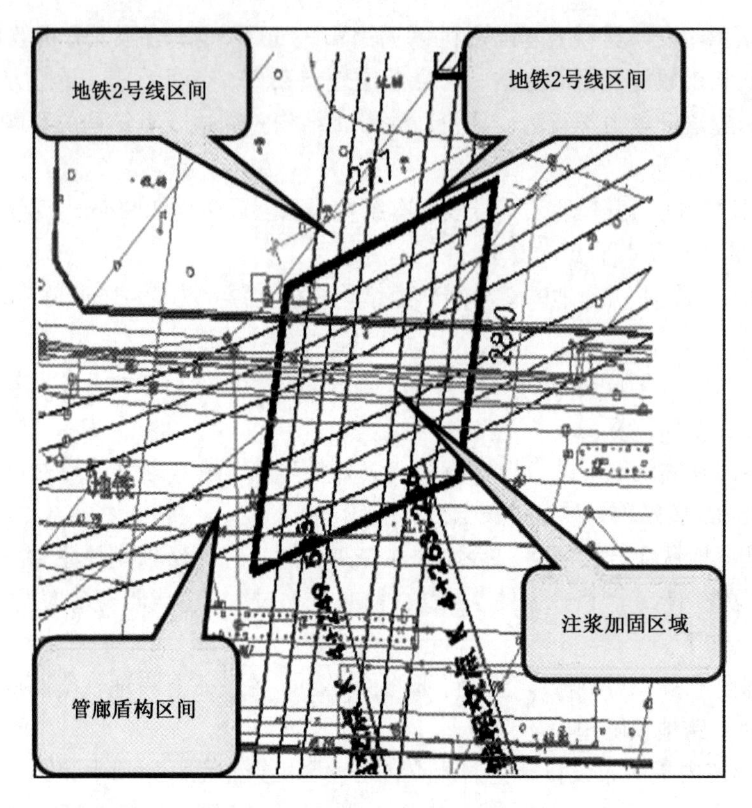

图 12.8　土体加固范围图

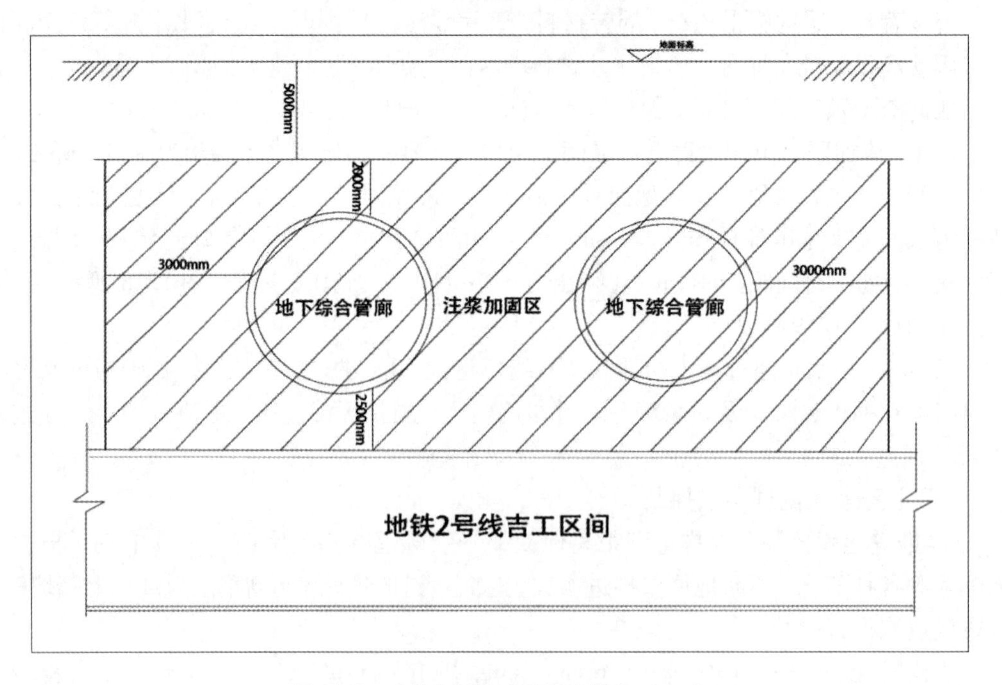

图 12.9　土体加固区剖面图(单位：mm)

表沉降、隆起情况。

定时保养盾构机，保持盾构机各部分的正常运转，以顺利通过穿越区。

② 土压平衡满舱掘进模式。过风险源期间采用土压平衡模式推进，同时在土舱壁及盾壳设置注入口，满注稠泥浆，第一时间进行回填建筑空隙，有效控制地层沉降。

③ 同步注浆与二次注浆。水泥砂浆材料用量如表 12.20 所示，同步注浆浆液性能指标如表 12.21 所示。

表 12.20　水泥砂浆材料用量表　　单位：kg/m^3

水泥	砂	粉煤灰	水	膨润土
130	620	320	350	80

表 12.21　同步注浆浆液性能指标表

凝结时间	1 天抗压强度	7 天抗压强度	28 天抗压强度
<6h	>0.5MPa	>2.5MPa	>6MPa

注浆压力为 0.3~0.35MPa，并根据盾构推进速度控制注浆量，实际注浆量为理论值的 200%~250%。

盾构掘进完成后，及时进行二次注浆，以弥补同步注浆的不足，二次注浆在管片出盾尾 5~6 环后进行，采用水泥浆、水玻璃双液浆注入，水泥浆与水玻璃注入比例为 1∶1，注浆压力不大于 0.35~0.4MPa。

④ 施工监测。对地铁进行沉降、收敛监测及自动监测等，实时了解盾构通过期间地铁结构的变化情况，通过分析参数及时调整盾构参数及注浆等措施，保障地铁结构的稳定。监测参数表如表 12.22 所示。

表 12.22　监测参数表

序号	监测项目
1	隧道结构水平位移
2	隧道结构竖向位移
3	隧道结构净空收敛
4	变形缝差异沉降
5	轨道结构（道床）竖向位移
6	轨道几何形位（轨距、轨向、高低、水平）
7	隧道、轨道结构裂缝

为确定系统的变形参照基准，需在基坑影响范围之外，布设四个基准点，基准点必须埋设稳固，保证在整个监测过程中不受破坏，基准点采用 Leica GDR1 圆棱镜，为整个系统提供稳定不动的参照系。

在左、右线盾构区间施工直接影响范围内运行地铁 2 号线，地铁区间右线影响范围 25m 内每 5m 布设 1 处监测断面，两侧各外延 15m，每 5~10m 一处断面，共计 8 个监测断面；地铁区间左线影响范围 30m 内每 5m 布设 1 处监测断面，两侧各外延 15m，每 5~10m 一处断面，共计 9 个监测断面。每个断面布设 6 个监测点，左、右线共计 102 个。监测点采用 Leica L 形棱镜，用膨胀螺丝固定在隧道壁上，并使棱镜面正对监测点。区间监测点布设断面示意图如图 12.10 所示，L 形监测棱镜图如图 12.11 所示。

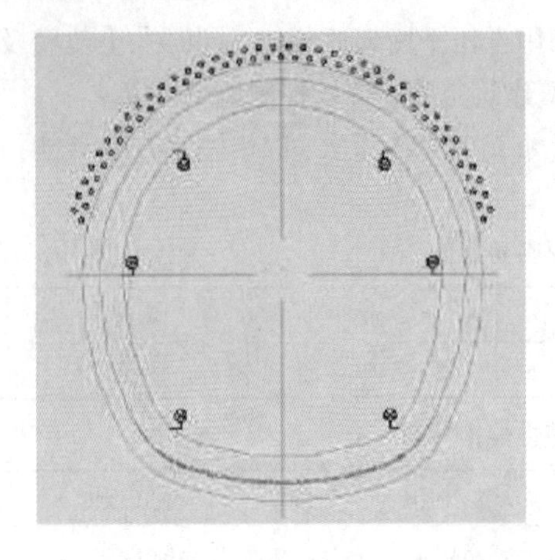

图 12.10　区间监测点布设断面示意图

90° L形直角棱镜

90° L形直角棱镜可以固定在隧道、道路、桥梁、大坝、房屋、建筑物等固定场所物体上作观测、变形、位移等测量使用，适合各种全站仪使用

图 12.11　L 形监测棱镜图

四、盾构穿越人行天桥施工技术

盾构管廊在里程右 K2+645(391 环)处侧穿文化路人行天桥桥桩，桥桩至盾构管廊水平距离约为 6.1m，人行天桥桥桩为人工挖孔桩，直径为 1.8m，桩长为 6.2m。盾构管廊侧穿人行天桥桥桩图如图 12.12 所示。

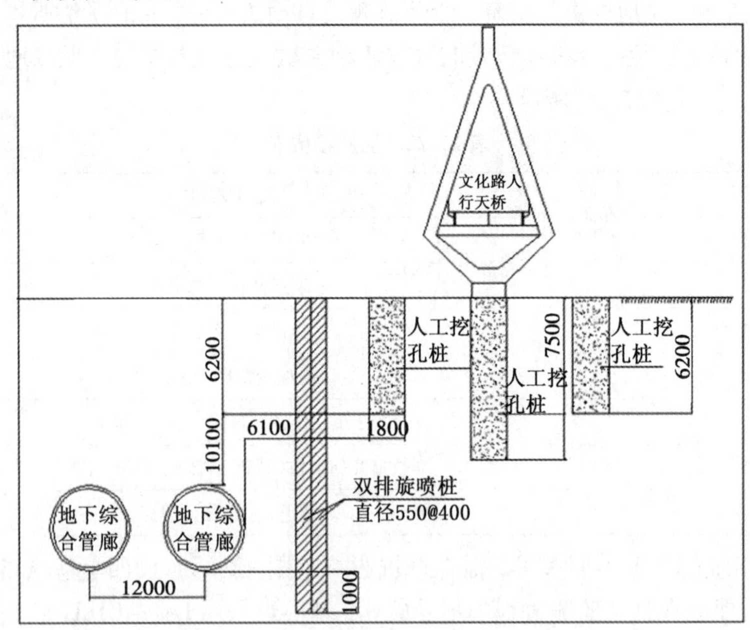

图 12.12　盾构管廊侧穿人行天桥桥桩图(单位：mm)

(1)与文化路人行天桥相邻侧盾构管廊外设置双排 *Φ*550@ 400mm 旋喷桩支护，搭接长度≥150mm。加固后的地基的无侧限抗压强度为 0.8～1MPa，渗透系数≤1×10^{6}cm/s。

(2)旋喷桩提升时应严格控制压力以确保管线安全。盾构推进通过对土压传感器的数据来控制千斤顶的推进速度，推进速度控制在 20～40mm/min，并保持推进速度、刀盘转速、出土速度和注浆速度相匹配。

(3)出土量控制。盾构隧道每环的理论出渣量(实方) $V=\pi D^2/4\times L=3.14\times 6.28^2/4\times 1.2=37.2m^3$；松散系数取1.3，所以虚方出土量为 $48.36m^3$，盾构掘进时出渣量控制在97%~103%，即 $46.9\sim 39.8m^3$/环。当出渣量小于 $46.9m^3$ 时，在下一环适当减少土舱压力，一般调整量为20kPa，并密切注意地表隆起情况；当出渣量大于 $39.8m^3$ 时，应立即关闭螺旋输送机，停止出渣，并关注地表沉降，如果沉降过大，则继续加大土舱压力，直到地表沉降控制在允许范围内。

(4)同步注浆。盾尾通过后管片外围和土体之间存在空隙，施工中采用同步注浆来填充这一部分空隙。施工过程中严格控制同步注浆量和浆液质量，严格控制浆液配比，使浆液和易性好，泌水性小。为减小浆液的固结收缩，试验室定期取样，进行配合比的优化。同步注浆浆液选用可硬性浆液，初凝时间控制在5~6h，同步注浆材料初步配比如表12.23所示。

表12.23　盾构管廊穿越人行天桥时同步注浆材料初步配比表　　单位：kg/m^3

水泥	砂	粉煤灰	水	膨润土
210	700	320	300	80

同步注浆量一般控制在理论建筑空隙的130%~250%，即每环同步注浆量为 $4.2\sim 8.1m^3$。本工程注浆量为 $7.1m^3$/环，注浆压力控制在0.3MPa左右。结合前一阶段的施工用量以及监测报表进行合理选择，采取4点注入方式，同步注浆尽可能保证匀速、匀均、连续，防止推进尚未结束而注浆停止的情况发生。

(5)严格控制盾构纠偏量。在盾构机进入建筑物影响范围之前，将盾构机调整到良好的姿态，并且保持这种良好姿态穿越建筑物。在盾构穿越的过程中尽可能匀速推进，最快不大于100mm/min；盾构姿态变化不可过大、过频，控制每环纠偏量不大于4mm，控制盾构变坡不大于1‰，以减少盾构施工对地层的扰动。

(6)管片拼装。在盾构处于拼装状态时，千斤顶的收缩会引起盾构机的微量后退，因此，在盾构推进结束之后不要立即拼装，等待几分钟之后，待周围土体与盾构机固结在一起后再进行千斤顶的回缩，回缩的千斤顶数量尽可能少，满足管片拼装要求即可。在管片拼装过程中，安排最熟练的拼装工进行拼装，减少拼装的时间，进而缩短盾构停顿的时间；拼装过程中发现前方土压力下降，可以采用螺旋机反转的方法，将螺旋机内的土体反填到盾构机的前方，起到维持土压力的作用。拼装结束后，尽快恢复推进。

(7)改良土体。掘进过程中可以利用加泥孔向前方土体加高分子聚合物或膨润土泡沫剂来改良土体，增加土体的流塑性。使盾构机前方土压计反映的土压数值更加准确；确保螺旋输送机出土顺畅，减少盾构对前方土体的挤压。

(8)盾构穿越后施工方案。同步注浆时，有可能会沿土层裂隙渗透而依旧存在一定间隙，且浆液的收缩变形也引起地面变形及土体侧向位移，受扰动土体重新固结产生地面沉降。

在管片脱出盾尾5环后，采取对管片后的建筑空隙进行二次注浆的方法来填充，浆液为水泥、水玻璃双液浆，注浆压力为0.3~0.5MPa；必要时在地面进行补充注浆以对建筑基础进行加固抬升，二次注浆根据地面监测情况随时调整，从而使地层变形量减至最小。

五、盾构机长距离下穿南运河水域施工技术

本工程沿南运河敷设，多次长距离纵穿南运河水域，盾构河底覆土埋深为 6～8m。盾构长距离纵穿南运河水域施工过程中，存在盾构姿态难以控制、易出现喷涌现象、盾构机被淹等事故，以及南运河堤岸沉降、后期管片上浮较大、渗漏水严重等技术难题。本工程展开技术创新，采用盾构掘进参数优化、合理姿态控制等技术措施，通过实践，选出技术可行、安全可靠、经济合理的施工技术，保证了浅埋条件下盾构机长距离纵穿南运河施工顺利完成。南运河照片如图 12. 13 所示。

图 12. 13　南运河照片

盾构管廊右 K2+248～K2+500、右 K2+658～K2+887 下穿南运河，河底深约 4. 2m，河底至盾构管廊顶垂直距离为 7. 1～11m。盾构管廊下穿南运河位置图如图 12. 14 所示，盾构管廊下穿南运河示意图如图 12. 15 所示。

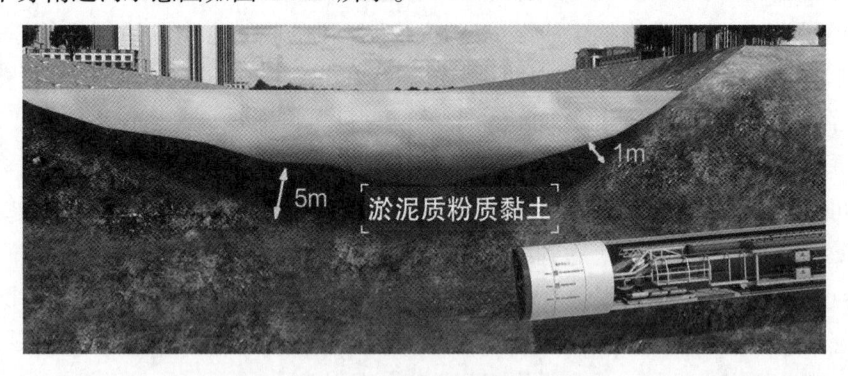

图 12. 14　盾构管廊下穿南运河位置图

(1) 提前安装调试好保压排渣系统，以利于遇到喷涌时的保压排渣作业。

(2) 避免在河底大范围调整盾构姿态。

(3) 盾构机姿态难以控制时，采用扩挖刀，控制掘进方向。

(4) 掘进过程中，严格控制出土量，及时校对进尺和出土量的关系，避免超挖。

(5) 在河边加设水尺，以水位为纵轴，时间为横轴，绘出水位随时间的变化曲线，作

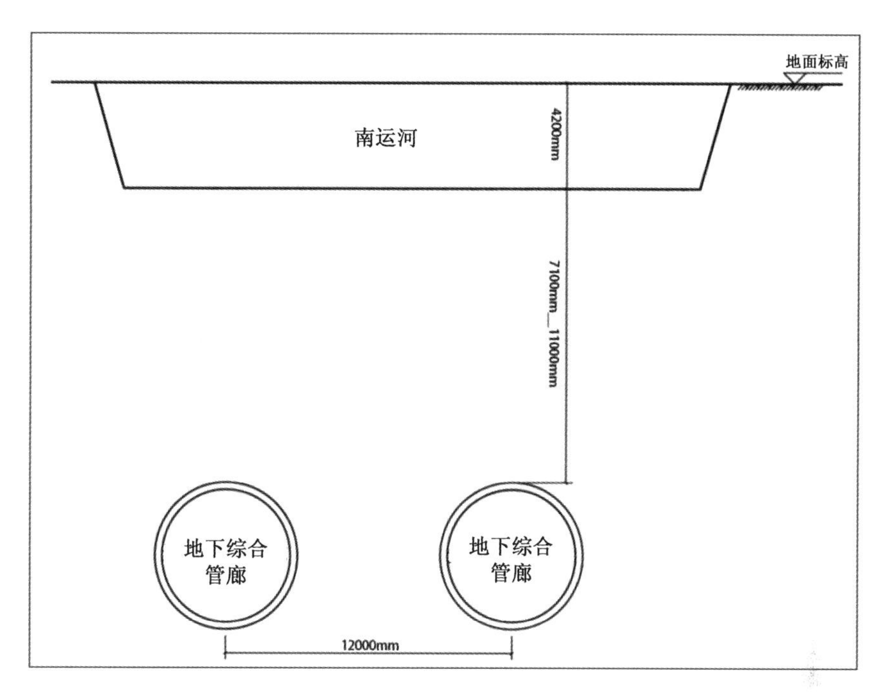

图 12.15　盾构管廊下穿南运河示意图

为水位过程线，为盾构掘进参数的设定提供依据。

(6)河底掘进中，要每天进行渣土性质分析，严密监视渣土的成分变化，判断前方地层情况，及时调整掘进参数。

(7)河底掘进中，要建立严格的渣土管理制度。对出渣量进行认真统计，每环出渣量与临近的一个掘进环的出土量比较。目的是防止因出渣量过多造成刀盘前方土体损失过大引起地层失稳、坍塌。

(8)注浆量的控制，严格按照理论计算值添加原材料进行搅拌，保证搅拌时间，避免长时间静止造成浆液的离析。注浆配比如表 12.24 所示。

表 12.24　盾构管廊下穿南运河时同步注浆材料配比表　单位：kg/m^3

水泥	砂	粉煤灰	水	膨润土
280	600	320	400	80

(9)做好施工各工艺之间的衔接，匀速、连续地通过水面，减小停机启动造成的震动对地层的影响。

六、富水地层新型渣土改良技术

1. 渣土改良技术的效果

富水砂卵石地层中施工，砾砂地层摩擦阻力较大，地下水丰富，透水性强，在掌子面上注入泡沫混合液、膨润土，充分搅拌刀盘切削下来的渣土，使土舱内的渣土具有良好的和易性。实际施工中比对改良后和易性好的渣土与土舱中没有充分搅拌而排出的渣土而言，改良后和易性好的渣土很明显可以使刀盘扭矩减小，增大推力后使掘进速度加快，减少盾构设备运转时间、刀盘磨损，提高设备的使用寿命，保证了盾构机安全、连续、快速地施工。

盾构机所穿越富水砂卵石地层地下承压水丰富区段最大覆土 15m，在这种地层施工，螺旋输送机易喷涌；盾构机掘进土压、推力、刀盘扭矩都非常高，渣土改良是非常重要的技术环节，渣土改良不好很难保证连续施工。

2. 渣土改良采取向刀盘前加入四路泡沫结合两路膨润土的方案

改良剂采用膨润土的目的：一是使渣土具有流塑性；二是增加渣土的黏稠度，防止渣土在土舱离析沉底增加刀盘扭矩，起携渣作用；三是增加渣土的密水性，防止喷涌；四是降低渣温；五是可以用于停机保持土舱压力。

改良剂采用泡沫的主要目的：一是改善渣土，使盾构前方的土体稳定、均匀，便于施工；二是减小土舱内渣土的摩擦，减小刀盘转动的扭矩，提高掘进速度的同时减少机具的磨损；三是泡沫有一定的渣土分散作用，可以预防刀盘结泥饼；四是稳定掌子面。

根据现场配比实验并结合施工中总结的经验可得：泡沫由 90%~95%压缩空气和 5%~10%泡沫混合液组成；本工程所用泡沫剂黏度不低于 0.1Pa・s；泡沫压缩空气调到 8~15m^3/h，混合液调到 1.5m^3/h，使用四路泡沫打入刀盘，控制每环泡沫原液用量为 60~70L。

膨润土泥浆配合比：水：膨润土=8：1，经充分搅拌均匀后，发酵 30~50min，让其充分发酵。膨润土稠度根据地层情况渣土改良效果控制在 30~40。

润膨土要选用优质的钠基膨润土，且入场膨润土要严格控制含砂率等质量因素。发酵装置为一台搅拌机、两个 40m^3 发酵池、一个柱塞送浆泵，保证膨润土充分发酵并满足掘进的用量。

通过膨润土和泡沫组合使用的方法，刀盘扭矩降低 20%左右；渣土流塑性合适；出渣连续稳定，保证了地表沉降得到有效控制。泡沫发泡效果如图 12.16 所示，膨润土稠度测定如图 12.17 所示。

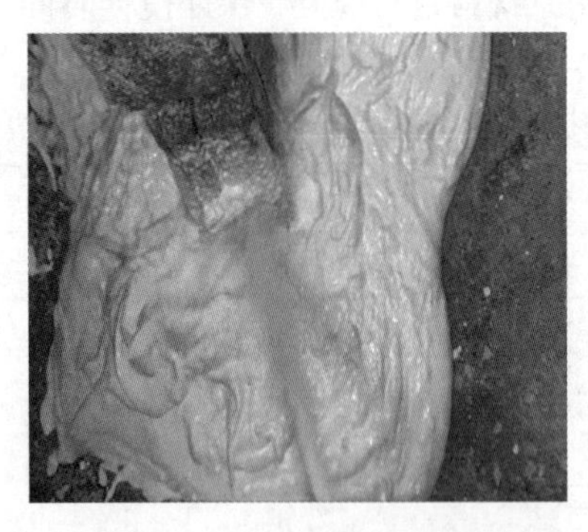

图 12.16 泡沫发泡效果图

图 12.17 膨润土稠度测定图

3. 渣土改良施工过程后总结

渣土改良是否达到预期目标首先要观察掘进参数是否做到了双优化，推进速度是否稳定增加，上土压是否稳定增加，刀盘扭矩是否趋于稳定或降低。

砂卵石地层推进首先要确保泡沫有良好的发泡效果。刀盘转速稳定在 1.0rad/min，推进速度稳定且在可控范围内，调整螺旋输送机的出土速度快慢，观察渣土改良的流动状态，使土舱内渣土达到泡沫悬浮状态；观察皮带两侧有无泡沫悬浮，判断是否增加改良剂或在土舱中心加水；观察刀盘扭矩是否趋于稳定、推力大小、铰接力大小等重要参数。推进过程保持稳定，切记不要频繁调整参数，需要给土舱内渣土改良一定的反应时间，使整个推进过程达到动态平衡、良性循环。砂卵石地层不加泡沫的掘进参数记录如表 12. 25 所示，砂卵石地层加泡沫后的掘进参数记录如表 12. 26 所示。

表 12. 25　砂卵石地层不加泡沫的掘进参数记录表

拼装环号	推进速度 /(mm · min^{-1})	土舱压力 /kPa	刀盘扭矩 /(kN · m)	总推力 /kN	渣土状态	地面最大沉降/mm
16	10~20	2. 43	4. 25×10^3	15266	出现喷涌	+4/−27
17	15~20	2. 35	4. 19×10^3	13975	水土分离	+3/−25
18	10~25	2. 29	4. 15×10^3	12986	出土困难	+2/−20
19	15~20	2. 37	4. 20×10^3	13871	出现喷涌	+3/−24
20	10~15	2. 40	4. 26×10^3	15346	出土困难	+3/−27

表 12. 26　砂卵石地层加泡沫后的掘进参数记录表

拼装环号	推进速度 /(mm · min^{-1})	土舱压力 /kPa	刀盘扭矩 /(kN · m)	总推力 /kN	渣土状态	地面最大沉降/mm
31	34~56	2. 52	3. 35×10^3	11332	流塑状态	+5/−16
32	28~59	2. 56	3. 29×10^3	11423	流塑状态	+4/−14
33	40~60	2. 54	3. 23×10^3	11492	流塑状态	+5/−15
34	42~65	2. 51	3. 22×10^3	11356	流塑状态	+3/−13
35	45~65	2. 55	3. 21×10^3	11528	流塑状态	+2/−11

七、深基坑明(盖)挖法施工技术

1. 深基坑明(盖)挖法施工流程

深基坑施工先进行施工准备，主要完成测量放线、清障及“三通一平”工作，待施工准备完成后开始围护结构施工。围护结构主要采用钻孔灌注桩，直径为 800mm，间距为 1200mm，竖向共设置 3 道钢支撑加一道倒撑。钻孔灌注桩施工完成后，进行降水施工，待地下水位降至设计水位时进行第一层土方开挖施工，挖至设计标高后安装围檩及钢支撑，随后开挖第二层土方，循环作业至深基坑施工流程设计要求的坑底标高。接地处理完成后进行垫层及底板施工，待底板混凝土强度达到设计要求时拆除最下一层围檩及钢支撑，再进行侧墙及中(顶)板施工，待中(顶)板混凝土强度达到设计要求时拆除相应的围檩及钢支撑，再进行土方回填。深基坑施工流程如图 12. 18 所示。

2. 围护结构施工

(1)测定桩位。本工程桩基施工前应根据设计图纸要求进行放样，围护桩一般向外放 10cm 左右，现场派专职测量员负责测量放线和桩孔定位，开工前按施工图纸及甲方提供的坐标控制点和水准点，进行测量定位放线。

(2)埋设护筒。桩基定位后，根据桩基定位点拉十字线钉放 4 个控制桩，以 4 个控制

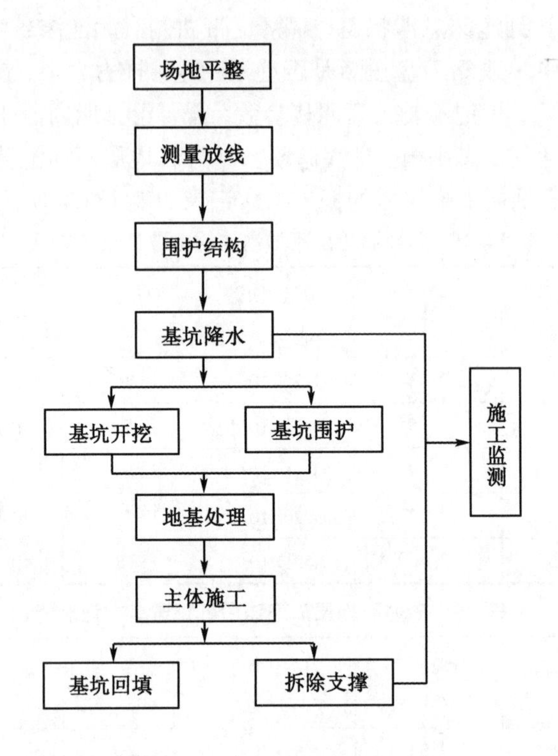

图 12.18 深基坑施工流程图

桩为基准埋设钢护筒。护筒选用 10mm 厚钢板卷制而成，护筒内径为设计桩径+20cm，高度为 2.5m，上部开设 2 个溢浆孔。进行护筒埋设时，由人工、机械配合完成，主要利用钻机旋挖斗将其静力压入土中，其底端应深入原状土 20cm，并保持水平，护筒中心与桩位中心的偏差不得大于 50mm。护筒埋设要保持垂直，倾斜率应小于 1.5%。

(3)钻孔定位。在桩位复核正确、护筒埋设符合要求，以及护筒和地坪标高已测定的基础上，钻机才能就位；桩机定位要准确、水平、垂直、稳固，钻机导杆中心线、回旋盘中心线、护筒中心线应保持在同一直线。旋挖钻机就位后，利用自动控制系统调整其垂直度，钻机安放定位时，要机座平整，机塔垂直，转盘(钻头)中心与护筒十字线中心对正，注入稳定液后，进行钻孔。要做到护筒中心、转盘中心与桩位中心成一垂直线，桩身垂直度偏差不大于 0.3%。

(4)泥浆制备。制备好泥浆是保障成孔顺利，保证不塌孔、不缩孔，保证混凝土灌注质量的重要环节。钻孔中采用钠基膨润土人工配制优质泥浆。

现场设泥浆池(长×宽×高=5m×5m×2m)与沉淀池(长×宽×高=3m×3m×2.5m)，沉渣采用反铲清理后放在渣土区，以保证泥浆的巡回空间和存储空间。新浆液比重为 1.1~1.15，回浆浆液比重为 1.2~1.25。

(5)成孔。

① 机具配备。本工程采用旋挖钻机施工，成孔前必须检查钻头保径装置、钻头直径、钻头磨损情况，施工过程中及时更换磨损超标的钻头；根据土层情况正确选择钻斗底部切削齿的形状、规格和角度；根据地面标高、桩顶设计标高及桩长，计算出桩底标高

和钻孔深度，以便钻孔时加以控制。

② 钻进成孔。钻机就位时，对机架底盘水平度、导向架垂直度、机架对钻位中心偏差等进行检查。为准确控制孔深，应备有钢丝测绳，以便在施工中进行观测、记录。测孔深方法为：通过钻机辅助带重锤的测绳，在同一孔底测试两个点以上，以验证孔深度。

钻孔过程中按试桩施工确定的参数进行施工，设专职记录员记录成孔过程的各种参数，如加钻杆、钻进深度、地质特征、机械设备损坏、障碍物等情况。根据地质情况控制进尺速度：转速为7~32rad/min，每次钻进深度为500mm。由硬地层钻到软地层时，可适当加快钻进速度；当由软地层钻到硬地层时，要减速慢进；在易缩径的地层中，应适当增加扫孔次数，防止缩径；硬塑层采用快转速钻进的方式，以提高钻进效率；砂层则采用慢转速慢钻进的方式并适当增加泥浆比重和黏度。钻进漏斗黏度为18″~22″，比重为1.10~1.15。

钻进施工时，利用反铲及时将钻渣清运，保证场地干净整洁，利于下一步施工。钻进达到要求孔深停钻后，注意保持孔内泥浆的浆面高程，确保孔壁的稳定。成孔允许偏差及检测方法见表12.27。

表12.27　成孔允许偏差及检测方法

项次	项目		允许偏差	检测方法
1	孔径	围护桩	-0.05d；+0.10d	用JJY型井径仪超声波测井仪
2	垂直度		≤0.3%	用JJX型测斜仪超声波测井仪
3	孔深	围护桩	-0；+300mm	测绳测定
4	桩位	纵向	≤100mm	全站仪测定
		横向	≤50mm	全站仪测定

③ 清孔。钻孔达到图纸规定深度，或根据桩基终孔原则，经监理工程师批准同意终孔后立即进行一次清孔。清孔采用换浆法。清孔后漏斗黏度为20″~26″，比重为1.06~1.10。

钢筋笼下放完毕，进行二次清孔。清孔后用标准测锤和测绳测定沉渣厚度，沉渣厚度不大于150mm。用泥浆比重仪和漏斗黏度计测定泥浆比重和黏度，符合要求后方可进行水下混凝土灌注，从清孔停止至混凝土开始浇灌，应控制在1.5~3h，超过3h应重新清孔。二次清孔泥浆比重为1.06~1.10，漏斗黏度为18″~22″。

(6)钢筋笼制作和吊放。本工程围护桩的钢筋笼不分节，一次制作成型起吊，桩钢筋笼主筋为20根Φ22mm的钢筋，主筋长度为23.264m，主筋采用机械连接。同一截面接头百分比不大于50%。加强箍筋规格为Φ20@1500mm，螺旋筋规格为Φ12@150mm。HPB300钢筋采用E43焊条焊接，HPB400钢筋用E55焊条焊接。吊筋焊接在第一根加强箍筋上，计算出吊筋长度，准确下料以保障钢筋笼顶标高。

① 钢筋运至现场，须按型号、类别分别架空堆放。

② 钢筋使用前必须调直除锈，并具备出厂合格证及合格的试验报告，方可使用。

③ 钢筋笼加工允许偏差应符合表12.28规定。

表 12.28　钢筋笼加工允许偏差

主筋间距	±10mm	箍筋间距	±20mm
钢筋笼直径	±10mm	钢筋笼长度	±50mm

④ 钢筋笼定位筋在桩基加劲箍处设置，每断面设置 4 个，采用 Φ20mm 钢筋，环向间隔 90°设置。钢筋笼下放前，应先焊上钢筋保护层定位筋，以确保混凝土保护层厚度。

⑤ 钢筋笼的安放，应由专人扶住并居于孔中心，缓慢下放至设计深度，避免钢筋笼卡住或碰撞孔壁。

⑥ 钢筋笼吊装采用 25t 汽车吊起吊，钢筋笼吊离地面后，利用重心偏移原理，通过起吊钢丝绳在吊车钩上的滑运并稍加人力控制，实现扶直，起吊转化为垂直起吊，以便入孔。用吊车吊放，入孔时应轻放慢放，不得强行左右旋转，严禁高起猛落、碰撞和强压下放。钢筋笼安装完毕以后，必须立即固定；笼子到位(孔底)时要复核钢筋笼顶标高。

⑦ 吊点加强焊接，确保吊装稳固。吊放时，吊直、扶稳，保证不弯曲、不扭转。对准孔位后，缓慢下沉，避免碰撞孔壁。

(7)水下混凝土灌注。钢筋笼或钢立柱吊装完毕，经检查、验收合格后应立即灌注水下混凝土。

① 材料选用。水下 C30 混凝土，粗骨料最大粒径不得大于 25mm，坍落度为(200±20)mm。

② 导管。导管采用直径为 250mm，长度为 3.5m 或 2.5m 的无缝钢管，调整长度为 0.5m、1.5m、2.0m 各一节，丝扣连接。使用前认真检查导管，必须检查丝扣的好坏和导管内是否有残留物，保证良好的密封性。试验水压为 1MPa，不漏水的导管方可使用。导管要定期进行水密性试验，下导管前要检查导管是否漏气、漏水和变形，是否安放了 O 形密封圈并涂抹润滑油等。使用后应将导管清洗干净后在指定位置排放整齐。

③ 水下混凝土灌注。根据孔深配置导管长度，并按先后次序下入孔内，导管口距孔底距离控制在 300~500mm。在导管中下入隔水塞并在 30 分钟内倒入足够的初灌量，以满足导管初灌时埋入深度超过 1000mm。

为确保导管的埋深长度，每次拔管前必须用测绳进行测量后，由现场施工员确定应拔管的长度，并进行记录备查。连续浇灌混凝土，不得中断，导管埋置深度为 2~6m；起拔导管时，应先测量混凝土面高度，根据导管埋深，确定拔管节数。

混凝土灌注必须连续进行，不得间断。拆除后的导管及时清洗干净；孔口吊筋固定在钢筋笼上端；当孔内混凝土接近钢筋笼时，放慢灌注进度；孔内混凝土面进入钢筋笼 1~2m 后，适当提升导管，减小导管埋置深度，增大钢筋笼在下层混凝土中的埋置深度；在灌注将近结束时，如出现混凝土上升困难，可在孔内加水稀释泥浆，用泥浆泵抽出部分沉淀物，使灌注工作顺利进行。

混凝土灌注过程中，应始终保持导管位置居中，提升导管时应有专人指挥掌握，不得使钢筋骨架倾斜、平移；若骨架上升，立即停止提升导管，使导管降落，并轻轻摇动使之与骨架脱开；混凝土灌注到桩孔上部 6m 以内时，可不再提升导管，直到灌注至设计标高后一次拔出；灌注至桩顶设计标高以上 50cm，以保证凿去浮浆后桩顶混凝土的强度。

3. 降水施工

工程处于富水环境下，施工前需进行专业降水设计。围护结构隔断基坑内外水力联系地段，采用坑内管井降水方法进行疏干性降水；围护结构无法隔断基坑内外水力联系地段，采用坑内管井降水+坑外回灌相结合的方法进行降水施工。

4. 基坑开挖及支护

基坑开挖采用挖机先沿管廊横向分层、分段挖深至设计第一道支撑下 0.5m 处，然后施作第一道围檩及横撑，挖机移至坑边，横向分层、分段开挖至设计第二道支撑下 0.5m 处，施作第二道围檩及横撑，第二道围檩及横撑施工完毕后，采用长臂挖机继续向下开挖至坑底 30cm 处，坑底采用小挖机配合修整、掏挖横撑及桩四周土方，用自卸式拉土车运至指定地点，土方不得堆放在基坑边缘。

八、深基坑土方槽式开挖及支撑施工工法

本工程在面对深基坑无法进行放坡开挖时，采取了一种深基坑槽式开挖及支撑施工技术。采用纵向中部槽式，周边预留 2~2.5m 的台背土，逐层开挖支撑，每层开挖深度约 3m。在基坑内设置一台小型挖掘机、基坑外设置一台伸缩臂挖掘机分别出土作业。这样可以在确保基坑安全的前提下减少了支撑和开挖的交叉作业带来的安全隐患，同时大大加快了施工速度。

1. 施工步骤

(1)先将第一层支撑中心标高-0.5m 以上的土石方进行整体清运出现场。

(2)第一层土石方采用基坑外伸缩臂挖掘机配合基坑内小型挖机开挖，由中间下挖 3m 左右深形成长棱台形基坑，四周预留 2~2.5m 宽度的台背土，便于架设支撑，放坡坡度不小于 1∶1。施工第一道支撑，待第一道支撑施工完毕后，将第一层土四周预留的台背土用挖掘机挖除，至第一层土底，装车运走。在四周预留土石方开挖过程中，应分段、分层、分区对称进行，防止造成基坑偏压，并对基坑桩表面进行喷射混凝土施工，随挖随喷。

(3)第二层土石方采用基坑外伸缩臂挖掘机配合基坑内小型挖机开挖，由中间下挖 3m 左右深形成长棱台形基坑，四周预留 2~2.5m 宽度的台背土，便于架设支撑，放坡坡度不小于 1∶1。再将第二层钢支撑以下第一层四周预留的土石方利用挖掘机掏挖至第二道支撑以下 500mm 范围的区域，装车运走。在四周预留土石方开挖过程中，应分段、分层、分区对称进行，并对基坑围护面进行随挖随时喷射混凝土施工。

(4)第三层土石方采用基坑外伸缩臂挖掘机配合基坑内小型挖机开挖，由中间下挖 3m 左右深形成长棱台形基坑，四周预留 2~2.5m 宽度的台背土，便于架设支撑，放坡坡度不小于 1∶1。施工第二道钢支撑，待第二道钢支撑施工完毕后，将第三层土四周预留的台背土用挖掘机挖除，至第四层土底，装车运走。在四周预留土石方开挖过程中，应分段、分层、分区对称进行，防止造成基坑偏压，并对基坑桩表面进行喷射混凝土施工，随挖随喷。

(5)第四~N 层土石方开挖及支撑施工依次类推。开挖超过伸缩臂挖掘机臂长时，采用汽车吊配合排土。

(6)第N层土石方采用机械与人工配合开挖，顶层土至基底标高以上0.3m部分的土采用挖掘机挖土，由中间下挖形成长棱台形基坑，四周预留2.5m左右宽度的台背土，便于施作网喷混凝土，放坡坡度不大于1∶1。再将基坑四周预留的台背土用挖掘机挖除，至基底标高以上0.3m处，底部采用挖掘机配合进行倒运，将土倒运至伸缩臂挖掘机的工作范围内，将土开挖后外排，并完成剩余钢支撑。

(7)采用人工清槽法将基坑底部0.3m范围内的土方清堆，并采用伸缩臂挖掘机或汽车吊+吊斗将剩余土石方排出，防止使用挖掘机扰动基底土层。槽式开挖图如图12.19所示，槽式上方的钢支撑安装如图12.20所示，分段、分层、分区对称开挖，随挖随喷施工如图12.21所示，下一层土体槽式开挖如图12.22所示，槽式土方上部钢支撑架设如图12.23所示。

图12.19　槽式开挖图

图12.20　槽式上方的钢支撑安装图

图12.21　分段、分层、分区对称开挖，随挖随喷施工图

图 12.22　下一层土体槽式开挖图

图 12.23　槽式土方上部钢支撑架设图

2. 施工监测

施工监测作为基坑开挖施工的重要依据，在土方开挖过程中对基坑开挖安全起到了保障作用。深基坑的理论研究和工程实践告诉我们，理论、经验和监测相结合是指导深基坑工程设计和施工的正确途径。对于复杂的大中型工程或环境要求严格的项目，往往很难从以往的经验中得到借鉴，也难以从理论上找到定量分析、预测的方法，这就必定要依赖于施工过程中的现场监测。我们需要靠现场监测提供动态信息反馈来指导施工全过程，并可通过监测数据来指导现场开挖施工；同时还可及时了解地下土层、地下管线、地下设施、地面建筑在施工过程中所受的影响及影响程度，及时发现和预报险情的发生及险情的发展程度，为及时采取安全补救措施充当耳目。施工监测表如表 12.29 所示。

表 12.29　深基坑土方槽式开挖及支撑施工监测表

<table>
<tr><th>监测项目</th><th>使用仪器</th><th>判定内容</th><th>控制标准</th><th>预警标准</th><th>监测频率</th></tr>
<tr><td rowspan="2">围护结构桩顶位移</td><td rowspan="3">全站仪、水准仪</td><td>水平位移值</td><td>20mm 或 3mm/d</td><td>15mm</td><td rowspan="7">基坑开挖期间：
h≤5m：1 次/3 天；
5<h≤10：1 次/2 天；
10<h≤15：1 次/天；
h>15：2 次/天；
底板浇筑后：
d≤7：1 次/1 天；
7<d≤14：1 次/2 天；
14<d≤28：1 次/3 天；
d>28 天：1 次/1 周；
稳定后：1 次/1 月；
出现异常时增大频率
其中：
h——开挖深度（m）
d——底板浇筑后时间（天）</td></tr>
<tr><td>竖向位移值</td><td>10mm 或 2mm/d</td><td>8mm</td></tr>
<tr><td>围护结构深层水平位移</td><td>倾向变形值</td><td>30mm 或 3mm/d</td><td>20mm</td></tr>
<tr><td>钢支撑轴力</td><td>轴力计</td><td>支撑轴力值</td><td>最大值：支撑设计轴力的 70%
最小值：支撑预加轴力的 80%</td><td>控制标准的 2/3</td></tr>
<tr><td>围护桩内力（钢筋应力）</td><td>测斜管、测斜水准仪</td><td>钢筋应力</td><td>设计允许值或钢材强度标准值</td><td>控制标准的 2/3</td></tr>
<tr><td>地面沉降</td><td>水准仪</td><td>最大沉降量</td><td>30mm 或 3mm/d</td><td>20mm</td></tr>
<tr><td>地下水位</td><td>水位观测管、水位仪</td><td>水位值</td><td>设计水位</td><td>设计水位以下 0.5m</td></tr>
</table>

九、盾构富水砂卵石地层“V”字坡小角度近距离下穿南北二干线施工技术

J11~J17 节点井区间管廊盾构在文艺路和五爱街交叉路口处下穿南北二干线公路隧道，两者夹角约为 67°，南北二干线采用盖挖法施工，为两层箱形结构，覆土为 3.0m，埋深为 17.16m。围护桩为 Φ800@1200mm，共 370 根，长度为 23.2~23.8m，中间立柱桩直径为 Φ1200mm，桩长为坑底下 30m，下穿处管廊覆土 20.41~21.41m，与隧道竖向净距为 3.25~4.25m。管廊盾构下穿南北二干线隧道工程平面图如图 12.24 所示，纵断面图如图 12.25 所示。

1. 盾构斜向磨除围护桩，为保证盾构姿态，对盾构磨桩处土体局部加固

管廊盾构区间斜向穿越南北二干线，与桩基础存在夹角，刀盘无法全部切削，存在偏磨受力不均匀现象，从而影响盾构姿态，同时破坏刀具。管廊盾构区间盾构掘进磨桩部位统计如表 12.30 所示。

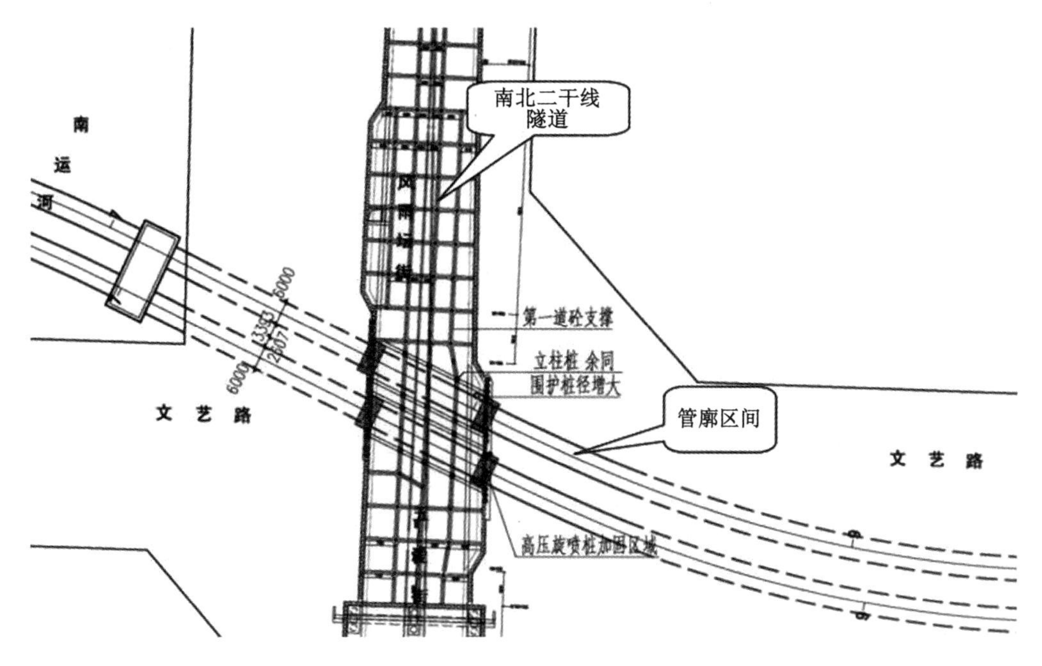

图 12.24　J11～J17 节点井区间管廊盾构下穿南北二干线隧道工程平面图

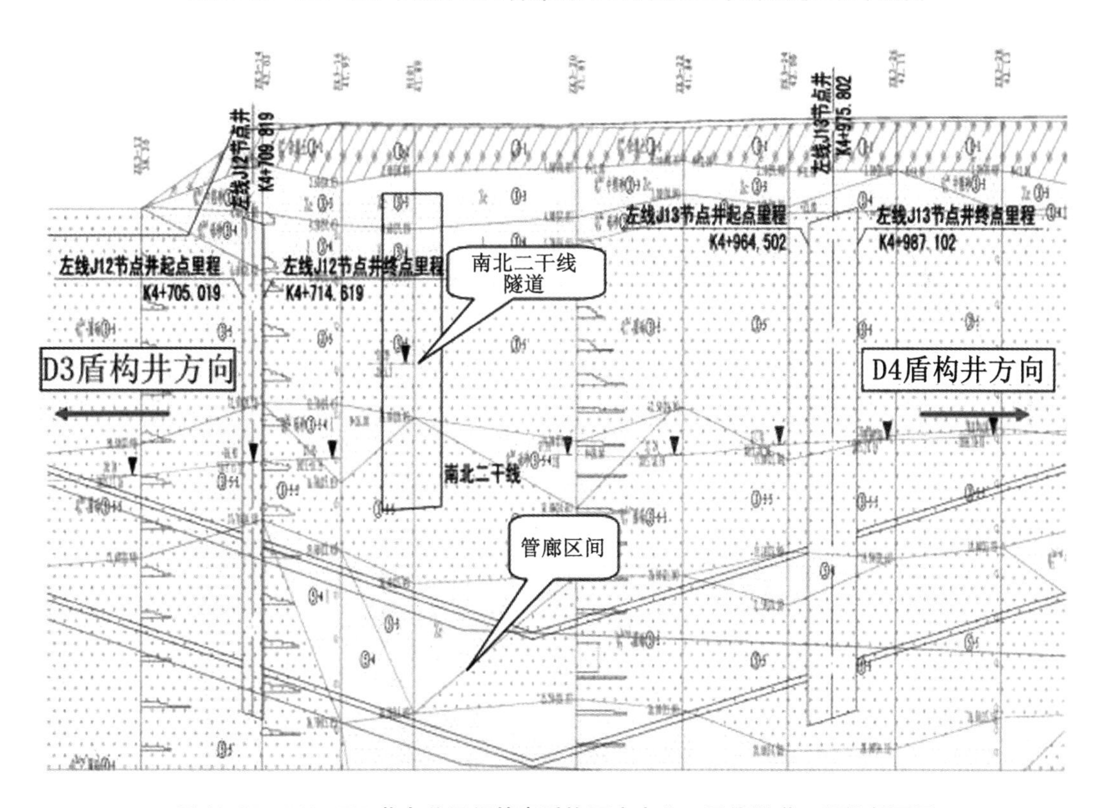

图 12.25　J11～J17 节点井区间管廊盾构下穿南北二干线隧道工程纵断面图

表 12.30　管廊盾构区间盾构掘进磨桩部位统计表

名称	管廊线路	里程	桩基形势	桩长
盾构区间围护桩	管廊左线	K4+772.803	Φ800@1200mm钻孔灌注桩	23.2~23.8m
		K4+799.396		
	管廊右线	K4+769.077		
		K4+796.153		

为防止盾构机磨桩过程中产生受力不均匀现象，保证盾构掘进姿态，需对磨桩处进行土体加固。管廊下穿部位加固采用 Φ600mm 高压双管旋喷桩，加固区范围为 4m×8m，加固深度为盾构区间上下外延 2m，左右外延 1m，即公路隧道坑底以下 1m 至 11m。盾构下穿加固区域纵断面示意图如图 12.26 所示，盾构下穿加固区域横断面示意图如图 12.27 所示，双管旋喷桩施工参数如表 12.31 所示。

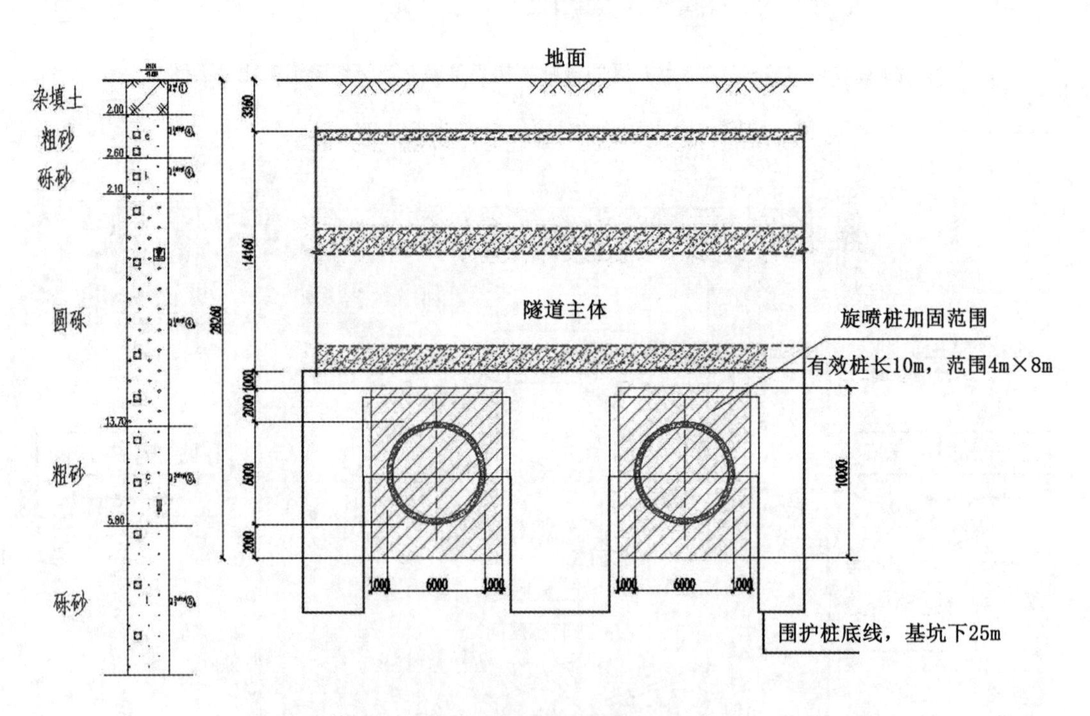

图 12.26　盾构下穿加固区域纵断面示意图(单位：mm)

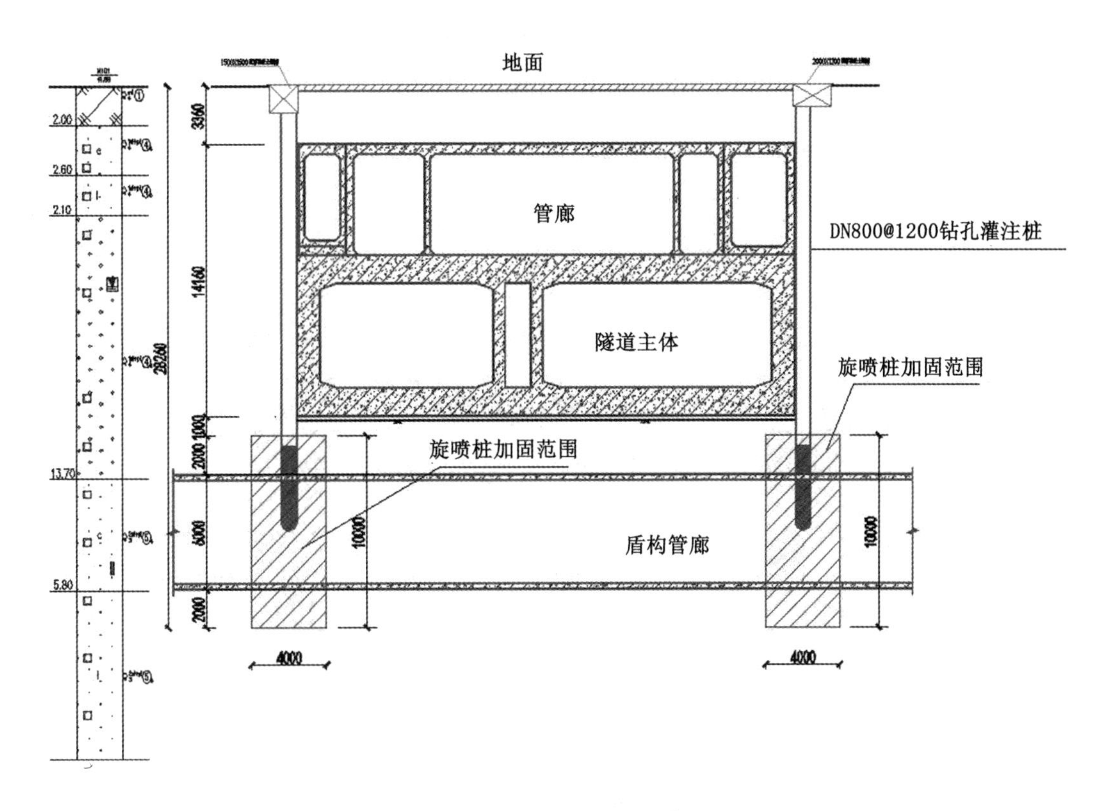

图 12.27　盾构下穿加固区域横断面示意图(单位: mm)

表 12.31　盾构下穿部位双管旋喷桩施工参数表

序号	名称	参数
1	喷浆压力/MPa	20~30
2	压缩空气气压/MPa	0.5~0.7
3	回转速度/(rad · min^{-1})	15~22
4	复喷提升速度/(cm · min^{-1})	100
5	水灰比	1: 0.8
6	水泥用量/(kg · m^{-3})	261
7	抗渗系数/(cm · s^{-1})	≤10.6
8	抗压强度/MPa	≥1.2

2. 盾构机刀盘合理配置

盾构机刀盘直径为 6.28m, 刀盘开口率为 55%, 共有 1 把中心鱼尾刀, 72 把切刀, 12 把边刮刀, 2 把中心撕裂刀, 40 把焊接撕裂刀, 12 把保径刀, 12 把大圆环保护刀, 2 把超挖刀, 具体如图 12.28 所示。

3. 掘进参数控制

根据沈阳市地层掘进的经验, 结合本标段的地质及隧道埋深, 设定盾构下穿南北二干线的磨桩掘进参数如表 12.32 所示。

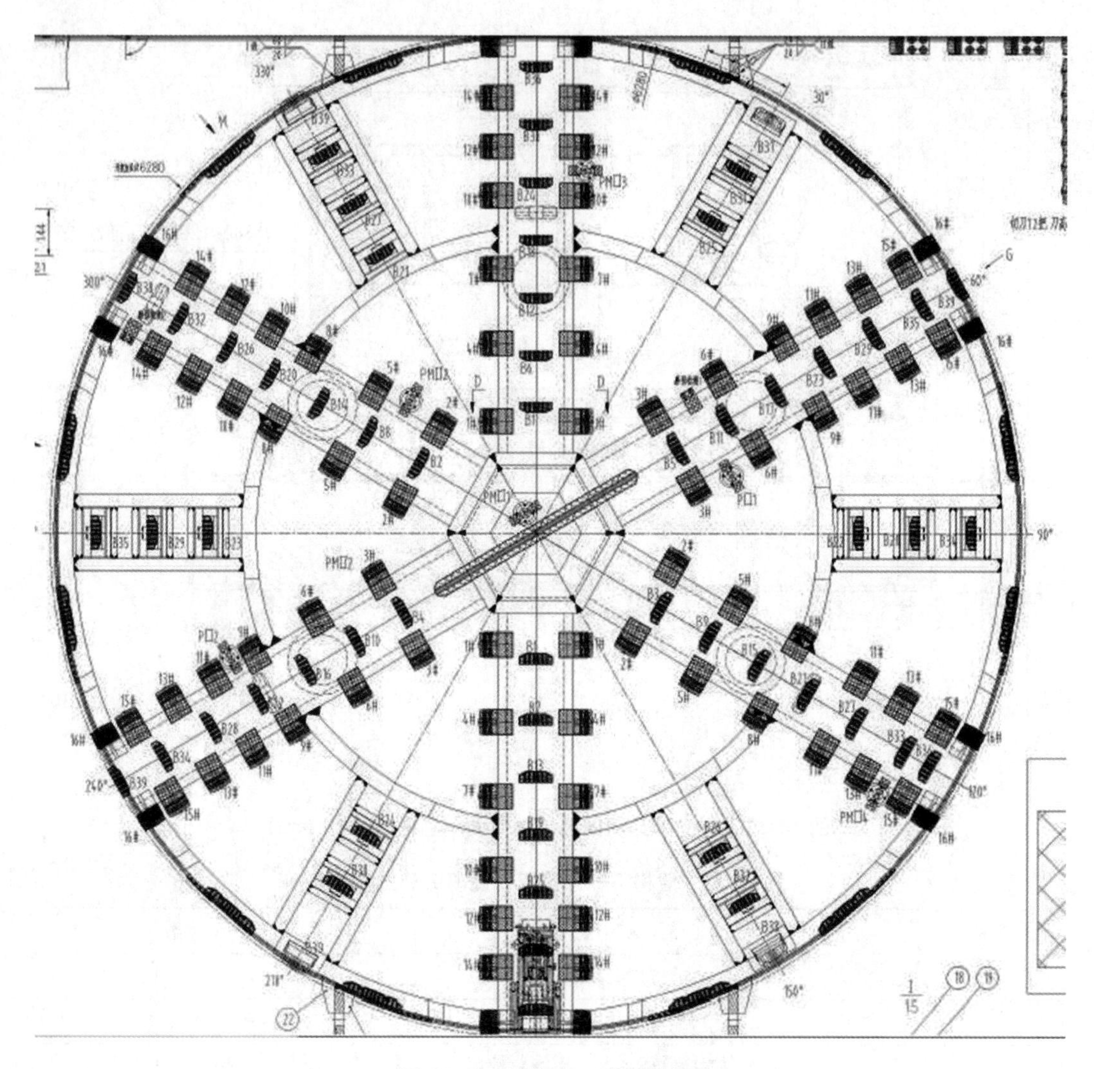

图 12.28　盾构机刀盘示意图

表 12.32　盾构下穿南北二干线的磨桩掘进参数表

序号	名称	参数
1	总推力	6000~10000kN
2	掘进速度	20mm/min 以内
3	刀盘转速	0.8~1.0r/min
4	刀盘扭矩	2500kN·m 以内
5	土压力	60~80 kPa
6	泡沫剂	40~50L 根据刀盘扭矩情况，加入 5~10m^3 水，可适当调整
7	同步注浆	6m^3，注浆压力不超过 0.35MPa
8	出渣量	44.6m^3，泥岩地层渣土松散系数按照 1.2 计算

磨桩过后下穿期间掘进参数如表 12.33 所示。

表 12.33　磨桩过后下穿期间掘进参数表

序号	名称	参数
1	总推力	10000~15000kN
2	掘进速度	40~60mm/min
3	刀盘转速	0.8~1.0r/min
4	刀盘扭矩	3500KN·m 以内
5	土压力	60~80kPa
6	泡沫剂	40~50L 根据刀盘扭矩情况，加入 5~10m^3 水，可适当调整
7	同步注浆	6m^3，注浆压力不超过 0.35MPa
8	出渣量	44.6m^3，泥岩地层渣土松散系数按照 1.2 计算

掘进过程中，根据地表及建(构)筑物位置的监测点监测的数据情况，及时优化该掘进段的掘进参数，确保下穿南北二干线的施工安全。

4. 控制盾构机姿态，避免穿越过程频繁纠偏

(1)盾构推进过程中应做好推力、推进速度、出土量等推进参数的控制，控制好盾构区间轴线。

(2)做好同步注浆和二次注浆，严格控制注浆压力。

(3)在进入下穿影响区之前应根据变形控制指标，对盾构施工参数进行试验，以便顺利通过南北二干线。

(4)施工时进行实时监控，加强监控量测，提高检测的数量及频率，根据反馈信息，随时调整施工参数。

5. 在盾构下穿过程中应保证盾构机注浆效果，通过后及时二次注浆，防止后期沉降

同步注浆用于填充盾尾通过后管片外围与土体间的空隙，巩固管廊盾构区间管片结构，同时稳定公路隧道桩基础周边土体，同步注浆材料配比如表 12.34 所示。施工中同步注浆量一般控制为理论计算值的 200%~250%，注浆压力控制在 0.3MPa 左右，采用 4 点注入方式，同步注浆过程保证匀速、均匀地压注。

表 12.34　盾构下穿过程中同步注浆材料配比表　　单位：kg/m^3

水泥	砂	粉煤灰	水	膨润土
210	700	320	300	80

在盾构穿越公路隧道过程中，将洞内二次注浆作为一项常备工序。掘进过程中，在安装管片倒数第 8 环开始打开预留注浆孔进行二次补强注浆，确保注浆饱满，减少地层损失，防止地表沉降过大。二次注浆采用水泥浆液，水与水泥配合比为 1∶1，在保证管片不发生错台、破损的情况下，尽可能多地注入，注浆压力为 0.3~0.4MPa。二次注浆过程需密切关注管片情况，发现管片异常立即停止注浆，以免管片发生错台或破损。现场

二次注浆如图 12.29 所示。

图 12.29　现场二次注浆图

6. 穿越过程中实时监测，如有异常及时调整掘进参数

为了准确评估盾构穿越公路隧道时对建(构)筑物造成的影响，采用电子水准仪进行建(构)筑物沉降量监测，布点方式为：在穿越建(构)筑物四角(监测点 1、2、3、4)及下穿中心点(监测点 5、6)布设测点，盾构穿越前(进入影响范围)监测频率为 3 次/天，在穿越过程中及穿越后 5 环期间监测频率为 4 次/天。南北二干线沉降监测曲线图如图 12.30 所示。

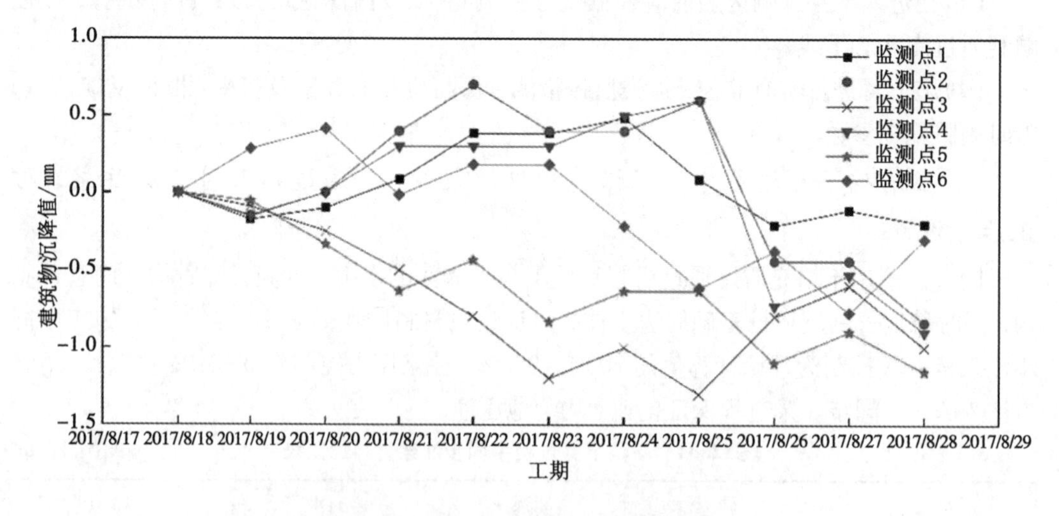

图 12.30　南北二干线沉降监测曲线图

盾构斜向下穿公路隧道过程中，南北二干线公路隧道的沉降值稳定在+0.7mm～-1.3mm，在沉降允许范围内，且建(构)筑物无倾斜、裂缝现象。

十、常压开舱换刀

1. 工程概况

J13~J14节点井区间进行盾构施工时，区间右线盾构机掘进地质发生了变化，地层由原来的稍密—中密变化为中密—密实，且重型动力触探击数由原来的25击/10cm变化为超过50击/10cm，在该区段刀盘扭矩大、速度慢，掘进施工较困难。在采用增加泡沫剂比例、钠基膨润土渣土改良、土舱添加分散剂等措施后盾构机掘进仍然存在刀盘扭矩大、掘进速度慢等问题。于是停机进行开舱换刀。

2. 停机部位土体加固

在盾构机停止出土后，将盾构机再向前推进2~3cm，盾尾注入膨润土浆液，以防止因盾构机停机时间过长，导致浆液将盾尾密封刷固结。为保持开挖面的稳定，防止旋喷水泥浆液固结盾体，将盾构机抱死，在盾构机停止出土后，盾壳四周注入膨化12h以上的膨润土浆液，浆液重量配比为水：膨润土：CMC：纯碱=900：200：2：1。

应提前进行该加固地段地下管线的确认工作并精确定位，避免注浆打穿管线或造成管线上浮。盾构机刀盘外为1.6m，刀盘内为0.95m，采用Φ550@500mm旋喷桩加固。

(1)加固区采用双重管高压旋喷桩按梅花形布置，刀盘外为1.6m，钻孔深度为15.937m，空桩长度为3m，实桩长度为12.937m；刀盘内为0.95m，钻孔深度具体根据盾构机纵断面圆弧度而定。加固范围沿盾构区间纵向长度为2.55m，沿盾构区间横向宽度为8m，加固旋喷桩平面布置如图12.31所示，Ⅰ-Ⅰ纵断面图如图12.32所示，Ⅱ-Ⅱ纵断面图如图12.33所示。

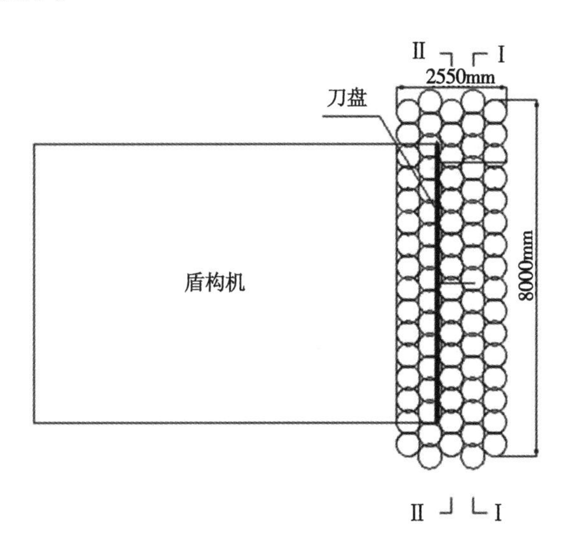

图12.31　加固旋喷桩平面布置图

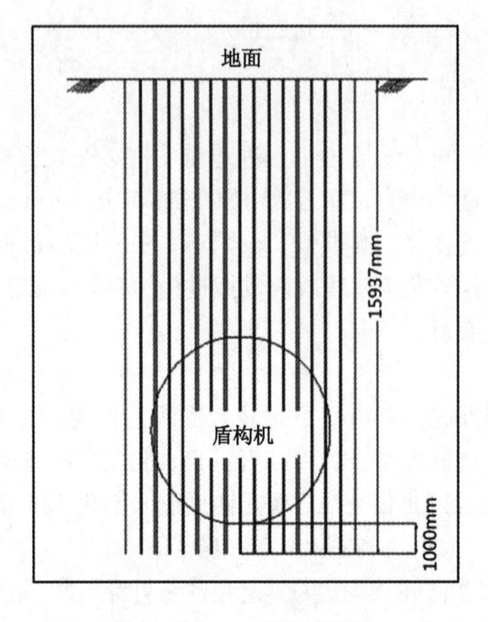

图 12.32　I－I 纵断面图

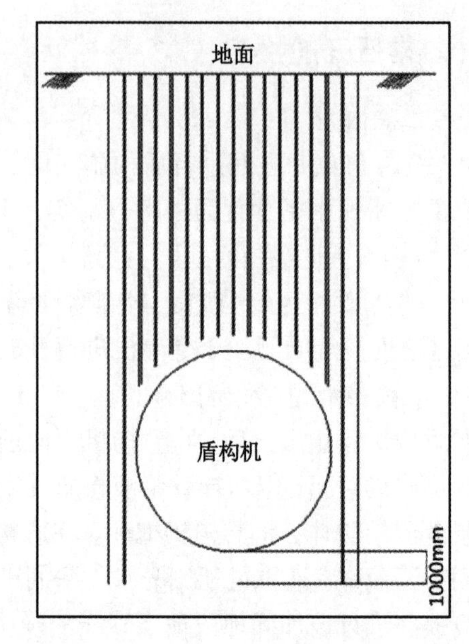

图 12.33　Ⅱ－Ⅱ纵断面图

(2)高压旋喷桩施工流程如图 12.34 所示，高压旋喷桩施工参数如表 12.35 所示。

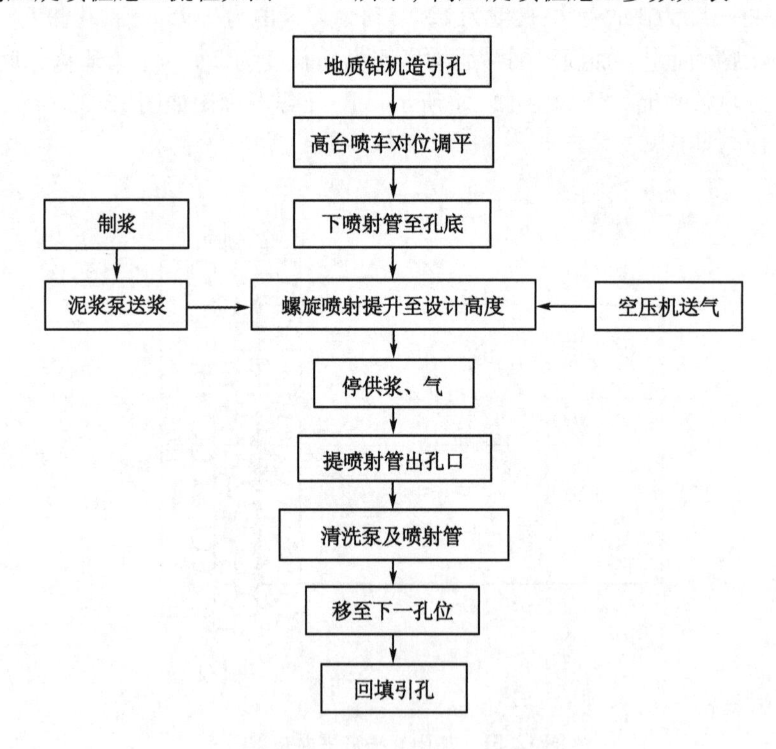

图 12.34　高压旋喷桩施工流程图

表 12.35　高压旋喷桩施工参数表

序号	名称	参数
1	压力	20～25MPa
2	提升速度	15～20cm/min
3	气流压力	0.7～1MPa
4	气流风量	0.8～1.0m^3/min
5	钻机转速	13～30r/min
6	泵送流量	40n～70L/min
7	水灰比	1∶1

3. 开舱换刀

开舱流程图如图 12.35 所示。

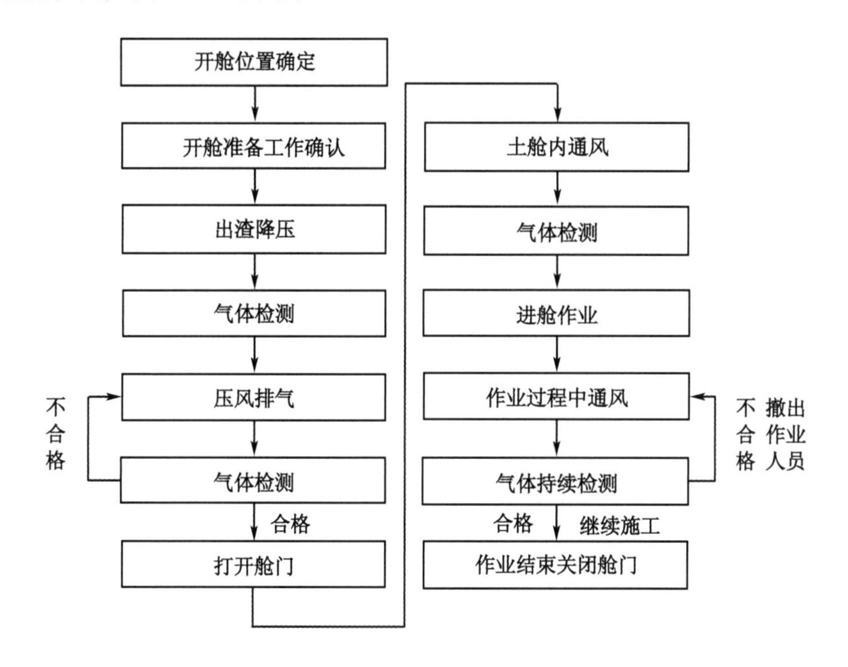

图 12.35　开舱流程图

(1)开舱前准备工作。

① 出渣降压。将土舱内的渣土输出，等土舱内渣土降至入舱门底部以下之后，停止出渣，出渣的过程中在螺旋出土口进行气体检测。

② 气体检测。通过入舱板上的球阀对土舱内气体进行检测，并由第三方气体检测单位进行气体检测，合格后方可进行施工，并按照要求做好记录。气体检测标准如表 12.36 所示。

表 12.36 气体检测标准表

序号	气体种类	容许最高浓度	标准限量
1	氧气	19.5%~23%	≥20
2	CH_4	不超过 1%	<0.75
3	CO_2	9000 mg/m^3	≤0.5
4	CO	不超过 0.0024%	≤30
5	氮氧化物	5mg/m^3	≤5
6	SO_2	5 mg/m^3	≤0.0005
7	H_2S	10 mg/m^3	≤0.00066
8	NH_3	30mg/m^3	≤0.064

③ 开舱前压风排气。利用盾构机原有入舱保压系统为排气管路，盾构机主机内和后续台车全部使用原有的管路，排气管出口设置在 5 号台车后 3m 处，远离灯具和高压电缆接头。利用泡沫系统管路，通过刀盘上的泡沫孔，向土舱内送风，同时打开原保压系统阀门，将压出气体排至预定区域，气体通过被洞内压入的新鲜空气的稀释，随洞内空气排出洞外。开舱前通风示意图如图 12.36 所示，开舱后通风示意图如图 12.37 所示。

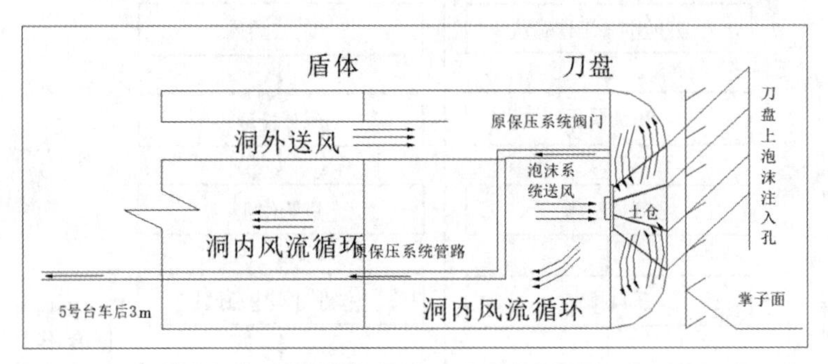

图 12.36 开舱前通风示意图

④ 打开舱门。

(2)开舱作业时舱内通风。

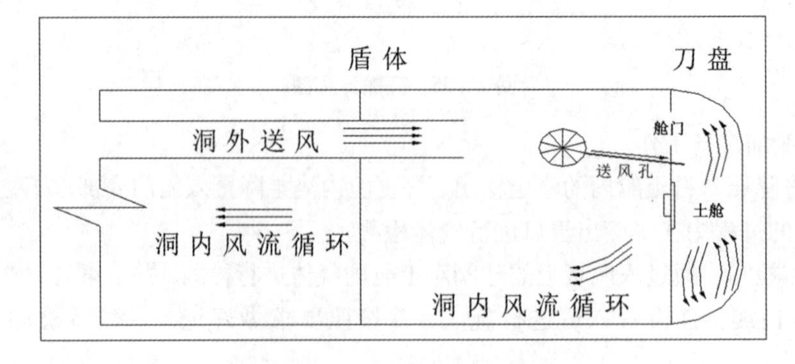

图 12.37 开舱后通风示意图

(3)刀具、刀盘检查作业。

① 撕裂刀检查内容包括：撕裂刀的磨损量、刀具螺栓的松动和螺栓保护帽的缺损情况；

② 刮刀的合金齿和耐磨层的缺损、磨损以及刀座的变形情况；

③ 切刀的合金齿和耐磨层的缺损、磨损以及刀座的变形情况；

④ 刀盘牛腿磨损及焊缝开裂情况；

⑤ 检查主轴承土舱内密封处有无 EP-2 润滑脂和齿轮油外泄情况。

(4)刀具、刀盘修复作业。

① 刀圈产生偏磨及刀圈出现脱落、裂纹、松动、移位的情况必须进行更换，边缘撕裂刀磨损量在 5~10mm 时进行更换。

② 刮刀和切刀更换标准：合金齿缺损达到一半以上和耐磨层磨损量达 2/3 以上进行更换。

③ 在刀具运输过程(包括从地面下井到进入土舱后到达换刀位置的全过程)以及旧刀具运出地面过程中，必须检查吊具、钢丝绳等的质量，在确保其安全性的前提下方能投入使用，以免在刀具运输过程中吊具、钢丝绳等突然断裂，导致刀具跌落，造成对人员的伤害和设备的损坏；选择合理的吊装方法和合适的吊点位置，以避免刀具的突然脱落，特别禁止在推进油缸和铰接油缸活塞杆上捆绑钢丝绳作为吊点；严禁刀具碰撞设备，尤其是各类仪表、接线盒、电子仪器、油缸活塞杆等易损部位。

④ 在进入土舱作业时应注意土舱内的通风和排水，确保换刀作业人员的安全；进入土舱人员必须佩带安全带，应时刻注意抓踩牢靠，严防打滑和跌倒；在进行换刀作业时，严禁猛敲狠打，野蛮作业，造成设备和工具的损坏。

(5)舱门关闭。

① 在换刀完毕(或刀盘检查完毕)后，由物机部派人按照刀具更换和刀盘修复表的要求对落实情况进行检查，确认无误。

② 由掘进班换刀负责人对领取的换刀工具进行清点，确保无工具和其他杂物遗留在土舱内。在以上内容检查完成后，方可关闭舱门。

4. 施工监测

(1)监测点布置。停机位置地面监测点布置图如图 12. 38 所示。

(2)监测频率。在盾构停机换刀期间监测频率为 3~4 次/天，当在施工过程中地面变形较大或出现异常时，监测频率可根据工程需要随时进行调整，直至进行实时监测。

(3)报警值。根据同类工程经验，以控制基准的 2/3 作为报警值，实际以管理单位提供的数据为准。当监测点达到报警值时，立即报警，分析出原因并立即采取应对措施。

十一、盾构冬季施工维修保养

1. 准备工作

在进入冬季前，应对现场在用机械设备进行一次换季保养，换用适合冬季气温的燃油、润滑油、液压油、防冻油、蓄电池液等。对于现场停用的机械设备，应放净机体存水，并挂上“无水”标志。

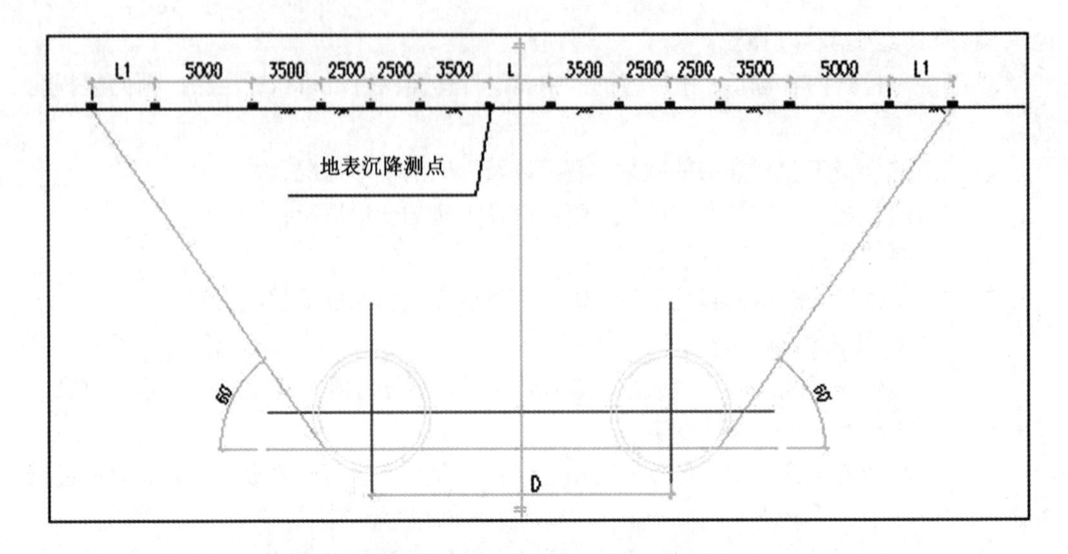

图 12.38　停机位置地面监测点布置图(单位：mm)

2. 机械冷却系统防冻措施。

(1)当室外温度低于5℃时，所有用水冷却的机械设备，在停止使用后，操作人员应及时放净机体存水。放水作业应待水温降低到50～60℃时进行，机械应处于平坦位置，拧开水箱盖并打开缸体、水泵、水箱等所有放水阀。在存水没有放净前，操作人员不得离开。存水放净后，各放水阀均应保持开启状态，并将“无水”标志牌挂在机械设备的明显处。

(2)使用防冻液的机械设备，在加入防冻液前，应对冷却系统进行清洗，根据气温要求，按比例配制防冻冷却液。在使用中应经常检查防冻液的容量和比重，不足时应添加。加入防冻液的机械，应在明显处悬挂“已加防冻液”标志牌，避免误放。

(3)当气温过低时，对汽车及汽车式起重机等的内燃机、水箱等都应加保温套。工作中如发生故障停用或停车时间较长时，冷却水有冻结的可能时，应放水防冻。

(4)燃油、润滑油、液压油、蓄电池液的选用。

① 现场机械设备应根据气温按出厂要求选用燃料。汽油机在低温下应选用辛烷值较高标号的汽油，柴油机在最低气温为4℃以上地区使用时，应采用0号柴油；在最低气温为-5℃以上地区使用时，应采用-10号柴油；在最低气温为-14℃以上的地区使用时，应采用-20号柴油；在最低气温为-29℃以上的地区使用时，应采用-35号柴油；在最低气温为-30℃以上地区使用时，应采用-50号柴油。

② 换用冬季润滑油。内燃机应采用在温度降低时黏度增加率小并具有较低凝固温度的薄质机油，齿轮油采用凝固温度较低的齿轮油。

③ 液压操作系统的液压油，应随气温变化而换用。加添的液压油应使用同一品种、标号的油。换用液压油应将液压油放净，不得将两种不同油质的油掺和使用。

④ 使用蓄电池的机械，在寒冷季节，蓄电池液密度不得低于1.25kg/m^3，发电机电流应调整到15A以上。当温度过低时还应加装蓄电池保温装置。

(5)存放、启动、防滑及带水作业。

① 机械设备冬季存放应进入室内或搭设机棚存放。露天存放的大型机械，应停放在避风处，并加盖篷布。

② 在没有保温设施情况下启动内燃机，应将水加热到60~80℃时再加入内燃机的冷却系统中，并可用喷灯加热进气歧管。不得用机械拖顶的方法启动内燃机。

③ 无预热装置的内燃机，可在工作完毕后将曲轴箱内的润滑油趁热放出并存放于清洁容器内，启动时再将容器加热到70~80℃后将油加入曲轴箱。严禁用明火直接燃烤曲轴箱。

④ 内燃机启动后，应先怠速空转10~20min后再逐步增加转速。不得刚启动就加大油门。

⑤ 轮式机械在有积雪或冰冻层的地面上应降低车速，必要时可加防滑链，上下坡或转弯时应避免使用紧急制动。

⑥ 带水作业的机械设备如水泵及砂浆机等，停用后应冲洗干净，放净水箱及机体内的积水。

十二、超大尺寸大流量排水暗渠改移施工技术

J17节点井位于城建规划的百里环城水系，且地处东滨河路旁绿化带，其中各类管线(包括燃气、给水、排水、通信等)众多。J17节点井基坑内存在一根2000mm×1800mm混凝土排水暗渠，需进行永久改移，改移后的排水暗渠临近基坑与坑外降水井。受百里环城水系、施工扰动及基坑降水影响，地表易发生沉降，引起暗渠开裂渗水，由于该排水暗渠管径大、流量大，给破裂渗水后的维修带来较大难度，且周边管线众多，渗水对周边管线影响较大。

为保证此排水暗渠改移后安全、稳定，不因地表沉降产生裂缝，发生渗水，本工程采用玻璃钢夹砂管+360°储筋包封作为排水暗渠材料，玻璃钢夹砂管具有安全、稳定、抗裂、耐腐蚀等性能。管口接缝处采用橡胶圈接口，内外裱糊，并在包封上预留钢筋引至地面作为地表监测点。这样既解决了由于地表沉降产生的裂缝渗水问题，缩短了暗渠改移工期，还降低了运行维护费用。

1. 施工工艺流程

在管线迁移施工过程中，若管线埋深较大，应采取临时支护措施，防止下放管线沟槽开挖过程中发生塌方。玻璃钢夹砂管采用分段拼装施工，在施工过程中应注意管口拼接的密封性。为确保排水暗渠在基坑施工扰动土体情况下不产生较大沉降，产生裂缝渗水，在360°储筋包封施工时预留地表监测点钢筋。施工工艺流程图如图12.39所示。

2. 施工要点

在正式进行超大尺寸大流量排水暗渠改移施工前，根据管线迁改示意图给出的待迁改排水暗渠位置，垂直暗渠走向挖掘探沟，确定管线具体位置、走向、转角与埋深。开挖时必须小心，用铁锹轻轻挖掘，以保证不损坏地下管线。

(1)测量放线。

① 依据管线迁改平面布置图给出的迁改后管线拐点坐标，定出迁改后管线中心线。

② 施工中坚持轴线或水准基点测放不少于2人次且经常进行复测。

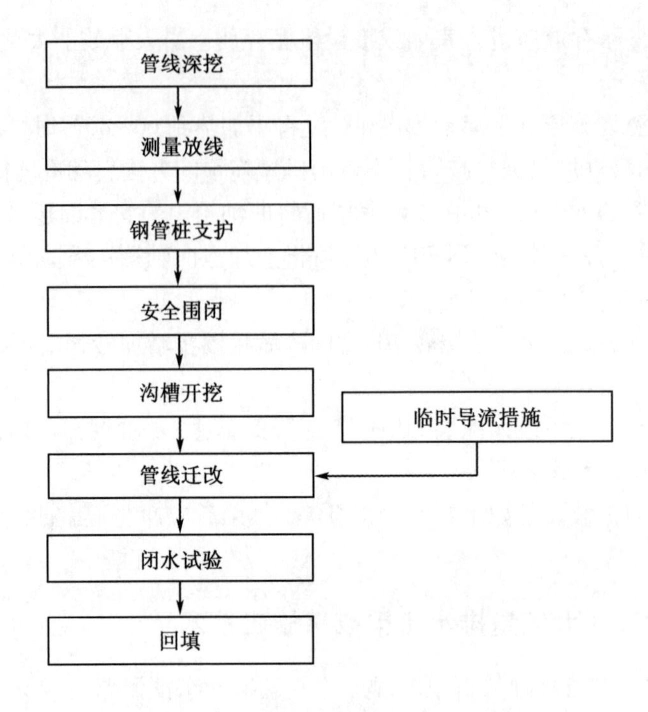

图 12.39　玻璃钢夹砂管施工工艺流程图

(2)钢管桩支护。

① 钢管桩支撑施工前，先探明排水暗渠迁改位置下是否有其他管线，在确定无其他管线的情况下，进行钢管桩支撑施工。

② 对平均挖深超过 3.0m 的沟槽采用 Φ159mm 钢管桩(壁厚 8mm)支护施工，水平每延长 1m 打 5 根，每根长 6.0m；每隔 3~4m 设一处 4.0m 长的 Φ159mm 钢管撑杠。钢管桩支护剖面图、钢管桩施工图如图 12.40 所示。

(3)安全围闭。沟槽在开挖前，应先进行围闭。采用红白标准护栏围闭，护栏布置在距沟槽两侧 1m 处，护栏上设置警示标牌和警示灯具。

(4)沟槽开挖。管线沟槽开挖采用机械配合人工进行。机械开挖时，应保证机械与沟槽的安全距离，防止机械倾翻。挖出残土应用自卸汽车统一外运至弃土场倾卸，随挖随运，不得在沟槽两侧堆砌，减少沟槽两侧荷载，保持现场清洁。

开挖中若槽底出现渗透水时，在槽底较低的一端挖集水坑，用水泵将积水及时抽走。

在开挖过程中，发现未知地下管线要及时报告现场施工管理人员，在现场施工管理人员的监视下轻轻扩宽范围，探明管线的种类、规格、根数、走向和深度并作记录。周围设警示标志并用警戒线围挡，专人负责监护。

(5)临时导流措施。

① 在排水暗渠迁改施工前，新建 Φ600mm HDPE 给水管道 230m。

② 新建临时导流管道设 1 台 600m^3/h 移动泵站、2 台 200m^3/h 移动泵站用于导流，12 个台班导水以利于上下游接设。

(6)管线迁改。

① 开槽施工的管道采用 180°沙砾基础与 360°储筋包封。

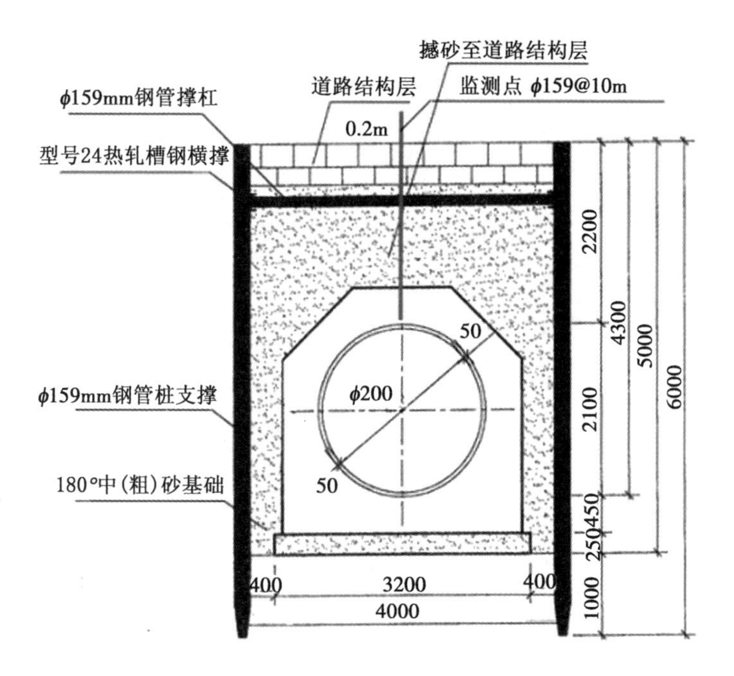

(a)剖面图

(b)施工图

图 12.40 钢管桩支护剖面图及施工图(单位: mm)

② 为防止浇筑混凝土时玻璃钢夹砂管道上浮，每 3m 设置一处固定钢筋。

③ 排水管线采用 Φ2000mm 的玻璃钢夹砂管，玻璃钢夹砂管采用橡胶圈接口，内外裱糊。

④ 排水暗渠 360°储筋混凝土包封布设监测点，采用 Φ12mm HRB400 钢筋与包封钢筋相连，埋设在混凝土里，沿管线方向每 10m 布设一个，监测点预留钢筋高出回填路面 0. 2m。排水暗渠现场施工图如图 12. 41 所示。

图 12.41 排水暗渠现场施工图

⑤ 迁改管线设 4 座混凝土污水检查井，检查井均设置 0.5m 沉淀。井盖采用《检查井盖》(GB/T 23858—2009) 中 D400 型球墨铸铁对开防盗井盖。井座下方设置 Φ1580mm，厚 180mm 的预制 C30 钢筋混凝土过渡井圈，防止井盖倾斜下沉。在井盖以下 0.5m 处设置圆形 Φ8mm 尼龙安全网，防止当井盖丢失、损坏时行人落入。井盖砌筑高度与规划地面高度一致，井位可根据实际情况做适当调整。污水检查井施工图如图 12.42 所示。

图 12.42 污水检查井施工图

⑥ 施工应从下游开始，以利施工排水和穿越障碍。

(7) 闭水试验。迁改排水暗渠施工完成后，根据设计要求，需按《给排水管道工程施工及验收规范》(GB 50268—2008) 要求进行管道闭水试验，合格后方可回填。

(8) 回填。

① 管道闭水试验合格后，路面部分及时回填撼砂至道路结构层，以利恢复路面。

② 按照设计要求，排水暗渠旁人行道铁钉上设 BM 点。施工前应复测各关键点标高，准确无误，以便排水暗渠完成后回填施工。

十三、狭窄深基坑快速出土施工技术

地下综合管廊节点井多为空间狭小、深度较大的狭窄深基坑，且井数众多，受基坑空间狭小、深度大与施工场地较小的影响，无法采用“倒退台阶法”挖土。

为了提高出土效率，保证施工工期，本工程遵循“竖向分层、由上而下、先支撑后开挖”的原则，采用坑边伸缩臂挖掘机配合坑内普通小挖掘机进行出土。由小挖机在坑内倒土，将土倒至坑边固定位置，再由坑外伸缩臂挖掘机把坑边土挖出基坑，用渣土车运出施工场地。解决了狭窄深基坑出土空间不足的难题。

1. 施工工艺流程。

施工工艺流程如图 12. 43 所示。

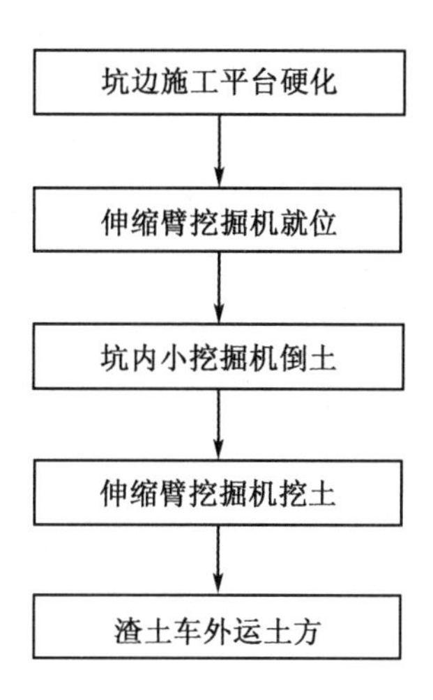

图 12. 43　狭窄深基坑挖土施工工艺流程图

2. 施工要点

在狭窄深基坑土方施工过程中，如何提高出土效率是施工要点。在挖土施工过程中，应注意基坑上下挖机间配合，遵循“竖向分层、由上而下、先支撑后开挖”的原则。白天倒土，夜晚出土，提高出土效率。施工期间及时架设钢支撑，并监测冠梁与挡土墙变形量和变形速率，保证施工安全。

(1)坑边施工平台硬化。在基坑土方开挖施工前，考虑到伸缩臂挖掘机及自卸汽车需要平整工作面和基坑顶承载力的要求，保证基坑开挖施工安全，在基坑顶部伸缩臂挖掘机施工位置制作施工平台。施工平台采用 C30 钢筋混凝土浇筑，浇筑厚度为 300mm，双层双向配筋，钢筋采用 Φ14mm HRB400 钢筋，横纵间距均为 200mm，保护层厚度为 50mm。坑边施工平台施工图如图 12. 44 所示。

(2)伸缩臂挖掘机就位。根据施工场地布置，伸缩臂挖掘机选取基坑边无障碍处作为施工作业面，以便坑内小挖掘机倒土以及渣土车进行土方外运。伸缩臂挖掘机与基坑边距离保证抓斗能顺利下放到坑底，不受围护结构影响即可。

伸缩臂挖掘机就位前，先对冠梁和挡土墙进行初始位置数据采集，便于在施工过程中对冠梁和挡土墙变形量、变形速率进行监测，保证坑边施工安全。

(3)坑内小挖掘机倒土。基坑内采用小挖掘机将土倒至伸缩臂挖机挖土区域内，倒土施工过程中严格遵循“竖向分层、由上而下、先支撑后开挖”的原则，中间拉槽，两侧预留台背土，保证倒土施工基坑安全、稳定。

(4)伸缩臂挖掘机挖土。伸缩臂挖掘机在基坑顶将坑内由小挖掘机倒土聚集的土方挖出基坑。在下伸和上提抓斗过程中，注意避开基坑支撑结构，防止支撑结构由于撞击

图 12.44　坑边施工平台施工图

而失稳掉落。挖土时，避免超挖，及时架设支撑。伸缩臂挖掘机挖土施工图如图 12.45 所示。

图 12.45　伸缩臂挖掘机挖土施工图

(5)渣土车外运土方。

① 基坑土方由伸缩臂挖掘机挖出基坑后，直接装车外运至弃土场。在运输过程中应保证封闭运输。

② 根据土方运输要求及现场总平面布置，施工现场运输车辆出入口以施工现场围挡布置为准，并结合施工现场交通，合理组织，尽量减少对现场交通的影响。

③ 为提高城市环保及保持多机作业工作面，充分利用空间和时间，采用白天运输为辅、夜间运输为主的方法，以保持持续高产。

④ 现场设置洗车池，所有外出车辆必须进行冲洗，严禁带泥外出。土方装车图如图 12.46 所示。

图 12.46　土方装车图

十四、管廊盾构在有限空间下的半环始发施工技术

本工程在场地狭窄地区采用了半环始发施工技术，与传统的盾构始发全环拼装负环相比，半环始发一方面可以缩短拆除负环的工期，另一方面可以在始发场地狭小的情况下，尽快实现用渣土车代替小土斗出土的目的，以大大缩短工期。

1. 施工作业流程

盾构始发试掘进作业流程图如图 12.47 所示。

2. 施工要点

(1)端头地层加固。在盾构始发及贯通一个月前，完成土体加固。加固土体无侧限抗压强度应不小于 1.0MPa。采用水泥旋喷桩加固，车站洞外 3m 内采用 *Φ*550@400mm 的旋喷桩，其余采用 *Φ*550@600mm 的旋喷桩，旋喷桩采用双重管工艺。加固范围如图 12.48 所示。

(2)始发架、反力架安装。依据盾构区间在此处的设计轴心线确定始发托架中心线，盾构机均采取切线始发，托架中心线与线路中心线重合。通过测量放线，将托架中心线刻画于始发井底或端墙及侧墙上，以指示托架的安装位置。为防止盾构始发时出现“栽头”现象，以及防止盾构机驶上导轨时遇到困难，将始发托架抬高 20mm 安装。反力架安装时，首先测量反力架位置起始里程断面的中心线，并刻画在始发井侧墙上，以便反力架中心定位，反力架中心随始发托架抬高而同时抬高 20mm。定位的关键是反力架紧靠负环管片的定位平面与此处的盾构区间轴线垂直。

(3)洞门破除。本工程洞门围护桩采用玻璃纤维筋围护桩，盾构始发 7 天前破除围护桩表层混凝土确认是否有钢筋侵界，如确认没有，便不需要进行洞门破除作业。

(4)洞门密封。在盾构始发掘进时，为了防止土体孔隙水和回填注浆浆液沿着盾构

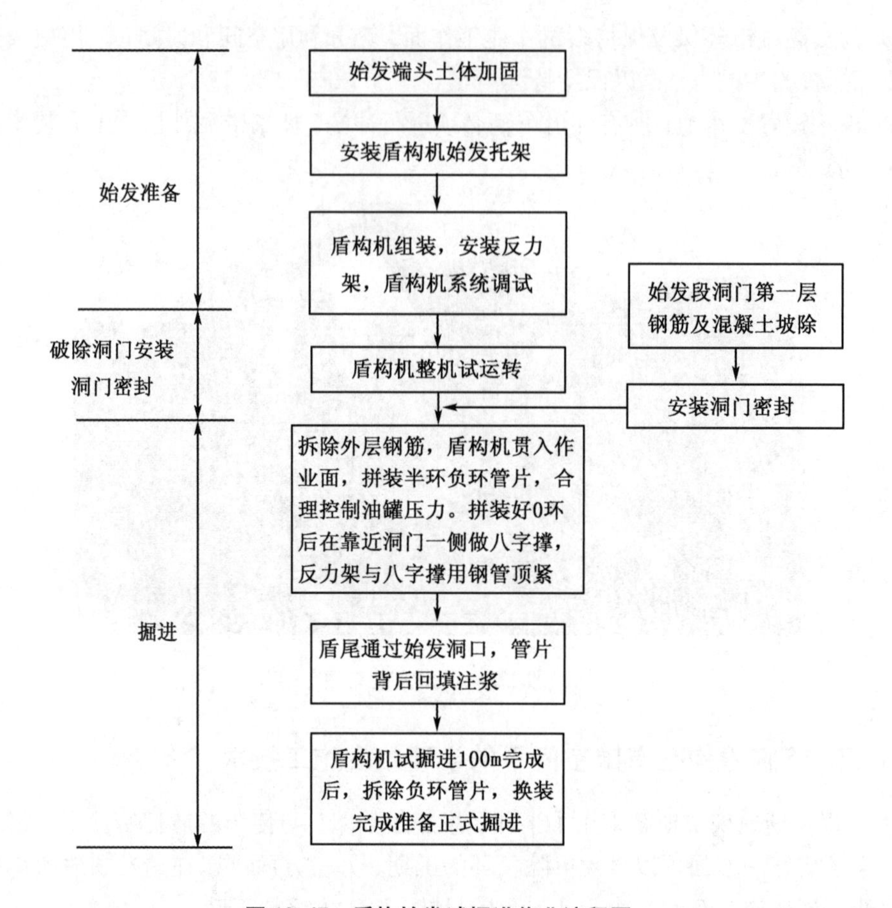

图 12.47　盾构始发试掘进作业流程图

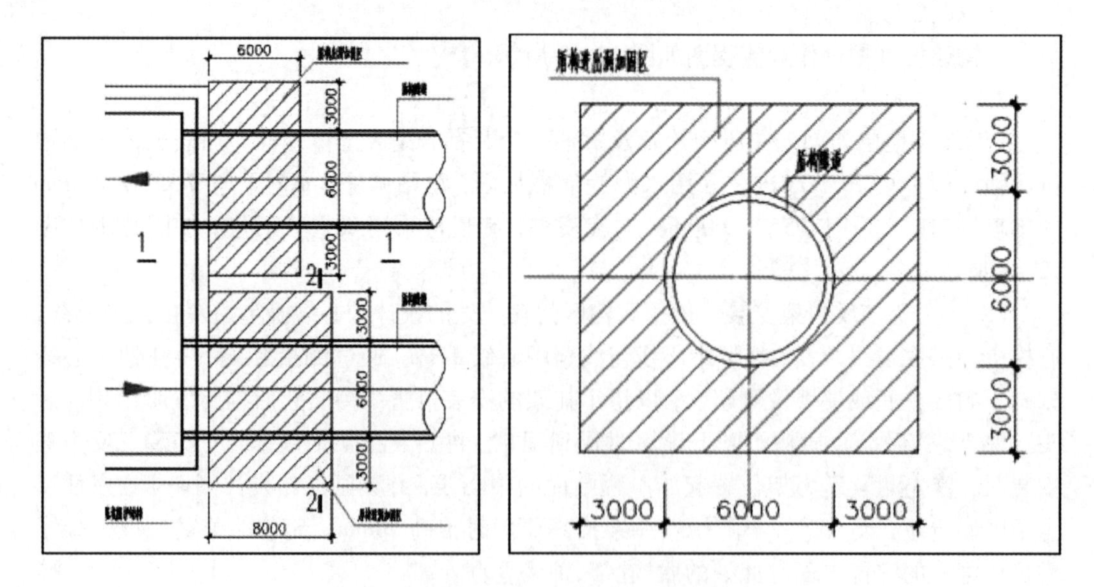

图 12.48　端头土体加固范围图(单位：mm)

机外壳向洞口方向流出，在内衬墙上的盾构机入口洞圈周围安装环形密封橡胶板止水装置。

该装置在内衬墙入口洞圈周围安装设有 M20 螺孔的 L 形预埋钢环，预埋板上焊接有锚筋与主体结构相连，用螺栓将密封橡胶板、扇形压板栓连在预埋环板上。

(5)负环拼装。由于盾构始发时盾构井预留空间太小，不便于出渣，-8 环到-2 环负环均采用半环安装(即只安装标准块，并通过 4 根 Φ609mm 钢管与反力架相连)，拼装完成后进行下一环管片的安装。半环始发推进过程中将盾构机推进速度控制在 10~15mm/min，关闭上部油缸，只采用左、右及下部油缸推进，总推力控制在 15000kN，当-1 环进行全环拼装时，为了使全环管片受力更均匀，制作八字撑作为管片与钢支撑的垫板。管片与支撑之间存在的空隙采用钢楔子楔紧后焊接固定。钢板楔缝如图 12.49 所示。

图 12.49　钢板楔缝图

十五、土压平衡盾构机过长距离富水砂卵石地层

土压平衡盾构机在富水砂卵石地层施工的难点如下。

(1)在掘进过程中砂卵石地层对刀盘、刀具、渣土输送系统等部位磨损严重，造成换刀频率较高，800~1200m 就需换刀一次，渣土输送系统需得到及时修复；

(2)地下水位高、掌子面不稳定，清舱比较困难，换刀时停机处易出现坍塌现象；

(3)须在降水条件下换刀，在建线路的位置换刀地点难以选择；

(4)因地层局部为砂卵石土夹砂透镜体，土压平衡盾构在通过时刀盘前极易出现固结泥饼现象，开舱处理时易引起地面安全风险；

(5)地面沉降槽虽较窄，但沉降量和沉降速率难以控制。

1. 砂卵石地层施工防止螺旋输送机卡死和固结泥饼的措施

盾构机制约卵石排出有两个主要的约束条件：一是刀盘的开口尺寸；二是螺旋输送机通过最大粒径卵石的能力。

其中基本的约束条件是螺旋输送机通过最大粒径卵石能力，因为刀盘的开口尺寸受螺旋输送机通过最大粒径卵石能力的制约。为确保卵石不堵塞或卡死螺旋输送机，在条件许可的情况下尽可能选择具有较大轮廓直径、牙高值和螺距的螺旋输送机，使其具有通过最大粒径卵石的能力；同时刀盘的开口尺寸要小于螺旋输送机能通过的最大卵石的尺寸，确保进入土舱中的渣土能够顺利排出而不至于堵塞螺旋输送机。

为使盾构能够在砂卵石地层顺利掘进，本工程选用具有破碎大粒径卵石能力的盾构机。

针对砂卵石地层水压高和水量大的特点，为防止喷涌和水压击穿盾尾密封，在盾构机的结构上采取以下应对措施：一是提高盾构机防水密封性：盾尾密封选用三排钢丝止水密封刷，其间充注密封脂；铰接密封采用唇形橡胶密封；主轴承外密封采用三重唇形橡胶密封，其间充注常消耗式润滑脂，为提高可靠性同时采用 HBW 密封脂。二是采用具有防喷涌功能的可控两级螺旋输送机出渣系统，并结合适当的渣土改良。渣土情况如图 12.50 所示，破碎的大粒径卵石如图 12.51 所示。

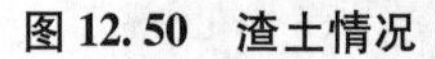

图 12.50　渣土情况

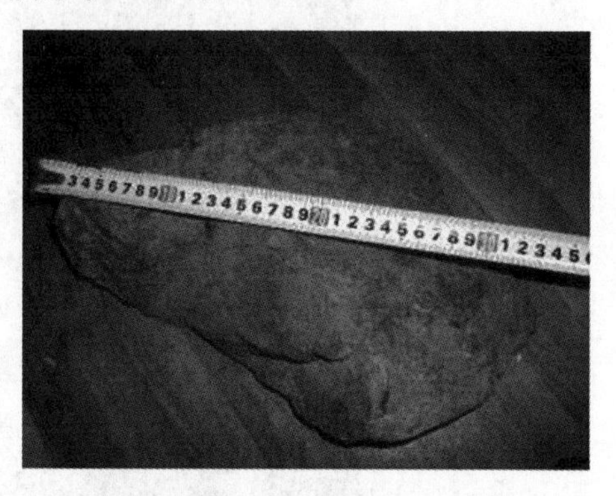

图 12.51　破碎的大粒径卵石

2. 砂卵石对设备的磨损和换刀时机的选择及其措施

砂卵石地层具有流动性差、磨琢性大的特点，使盾构机的刀盘、刀具和渣土输运系统产生严重的磨损现象。因此，如何提高刀盘面板、刀具和螺旋输送机系统的耐磨性，以减少换刀次数从而降低施工成本和因换刀带来的安全风险，是施工单位需要考虑的关键问题。

土压平衡盾构机的刀盘面板、刀具和螺旋输送系统配置及有关参数如下。

(1)刀盘为面板形结构，焊有 Hards400 耐磨钢板，开口率 25%，刀盘开口能通过的卵石粒径最大为 240mm。

(2)刀具配置：4 把双刃中心刀、28 把正面铲刀、8 把边刮刀。

(3)螺旋输送机旋叶顶部焊有厚度为 40mm 的 Hards400 耐磨钢板。

在砂卵石地层中施工，针对以上配置主要有以下考虑：螺旋输送机排渣的能力限制刀盘开口尺寸大小；为适应砂卵石磨琢性大的特性，刀盘具有较高的耐磨性；为增加刀具的刚性和耐磨性，防止硬的卵石破坏刀具，选配大铲刀及刮刀；刀盘的形式及开口率是防止掌子面坍塌的影响因素。

砂卵石地层中，地面加固的效果不明显或难以实施，在换刀时如采取有压换刀，地面注浆加固地层将增加换刀的安全风险，采取旋喷桩或挖孔桩加固掌子面可能存在时间、环境上的不便。沈阳市的砂卵石地层在降水条件下稳定性较好，可以均衡安全风险和施工成本，换刀时应首先考虑在降水条件下开舱换刀。

一般管廊线路均位于城市的主要交通干道和繁华地段，导致降水井的位置难以选择，因此，应根据现场情况确定降水井施作的地点，以与前一次换刀位置距离不大于150m为原则。降水井深度应超过盾构区间底部5~7m，位置在选定的换刀点横向轴线附近且距盾构区间边沿1~2m为宜，有效降水时间宜在15天以上并应根据气候对地下水的影响调整抽水流量和有效降水时间。

减少换刀频率，增加刀具耐久性可以从以下几个方面采取应对措施：

① 盾构机渣土改良功能的选择；

② 增强相关部件和配件的耐磨性；

③ 掘进参数的调整。

(4)调整刀具的配置。

① 盾构机功能的选择。选用具有加泥、加注泡沫、加注聚合物系统的能实施多种渣土改良工艺的盾构设备，根据实际需要随时调整渣土改良方式。渣土改良以减小摩擦和增强渣土流动性为目的，通过适宜的渣土改良方式实现改善渣土的流动性，降低渣土磨琢性的目标。

② 增强相关部件和配件的耐磨性。主要是提高刀盘面板、刀具、螺旋输送机系统设备的耐磨性。通过在刀盘面板上加焊具有高耐磨性能的耐磨块、耐磨条、耐磨网格来提高刀盘的耐磨性；通过在螺旋输送机的旋叶上加焊具有较高耐磨性能的材料来提高螺旋输送机的耐磨性。

③ 调整掘进参数：主要是调整土舱压力平衡参数。为降低推进阻力减少刀具的磨损，可调整土舱压力实施适当的欠压推进。欠压推进可有效减少刀具的磨损率、设备能耗，同时亦可提高掘进速度和减少刀盘固结泥饼出现的因素，降低渣土改良的成本。

十六、极寒条件下大体积混凝土施工技术

沈阳市地下综合管廊(南运河段)工程位于辽宁省沈阳市，沈阳市地处东北平原，属于温带季风气候。沈阳市冬季长，降雪量大，冬季平均温度低，最低气温可达到-32.9℃，天气寒冷。低温会使混凝土初凝时间与终凝时间延长，影响施工进度；同时，由于温度太低导致混凝土内部产生冰晶应力，使强度尚低的混凝土内部产生微裂缝和孔隙，同时损害了水泥与钢筋的粘结，导致主体结构强度降低。因此，考虑到工期因素，并防止因低温导致混凝土强度降低，以及冻融循环破坏混凝土耐久性，故在主体结构大体积混凝土浇筑完成后，采取相应的保温、养护措施。

保证大体积混凝土在极寒条件下的施工质量，防止混凝土结构受低温影响破坏内部结构，本工程采用搭设保温棚的形式，在上层围檩与钢支撑上拉绳索，覆盖塑料布和保温被，并在棚内使用热风幕加热，保证混凝土的施工环境温度满足要求。既解决了由于温度较低导致混凝土冻胀，内部产生微裂缝和孔隙的问题，还加快了混凝土强度的增长，节约工期。

1. 施工工艺流程

冬季大体积混凝土施工保温效果决定了混凝土强度的增长速度，以及次年气候回暖后混凝土的质量。因此，混凝土浇筑前要埋设测温线，浇筑时预留试块，浇筑后按时监测混凝土温度及保温棚内温度；混凝土受冻前，要试压同条件试块，满足强度要求后才

可停止保温加热。施工工艺流程图如图 12. 52 所示。

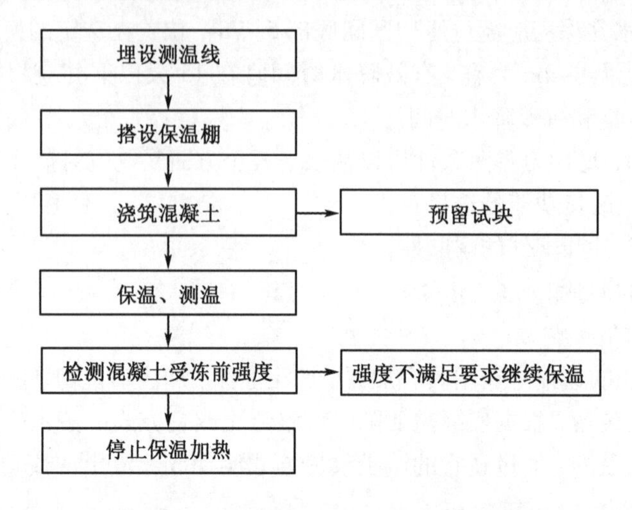

图 12. 52　大体积混凝土保温施工工序流程图

2. 施工要点

在大体积混凝土浇筑前，对管理人员及工人进行交底，明确施工要求与控制要点，准备好保温材料(钢丝绳、塑料布、棉被、热风幕、钢管架)及测温设备(测温线、测温仪、温度计、测温枪)，拉好钢丝绳。

(1)埋设测温线。

① 结构钢筋绑扎完成后，混凝土浇筑施工前及时埋设混凝土测温线，每层板(墙)埋设均不少于 6 组。

② 测温线一般选择在温度变化大，容易散失热量且易于受冻的部位，西北部或背阴处的地方多设置，埋设深度为结构表面下 20~50mm。

③ 对测温线进行编号，并绘制测温线布置图，现场设置明显标志。测温线埋设图如图 12. 53 所示。

图 12. 53　测温线埋设图

(2)搭设保温棚。

【可以搭设暖棚部分】

① 底板、中板及顶板混凝土浇筑前，在上层围檩与钢支撑或混凝土支撑上拉绳索。随着混凝土的浇筑在绳索上覆盖塑料布和保温被，搭设暖棚。角部密封严实，塑料布搭接宽度不小于50cm。围檩及钢支撑上拉设绳索如图12.54所示，覆盖保温材料如图12.55所示。

图12.54　围檩及钢支撑上拉设绳索

图12.55　覆盖保温材料

② 冠梁及混凝土支撑浇筑前，采用钢管与扣件搭设保温棚骨架，混凝土浇筑完成后，采用塑料布及两层4cm厚棉被进行覆盖，内部采用暖风机加热，拆模后披挂一层棉被保温。冠梁及混凝土支撑保温棚示意图如图12.56所示，冠梁及混凝土支撑保温棚如图12.57所示。

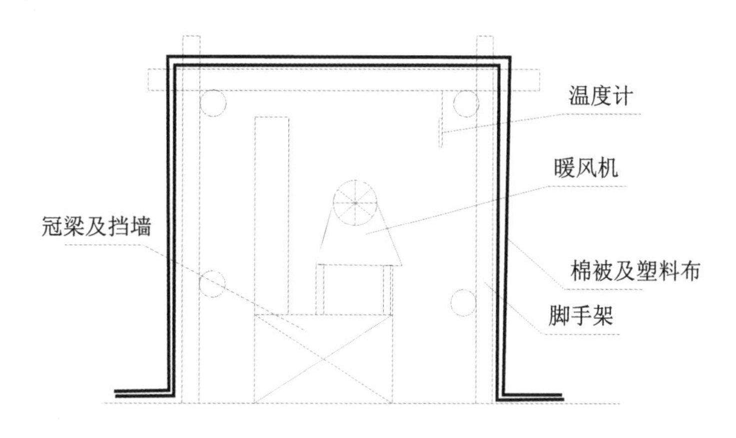

图12.56　冠梁及混凝土支撑保温棚示意图

【不能搭设暖棚的部分】

墙、柱模板采用棉被保温，要求嵌贴严密牢固，顶板混凝土浇筑的同时铺一层塑料布，上加棉被保温，四周梁采用加厚彩条布围挡，棉被覆盖，温度低于-10℃时，梁板覆盖三层棉被，墙柱模板拆除后，先在墙柱贴一层塑料布，再挂棉被，温度低于-10℃时，墙柱再用二层棉被保温，墙柱上的棉被应捆绑严密、牢固，不得有遗漏。

(3)浇筑混凝土。

① 向商用混凝土站下达混凝土供应计划时，根据现场环境温度明确混凝土防冻要求。

② 配制冬季施工混凝土时，应优先选用硅酸盐水泥或普通硅酸盐水泥，标号不应低

于42.5，最小水泥用量不宜小于300kg/m³，水灰比控制在0.45，不得大于0.6。

③ 混凝土骨料必须清洁，不得含有冰、雪、冻块及其他易冻裂物质，在掺用含有钾、钠离子的防冻剂混凝土中，不得采用活性骨料。

④ 采用非加热养护法施工所选用的外加剂，宜优先采用含引气成分的外加剂，含气量宜控制在2%~4%。

图12.57 冠梁及混凝土支撑保温棚图

⑤ 如采用加热骨料的方法拌热混凝土，骨料加热温度应根据热工计算确定。

⑥ 拌制掺用防冻剂的混凝土，当防冻剂为粉剂时，可按要求掺量直接撒在水泥面上与水泥同时投入；当防冻剂为液体时，应先配制成规定浓度的溶液，再根据使用要求，用规定浓度的溶液再配置成施工溶液。

⑦ 在钢筋混凝土中掺用氯盐类防冻剂时，混凝土中氯离子最大含量为0.08%，且不宜采用蒸汽养护。

⑧ 混凝土运送至现场时的出罐温度必须达到15℃以上，保证混凝土的入模温度在10℃左右，最低不低于5℃。

⑨ 混凝土浇筑时，保留好同条件试块，与主体结构同条件养护，试块数量满足试压要求，不得少于4组。

⑩ 当分层浇筑大体积结构时，已浇筑的混凝土温度在被上一层混凝土覆盖前，表面温度不得低于2℃。

(4)保温、测温。

① 混凝土浇筑完成后，密闭保温棚，采用热风幕或暖风机对暖棚内部进行加热，热风幕的功率及台数应满足保温棚空间大小要求，保证混凝土养护环境温度在5℃以上，最好保持在10~25℃，加快混凝土强度增长。

② 设专人监测室外环境、混凝土及保温棚内温度，测温点应选择在离地500mm高度处设置，棚内各测点温度要求不低于5℃。

③ 在负温条件下养护，严禁浇水且外露。

④ 做好测温记录的填写和整理工作。测温项目及测温次数如表12.37所示。

表12.37 测温项目及测温次数表

序号	测温项目	测温次数	测温时间
1	室外环境温度	每昼夜3次	早7:30；下午2:00；晚9:00
2	保温棚内温度	每昼夜不少于4次	浇筑混凝土时，每4小时1次
3	混凝土出罐温度	—	浇筑混凝土时，每车1次
4	混凝土入模温度	—	混凝土浇筑完成进行覆盖时测1次(养护初始温度)
5	混凝土养护温度	每4小时1次	达到临界强度前每4小时1次，以后每6小时1次

(5)检测混凝土受冻前强度。混凝土受冻前，及时检测受冻前抗压强度，满足受冻强度要求后才可以停止保温养护，且不得低于下列要求：普通混凝土为设计强度等级的

30%，有抗渗要求的为设计强度等级的50%，有抗冻要求的为设计强度等级的70%。

(6)混凝土拆模。

① 模板和保温层在混凝土达到要求强度并冷却到5℃后方可拆除。

② 拆模时混凝土温度与环境温差大于20℃时，拆模后的混凝土表面应及时覆盖，使其缓慢冷却。

十七、管廊盾构穿越敏感建筑物时防沉降克泥效浆液施工技术

沈阳市老城区中，老旧建筑林立，此外本工程沿南运河敷设，绝大部分穿越范围位于高水位砂卵石地层中。在这样的条件下，盾构穿越通过采用触变泥浆的方法，降低了地面及建(构)物的沉降，保证了工程的安全。

盾构区间施工不可避免地会产生地层变形和地表沉降，即使采用盾构法也不例外。通过分析，将沉降划分为5个阶段，即早期下沉、挖掘面下沉、通过时下沉、盾尾间隙下沉和后续下沉(如图12.58所示)，盾构通过时的沉降主要由施工所导致的地层损失引起的。

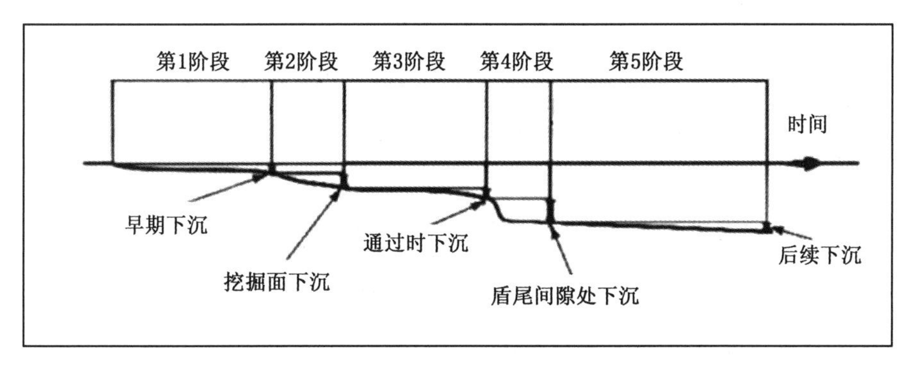

图12.58 沉降阶段图

本工程通过在盾构沉降的第3阶段，采用径向注射克泥效泥浆的方法，控制沉降。

1. 施工工艺流程

克泥效水玻璃注浆的位置在前盾的左上和右上位置。

A液为克泥效浆液，质量配比为克泥效：水=125：270，B液为水玻璃原液。

注浆要求通过控制变频器来控制A液和B液的注入量，A液和B液同时注入，A液和B液的流量比为20：1。

每环开始掘进的同时开始注入A、B液，并且通过混合器的泄压阀来检查浆液初凝时间和凝结效果，作好记录，根据实际效果和掘进速度及注入压力，不断地修正变频器参数来改变注入速度，最终达到每环注入0.8m^3的量或0.9MPa的压力。工艺流程如图12.59所示。

2. 施工要点

本工程小松盾构机刀盘开挖直径为6.28m，前盾直径为6.25m、长度为2.078m，中盾直径为6.24m、长度为2.806m，盾尾直径为6.23m、长度为3.505m，盾构机掘进过程中，盾体与土体之间存在30~50mm的间隙(因盾体自重，盾体下部与土体紧密接触，上部间隙最大)，盾体与开挖土体之间的总空隙为3.437m^3。每掘进一环，理论上在前盾周

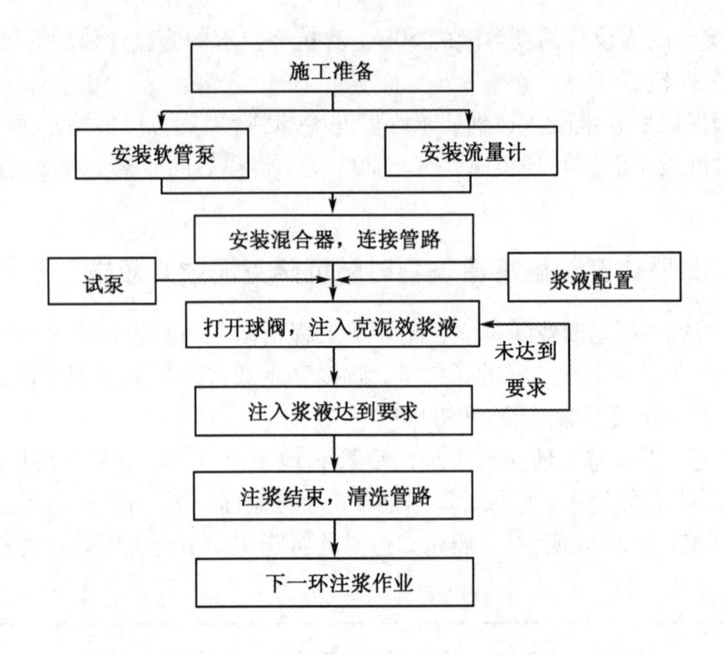

图 12.59 克泥效浆液施工工艺流程图

围会产生 3.437×1.2/8.389 = 0.5m³ 的空隙。如果此空隙得到及时填充，将有效减小地表沉降，而合适的填充材料需要具备以下几个特点：

(1)操作简单，易于从盾构机盾体上的径向预留注浆孔注入；

(2)具有一定的黏性，不会从注入点快速流失到刀盘前或盾尾后；

(3)材料具备一定的抗稀释能力，避免很快被地下水稀释；

(4)不会硬化，避免硬化后抱死盾体。

通过采用盾体外注入克泥效浆液，及时充填刀盘开挖轮廓与盾体外缘之间的空隙，达到了控制第 3 阶段沉降防止盾构通过时下沉的目的。盾构没有因为推进过程中出现明显的沉降而造成停工，掘进速度也未造成影响，节省工期 45 天，节省费用 90 万元。保证了盾构通过敏感建筑物时地层沉降控制在允许范围内，规避了风险，具有明显的经济效益和社会效益。

十八、浅覆土富水砂地层盾构近距离上跨地铁 10 号线施工技术

沈阳市地下综合管廊(南运河段)工程 J20~J25 节点井区间在右线里程 K9+250~K9+280 范围内上跨地铁 10 号线万泉公园站至泉园一路站区间，地铁 10 号线采用暗挖法施工，管廊区间与地铁 10 号线隧道净距离约为 3.2m。管廊区间与地铁 10 号线区间平面相交角度约为 80°。管廊区间与万泉公园站水平距离较近，最小距离约为 3.4m。

在浅覆土富水砂卵石地层盾构上跨地铁 10 号线施工过程中，采用正确的施工方法及加固措施，是保证顺利上跨的关键。J20~J25 节点井区间上跨地铁 10 号线位置平面图如图 12.60 所示，J20~J25 节点井区间上跨地铁 10 号线隧道纵断面图如图 12.61 所示。

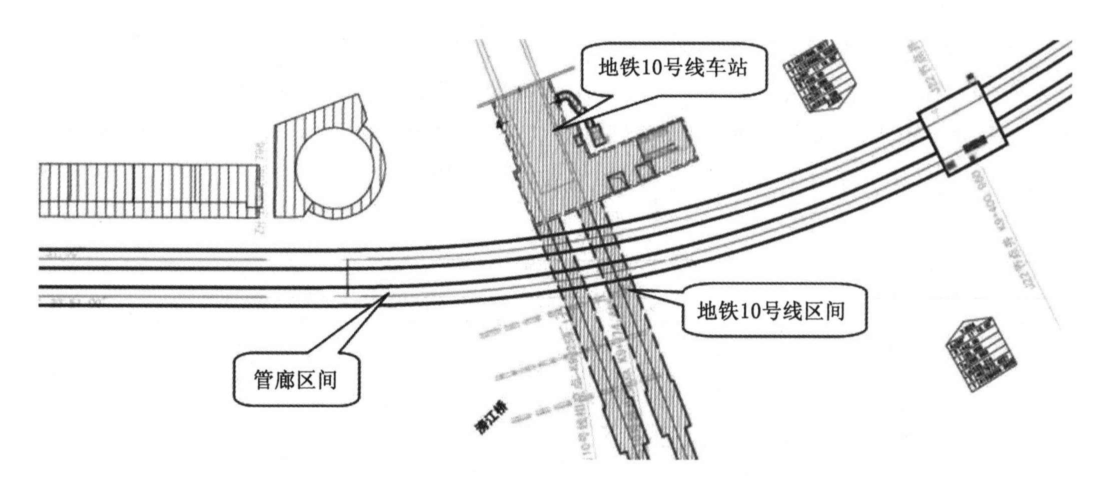

图 12.60　J20~J25 节点井区间上跨地铁 10 号线位置平面图

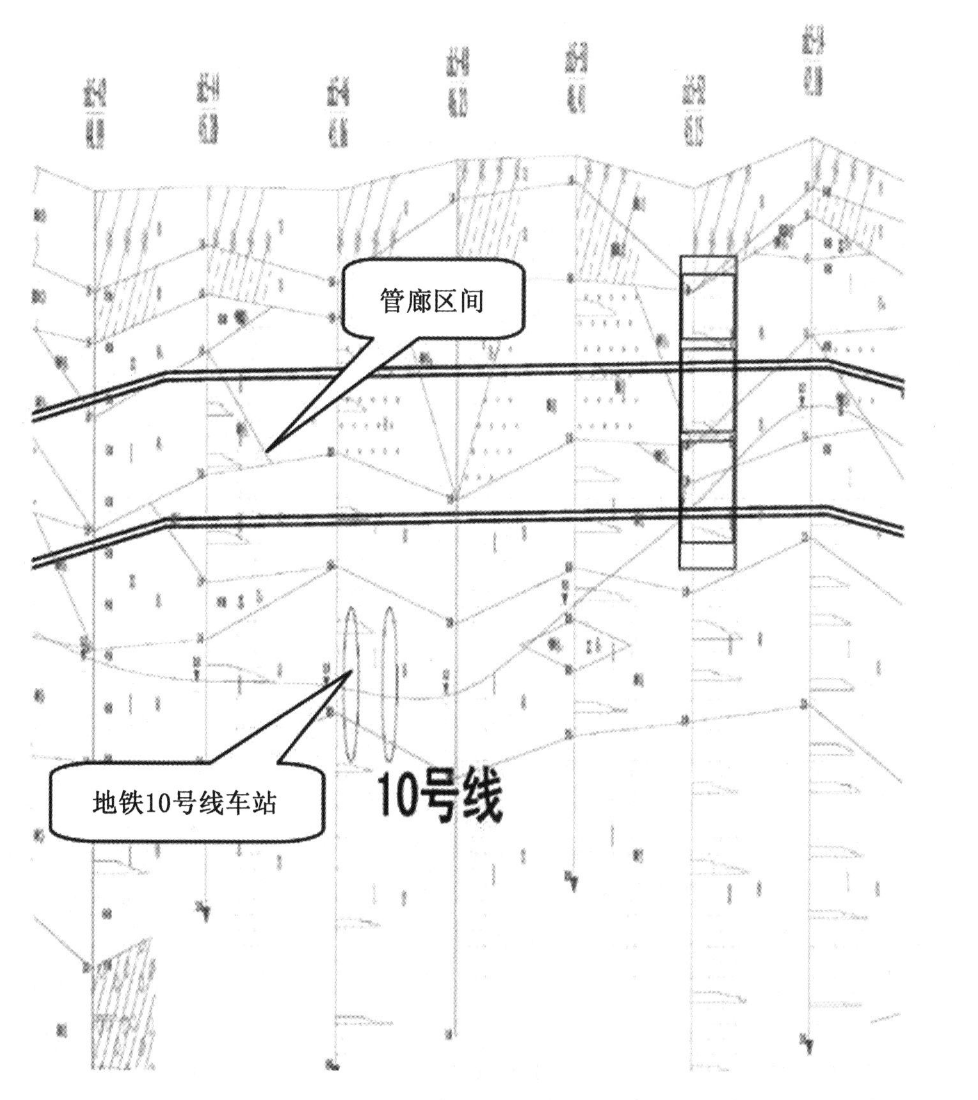

图 12.61　J20~J25 节点井区间上跨地铁 10 号线隧道纵断面图

本工程结合J20~J25节点井区间上跨地铁10号线隧道设计文件、地铁10号线设计资料，对管廊区间上跨既有地铁结构风险源的设计进行安全评估。从既有地铁区间及车站结构的变形情况、内力变化情况进行分析，对既有结构受影响的程度、受影响的范围、运营的安全性进行评估，并对既有结构提出安全保护措施建议，为工程安全建设提供指导。

结合风险源专项设计、相关规范、地方控制标准及轨道交通运营线路检相关规定，参照相似工程实例，对既有结构变形的评估控制指标进行确定。地铁10号线结构变形评估控制指标如表12.38所示。

表12.38　地铁10号线结构变形评估控制指标

项目	控制标准	
竖向位移	沉降	10mm
	隆起	5mm
水平位移	5mm	

结构内力评估控制标准按照规范对结构配筋的要求确定。

以地勘资料、设计资料为基础资料，采用MIDAS GTS NX有限元分析软件建立1∶1有限元模型，利用数值分析的方法，综合考虑地层条件、空间效应、开挖方法等影响因素，模拟分析隧道开挖力学行为。评价新建管廊结构对周边既有结构的影响。得出以下结论及建议。

(1)管廊区间施工对地铁10号线既有结构车站影响较小，最大变形均发生在区间位置，最大上浮量为1.92mm，最大水平变形为0.28mm。

(2)下穿点位置32m范围内既有地铁结构竖向变形较大，最大差异变形约为0.01% L_s，满足变形要求。

(3)南运河管廊施工对既有地铁隧道内力影响较小，既有地铁隧道衬砌内力略有减少，内力变化在10%以内，对二衬安全性影响较小。

(4)当开挖面至既有结构前方约20m位置时，监测点变形速度明显加快。当开挖面通过监测点约20m后，开挖对既有结构影响较小。在此范围内施工时应注意加强对既有结构的监测。

地铁10号线为矿山法施工区间，采用超前小导管与格栅钢架联合支护形式，为降低盾构施工偏差，确保盾构顺利上跨既有地铁线路，同时为加强对既有结构的保护，对地铁10号线与管廊盾构区间土体加固，利用盾构管片预留注浆孔进行注浆加固，加固范围为上跨部分前后各6m，注浆浆液采用双液浆。上跨地铁10号线前50m设置试验段，分析总结施工参数，在盾构施工通过交汇区过程中，须保证匀速、连续、均衡施工。

1. 施工工艺流程

根据地质报告，管廊盾构区间上跨地铁10号线隧道主要地层均为圆砾及砾砂层，盾构掘进采用土压平衡模式。

盾构机进入地铁10号线隧道上跨区域前50m设试验段，前10环检查泡沫管路情况，如有故障及时进行维修，保证下穿前泡沫系统完备，防止刀盘结泥饼，掘进中调整盾构姿态、掘进参数，各项指标均正常后开始正式进行上跨地铁10号线盾构施工。盾构上跨地铁10号线施工流程图如图12.62所示。

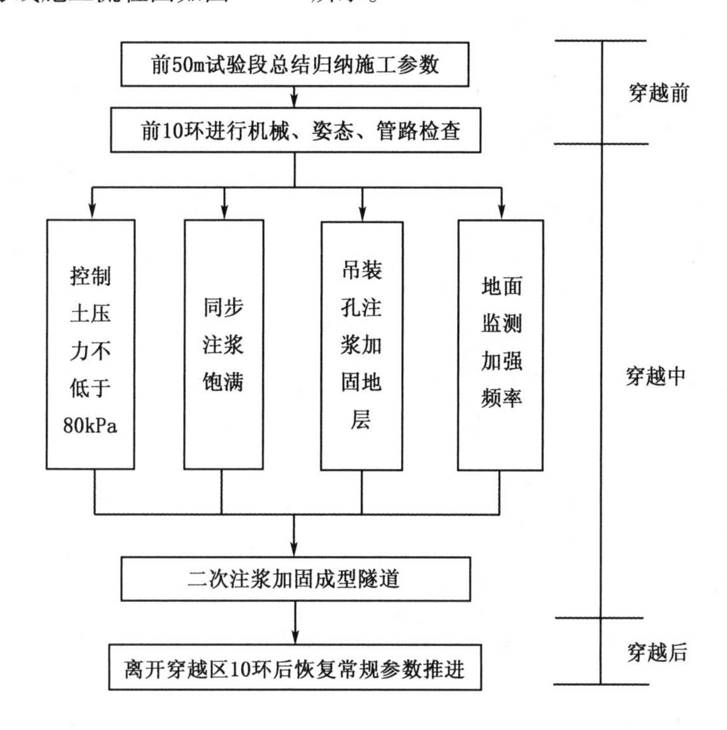

图12.62　盾构上跨地铁10号线施工流程图

盾构机进入地铁隧道上跨区域前10环，检查泡沫管路情况，如有故障及时进行维修，保证下穿前泡沫系统完备，防止刀盘结泥饼，掘进中调整盾构姿态、掘进参数，保证盾构机顺利通过。

2. 施工要点

盾构上跨地铁10号线工程难点及措施如下。

① 由于管廊盾构区间上跨地铁10号线时距离地面只有6m多，且为避开地铁10号线隧道结构，纵坡设计为2‰。因此，对盾构机的姿态控制将是盾构机安全、顺利地上跨地铁10号线的重、难点。

② 管廊盾构区间距离地铁10号线最近距离为3256mm，如何减小盾构施工对地铁线路结构所造成的影响，也是本次施工的重点，因此，在掘进中始终要保持抬头趋势掘进，必要时打开铰接系统进行抬头。

③ 穿越段主要为砾砂层及部分中粗砂层，推进过程中，容易出现扭矩高、推力大等问题，掘进过程中控制好掘进参数，避免推力过大、出土量过多产生的地面隆沉造成的不良后果。

为确保地铁10号线的安全，本工程采用以下措施。

① 盾构穿越地铁10号线前对既有区间左、右线周边盾构掘进影响范围内土体进行注浆加固。

② 在进入上跨影响区之前对盾构机进行全面检修，同时必须保证刀盘、刀具的合理

配置和完好性，避免在该区段内停机换刀。

③ 控制合理的推进速度。

④ 做好同步注浆及二次注浆，严格控制注浆压力。

⑤ 加强监控量测，提高监测的数量及频率，并采用自动化监测技术。

(1)掘进模式的选择。在盾构通过交汇区的过程中，要匀速、连续、均衡施工。掘进过程中始终保证土舱压力与作业面水土压力的动态平衡，同时利用螺旋输送机进行与盾构推进量相应的排土作业，掘进过程中始终维持开挖土量与排土量的平衡，以保持正面土体的稳定。在施工过程中加强对机械设备的维修保养，尽量保证不因机械故障而停机，保证盾构机连续掘进。掘进速度应严格按照技术交底进行，严禁擅自改变，确保盾构机匀速向前掘进，减少对土体的扰动。

(2)姿态控制。在上跨地铁10号线隧道前50m建立试验段，优化参数，并在掘进过程中尽量使盾构机的切口位置保持在施工轴线的+10~+20mm范围内，确保盾构机以抬头的姿态推进。

① 推进速度控制。盾构机推进时速度不宜过快，设定为10~30mm/min，通过控制土舱内土压力，保证地层压力与土舱压力的差值在一定范围内，将土舱压力波动控制在最小幅度，以控制地面沉降。为防止刀具磨损严重，扭矩应保持在2500~3300kN·m，刀盘转速设置在1rad/min，因穿越地层多为圆砾及砾砂，掘进中可适当增加泡沫、膨润土的注入量。

② 土压力控制。通过计算，土舱压力值取0.07~0.10MPa，施工时根据纵断面埋深变化及地面监测及时作出调整。

土压的控制要和地面监测密切配合，如果地面监测发现刀盘前的地面总是隆起且超过预警值，这时候就要适当降低土压力；相反就应该提高土压力。地面监测要形成一个良好的反馈通道，便于盾构机操作人员及时调整土压力控制参数。

③ 严格控制出渣量。盾构区间每环理论出渣量(实方) $V=\pi D^2/4\times L=3.14\times6.28\times6.28/4\times1.2=37.2m^3$；经扰动、渣土改良等作用后，每环出渣量控制在理论出渣量的1.1~1.2倍，即41.0~44.5m^3之间。实际掘进期间，出渣量应根据各环实际出渣量在下一环掘进时适当调整，但应始终控制在97%~103%，即最小出渣量不小于40m^3/环，最大出渣量不大于46立方米/环。期间需密切注意地表沉降、隆起情况。

(3)同步注浆与二次注浆。同步注浆采用单液浆。该浆液凝胶时间短，以便在填充地层的同时能尽早获得浆液固结体强度，保证开挖面安全并防止漏浆且确保在列车振动和7级地震下不液化。水泥砂浆材料用量如表12.39所示，同步注浆浆液性能指标如表12.40所示。

表12.39　盾构上跨地铁10号线施工同步注浆水泥砂浆材料用量表　　单位：kg/m^3

水泥	砂	粉煤灰	水	膨润土
130	620	320	350	80

表 12.40　盾构上跨地铁 10 号线同步注浆浆液性能指标表

凝结时间	1 天抗压强度	7 天抗压强度	28 天抗压强度
<6h	>0.5MPa	>2.5MPa	>6MPa

注浆压力为 0.30~0.35MPa，并根据盾构推进速度控制注浆量，实际注浆量采用理论值的 200%~250%。

二次注浆为双液浆，双液浆为水泥浆、水玻璃混合液，水泥浆：水玻璃=1：1，水泥浆水灰比为 0.5，穿越段逐环在盾构区间顶部及吊装孔位置各打入 $1m^3$ 双液浆以控制路面沉降。

(4)土体加固措施。为降低盾构施工偏差，确保盾构顺利上跨地铁 10 号线，同时为加强对既有地铁结构的保护，对上跨既有地铁线路盾构周边一定范围内的土体进行注浆加固。利用盾构管片预留注浆孔进行注浆加固，加固范围为上跨部分前后各 6m，注浆浆液采用水泥、水玻璃混合液。配比同二次注浆双液浆。

(5)监测项目。结合施工环境和地质情况，本工程的监测主要由洞外观察和周围环境监测两部分组成。以达到能够迅速调整、优化施工方法的要求，从而保证隧道施工安全。

在盾构切口进入上跨区域前 3m 至盾尾脱出后 3m 之间监测频率最高，隧道变形量每天监测 3 次，隧道沉降每天监测 1 次。在盾首距离上跨区域 25m 处至盾首切入前 3m，以及盾尾脱出 3m 至盾尾远离 25m 范围，监测频率为每天 2 次。对于盾构施工中沉降变化量大的点，根据实际情况加密监测频率，必要时进行跟踪监测。监测结果及时反馈给施工人员。盾构上跨地铁 10 号线监测点布置平面图如图 12.63 所示。

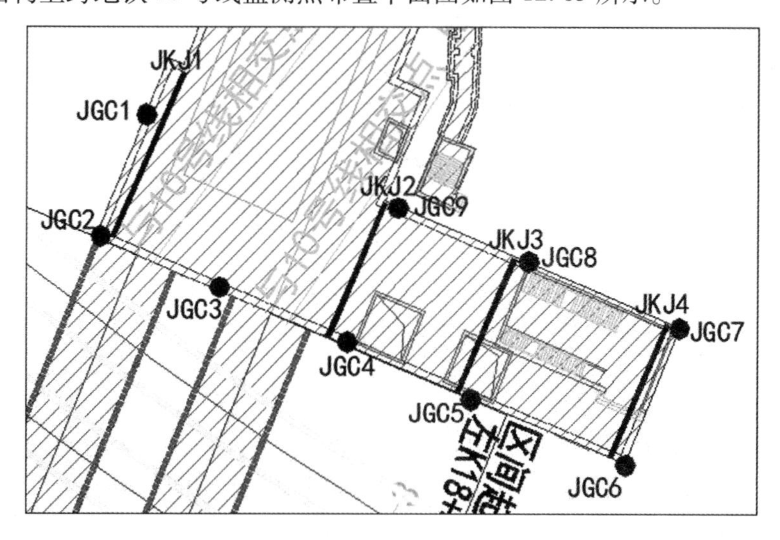

图 12.63　盾构上跨地铁 10 号线监测点布置平面图

十九、盾构分体始发施工技术

沈阳市地下综合管廊(南运河段)工程中，J17~J20 节点井区间与 J20~J25 节点井区间工程分别于 J17 节点井和 J20 节点井进行始发，两个节点井内部空间长度均为 51.6m，盾构机+连接桥+后配套拖车总长度约为70m，节点井长度无法满足盾构机全部设备下井整体始发。因此，本工程采取相关技术措施解决节点井尺寸不满足盾构机整体始发的施工问题。

为保证盾构机顺利始发掘进，本工程采用盾构分体始发技术，即对盾构机进行改造，分体下井，依次由始发端盾构吊装口吊装2#台车、1#台车、盾体、刀盘等部件，待盾构掘进达到设备长度后，再将后续3#~6#台车吊装下井，进行盾构机完整组装，盾构机正常掘进。这样可以使节点井长度不满足盾构机整体始发的情况下保证盾构机顺利始发掘进。

1. 施工工艺流程

狭小基坑盾构采用分体始发施工，先将盾构设备依次由始发端盾构吊装口吊装2#台车、1#台车、盾体、刀盘等部件，对盾构油、电路进行连接与改造，待盾构掘进达到设备长度后，再将后续3#~6#台车吊装下井，进行盾构机完整组装，盾构机正常掘进。施工工艺流程如图12.64所示。

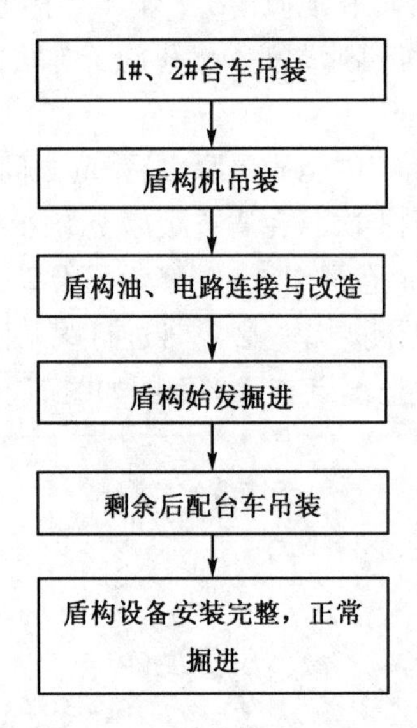

图12.64　盾构分体始发施工工艺流程图

2. 施工要点

(1)施工准备。

① 盾构吊装前技术负责人应组织相关人员进行施工方案的确认、并进行技术交底。

② 现场吊装人员及管理人员应实际掌握吊装场地范围内的地面、地下、高空及周边的环境情况。

③ 现场操作人员应掌握已选定的起重、运输及其他机械设备的性能及使用要求。

④ 配备施工人员，组织机械设备、材料进场，并对主要吊装设备进行必要的检查、维修、试车。

⑤ 在盾构机吊装过程中，起重机摆放在始发井正前方的端头加固区域。盾构井始发吊车位置示意图如图12.65所示。

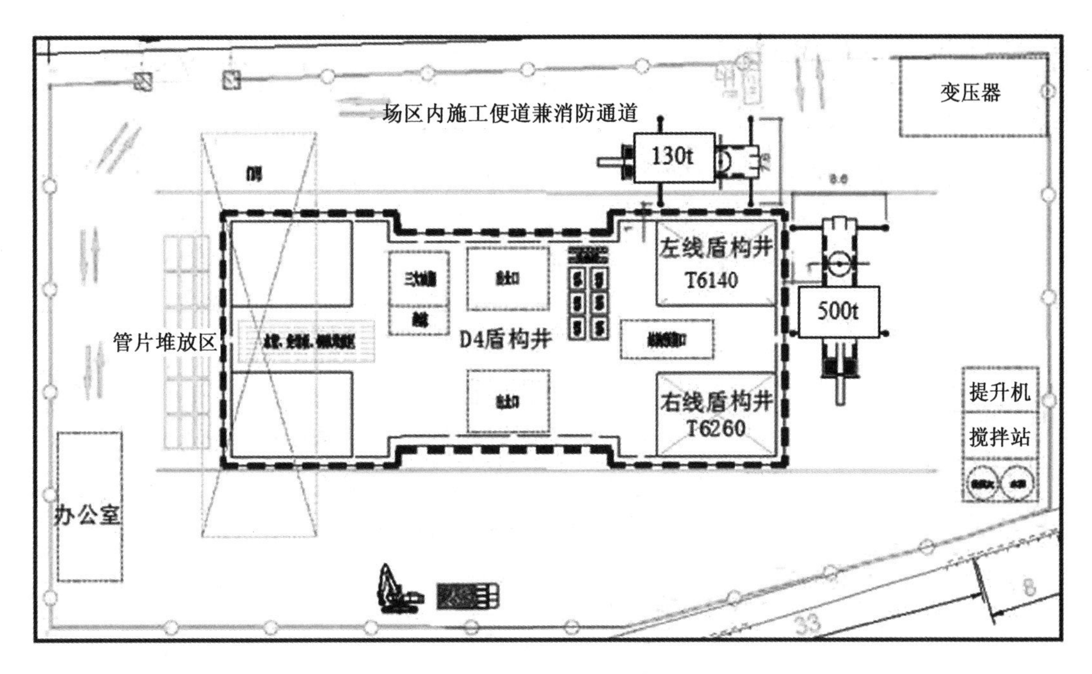

图 12.65　盾构分体始发施工中盾构井始发吊车位置示意图

(2)1#、2#台车吊装。用汽车吊吊装后配套设备，依次将2#台车、1#台车、车架吊装入井，吊装车架时选择4个吊点，选用 Φ36mm×10m 钢丝绳，17t 卸扣4个。起吊后的台车保持平稳，司索工指挥汽车吊司机进行转臂、趴臂动作，将台车移动到井口上方，吊车缓慢落钩，将台车吊装就位，并用电瓶车拉到井内相应位置。下降过程中用牵引绳控制其摆动，防止碰撞。后配台车吊装示意图如图 12.66 所示。

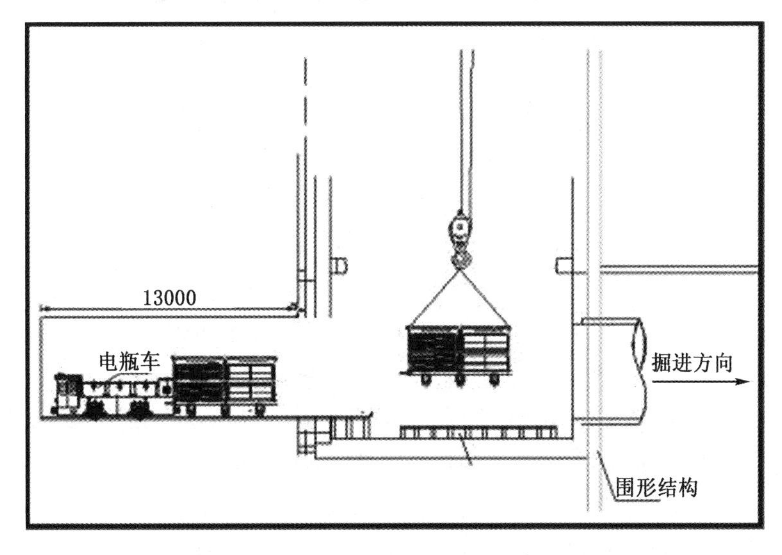

图 12.66　盾构分体始发施工中后配台车吊装示意图

(3)盾构机吊装。

① 盾构吊装入井顺序为设备连接桥→螺旋输送机下井预存→中盾→前盾→刀盘→

管片拼装机→盾尾→螺旋机就位。

② 螺旋机预存。后配套设备吊装入井后，将螺旋机吊入井底预先存放在车站结构内，为最后的螺旋机就位做好准备，在管片小车上加固好后存于结构内车架下方中间空隙。螺旋机上有两个吊耳，选用 Φ36mm×10m 钢丝绳，17t 卸扣 2 个，采用 2 点起吊，由于螺旋机的长度大于井口尺寸，因此在吊装时螺旋机须于井口对角线方向下井。螺旋机下井预存示意图如图 12. 67 所示。

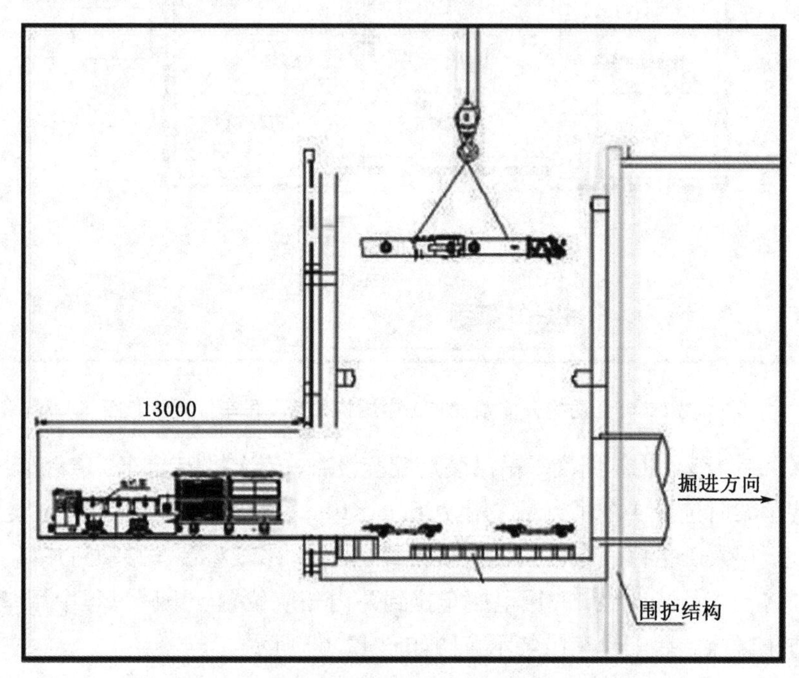

图 12. 67　盾构分体始发施工中螺旋机下井预存示意图

③ 中盾下井。中盾在地面完成翻转后，选用 4 根 Φ64mm×6m 钢丝绳，55t 卸扣 4 个，信号司索工指挥吊车司机进行转臂、趴臂动作，将盾体移动到井口上方，地面上的信号司索工停止指挥，井下信号司索工指挥吊车司机缓慢落钩将中盾吊装就位，就位后的中盾用液压顶向后顶推，为前盾下井预留出位置。中盾下井示意图如图 12. 68 所示。

④ 前盾下井。前盾在地面完成翻转后，选用 4 根 Φ64mm×6m 钢丝绳，55t 卸扣 4 个，信号司索工指挥吊车司机进行转臂、趴臂动作，将盾体移动到井口上方，地面上的信号司索工停止指挥，井下信号司索工指挥吊车司机缓慢落钩将前盾吊装就位，与中盾进行连接。下井过程中用牵引绳捆绑，防止碰撞。前盾下井示意图如图 12. 69 所示。

⑤ 刀盘下井。刀盘在地面完成翻转后，选用 2 根 Φ64mm×6m 钢丝绳，55t 卸扣 2 个，信号司索工指挥吊车司机进行转臂、趴臂动作，将刀盘移动到井口上方，地面上的信号司索工停止指挥，井下信号司索工指挥吊车司机缓慢落钩将刀盘吊装就位。下井过程中用牵引绳捆绑，防止碰撞。将刀盘送到始发机座上与前体连接后安装密封圈及紧固连接螺栓。

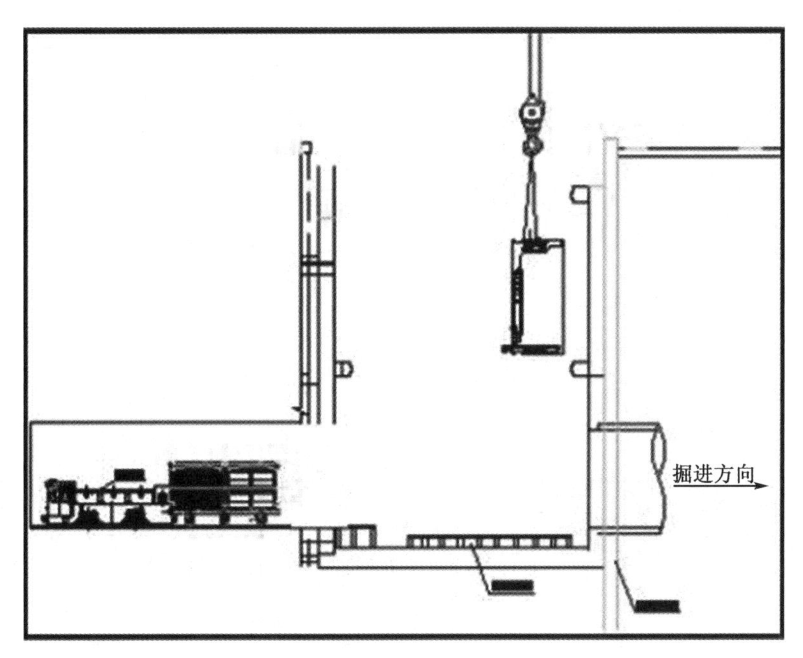

图 12.68　盾构分体始发施工中中盾下井示意图

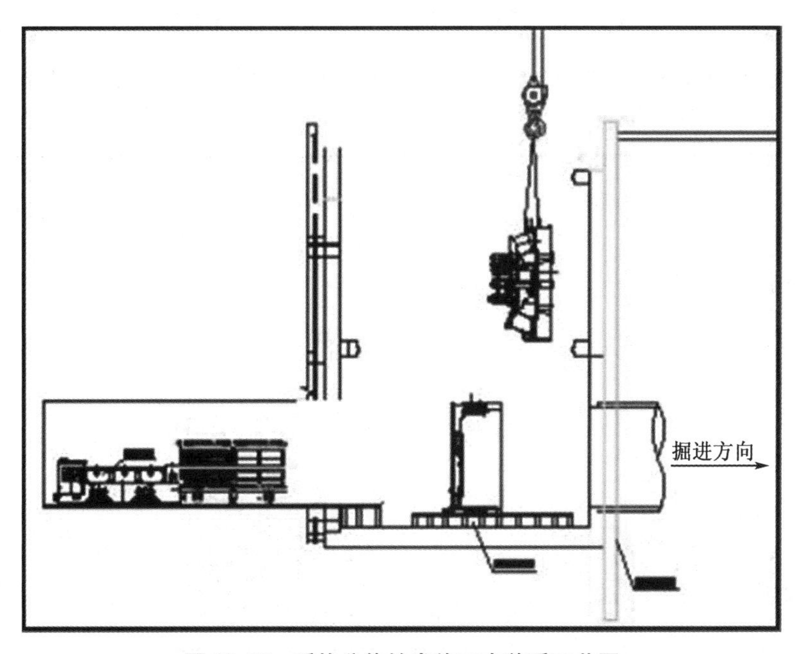

图 12.69　盾构分体始发施工中前盾下井图

在井底将刀盘和前盾连接固定好，检查刀盘的安装固定情况，确认正确安全可靠之后，松钩解除钢丝绳和卡环，起钩回转吊机，刀盘吊装入井完成。刀盘下井示意图如图 12.70 所示。

⑥ 拼装机入井。用 4 根 Φ36mm×10m 钢丝绳，17t 卸扣 4 个，与拼装机的吊点连接，吊车通过转臂、落钩动作将拼装机吊装下井并与中盾连接。下井过程中用牵引绳与其连接，防止下井过程中发生碰撞。吊机缓慢松钩将拼装机吊下井后，配合安装人员对口并

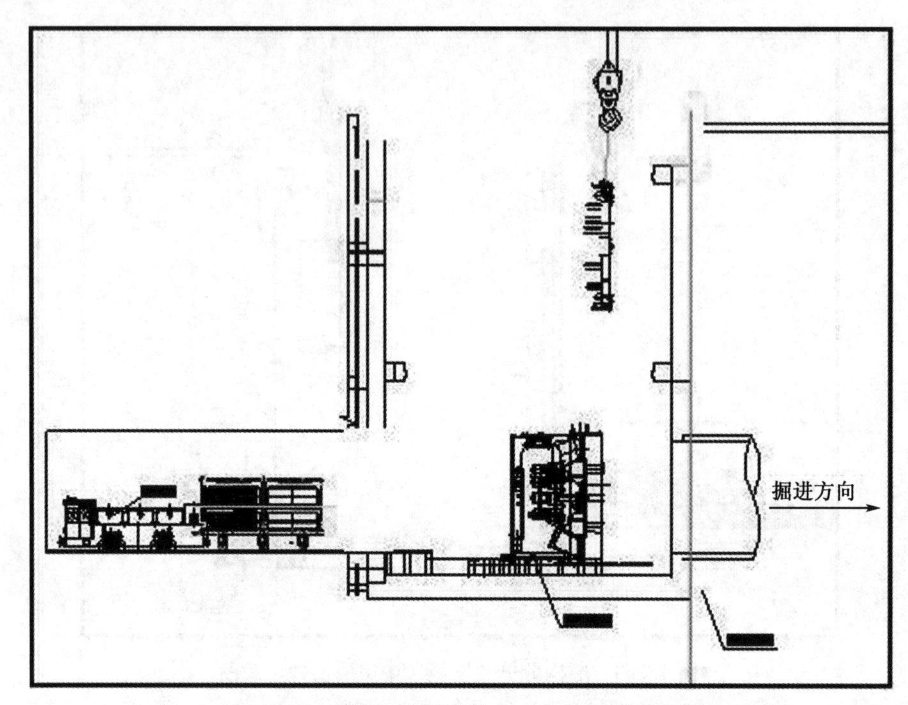

图 12.70　盾构分体始发施工中刀盘下井示意图

将拼装机与中体用螺栓连接，待安装人员将连接螺栓紧固后，松钩将卡环解下，拼装机下井完成。拼装机下井示意图如图 12.71 所示。

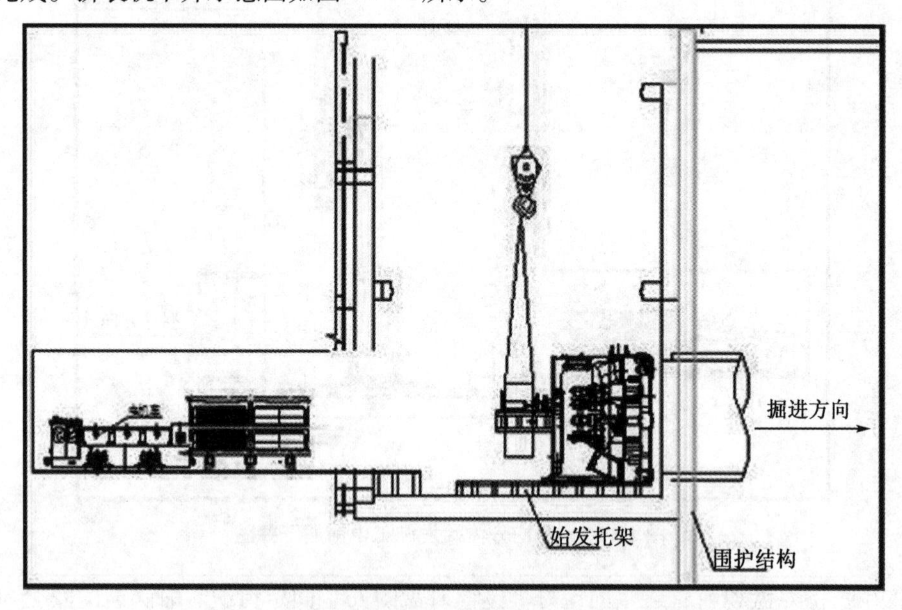

图 12.71　盾构分体始发施工中拼装机下井示意图

⑦ 盾尾下井。用 4 根 Φ36mm×10m 钢丝绳，17t 卸扣 4 个与盾尾的吊点连接，吊车通过转臂、落钩动作将盾尾吊装下井，盾尾下井后与中盾保持 1m 距离，待螺旋机安装完成后，再次吊装盾尾与中盾连接。下井过程中用牵引绳与其连接，防止下井过程中发生碰撞。尾盾下井示意图如图 12.72 所示。

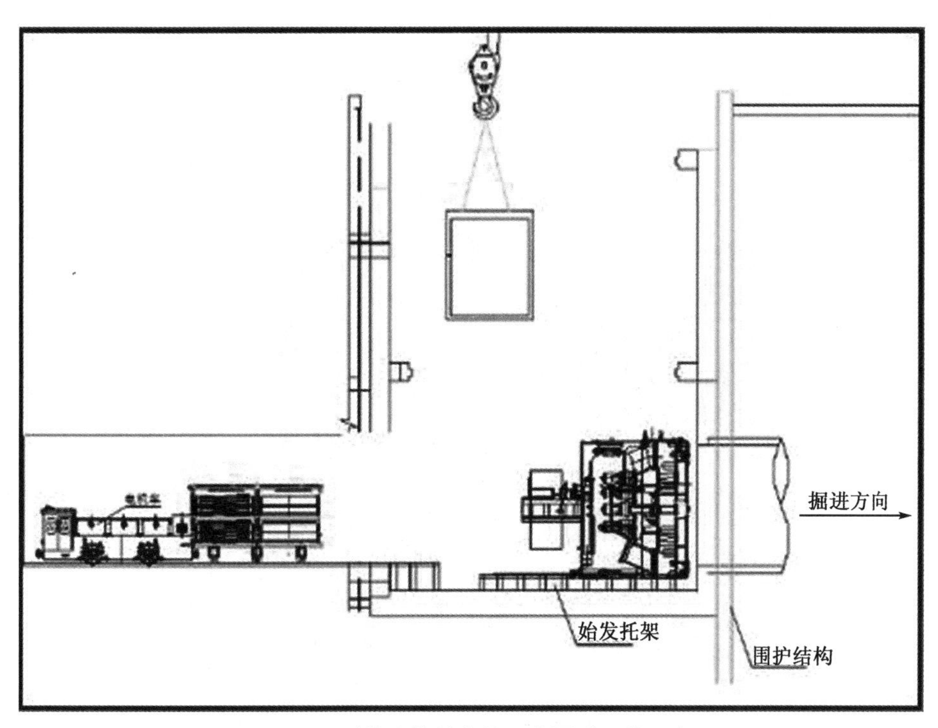

图 12.72　盾构分体始发施工中尾盾下井示意图

⑧ 螺旋机就位。将预先存放在结构内的螺旋机安装就位，螺旋机就位起吊时需用大小钩配合，螺旋机调整至 45°倾角斜插入，前端用两个 10t 手拉葫芦使螺旋机就位，前端法兰口和前体法兰口对接用螺栓连接，上部有一吊耳悬挂于中体上。螺旋机就位示意图如图 12.73 所示。

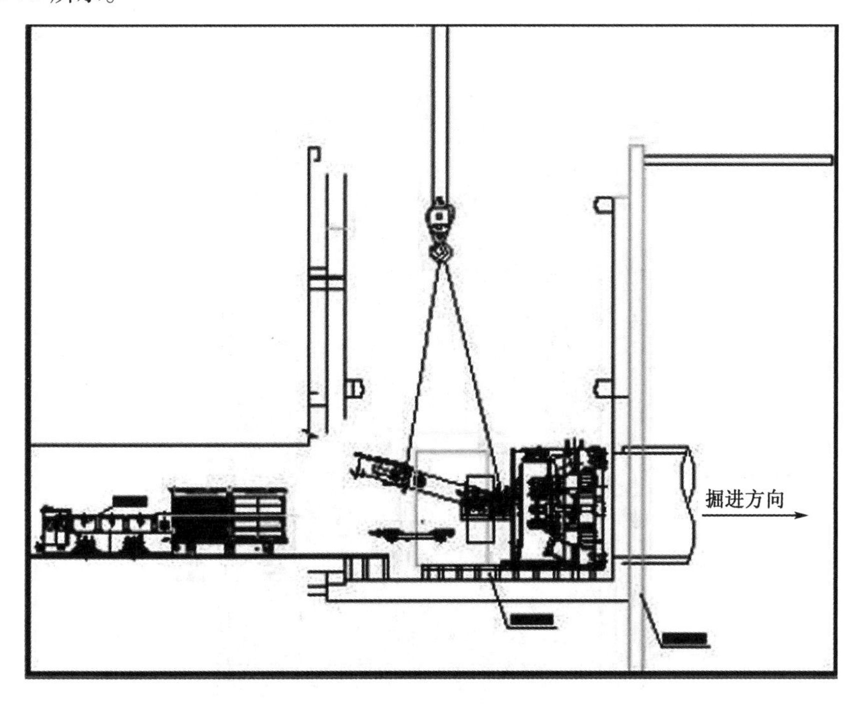

图 12.73　盾构分体始发施工中螺旋机就位示意图

(4)盾构油、电路连接与改造。1#、2#台车吊入井下后，将剩余的3#~6#台车置于地面，2#台车与3#台车之间的油管连接采用管线桥架加长管路连通。高压油管连接桥架图如图12.74所示。

图12.74　盾构分体始发施工中高压油管连接桥架图

(5)盾构始发掘进。

① 洞门凿除。

❖盾构调试完成并验收合格后，组织进行盾构始发条件验收，验收通过后，开始凿除洞门。

❖盾构始发前将盾构通过范围内的钢筋全部切除。洞门围护桩凿除如图12.75所示。

图12.75　盾构分体始发施工中洞门围护桩凿除图

② 盾构机分体始发掘进。

❖盾构始发时，将1#、2#台车前端部分下井放于始发侧，3#～6#台车放置于始发井井上同侧，延长连接2#与台车之间管线。

❖这样盾体与2#台车组装后，留下4.43m的空间作为材料垂直运输通道。将桥架和2#台车利用原有旧皮带连接，加工一个1.5m宽、3m长、2m高的土斗放在管片车上出渣。前10m掘进采用卷扬机作为水平运输的牵引动力，待掘进10m后将电瓶车、浆车和一节渣土车下井出土，下管片时将浆车和渣土车吊上来，把管片车吊下来运输管片。

❖在盾构机始发负环管片安装之前，将三排密封刷与盾尾环板及管片之间所围成的密闭空间填充满油脂，油脂充填分层进行，由下到上逐块填充。填充时人工掰开每一块尾刷，用刮刀将油脂将其内部充填密实。

❖负环管片拼装前，首先应将反力架端面焊缝、毛刺等打磨平整，在端面上沿圆周方向均匀取10个点。测量端面各点到始发轴线的距离。根据测量结果拟合出反力架端面与设计管环端面关系及反力架端面平整度，确定每个点需要调整的距离。对于大于5mm的点，采用加垫相应厚度的钢板进行调平。对于小于5mm的点，采用加垫相应厚度的丁腈软木橡胶衬垫进行调平。

❖在反力架端面调平完毕后，开始进行-9环～-1环混凝土管片的安装。为保证拼装位置正确，成环后不至于发生位移或椭变，管片在整环拼装、推出盾尾后采用Φ20mm钢丝绳在外侧将管片勒住，同时当管片脱出盾尾后，需及时在管片与盾构机导轨方钢之间插入木楔子，确保管片不发生竖向位移。木楔子间距0.6m，布置于管片接缝处和管片中央。负环管片外部拉紧装置图如图12.76所示。

图12.76 盾构分体始发施工中负环管片外部拉紧装置图

③ 盾构始发弃土运输方式。始发井底部空间长度为50m，所以始发初期对于盾构弃土的垂直运输是一个比较棘手的问题。本工程盾构设备刀盘、盾体、桥架、1#台车、2#台车的总长度超过41.3m，加之盾构机空推通过始发井主体结构墙80cm，再向前推进80cm左右，致使土舱内装满渣土，2#拖车后部与中板之间的距离很大，可以满足渣土斗吊装空间。

为了能使盾构弃土顺利运出，本工程的出土水平运输方式分为三个阶段：第一阶段，安装皮带输送机至2#拖车的尾部，将盾构弃土用1.2m宽的电瓶车运输到渣土斗中；第二阶段，待盾构掘进距离满足盾构机整体长度时，将置于始发井地面的3#~6#后配套台车吊入始发井内形成完整的盾构机体，盾构渣土运输系统恢复正常；第三阶段，待盾构机后配套台车尾部进入掘进洞内一定距离后，开始在洞内铺设岔道，渣土水平运输系统形成编组，至此整个盾构机、渣土运输系统才有效形成循环整体。改装在2#拖车后出土图如图12.77所示。

图12.77 盾构分体始发施工中改装在2#拖车后出土图

(6)剩余后配台车吊装。

① 待先吊装盾构设备全部进入盾构区间内，将3#~6#台车移到始发侧，按1#、2#台车吊装方法由始发端盾构吊装口将剩余台车吊入井内。

② 将后续台车与洞内盾构设备连接，恢复盾构机原有设备，进入正常掘进状态。

二十、盾构穿越淤泥砂卵石复合地层盾构施工技术

根据岩土工程勘察报告，J25~J29节点井区间地层主要由第四系全新统黏性土、砂类土及碎石类土组成，盾构区间主要穿越土层为圆砾、砾砂、中粗砂。沿线路存在一层地下水，赋存于圆砾、砾砂等强透水层中，按埋藏条件划分，属第四系孔隙潜水。盾构螺旋机易发生喷涌风险。如果用普通的膨润土施工方法，有一定的风险并且耗时耗力，因此，利用高分子聚合物改善渣土性质，在管片自防水的基础上加上环箍防水可以有效避免风险，减少工期。

1. 施工工艺流程(如图12.78所示)。

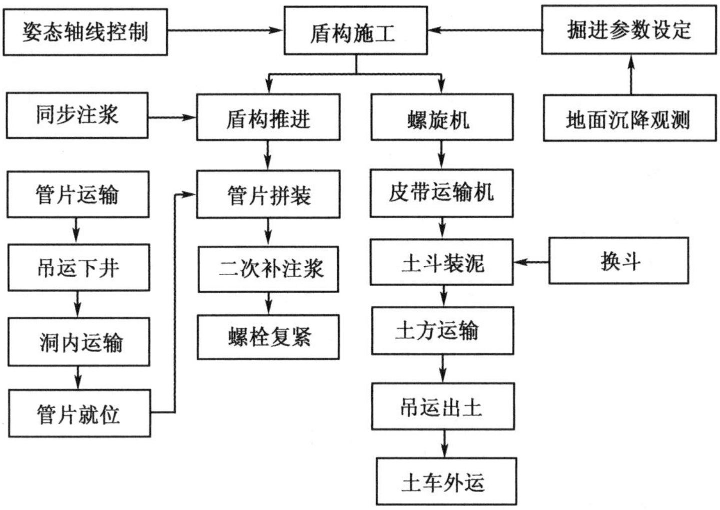

姿态轴线控制 → 盾构施工 ← 掘进参数设定
盾构施工 → 盾构推进、螺旋机
地面沉降观测 → 掘进参数设定
同步注浆 → 盾构推进 → 管片拼装 → 二次补注浆 → 螺栓复紧
管片运输 → 吊运下井 → 洞内运输 → 管片就位 → 管片拼装
螺旋机 → 皮带运输机 → 土斗装泥 → 土方运输 → 吊运出土 → 土车外运
换斗 → 土斗装泥

图12.78　盾构穿越淤泥砂卵石复合地层施工工艺流程图

2. 施工要点

(1)盾构掘进参数控制。盾构掘进参数如表12.41所示。

表12.41　盾构掘进参数表

	土层阶段		备注
	正常掘进阶段		——
参数	砾砂、中粗砂	单位	
掘进速度	20~40	mm/min	连续平稳推进
刀盘扭矩	<3141	kN·m	小于总扭矩的50%
土压控制	0.12~0.14	MPa	根据实际情况进行调整
加泥数量	0.5	m^3	含水量增加
加泥压力	0.15	MPa	根据实际情况进行调整
加泡沫量	0.5~0.75	m^3	—
泡沫注入压力	0.28	MPa	—
同步注浆量	2.1~2.5	m^3	—
同步注浆压力	0.25	MPa	—
二次注浆量	350~600	L	—
二次注浆压力	0.35~0.45	MPa	根据实际情况进行调整

(2)渣土改良剂的选择。土压平衡式盾构施工成功的关键是要将开挖面开挖下来的土体在压力舱内调整成一种“塑性流动状态”。高分子聚合物是一种均质的液体泡沫剂,经管道输送到泡沫发生器产生泡沫,从而增加渣土的黏滞性,改善刀盘的工作环境,增加土舱的密封且便于渣土的运输。

在富水段施工时为了有效防止喷涌漏渣,向刀盘注入高分子聚合物改良渣土。将

$10kg/m^3$ 的 SP-Ⅲ(1.0%)按注入率 16.9 使渣土具有流塑性。使土舱内的土砂成均质的泥土状，促进土砂流动，加压后保持开挖面的稳定，以此来防止土舱堵塞和螺旋机闸门喷发。在推进速度为 5mm/min 时，加入 25L/min SP-AⅢ(1.0%)即可，这样渣土不会从螺旋机漏出，从而节省清渣时间。同时，经过改良后的渣土可防止地下水导致的土体黏度下降，抑制喷发，实现稳定掘进，提高速度。

高分子聚合物具有以下优点：

① 有利于顺利排出切削土；

② 防止地下水喷发；

③ 稳定掌子面；

④ 简化管理材料；

⑤ 安全性高；

⑥ 在高压富水地段，有效防止喷涌、漏渣，经实践，渣土改善效果明显。

二十一、刀盘被卡处理技术

为了解决刀盘被加固土抱死的技术难题，施工现场采取了多方案的处理措施。各措施处理效果如下。

(1)置换刀盘前方加固土体后将刀盘推入至原状土中，破坏了刀盘侧面水泥二次水化固结而形成拱的整体效应，对解除刀盘侧面加固土体摩阻力的效果较为明显。

(2)人员进舱清除土舱加固土体对减少加固土体引起刀盘扭矩大也有一定作用。但人员进舱清理加固土不但清理速度慢、人员安全没保障，而且效果不明显。

(3)松动刀盘前方加固土体对恢复刀盘正常旋转的效果较小。加固土自立性较强，单单切断加固土体与周边联系不能解决问题，耗费人力财力。从可操作性、经济性、技术性等方面比较，置换盾构前方土体方案最具可行性。

通过现场技术跟踪，对盾构始发刀盘被加固土体抱死原因及处理措施进行探讨得出以下结论及建议。

(1)刀盘加固土抱死原因为：旋喷加固区局部存在大量未充分水化且整体性好的水泥块，经过刀盘磨削而成粉状细粒。水泥细粒遇水发生二次水化形成自立性良好、强度较高的加固水泥土。在刀盘停转 11h 后，加固水泥土紧密充填并挤压在刀盘周围，使刀盘负载过大。

(2)通过对各施工方案的现场验证，置换刀盘前方加固土将刀盘推入至原状土中，对解除刀盘侧面加固土体摩阻力的效果最为明显，是解决刀盘被加固土抱死的有效方法。

(3)通过置换刀盘前方加固土体解决刀盘抱死的技术难题，有效保证了盾构正常推进，避免了延误工期。

(4)建议在抗压与抗渗的前提下，加固强度和水泥掺量不宜过高。盾构在加固区中推进时避免刀盘出现过长时间的停顿。

(5)建议推进时开启仿形刀，降低盾构行进摩阻力，同时向刀盘前方注入水、膨润土浆液、肥皂水或泡沫剂等添加剂以降低刀盘正面扭矩。

二十二、管片错台防治技术

1. 原因分析

(1)管片制作误差尺寸累积;

(2)拼装时前后两环管片间夹有杂物;

(3)千斤顶的顶力不均匀，使环缝间的止水条压缩量不相同;

(4)纠偏楔子的粘贴部位、厚度不符合要求;

(5)止水条粘贴不牢，拼装时翻到槽外，与前一环的环面不密贴，引起该块管片凸出;

(6)成环管片的环、纵向螺栓没有及时拧紧及复紧;

(7)拼装时管片未能形成正圆，造成内外张角;

(8)前一环管片的基准不准，造成新拼装的管片位置也不准;

(9)盾构区间轴线与盾构的实际中心线不一致，使管片与盾壳相碰，无法拼成正圆，只能拼成椭圆，纵缝质量也就无法保证。

2. 预防措施

(1)拼装前检测前一环管片的环面情况，决定本环拼装时纠偏量及纠偏措施;

(2)清除环面和盾尾内的各种杂物;

(3)控制千斤顶顶力均匀;

(4)提高纠偏楔子的粘贴质量;

(5)检查止水条的粘贴情况，保证止水条粘贴可靠;

(6)盾构推进时骑缝千斤顶应开启，保证环面平整;

(7)拼装前做好盾壳与管片各面的清理工作，防止杂物夹入管片之间;

(8)推进时勤纠偏，使盾构的轴线与设计轴线的偏差尽量减少，保证管片能够居中拼装，管片周围有足够的建筑空隙使管片能拼装成正圆;

(9)环面的偏差及时进行纠正，使拼装完成的管片中心线与设计轴线误差减少，管片始终能够在盾尾内居中拼装;

(10)管片正确就位，千斤顶靠拢时要加力均匀，除封顶块外每块管片至少要有两只千斤顶顶住。

第十三章　排水系统施工

第一节　概述

排水系统是综合管廊工程不可缺少的部分，现行规范中综合管廊内的排水系统为“集水坑+排水泵”，即通过在管廊的单侧或双侧设置排水明沟，在管廊纵向的低点设置集水坑，管廊内废水通过明沟流入集水坑，之后经排水泵提升排入市政排水井，排水区间长度不宜大于200m。《城市综合管廊工程技术规范》(GB 50838—2015)对管廊内排水量、集水坑尺寸及排水泵的选择等均未作说明。目前国内管廊排水系统设计多依靠类似的工程经验。

本工程中，天然气舱为独立排水系统，设置集水坑，集水坑尺寸为2.0m×0.9m×0.5m(长×宽×高)，坑内设置防爆型自动排水装置(Q=6m/h，H=22m，N=1.1kW)1台，厂家自带防爆型控制箱1个。

给水及通信舱、热力舱、电力舱、燃气舱以及紧急逃生通道合用一个集水坑，尺寸为2.6m×2.4m×1.5m(长×宽×高)，坑内设固定式潜水泵两台(Q=10m/h，H=30m，N=2.2kW)，一用一备。其中，电力舱、紧急逃生通道内排水通过各自的地漏引至下层排水沟，并排至集水坑，经由潜水排污泵排至室外。

在综合管理中心设备用房冷备管道泵。其中，供热管冷备两台耐高温管道泵(Q=350m/h，H=32m，N=45kW)，介质温度不超过120℃。其中，给水、中水管共冷备两台管道泵(Q=200m/h，H=30m，N=22kW)。

其排水沟、集水坑、排水泵如图13.1至图13.3所示。

图13.1　排水沟

图 13.2　集水坑

图 13.3　排水泵

第二节　排水路线的确定

为了保证综合管廊的使用寿命、投运后管理的舒适性，结构的防水非常重要，尤其是地下水位整体偏高的地区。因此，在综合管廊协同设计过程中，各种管线包括附属设施的管线进出综合管廊时要尽量避免从综合管廊结构本体穿越，特别要注意禁止从管廊结构本体的顶板上开洞进出。综合管廊每个防火分区的起端与末端都设置进风口、排风口，并在管廊主体上方设置夹层以布置风机、风道、配电设施等，管廊内集水坑收集的废水经过水泵压力提升后，压力出水管应该结合进风口、排风口合理布置。

除天然气舱以外的其他舱室的排水系统压力出水管从夹层内各自风道穿出后可以合并成一根管道排放。管廊排水系统主要排除结构渗漏水、管道检修放空水，给水及通信舱、热力舱、电力舱、燃气舱等舱室的排水可直接排至附近的雨水口、雨水检查井内。给水及通信舱室的排水由于在管道检修时需要排放管道内残存的污水，原则上应该排至下游的污水管道中。

压力出水管出口接至雨水口、检查井时，要保证尽可能地高于接纳设施内排水管道的管顶高程，尽可能地避免雨水口、检查井内的外水倒灌。

第三节　设备及管线的选择

管廊排水系统所需水泵数量较多，且都需要固定安装，运营维护阶段主要的工作在于设备的定期保养。水泵一般选择潜污泵，只要在同一个监控中心服务范围内的所有管廊，不论分几期建设、由几家机构设计、分为几个标段，在设计选型时要选用固定的型号，以减少备品备件，利于后期运营维护。

与水泵配套的压力出水管管径较小，一般在DN100mm左右，在管廊内挂装于管廊墙体上，出管廊后直埋于地下。综合考虑管廊内环境及安全性要求，选用钢管为宜。

在各个舱室的集水坑内都应配置液位仪，以保证各舱室排水系统的独立自动运转。在布置有热力管道的舱室还应配置温感探测器或温度测量仪等水温在线监测仪表，以探测集水坑内水温是否超过40℃；如果集水坑内积水温度超过40℃，即使水位已经超过启泵水位，也不能开启水泵，只能等管廊通过通风等措施将水温降至规范规定值时才能启泵排水。

第十四章　通风空调系统施工

第一节　概述

地下综合管廊作为封闭空间，内部通风环境较差。因此，在综合管廊施工过程中，须对综合管廊进行合理的通风设计，保证管廊内部各类市政管线的正常工作环境，保障施工维护人员工作环境的卫生及安全。地下综合管廊投资较高，为降低工程费用，要求各舱室内部结构紧凑，在有限的舱室空间，要求能够同时满足管廊内各类市政管道敷设、维护以及管廊自身运行的需要。鉴于综合管廊的功能、结构与一般民用建筑不同，管廊通风防排烟与一般民用建筑通风防排烟设计有一定的区别。

与一般的地下建(构)筑物不同，综合管廊是由一系列舱室组成的密闭空间，因此，综合管廊的通风系统设计在满足功能的基础上应符合以下基本原则：① 在正常使用状态下，综合管廊的正常运行应能够满足管廊内适宜的温度，以免温度过高影响管道的正常使用和检修人员正常工作；② 在发生事故工况(如管廊内燃气爆炸、泄漏等)时，通风系统应能检测到事故发生并开启系统，将有害气体排出管廊，以便维修和救灾人员进入，保证管廊事故处理过程中人员和设备的安全与稳定，事故处理完成后，对通风系统的维修也应达到最低水平。

第二节　天然气舱通风系统

天然气舱内设独立机械进、排风系统，通风系统按不大于 800m 疏散间隔依次设置机械进风机房及机械排风机房。每个疏散间隔两端设置双速送、排风机各一台，均为防爆风机。

天然气舱平时工况：平时开启送风及排风低速挡通风。

天然气舱事故工况：当管廊天然气舱内其中一个疏散间隔的天然气浓度大于其爆炸下限浓度(体积分数)20%时，启动事故通风设备，开启本疏散间隔及相邻疏散间隔的送、排风机高速挡进行通风。此状态为天然气舱事故通风工况，系统以该工况运行至确保天然气浓度满足要求后，控制系统返回平时通风工况。

其天然气舱排风机及防爆风机控制箱如图 14.1、图 14.2 所示。

图 14.1　天然气舱排风机

图 14.2　天然气舱防爆风机控制箱

第三节　非天然气舱通风系统

非天然气舱设机械进、排风系统，按疏散间隔依次设置机械进风机房及机械排风机房。每个疏散间隔一端设机械进风机房，另一端设机械排风机房，设双速送、排风机各一台。机械通风时，室外新鲜空气由进风口经风机进入管廊内，沿沟纵向流向排风口，并由排风机排至室外。平时开启送、排风机低速挡通风。发生火灾时关闭发生火灾的防火分区及相邻分区的通风设备。事故后排烟时开启本疏散间隔的送、排风机高速挡进行通风。

一、电力舱

电力舱每个疏散间隔内设置若干个防火分隔(间距不大于 200m)，防火分隔墙上设置电动防火门。某一疏散区段通风时，该疏散区段内防火分隔墙上的电动防火门开启，发生事故时全部关闭。事故后排烟时由专业消防人员开启发生事故的疏散间隔内的自动防火门。

电力舱事故工况：当管廊其中一个疏散间隔内的电力舱内电缆发生火灾时，该防火分隔及相邻防火分隔内的送、排风机停止运行，发生事故的疏散间隔内墙上的电动防火门、风机、电控阀全部关闭，确保电力舱的密闭，待确认事故结束后，由专业消防人员开启发生事故的疏散间隔墙上设置的全部电动防火门，同时开启本疏散间隔的送、排风机高速挡进行通风。此状态为电力舱事故后通风工况，系统以该工况运行 30min 后或确保有害气体已排除后，控制系统返回平时通风工况。

二、给水及通信舱、热力舱

给水及通信舱、热力舱送风机在冬季严寒时段关闭，仅在人员进入管廊进行维护管理时启用。

给水及通信舱、热力舱事故工况：当管廊内其中一个区域发生火灾时，该防火分隔及相邻防火分隔内的风机停止运行。确保火情已排除后，控制系统返回平时通风工况。

三、紧急疏散通道

紧急疏散通道设置机械加压送风系统与平时通风系统。机械加压送风系统按紧急疏散通道的防火分隔设置，相邻的两个防火分隔共用一台加压风机，通过电动多叶送风口进行切换。当维护人员从该紧急疏散通道疏散时，打开该区段对应的加压风机、电动多叶送风口进行加压送风。在紧急疏散通道内适当位置设置压力传感器，控制加压风机出口处的旁通泄压阀，以保证通道内正压值不大于50Pa。紧急疏散通道平时通风系统按防火分隔设置，防火分隔两端分别设置机械送、排风机。

紧急疏散通道事故工况：当发生火灾维护人员从该紧急疏散通道疏散时，打开该区段对应的加压风机，电动多叶送风口进行加压送风。在紧急疏散通道内适当位置设置压力传感器，控制加压风机出口处的旁通泄压阀，保证通道内正压值不大于50Pa。

其非天然气舱排风机、风机控制箱、消音器、送风口如图14.3至图14.6所示。

图14.3　非天然气舱排风机

图14.4　非天然气舱风机控制箱

图14.5　非天然气舱消音器

图14.6　非天然气舱送风口

第四节　多联机空调系统

地下管廊设备管理用房的通风空调系统受房间功能、环境要求及设备发热量等因素制约，导致目前广泛应用的全空气系统在应对设计负荷冗余、冷负荷自适应调节及系统输送能耗较高等方面存在诸多局限性，鉴于此，设计了将设备管理用房空调负荷与公共区进行冷源独立的多联机空调与机械通风集成的小系统方案。

多联机空调与机械通风集成系统，是指设备管理用房配置多联机空调系统及机械通风系统。空调季节时，房间冷负荷由多联机空调系统承担；非空调季节时，可开启机械通风系统，利用室外低温通风消除室内余热。相对于全空气系统，其主要优点是与节点井空调大系统的冷源相独立，非运营时段冷水系统可完全关闭，控制灵活且集成性较好，能够跟随各个房间的实时空调冷负荷进行自适应调整，使设备始终稳定、高效地运行，从而达到节能降耗的目的。

因为强电设备用房发热量较大、通风管道截面较大，以及存在安全距离等，使得管线布置困难；另外，采用多联机空调系统时，由于室内外机数量较多，存在房间内设备立体布置及室外机占地空间较大的问题。鉴于此，可考虑强电设备用房与公共区的空调系统共用冷源，利用已设置的冷冻水系统供冷，这样额外增加的冷水系统能耗就变得相对较小。

根据运营经验及相关测试得知，变电所强电设备发热量具有一定的规律，主要体现在：运营时段用电负荷较大的情况下发热量出现高峰；而在停运阶段，因供电负荷降低，其发热量也相对降低，可能低至设计冷负荷的20%~30%。针对此特点，在空调季节运营时段，公共区需制冷时变电所设备用房采用冷风降温，而在非运营时段冷水系统关闭时，采用机械通风系统排除余热；在非空调季节，由于室外温度较低，消除室内余热所需的通风量也相对较小。

多联机空调如图14.7所示。

图14.7　多联机空调

第五节　通风系统的自动控制

(1)管廊通风分为平时通风工况和事故后通风工况。风机均采用就地控制、探测器自动控制、远程控制相结合的控制方式。

(2)管廊的平时通风工况运行控制为：通风系统风机的启停采用定时控制与温控探测器控制相结合的控制方式，同时在管廊内设置温度探测器和气体浓度探测器。当某一区域氧含量过低(低于19%)时，或温度过高(高于40℃)时，检测探测器发出报警信号，启动该区段的通风系统，强制通风换气，保障管廊内正常工况。当工作人员需入沟巡视或检修设备时，需提前启动运行通风设备，待换气充分后人员方可进入管廊内。

(3)电力舱事故后通风工况：当管廊其中一个疏散间隔内的电力舱内电缆发生火灾时，该防火分隔及相邻分隔内的送、排风机停止运行，发生事故的疏散间隔内墙上设置的电动防火门、风机、电控阀全部关闭，确保电力舱的密闭。待确认事故结束后，由专业消防人员开启发生事故的疏散间隔内墙上设置的全部电动防火门，同时开启本疏散间隔的送、排风机高速挡进行通风，此状态为电力舱事故后通风工况，系统以该工况运行30分钟后或确保有害气体已排除后，控制系统返回平时通风工况。

(4)天然气舱事故通风工况：当管廊天然气舱内其中一个疏散间隔的天然气浓度大于其爆炸下限浓度(体积分数)20%时，启动事故通风设备，开启本疏散间隔及相邻疏散间隔的送、排风机高速挡进行通风。此状态为天然气舱事故通风工况，系统以该工况运行至确保天然气浓度满足要求后，控制系统返回平时通风工况。

(5)当维护人员从紧急疏散通道疏散时，开启该段防火分隔对应的加压风机、电动多叶送风口及该工艺井的楼梯间加压送风系统进行加压送风；通道或楼梯间内的压力传感器控制加压风机出口处的旁通泄压阀，以保证通道或楼梯间内正压值不大于50Pa。

(6)当变电所发生火灾时，应关闭变电所通风设备以及相应的电动防火阀，确保变电所的密闭。待确认事故结束后，开启通风设备进行通风换气。

(7)控制系统的实施均由综合监控管理中心进行实施。

第十五章　电气工程施工

第一节　概述

电气工程是综合管廊工程中的一个重要的附属工程，主要是为管廊内的照明、消防、排水、监控以及通风系统提供稳定的电力供应。

本工程全线共设置3个主变电所，10个分变电所。其中1#主变电所位于J07节点井内；2#主变电所设在J17节点井内；3#主变电所设在J25节点井内。从主变电所向两侧设置分变电所，主、分变电所按无人值班设计。0.4kV供电半径约为600m，动力设备电压降控制在±5%，照明设备电压降控制在+5%、-10%。

分变电所分别设置在J02、J04、J09、J13、J15、J19、J21、J23、J27、J25节点井。

第二节　10kV/0.4kV变配电系统

沈阳市市内10kV电源供电半径要求为2.5~3km。由于综合管廊横跨3个行政区域（分别为和平区、沈河区和大东区），因此本工程设置3处主变电所，分别负责各区域管廊的供电电源。主变电所从市电网引来两路独立10kV电源，每路均能承担所带范围内的全部负荷，分变电所电源引自主变电所，采用树干式配电。1#主变电所主电源由J04节点井引入，备用电源由J06节点井引入，2#主变电所主电源由J18节点井引入，备用电源由J17节点井引入，3#主变电所主电源由J25节点井引入，备用电源由J28节点井引入。

设置不间断电源装置EPS作为应急照明的应急电源，火灾报警系统、监控系统及安防通信系统自带UPS应急电源。

综合管廊的消防设备、监控与报警设备、应急照明设备为二级负荷供电。天然气管道舱的监控与报警设备、管道紧急切断阀、事故风机应按二级负荷供电。排风机、管廊检修用电、正常照明、空调等其他负荷为三级负荷供电。

10kV侧接线方式为单母线分段，中间设联络开关，平时两路电源同时分列运行，互为热备用。当一路电源出现故障时，通过手动操作联络开关，由另一路电源负担全部负荷。高压主进开关与联络开关之间设电气联锁，任何情况下只能闭合其中的两个开关。

低压侧母线为单母线分段系统，母联开关设自投自复、自投手复、手投手复。正常运行时，两台变压器分列运行，分别承担本变电所供电范围内的约 50%负荷；当一台变压器退出运行时，另一台配电变压器能够保证供电范围内的二级负荷供电。

其主变电所、分变电所位置示意图及平面剖面图如图 15. 1 至图 15. 3 所示。

图 15. 1　主变电所位置示意图

图 15. 2　分变电所位置示意图

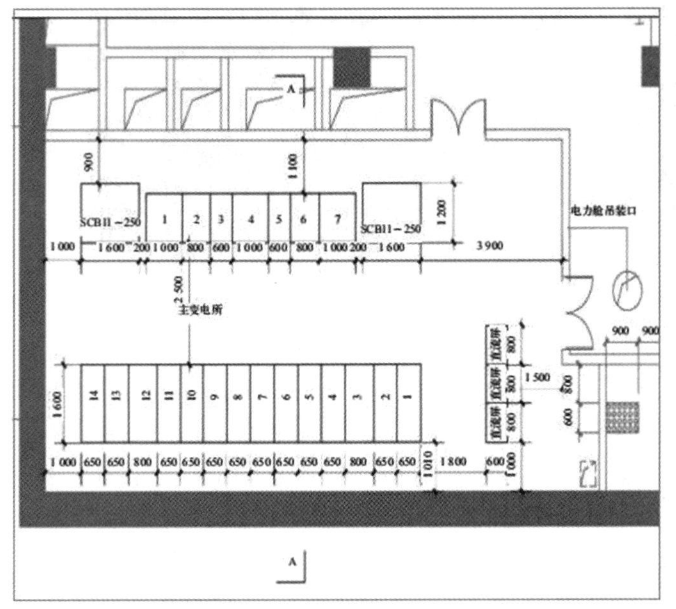

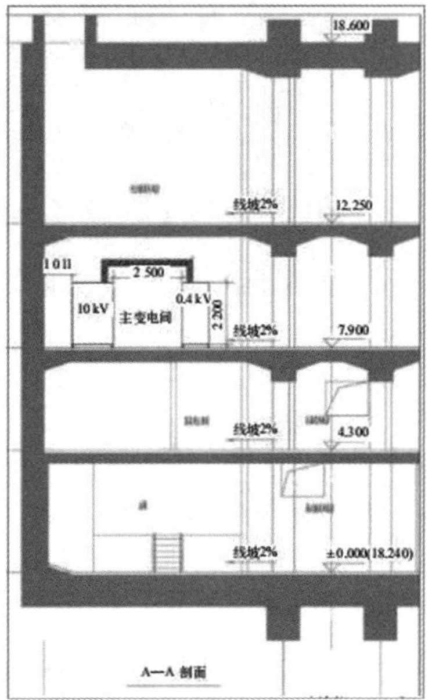

图 15. 3　变电所平面图及剖面图

第三节　动力/照明系统

一、动力系统

(1)综合管廊内的低压配电系统应采用交流 220/380V 系统，系统接地形式应为 TN-S 制，并宜使三相负荷平衡。

(2)以节点井作为配电单元，其内设置两面总配电柜，配电单元内照明、动力用电均引自这两面配电柜。配电柜电源引自管廊内变电所的不同母线段。

(3)对于单台容量较大的负荷或重要负荷采用放射式配电；对一般设备采用放射式与树干式相结合的混合方式配电。消防设备用电、变电所用电、监控与报警系统用电采用双电源供电，并于供电末端进行自动切换。雨水泵、排水泵采用单电源供电。

(4)非消防电源的切除通过各级断路器的分励脱扣器实现。

(5)管廊内设置交流220V/380V带剩余电流动作保护装置的检修插座，检修插座安装在检修插座箱内，检修插座箱沿线间距不大于60m。检修插座箱防护等级为IP54，电力舱及天然气舱检修插座箱采用壁装，下底距地1200mm，水汛舱及热力舱检修插座箱安装于角钢支架上，下底距地1200mm。

其配电箱、变电箱如图15.4、图15.5所示。

图15.4　配电箱

图15.5　变电箱

二、照明系统

(1)光源：采用LED光源。

(2)管廊内水舱、热力舱、电力舱及逃生通道选用防潮单管LED灯。天然气舱采用防爆灯具，天然气舱灯具开关等电气设备均为防爆型。水汛舱及热力舱灯具每隔6m设置一盏，天然气舱、电力舱及逃生通道灯具每隔8m设置一盏。

(3)控制：变电所、设备房间照明采用就地控制，管廊内各舱、逃生通道及节点井公共区采用智能照明控制，管廊控制模式分为应急、检修、巡检、无人等不同模式，照明控制预留了集中遥控系统的接口，同时可由管廊管理中心远程控制。

三、应急照明

(1)安全出口及疏散指示照明采用LED光源，功率不超过2W，为保证应急照明的供电，应急照明箱采用EPS不间断电源，并保证照明中断时间不超过0.3s，蓄电池持续供电时间不应小于60min，EPS电源由双电源切换箱提供。

(2)风机房、变电所以及发生火灾时仍需坚持工作的场所设置备用照明，并保证正常照明的照度。

(3)综合管廊各舱内设置疏散指示灯，间距为15m。在出入口和各防火分区防火门上设置安全出口标志灯。

天然气舱防爆灯及出口标识如图15.6、图15.7所示。

图15.6 天然气舱防爆灯

图15.7 天然气舱防爆安全出口标识

第四节 防雷接地及电气安全系统

综合管廊低压接地系统采用TN-S系统。管廊内的变压器中性点接地、电气设备的保护接地、监控系统接地和防雷接地等共用统一接地装置。接地电阻不大于1Ω。在节点井变电所内或配电总柜处设置总等电位连接箱MEB，在设备机房、各舱设置局部等电位连接箱LEB。LEB与MEB通过40mm×5mm热镀锌扁钢可靠连接，各MEB、LEB与主筋有两处可靠焊接。

一、节点井处接地做法

本工程利用结构柱内两根 Φ16mm 主钢筋焊接连通作为自然接地体，并在结构底板下敷设人工接地网。人工接地网由水平接地体、垂直接地体、接地引出线及止水板等部分组成。人工接地网与建筑结构底板平行布置，敷设深度为建筑结构底板垫层下约 0.6m。若底板标高有变化，人工接地网与底板间的垫层仍保持约 0.6m 的相对关系。若钢筋混凝土结构底板下有素混凝土及碎石垫层，则应在垫层下 0.6 m。接地引出线及水平接地体采用 50mm×5mm 紫铜排，垂直接地体采用 Φ50mm 紫铜管，长度为 2.5m。止水板采用 300mm×350mm×5mm 铜板。接地引上线在底板钢筋网孔中心穿过，引上线铜排引出结构底板地面至 MEB 处。接地引上线穿越结构底板时，在结构底板中间位置加装止水板，止水板与引出线之间满焊，止水板周围(尤其是止水板下部)填满防水混凝土。

人工接地网示意图如图 15.8 所示。

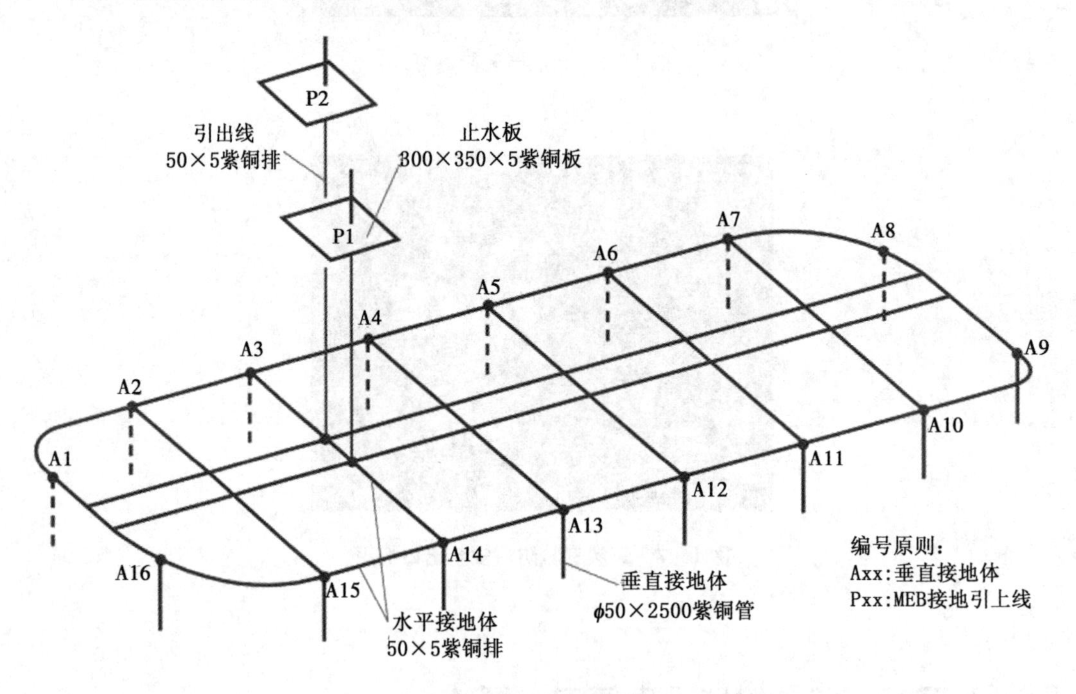

图 15.8　人工接地网示意图(单位：mm)

二、管廊处接地做法

在电力舱、天然气舱、热力舱和水汛舱全线采用热镀锌扁钢作为接地网。综合管廊内金属构件、电缆支架、电缆金属套和金属管道等所有正常不带电金属导体和电气设备金属外壳均与此热镀锌扁钢可靠接地。管廊内可靠的接地系统可以保证人员和各电气设备的安全，减少各种经济损失。由于采用盾构法施工，管廊主体是由管片组成，造成不能在管片上预埋接地线钢板。因此，在管廊内各个舱室通常设置热镀锌扁钢作为接地用。由于节点井处均做防水层，为了保证接地电阻值符合要求，在各节点井处设置了人工接地装置。

完善的地下综合管廊工程可以为城市的发展提供可靠的平台。在未来的地下综合管廊建设中，与节点井合建于地下形式的变电所既节省了地上城市空间，也避免了扰动对供电设施的影响。为了保证人身安全及设备安全，在应用盾构法施工的地下管廊中，在各舱室敷设热镀锌扁钢作为接地线是很有必要的，同时在各节点井下敷设人工接地网可以有效保证接地电阻满足要求。当两个节点井距离很长时，合理地设置一级总配电箱可以保证供电的可靠性及管理的便利性。

接地箱如图 15.9 所示。

图 15.9　接地箱

第十六章　监控与报警系统施工

第一节　概述

地下综合管廊内的可燃物主要包括电缆、光缆、管线、可燃气体等。其中我国电缆绝缘外皮主要是由聚氯乙烯和橡胶等材料制成。光缆包裹物主要是由塑料外皮、塑料保护管套或光导纤维等组成。而可燃气体主要是指甲烷及沼气等。在电力舱室，导致电缆起火的主要原因包括电缆线间短路、对地短路、接触不良或线路过载导致电缆温度急剧升高最终达到其着火点。而天然气舱内，天然气管道则有泄漏易燃、易爆、有毒等气体的可能。

由于综合管廊内部结构狭小且前后贯通，电力舱电缆敷设集中，因此一旦发生火灾，火势会沿电缆走向迅速蔓延到其他邻近舱室；电缆燃烧或可燃气体泄漏都会产生大量有毒有害气体，致使火灾扑救困难。高压电缆断电后会产生瞬间高压或留有余压，致使电力舱室灭火时可能存在触电危险。因而，管廊内一旦火势蔓延开将会产生不可估量的经济损失及人员伤亡。因而，管廊内部早期火情探测显得尤为重要。

第二节　预警与报警系统

一、简介

预警与报警系统的功能是实现对综合管廊的全程监测，系统将预警和报警信息通过光纤环网及时、准确地传输到监控中心，以实现灾情的预警、报警、处理及疏散。同时通过声光报警系统，向综合管廊内的工作人员报警，使他们及时撤离现场，保证人身安全。

预警与报警系统由火灾自动报警系统和可燃气体探测报警系统两部分组成。管廊火灾自动报警及联动系统采用控制中心报警系统，负责综合管廊内的火灾报警及消防联动控制，同时监视可燃气体报警系统、电气火灾监控系统、线型光纤感温火灾探测系统、防火门监控系统、消防电源监控系统等各子系统。天然气管道设置可燃气体探测器，接入可燃气体报警控制器，可燃气体报警控制器采用通信接口接入火灾报警控制器，发生事故时由可燃气体报警控制器联动相关设备。

本工程监控报警与运维综合管理系统平台预留有接入火灾报警信号的接口，管廊内火灾探测器探测到火灾信号后上传给综合监控平台，平台可根据事先配置好的联动策略执行相关控制功能，并可远程启动灭火系统及相关设备：关闭相应防火分区正在运行的排风机、防火风阀及切断配电控制柜内的非消防回路，启动灭火装置实施灭火。喷放动作信号及故障报警信号反馈至控制中心，开启放气指示灯。

二、火灾自动报警

工程应用中，一般将燃气管道设为燃气舱，将中低压电缆、通信电缆设为电力舱，将给水、再生水等管道设为水汛舱，将热力管道设为热力舱。地下综合管廊主要考虑燃气舱、电力舱和水汛舱的火灾自动报警系统和监控系统。

将综合管廊全长分为多个标段(可将每个路段设为一个标段)，在每个标段都分别设置一个设备间，设备间主要用于放置监控该标段的所有报警主机的分机。最后在管廊消防控制室分别设置相应报警分机的报警主机，其作用是接收各标段报警分机传递的火警信息。

在电力舱室安装火灾报警探测器，主要有点型光电感烟火灾探测器和点型光电感温火灾探测器，并同时在相应标段的设备间设置火灾报警控制器分机。各探测器将探测到的信号传输给相应的控制器。

在水汛舱内，主要是监测送水管道的压力大小和水流情况。因此，在水汛舱主要安装压力开关和水流指示器，反馈信息传输给该标段设备间设置的火灾报警控制器分机。该舱室按照探测器点位多少占用报警主机的 1~2 个回路。

火灾报警控制器及探测器如图 16. 1、图 16. 2 所示。

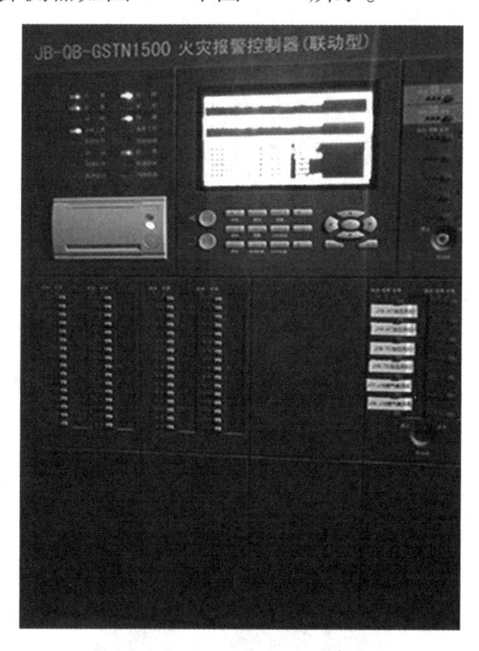

图 16. 1　火灾报警控制器

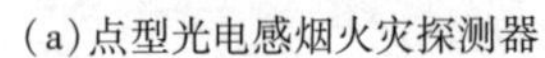
(a)点型光电感烟火灾探测器　　(b)点型感温火灾探测器

图 16.2　火灾探测器

三、超细干粉灭火系统

超细干粉灭火剂，是一种干燥、流动性好的微细固体粉末，粒径小于 10μm。灭火剂表面积大，有利于扩散、吸附，使得灭火效率大大增强。

超细干粉灭火剂以化学灭火为主，物理灭火为辅，把化学灭火的优势和物理灭火的优势有机结合起来，对有焰燃烧的化学抑制作用，对无焰燃烧的窒息作用，以及对热辐射的遮隔、冷却作用是这种灭火剂特性的集中体现。超细干粉灭火剂应用于扑灭固体火灾时，瞬间扑灭有焰燃烧的同时扑灭固体的无焰燃烧(阴燃)，对防止固体燃烧物的复燃，具有类似于水的效能。在扑灭液体火灾时，瞬间熄灭燃烧的火焰的同时，以大量的超细干粉悬浮和覆盖于可燃液体表面，对防止液体的复燃，有着类似于泡沫灭火剂的效能。超细干粉灭火剂灭火时可以快速分解，使灭火剂活性迅速增加，灭火效能增强，从而达到快速灭火的效果。该灭火剂既适用于相对封闭的空间全淹没应用灭火，又适用于开放场所局部淹没应用灭火，灭火效率比细水雾灭火剂高。

该系统优点：适用范围最广；悬挂于房间顶端，节省空间；不会对人产生威胁；不会对保护物产生次生危害；维护成本低，造价低。

该系统缺点：喷射时能见度低；喷射结束后，现场需要清理。

根据上面对超细干粉灭火系统的分析，该系统比较适合于综合管廊的自动灭火系统。

超细干粉灭火装置如图 16.3 所示。

图 16.3　超细干粉灭火装置

四、消防电源监控系统

《消防设备电源监控系统》(GB 28184—2011)针对消防电源监控系统作出明确规定，消防电源监控系统是“用于监控消防设备电源的工作状态，在电源发生过压、欠压、过流、缺相等故障时能发出警报的监控系统，由消防设备电源状态监控器、电压传感器、电流传感器、电压/电流传感器等部分或者全部设备组成”，并强制规定了消防电源监控系统的基本功能、试验和检验规则等内容，可归纳为以下几点。

1. 监控器的供电电源技术要求

额定工作电压 AC 220V(85%~110%)；备用电源：主电源欠压或停电时，维持监控设备工作时间大于 8h。

2. 系统故障技术要求

主程序故障，程序不能正常运行：系统故障响应时间小于 10s；系统故障声压级(1m 处)大于 65dB(A)且小于 115 dB(A)；系统故障光显示：黄色 LED 指示灯，黄色光故障报警信号应保持，直至手动复位；系统故障声信号：可手动消除，当再次有故障信号输入时，能再次启动。

3. 其他故障技术参数要求

(1)状态监控器与传感器之间的通信连接线发生断路或短路。

(2)状态监控器主电源欠压或断电。

(3)给电池充电的充电器与电池之间的连接线发生断路或短路。

(4)电压故障(欠压、过压、错相)：故障单元属性(部位、类型)。

(5)电流故障(过流)：故障单元属性(部位、类型)。故障响应时间小于 100s；监控声压级(1m 处)为 65dB(A)且小于 115 dB(A)；监控故障光显示：黄色 LED 指示灯，黄色光报警信号应保持至故障排除；其他故障声信号：可手动消除，当再次有报警信号输入时，能再次启动；故障期间，非故障回路的正常工作不受影响。

4. 自检功能技术要求

指示灯检查：运行、电源、消音、系统故障、其他故障指示灯；显示屏检查；音响器件检查；自检耗时小于 60s。

5. 事件记录技术要求

记录内容：记录类型、发生时间、传感器编号、区域、故障描述，可存储记录大于 2 万条；记录查询：根据记录的日期、类型等条件查询。

6. 操作分级技术要求

日常值班级：实时状态监视、事件记录查询；监控操作级：实时状态监视、事件记录查询、传感器远程复位、设备自检；系统管理级：实时状态监视、事件记录查询、传感器远程复位、设备自检、消防设备电源状态监控系统参数查询、消防设备电源状态监控器各模块单独检测、操作员添加与删除。

消防电源监控系统架构图及消防电源监控器如图 16. 4 和图 16. 5 所示。

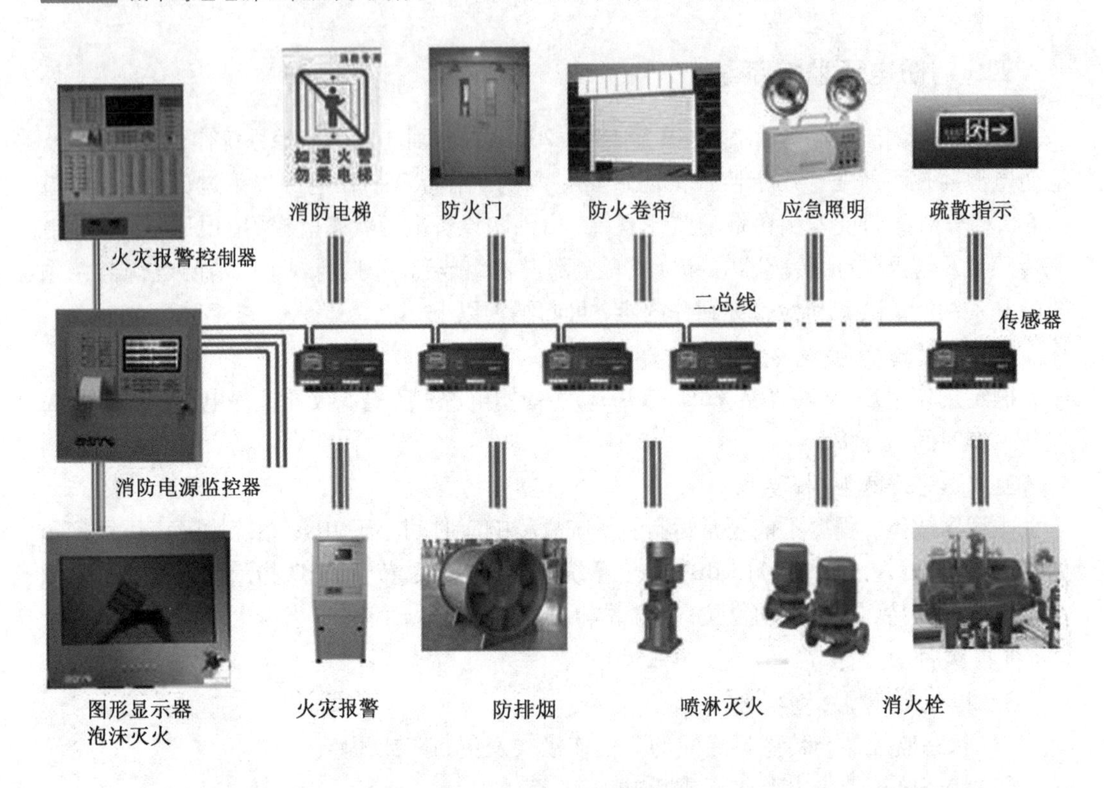

图 16.4　消防电源监控系统架构图

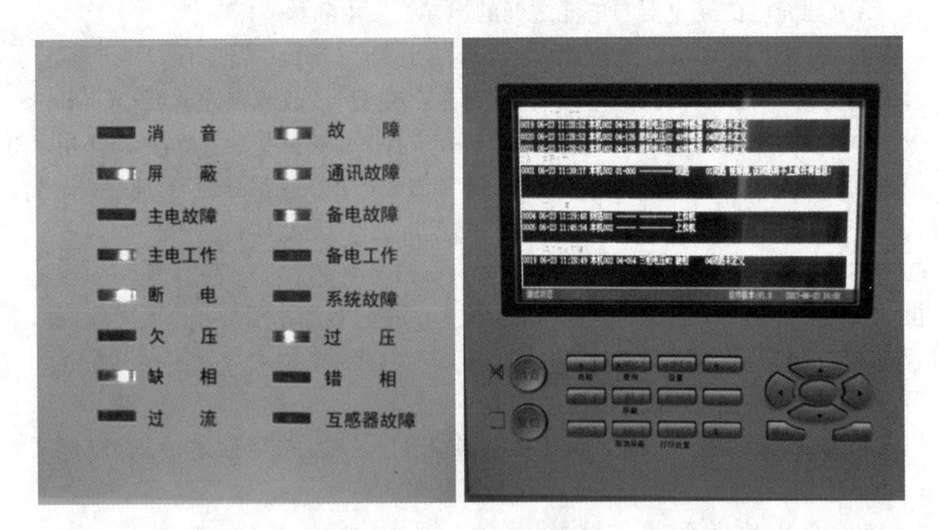

图 16.5　消防电源监控器

五、电气火灾监控系统

在管廊中使用电气火灾监控系统，能够在最短时间内预测到火灾实际情况，避免出现火灾倾向问题，此系统能够对需要的信息进行及时反馈，并且自身可以对电气火灾进行有效预防和监控。整个监控预防系统具备一定实用性，对于管廊周围可能出现的过热、电弧以及漏电现象等进行及时检测和反馈，并且此系统可以借助信息技术模式进行实时动态监控，并对收集的信息进行及时分析，一旦在实际检测中出现任何关于安全隐患的问题，就会立即发出一定的警报声音，进而对管廊周围火灾进行有效防治。

电力舱可能因电流泄漏导致电气火灾，因此，在该舱室安装用于检测漏电电流的剩余电流互感器，并在设备间设置电气火灾监控器分机。此外，由于电力电缆的线间短路、对地短路或线路过载等原因可能致使电缆温度急剧升高，最终引发其绝缘外皮发生火灾情况，故在电力舱的电缆表面敷设线型感温光纤用于探测电缆温度，并在设备间设置感温火灾控制器分机。该控制器分机可以通过线型感温光纤直接收集火警信息。

电气火灾监控系统的特性包括如下几个方面。第一，可靠性。所有电气火灾预警体系都是一个单独的系统，因此即使网络上出现严重故障问题，各个电气火灾预警机制依旧可以向往常一样正常工作。第二，保密性。图文工作可以依据用户和管理级别为其提供权限，可以为其设计多级密码进行保护。第三，实时在线监测机制。此机制能够实现对剩余电流信号、检测对象以及火灾实际情况进行有效检测，并对检测的真实数据进行收集，且对数据进行及时分析和判断，进而对数据进行合理处理。第四，系统数据传输机制。在系统数据传输工作中，需要对火灾报警数据进行分析，将其分为不同类型，可以分为故障和正常使用的优先程序实现数据的有效传输工作。

电气火灾监控设备如图 16.6 所示。

图 16.6　电气火灾监控设备

六、防火门监控系统

根据综合管廊防火分区，需要分别设置防火门。防火门在火灾发生时扮演着一个十分重要的角色，它能在火灾发生时为工作人员提供一个有效的安全疏散通道。通过建立完善的防火门监控系统，能够对疏散通道中的常开式与常闭式防火门进行有效的监控。同时，防火门在建筑内的防火间隔与防火分区中也是重要的一部分，它的开关使用能够相对快速地为被困在着火管廊中的工作人员提供一个较为安全的疏散通道。与此同时，要想确保防火门监控系统在火灾发生时能够及时为工作人员提供逃生出口，还必须设置好该系统内的构造，使其内部各部件能更加协调，最终确保该系统能保护好灾害现场的人员，维护人们的生命安全。因此，在每种舱室内都设置防火门监控系统，一方面实时监控各种防火门开、闭状态，另一方面在发生火灾时可以控制常开防火门关闭以阻断火灾蔓延。

各防火门的监控信号传输给防火门控制器分机，各分机再将监控信息传输给消防控制室防火门控制器主机。

防火门内的监控器在安装时也有一定的要求：第一，要通过监控器控制好一定的释放器、联动闭门器和门磁开关反馈型号的时间，这样才能有效监控此三种械器的情况，确保它们正常工作，以此来刺激警报器；第二，为有效监控防火门周围的情况，可将监控器安装在防火门四周，以此来保证防火门能处于安全的监控环境，当有特殊情况出现时，能够发出警报；第三，在记录信息上也有一定的条件，安装的监控器必须要监控防火门附近及本身的相关信息，同时要保证其记录容量控制在1000条以上；第四，监控器除了监控防火门外，还需监控显示器、状态指示灯等设备的使用情况，以确保其能安全地工作。

防火门监控系统示意图、电动闭门器安装示意图、防火监控器如图16.7至图16.9所示。

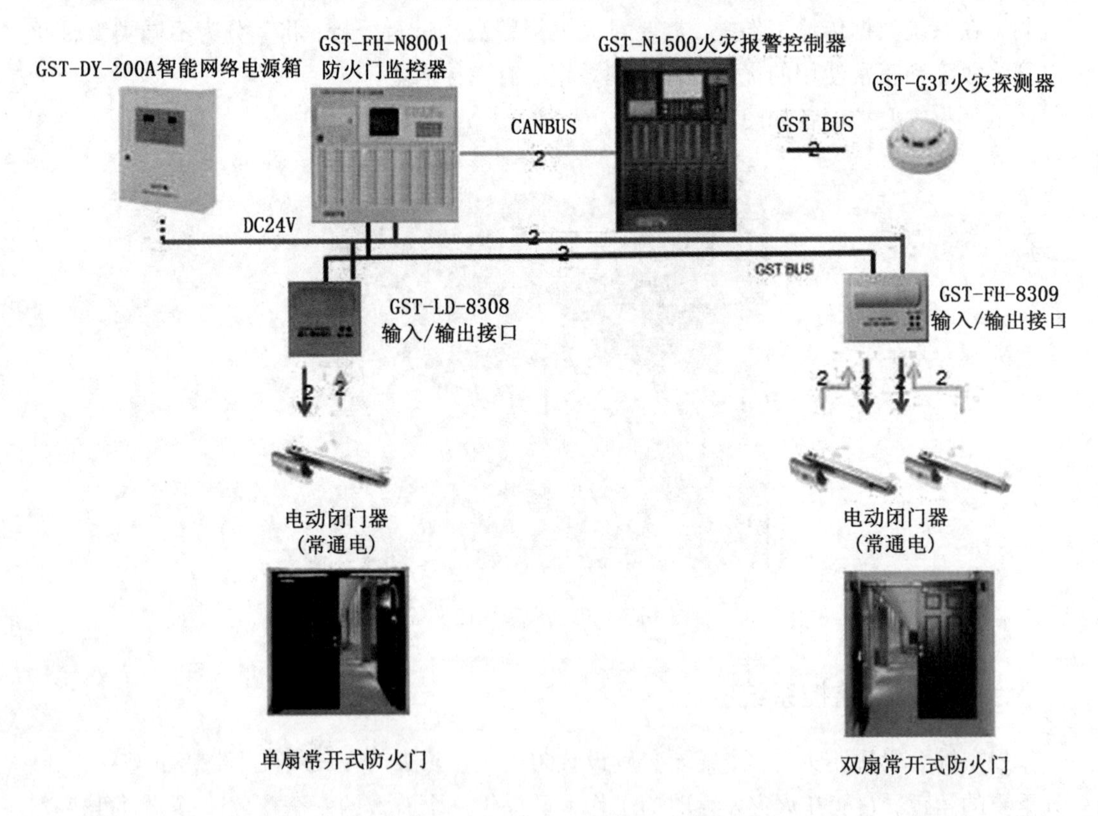

图16.7　防火门监控系统示意图

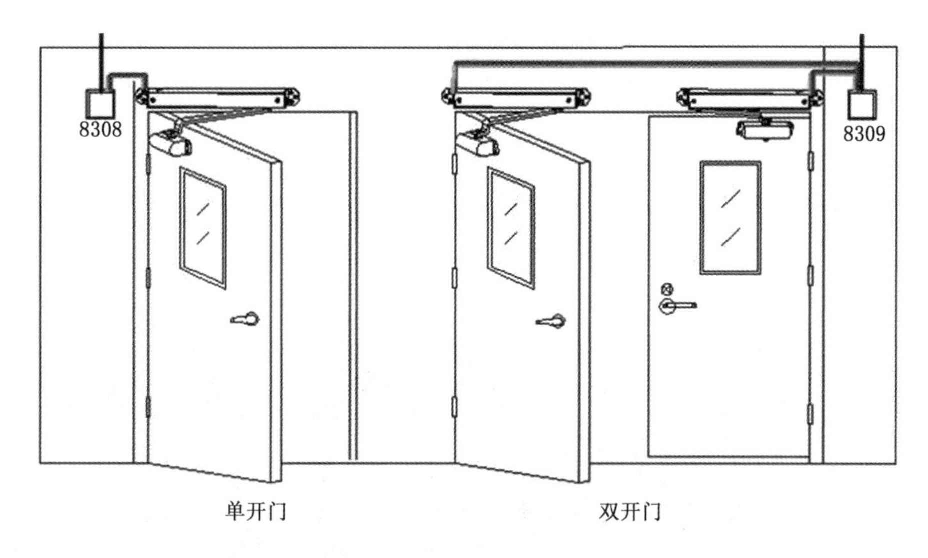

图 16.8　电动闭门器安装示意图

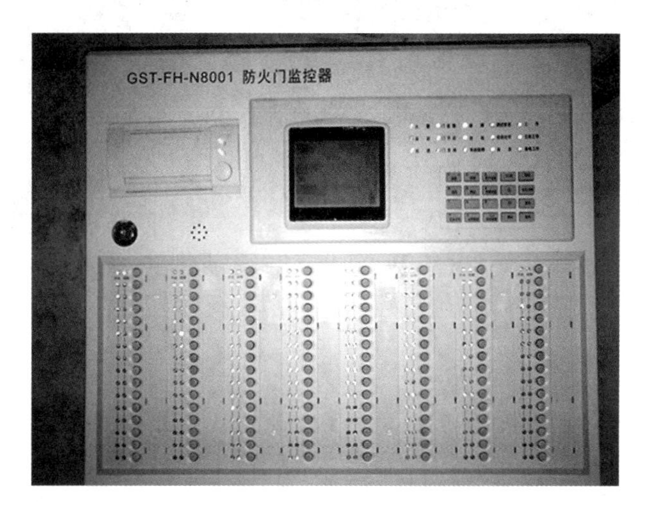

图 16.9　防火门监控器

七、可燃气体探测系统

根据各舱室的工作特点和火灾情景，在燃气舱安装可燃气体探测器，并在设备间设置监控该标段的可燃气体报警控制器分机；通过该设备对燃气管道内燃气泄漏情况进行实时监测，并将监测信息传递给转换器；最终各个标段的可燃气体探测信息传输给设置在消防控制室的可燃气体报警控制器主机。

综合管廊燃气舱为综合市政工程，入廊设备的运维是个长期过程，保证可燃气体报警设备正常运行是重中之重。针对燃气舱应用特点，要求可燃气体探测器应具有以下特点。

(1)安全性能。由于燃气舱可能存在燃气泄漏，设备宜选用具有防爆认证的产品，优先选用本质安全型(Exia 或 Exib)设备，必要时可选防爆型设备(Exd)。

(2)长距离监测。地下综合管廊距离长、测点多，宜采用智能型、低功耗以及具有物联网功能的智能仪表，通信方式宜采用总线型数字通信。

(3)寿命长。由于管廊建设是民生大计，需要设备均具有10年以上内部设备使用寿命，宜推荐使用光学类长寿命传感器。

(4)在线监测。所有测点浓度数据实现同步采集处理，无需总线巡检。

(5)维护简单。安装完毕尽可能免维护或少维护，特别是可燃气体探测器要保证其测量精度、稳定性和长期性。

可燃气体探测设备如图16.10所示。

图16.10　可燃气体探测设备

第三节　信息设施系统

一、简介

在以信息为资源的信息化社会，信息资源已成为与材料和能源同等重要的战略资源。随着信息量的增加和信息形式的多样化，人们对信息通信的需求更大、要求更高，信息通信已成为社会生活的主要部分，信息通信业务已深入到社会的各个方面，渗透到人们的工作和生活之中。

地下综合管廊中的信息设施系统是管廊内部的语音、数据、图像传输的基础，其主要作用是对来自管廊内外的各种信息予以接收、交换、传输、储存、检索和显示，同时与外部通信网络相联，为地下综合管廊的管理者及管廊内各管线的使用者提供有效的信息服务，支持建筑物内用户所需的各类信息通信业务。

城市地下综合管廊中信息设施系统主要包括实现语音信息传输的电话交换系统、室内移动通信覆盖系统，实现数据通信的信息网络系统、综合布线系统及通信系统，实现图像通信的有线电视与卫星电视接收系统，以及通信接入系统和其他相关的信息通信系统。

二、信息网络系统

信息网络系统(Information Network System，INS)是应用计算机技术、通信技术、多媒体技术、信息安全技术和行为科学等，由相关设备构成，用以实现信息传递、信息处理、信息共享，并在此基础上开展各种业务的系统，主要包括计算机网络、应用软件及网络安全等。

网络拓扑结构为环形网络拓扑结构。计算机主干网络采用千兆以太网组网技术，核心层交换机采用千兆以太网交换机，网络主干应支持第三层交换和 VLAN 划分。根据功能分为安防网、监控网、通信网及火灾报警网，后期可根据业主需求进行调整。网络系统交换机选用工业级交换机。

三、综合布线系统

1. 概述

综合布线系统是信息网络建设的基础，支持数据、语音、图形和多媒体通信等各种信号传输。将语音信号、数据信号的配线，经过统一的规范设计，综合在一套标准的配线系统上。总配线架设于监控中心。

在计算机网络运行之中，网络综合布线操作具备很强的独立性，涉及的系统设备也十分完善，包括适配器、传输介质以及配架线等，实际布线操作时，需要将上述设备应用的合理性特点表现出来。

综合布线系统作为一套标准、灵活、开放的布线系统，采用分布式网络管理(DNA)布线结构，使用星型拓扑结构的模块化设计，可以根据需要通过灵活的跳线支持管廊内的各种语音通信、数据通信及图像传输，并且能与外部通信网络相连接。本工程综合布线系统由数据传输、普通语音通信系统构成，垂直主干为各自独立的千兆单模光缆。综合布线系统由工作区子系统、水平布线子系统、干线子系统、管理子系统、设备间子系统五部分组成。

整个计算机网络布线操作的执行，需要根据具体情况具体分析，从实际角度出发，在不同区域之中设置不同的网络线路，只有这样，才能体现出布线操作的合理性。此时，需要从传输介质角度着手，该介质是连通双方的桥梁和纽带。如果在传输介质时质量能够得到提升，则整个光纤网络中的信息传递也不会出现任何遗漏，强化了信息技术的完整性，提升了信息传播质量。同时，还需要强化对适配器和配架线的有效分析，参照相关的事实和依据，根据实际需求制定出合理的计算机网络布线方案。除此之外，在具体布线操作中，需要对施工基础设备进行合理准备，主要包括线缆准备、连接材料准备等。但由于线路差异性，选择的线缆也会呈现出不同。

网络布线在计算机操作之中具备重要作用，而且网络计算机布线的合理性，是保障计算机良好操作的前提条件。由于布线操作容易受到很多因素影响，其计算机自身硬件同样需要达到某一标准，尤其是在硬件检测操作上，绝不能忽略任何环节，以让整个计算机网络布线显得更加合理。倘若能够确保计算机网络布线的合理性，计算机工作效率也能得到全面提升，实现网络资源共享和配置。另外，在上述操作的帮助下，信息安全性和保密性显得更加充分，可以降低故障和麻烦的出现概率。综合布线系统图如图16.11所示。

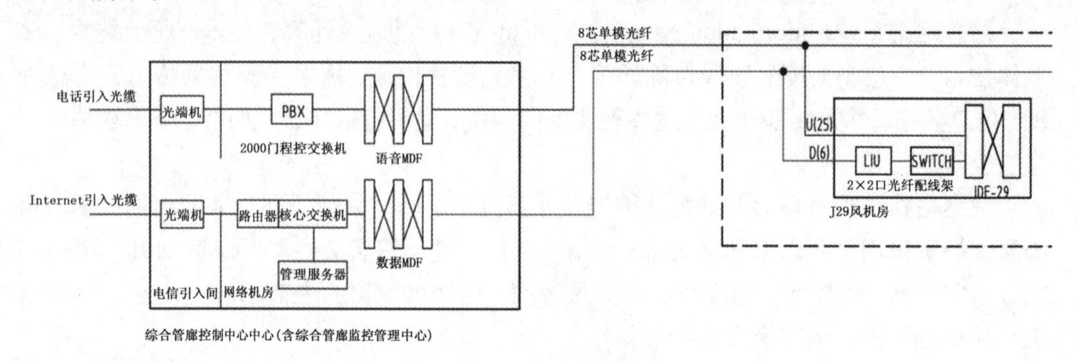

图16.11　综合布线系统图

2. 机房设计

监控中心和通信网络机房是核心机房，按B类机房标准设计与建设。

(1)配电及电气系统。配电：TN-S方式供电系统，供电分成市电、UPS电两部分，机房内除精密空调、照明外均由UPS供电。

(2)UPS电源系统。采用在线式UPS，带旁路功能，配置1台20kVA UPS，后备60min电池组。

(3)防雷接地系统。接地：保护接地、逻辑接地；防雷：三级电源防雷。

(4)精密空调系统。监控中心机房和通信网络机房设置2台专用精密空调，单台制冷量不小于20kW。

(5)环境与设备监控系统。对机房设备及安全设备的环境实现集中监控，设置一套动环监控管理平台。

(6)机房布线系统。机房内弱电线路采用地板下走线模式，机柜间安装电缆桥架。

管理中心机房如图16.12所示。

图16.12　管廊中心机房

四、通信系统

1. 光纤电话

光纤电话系统采用领先的IP技术，将音频信号以数据包形式在局域网上进行传送，系统可提供电话广播业务接入，实现远距离光纤网络传输，并集成了无线AP接入主交换功能。

系统在监控中心配置光纤语音业务服务器、调度指挥平台及通信接入主机等设备，在综合管廊每个节点井设置1台通信区域控制单元(ACU)，每舱配置1部工业防水电话或普通语音终端，其中，每个设备间及分变电所各配置1部语音终端。

主要功能：

(1)监控中心可呼叫任一终端电话，附近的工作人员就近接听，也可通过任一终端呼叫监控中心；

(2)工作人员可通过任一现场终端呼叫其他区域终端；

(3)在接入公网情况下可实现现场终端电话与外网之间的相互呼叫、通话；

(4)系统具有号码配置、呼叫、中继、录音、广播、报警等功能；

(5)当发生火灾、塌方等紧急情况时，监控中心可广播预设语音文件，及时疏散现场工作人员。

电话机如图16.13所示。

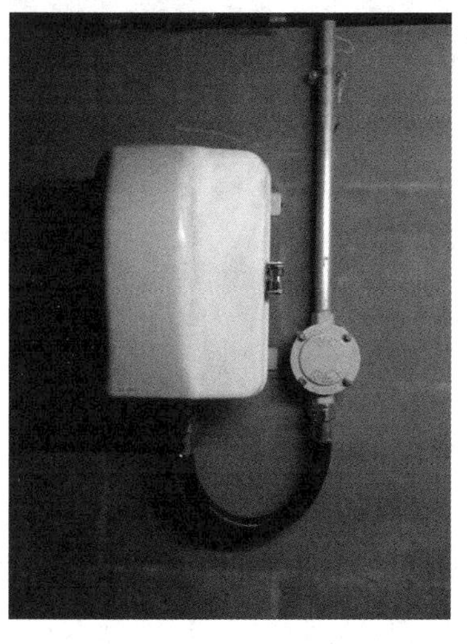

(a)燃气舱防爆电话机

(b)非燃气舱电话机

图16.13　电话机

2. 无线语音系统

除天然气管道舱外，其他舱室设置无线Wi-Fi覆盖系统，系统通过管廊内部布置无线AP进行信号覆盖，在工业智能手机上安装相应的App软件，结合光纤电话系统实现无线语音通话功能，同时实现人员定位、巡检。系统基于国际标准的Wi-Fi网络为基础，采用先进的加密方式，保证无线传输安全可靠。

监控中心配置1台无线控制器，在综合管廊每个防火分区每舱室(燃气舱设在逃生通道)每200m内配置1台无线AP，节点井按层设置AP，管廊拐弯处考虑增设AP。网络运用通信光纤网传输，无线AP通过网线接入通信区域控制单元。

主要功能：

(1)通过工业智能手机(预装App)，可实现无线语音通话功能，即可实现与现场电话终端、调度台等之间的相互呼叫；

(2)通过智能手机或人员定位卡可实时定位人员位置，监控中心可预设标签的移动轨迹，如果偏离或消失即报警，并且可对定位目标的历史运行轨迹进行回放和分析。

无线AP及工业智能手机如图16.14所示。

(a)无线AP

(b)工业智能手机

图16.14　无线AP和工业智能手机

第四节　环境与设备监控系统

一、简介

环境与设备监控系统主要对综合管廊内气体、温湿度、液位等参数进行监测和报警。对管廊内可燃气体、氧气、硫化氢等气体浓度进行实时监测，保证进入管廊的运维人员的安全；对管廊内环境温度、湿度进行实时监测的同时，联动风机控制单元，为管廊内设备营造一个健康的运行环境；对管廊内集水井液位进行实时监测，同时联动水泵控制单元，保障管廊内设备安全运行。

环境与设备监控系统的主要功能：设备(排水泵、排风机、照明设备等)的手/自动状态监视、启停控制、运行状态、故障报警、温湿度、氧含量及有毒气体等环境参数监测及自动控制，以及实现各种相关的逻辑控制关系、统计分析、电力监控等，确保各类设备系统运行稳定、安全、可靠和高效，并达到节能和环保的管理要求。

设置在监控中心的控制主机可同时连接并管理多台环境与设备区域控制单元，实时对各个环境与设备区域控制单元进行在线监测，记录各传感设备状态数据，并利用诊断系统对设备的运行状态进行分析判断。当现场环境异常时，系统能快速采集、处理故障数据，同时完成在线计算、存储、统计、报警、分析报表和数据远传等。

环境与设备监控系统通过环境与设备区域控制单元将气体含量(含氧气、甲烷、硫化氢)、温湿度和集水坑水位情况上传到监控中心，同时对通风设备、排水泵和照明设备等进行状态监测和控制，设备控制可采用自动或就地手动控制方式。

环境参数监控传感器布置见表 16.1。

表 16.1　环境参数监控传感器布置

舱室容纳管线类别	给水管道中水管道	电力电缆通信管线	天然气管道	热力管道	逃生通道	人员出入口
温度	√	√	√	√	√	
湿度	√	√	√	√	√	
水位	√			√		
O_2气体	√	√	√	√	√	
H_2S 气体	√					√
CH_4气体			√			√

【注】

① 系统实时监测管廊内的氧气、甲烷、硫化氢等气体含量。当管廊内含氧量过低(低于 19%)，硫化氢浓度过高(高于 $10mg/m^3$)、甲烷浓度过高(大于 0.1%)时，综合监控系统进行报警并可联动启动该分区风机，强制通风，保障工作人员和管廊内设备安全。

② 系统实时监测管廊内温度、湿度，当管廊内温度超过 40℃、湿度过高(超过 90%RH)时，监控系统进行报警并可联动启动该分区风机，强制通风。

③ 对于防排烟与通风系统的共用设备，平时由环境与设备监控子系统进行监控，火灾时由火灾自动报警子系统控制。

④ 系统实时监测管廊内集水坑水位超限信号，并根据水位超限信息进行水泵控制操作，即当水位超过设定标准时立刻启动或者停止水泵。

⑤ 系统具备环境参量超标自动报警功能，并通过综合监控平台以图形、语音、短信等方式进行报警并通知相关人员。

⑥ 当监控中心工作站(综合监控平台)接收到非法入侵报警或者其他监测系统报警，远程开启管廊现场照明设备，并联动摄像头进行确认。

二、电力监控系统

电力监控系统就是以计算机、通信设备、测控单元为基本工具，它是变配电系统采集实时系统、开关状态检测以及远程控制的基础平台，电力监控系统可以在检测、控制设备的辅助下成为任何复杂的监控系统，它是变配电监控中的核心体系。其中，数据采集与监视控制系统在电力系统的应用中最为广泛，电力监控系统是组成管廊综合监控系统中最主要的一个子系统，它本身具有的优势是无法被替代的，如信息完整、提高状态等。

电力监控系统在实际应用中主要是借助计算机的先进技术分析发现目前设施系统中的缺陷和制定可以改进提升的方法，进而对变电站的二次设备功能进行优化组合。通过在管廊运行中引入电力监控系统，可以实现管廊内部间的信息交换、数据共享。电力监控系统的主要功能是对管廊内各个独立的子系统实现电压、电流、功率、点度量、开关量等信息的采集，并且要在信息采集完成之后，将信息传输到控制中心，从而实现电力集成的完整过程，保证电力系统的安全稳定。通常而言，在控制中心会有专业的技术人员完成电力设备的监视工作，在电力系统进行维护和调试操作时，控制权将转由变电所监控的计算机来实现，确保对电力设备的完全控制，以便维护工作的顺利进行。

电力监控系统如图 16.15 所示。

三、智能照明系统

智能照明是运用电脑、人工智能信息处理、无线通信技术以及电器控制技术构成的无线控制系统来完成智能照明系统的智能控制功能。智能照明系统具有以下特点。

(1)集中管理，减少人为浪费。智能照明系统既能分散控制又能集中管理，在管廊的中央控制室，管理人员通过操作键盘即可关闭无人房间的照明灯。

图 16.15　电力监控系统

(2)安装便捷，节省线缆。该系统只需一条系统总线，将系统中的各个输入、输出与系统支持单元连接起来，大截面的负载线缆从输出单元的输出端直接接到照明灯具或其他用电负载上，而无须经过开关。安装时不必考虑任何控制关系，在整个系统安装完毕后再通过智能照明系统的中控软件设置各个单元的地址编码，从而建立对应的控制。控制模块安装在原有的强电箱内，不需单独的箱体。易于检修维护和更换。由于系统仅在输出单元和负载之间使用负载线缆连接，与传统控制方法相比节省了大量原本要接到开关的线缆，也缩短了安装施工的时间，节省人工费用。

(3)延长光源的寿命。电网电压的波动是光源损坏的一个主要原因，因此，有效地抑制电网电压的波动可以延长光源的寿命。智能照明系统中开闭控制模块内部采用智能芯片控制技术，对电源参数进行实时检测运算后，通过调整输出至照明负载侧的电压，确保灯具在较理想的电压范围内稳定工作，能成功地抑制电网的浪涌电压，同时还具备了电压限定和限流滤波等功能，避免过电压和欠电压对光源的损害。系统调光器还采用软启动、软关断技术，可使每一负载回路在一定时间里缓慢启动、关断，或者间隔一小段时间(通常几十到几百毫秒)启动、关断，避免冲击电压对灯具的损害，成倍地延长了灯具的使用寿命。

(4)节约能源，降低运行维护费用。与传统的照明控制方式相比较，智能照明系统可以节约20%以上电能。智能照明系统中对荧光灯等进行调光控制，提高了功率因数，降低了无功损耗。

智能照明开关、智能照明系统及其架构图如图16.16至图16.18所示。

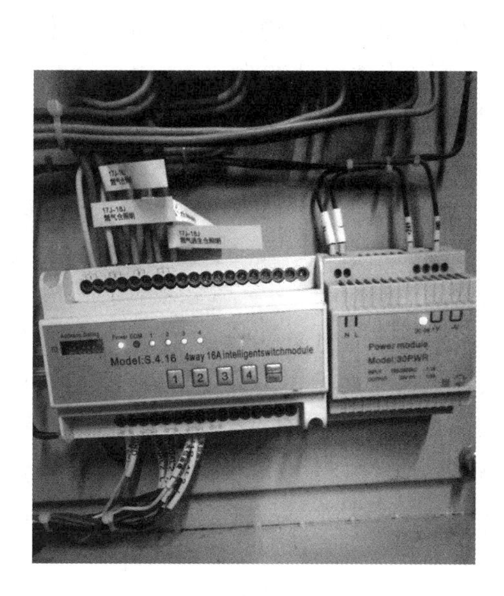

图16.16　智能照明开关

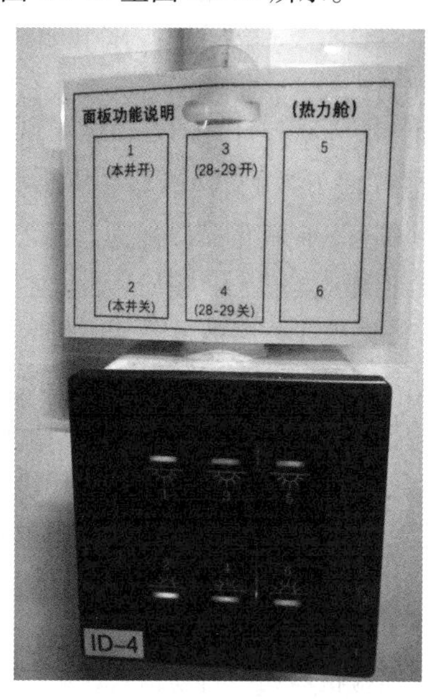

图16.17　智能照明系统

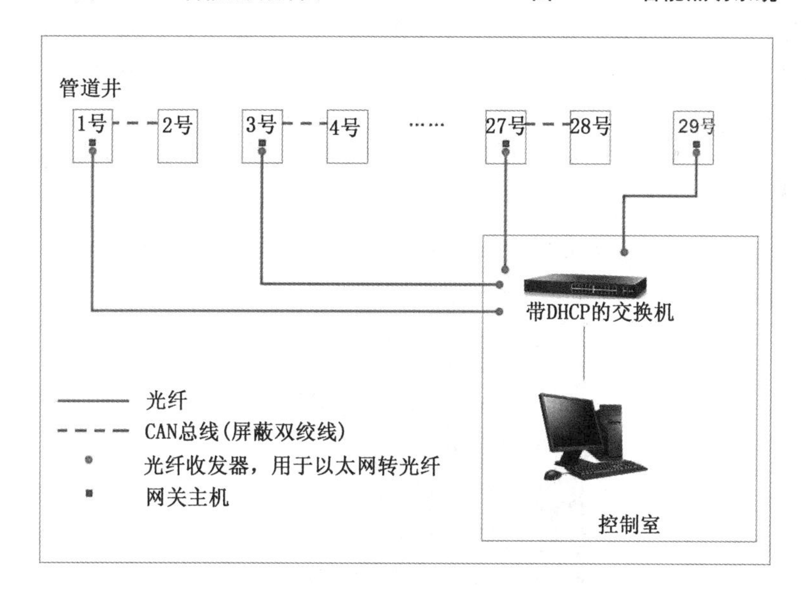

图16.18　智能照明系统架构图

四、巡检机器人系统

综合管廊长期处于光线昏暗、潮湿、有毒害气体泄漏的环境，环境相对恶劣。因此，管廊巡检机器人必须具有相应的功能，才能顺利完成巡检工作。

① 移动灵活能力：巡检机器人在复杂的环境中，需要具备灵活移动的能力，才能顺

利完成任务；② 全面监测能力：管廊中布满了燃气、热力、通信、供热、给排水等管道设施，机器人必须实时监测管廊内各个管道信息、环境参数以及机器人的自身状态信息；③ 实时信息传递能力：管廊巡检机器人在巡检过程中，应能把巡检环境的实时情况以及机器人自身数据及时传输回操作中心，以便监测；④ 远程操作能力：工作人员能通过设备远程控制机器人，实时控制机器人在管廊内进行相关的巡检任务；⑤ 准确定位系统能力：当机器人在巡检过程中发现异常问题时，需要及时且精准地定位并报告给工作人员；⑥ 持续工作能力：城市地下综合管廊是一个庞大的工程，所以为了能完成巡检任务，机器人必须具备长时间的工作能力。

综合管廊巡检机器人系统，可以弥补传统的巡检模式下，人工巡检人员的负担过重这一缺点，降低工作中的危险性。作为一种移动监控模式，又可以弥补综合管廊监控系统只能定点监控的缺陷，进一步提高对综合管廊的监控能力。

巡检机器人可以进行定时巡检、定位巡检以及指定任务巡检、遥控巡检等多种巡检方式。在开始巡检前，由工作人员先进行设定，随后将设备投入管廊内，此时巡检机器人就可以根据设定好的路径和指定的目标进行自动匀速巡检。在巡检的过程中，机器人每到达一个指定的巡检位置，就能自动且准确停车，按照工作人员的设定完成规定工作后，就会再按照设定路径自动前往下一个巡检目标，不需要进行人为操作来完成巡检任务，并且巡检机器人会自动记录、保存所采集的数据。

巡检机器人还可以携带相应的传感器进入工作区域。当携带气体探测器与温度传感器进入管廊内时，就可以实时对管廊内的温湿度和空气环境进行分析并将结果反馈到工作人员处。气体分析包含空气中的氧浓度、有毒气体与可燃气体的浓度，此时可以人工设定报警限值，当温度、湿度、有毒气体浓度高于或低于人工设定的报警限值时，就可以自动报警，以防止发生安全事故，威胁到工作人员的生命安全。同时巡检机器人还可以作为安全指示，当有工作人员进入管廊内进行工作时可以在前面做一个安全引导，为其提供温度、湿度、有毒气体浓度的实时监测，当出现异常情况时，及时汇报给工作人员。巡检机器人轨道及轨道上的防火门如图 16.19 所示。

图 16.19　巡检机器人轨道及轨道上的防火门

五、感温光纤系统

线型光纤感温火灾探测器是感温光纤系统中的主要设备。

线型光纤感温火灾探测器是分布式光纤温度探测技术在火灾报警领域的具体应用，该种探测器主要由光纤测温主机、探测光纤组成。其中，光纤测温主机负责光纤信号处理、报警和参数设置等，探测光纤负责现场的温度采集。

将探测光纤敷设于待测空间，光纤主机将激光光束发射到探测光缆中，经各种物理实验得知，温度、压力和张力等物理因素都能够局部地改变光纤中的光纤传导特性，从而光线在传导中会产生散射，并会在石英玻璃纤维中衰减。

因此，当线型光纤感温火灾探测器的主机实时地采集沿着光纤反射回来的散射光，并对这些光信号进行分析和处理时，即可得出整条光纤上的温度分布信息。主机将该温度信息与预设的报警参数值进行比较，当满足报警条件时输出报警信息，并发出火灾报警声光指示。

线型光纤感温火灾探测器光纤材质十分稳定，探测器的涂敷材料具有良好的机械性能、耐化学性、耐火性，具备抗老化、抗腐蚀特性。探测器本身无电气特性，具有本质安全性，可方便应用在严格防爆场所，以及高压强磁场或严重电磁污染的环境中，不会因传导而对系统有任何的电磁干扰，可安全应用在任何环境中。

线型光纤感温火灾探测器将现场的温度信息以光强度模拟量反馈回主机，所以光纤系统是模拟量火灾探测报警系统，具备模拟量系统过程可见的优越性。

线型光纤感温火灾探测报警系统的感温工作方式和参数设定极为灵活，可通过控制主机在感温光纤的不同位置设置不同的感温探测方式、报警阈值等工作参数。系统能够对感温光纤所处的温度场变化进行动态实时监测，指示位置和温度值，同时能对感温光纤任意位置和时序上的火警进行报警和定位。系统具有自检测、自适应和自校正功能，即使光纤系统受损或断裂，也能自动检测断点位置，且系统仍可正常工作。舱内廊顶感温光纤布置如图 16. 20 所示。

图 16. 20 舱内廊顶感温光纤布置

六、环境监测系统

由于综合管廊内部设有多种类型管道，燃气管道内可能出现甲烷、一氧化碳等气体，排水管道中也可能由于有机分解作用产生大量硫化氢等气体，在密闭空间内一旦发生泄漏，空气中可燃气体含量增加，极有可能出现危险。故设置环境监测系统。

环境监测系统采用智能传感器收集地下综合管廊内部的一氧化碳、氧气与甲烷气体质量浓度以及温度、湿度等环境因素信息，通过 GIS 空间数据库对其加以整合，从而进行实时监测和必要时触发报警机制，结合信息技术、图像显示技术等实现对环境因素信息的监测管理。

环境监测系统主要通过感知层、平台层和应用层 3 个层次实现。感知层：采用信息收集器和传感器对地下综合管廊的环境因素(如一氧化碳、氧气与甲烷气体质量浓度以及环境温度、湿度等)进行实时收集；平台层：将收集来的数据进行分类归纳，通过基础数据库、业务数据库和监测数据库，就可以对数据进行实时存储，能够达到数据实时采集、远程监测的目的；应用层：在监测中心的屏显装置上，可以随时显示综合管廊内部环境参数，调用数据曲线查看趋势以及历史数据，利于预测环境因素的发展趋势。

其温湿度、氧气、硫化氢、甲烷探测器如图 16. 21、图 16. 22 所示。

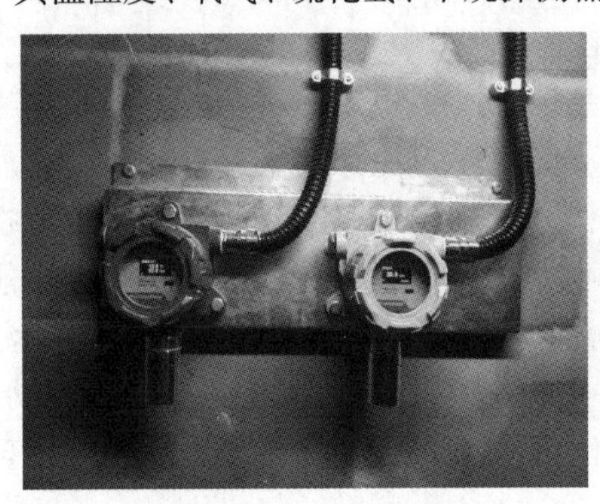

图 16. 21　温湿度(左)、氧气(右)探测器

图 16. 22　硫化氢(左)、甲烷(右)探测器

第五节　安全防范系统

一、简介

安全防范系统主要设计范围包括视频监控系统、入侵报警系统、出入口控制系统及电子巡查管理系统。

安全防范系统架构图如图 16. 23 所示。

安全防范区域控制单元(ACU)负责管廊每个控制分区中的安防设备接入和数据回传至控制中心，如摄像机、防入侵探测器、声光报警器、出入口井盖监测器等设备。安全防范区域控制单元(ACU)满足 IP67 防护等级和 EMC 工业Ⅳ级特性，满足综合管廊应用环

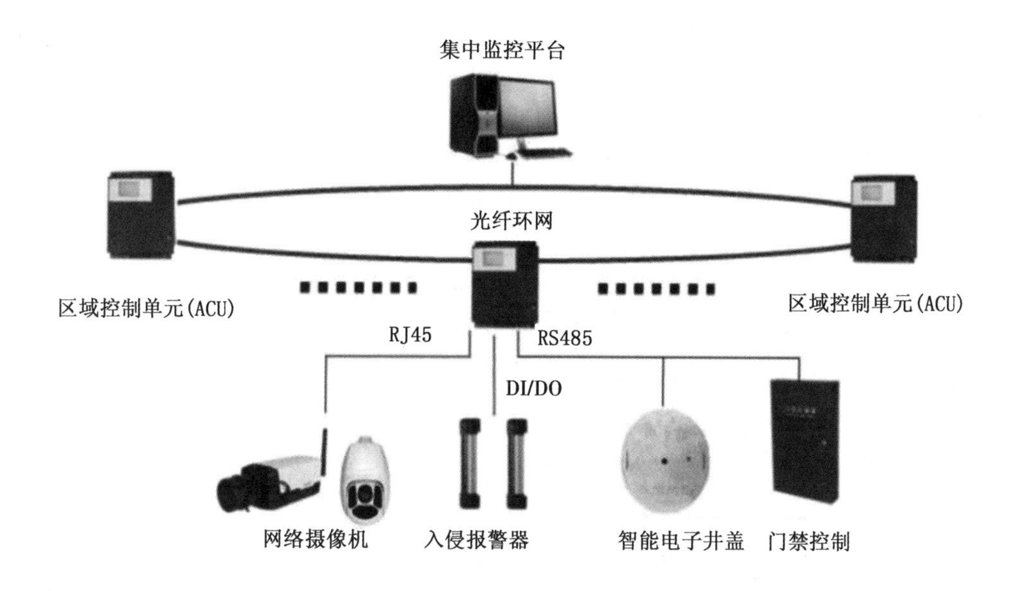

图 16.23　安全防范系统架构图

境要求。根据项目情况，提供多种接口类型的安全防范区域控制单元(ACU)产品，以满足不同接入需求。设计采用高防护等级的集成式 ACU，产品主要功能要求如下。

(1)10 监控模块：满足现场防入侵探测器、声光报警器和出入口井盖监测器等设备 10 端口接入。

(2)EMC 防护：内置 10，RJ45，RS485 等端口链路防护设计，满足 EMC 工业Ⅳ级认证要求。

(3)IP 防护：整机采用高防护外箱和 PG 接头，防护等级达到 IP67。

二、视频监控系统

视频监控系统能够对管廊内部环境、管廊出入口、设备间等重要位置进行实时全方位的图像监控，使监控中心值班人员清楚了解管廊现场实际情况，并及时获得意外情况的图像信息。视频信号通过六类线传输至安全防范区域控制单元(ACU)(距离超过 100m 采用光纤回传，增设防护箱和光电转换器)，利用安全防范系统光纤环网将信号送至控制室磁盘阵列。监控中心可随时调取网络摄像机的实时视频信号和历史回放图像，并投放到显示大屏上。

视频监控系统主要功能如下。

(1)视频监控系统具有视频监视与控制功能，能够对管廊内部环境、出入口、设备间等重要位置进行实时全方位的图像监控。

(2)视频监控系统除了具有数字化视频监控系统自身的视频采集、存储、报警、联动等基本功能外，还具有图像分析处理能力，对于进入禁区的非法闯入行为进行自动报警。

(3)视频监控系统具有远程控制视频的功能。

(4)视频监控系统可对视频摄像球机进行 PTZ(Pan/Tilt/Zoom)控制，以便于值班人员清楚了解整个管廊及监控中心的基本情况，并及时获得意外情况的信息。

(5)视频监控系统可对所有视频监视信号进行数字化存储，以便对近一段时间的视频进行备案和查询。

(6)视频监控系统通过综合监控平台与其他系统联网，参与门禁监控系统、入侵报警系统、应急通信系统和火灾报警系统等的相关联动。

(7)视频监控系统平常监视为任意断面监视，当有异常信息时，系统自动弹出画面，或根据人工要求在指定屏幕上显示(通过操作键盘也可任意切换所需画面)。

(8)视频监控当系统检测到非法入侵、水位报警或者火警发生时，系统能够开启相应区段的照明，并将该区段的视频画面切换到显示屏的最前面。

(9)视频监控系统所有摄像机图像均被赋予编号与日期、时间，并进行数字式存储录像，回放图像分辨率不小于1280×20，帧速不低于25帧/s，在回放的同时不影响正常录制，图像保存时间不小于30天。

在综合管廊内各舱室、设备集中安装点、人员出入口、分变电所和监控中心等处均设置高清网络摄像机。舱室常规配置为每隔100m设置一部低照度高清网络摄像机(设备间、投料口、通风口和转弯等处根据实际情况设置)，转弯及过坡处酌情增加，监控中心设置磁盘阵列(根据摄像机数量、存储空间确定数量)、多屏拼接控制器、视频管理服务器及操作终端等。摄像头如图16.24所示。

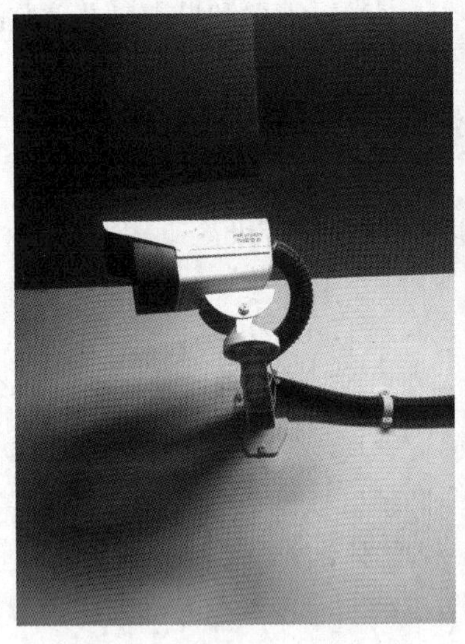

(a)非燃气舱摄像头

(b)燃气舱摄像头

图16.24　非燃气舱摄像头和燃气舱摄像头

三、入侵报警系统

为防止其他人员入侵管廊，对电缆、管道等设施实施外力破坏，对能够供人员进出的地方进行监测，一旦发现有人员非法入侵，可以立即报警，从而保证管廊运行安全。

入侵报警系统采用微波+红外双鉴探测器和报警器，鉴于管廊现场“非法入侵”情况，可联动现场声光报警器，同时其报警信号通过安全防范区域控制单元(ACU)送入监控工作站，监控画面相应位置闪烁，并产生语音报警信号。入侵报警系统可以与视频监控系统联动确认“非法入侵”者身份。

微波+红外双鉴探测器和红外对射报警器把人员是否进入的状态信息传输至安全防范区域控制单元(ACU)，通过光纤环网将状态信息传输至监控平台，实现24小时实时在线监控。当监测到人员入侵时，产生报警信号，管廊内及监控平台进行声光报警，软件界面弹窗报警，并同时定位报警点，提醒监控平台工作人员采取相关措施。

在每个控制分区的每个舱的投料口、通风口、人员出入口等处设置红外防入侵探测器及声光报警器(数量以项目实际情况为准)。入侵报警系统架构图、声光报警器、双鉴探头及报警器如图16.25至图16.27所示。

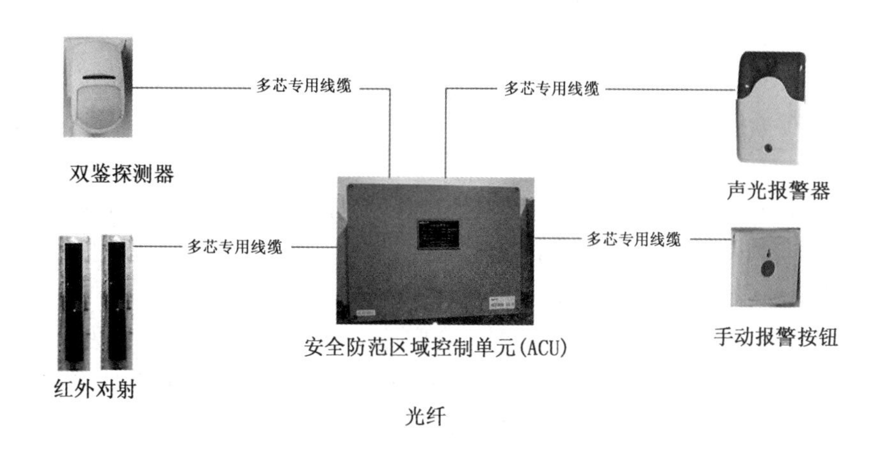

图16.25　入侵报警系统架构图

图16.26　声光报警器(左)、双鉴探头(右)

图16.27　报警器

四、出入口控制系统

出入口控制系统是新型现代化安全管理系统，集微机自动识别技术和现代安全管理措施为一体，涉及电子、机械、光学、计算机、通信等诸多新技术。它是实现安全防范管理管廊出入口的有效措施。

出入口控制系统由门禁管理平台、门禁控制器、读卡器、发卡机、非接触式 IC 门卡、门磁、电控锁、通信电缆等组成。门禁控制器采用网络信号传输方式，通过以太网主干网络接入监控中心，也可以采用 RS485 通信方式，就近接入所在区域控制单元实现与管理平台联动控制。系统具有开门权限管理、门卡挂失管理、非法闯入管理、双向读卡防尾随管理等功能，同时能通过监控中心综合管理平台与消防系统联动，接到消防系统报警信息后，门禁控制器自动打开所控制的门，方便人员逃生。为了让相关人员进入综合管廊出入口前，对本段管廊内的环境进行了解，在综合管廊进出口门禁终端加装双基色 LED 显示屏，实时显示管廊内环境信息，包括气体浓度含量和管廊积水坑水位状况等。

门禁管理平台可集成到管廊综合监控系统中，实现进出人员管控、联动模式管理等系统功能。

出入口控制系统对监控中心和管廊出入口等处实施出入管理，强化管廊安全防范功能。主要功能包括但不限于以下几个方面。

(1)系统架构：联网状态出故障情况下可脱机运行，与消防系统联动；

(2)支持集成：门禁管理平台支持向综合监控平台系统集成的二次开发接口；

(3)通行方式：支持刷卡、密码、卡+密码、指纹识别、时段常开/常闭等通行方式；

(4)精准的权限控制：精准控制任何人在任何时间点上，在任何出入口的通行权限及通行方式；

(5)实时监控：实时图文监控门禁状态及各类刷卡进出人员的信息、警报等事件，全面掌控门禁系统的工作状态；

(6)读卡机防撬：非法拆卸读卡机将触动预设的报警；

(7)强行进入报警：未经合法认证暴力开门将触动强行进入报警；

(8)开门超时报警：正常开启后，必须在规定的时间内闭合，否则将触动报警；

(9)多种通信方式：具有 TCP/IP，RS485 多种通信方式，并实现混合组网。

监控中心出入口及综合管廊入口均设置门禁系统(门禁数量根据项目实际需求确定)。出入口控制系统架构图及门禁设备如图 16. 28、图 16. 29 所示。

五、在线式电子巡查管理系统

在线式电子巡查管理系统是考察巡查者是否在指定时间按巡查路线到达指定地点的一种手段。在线式电子巡查系统是安全防范系统的重要组成部分，能有效地对维护人员的巡逻工作进行管理。系统采用在线式，巡检器通过通信系统 Wi-Fi 网络实时回传巡检记录，自动记录维护人员所到该位置的准确时间和位置。管理平台自动生成巡检数据，形成一份完整的巡逻报告。

在线式电子巡查管理系统在管廊内安装巡查点，维护人员先在巡检机 App 软件上录

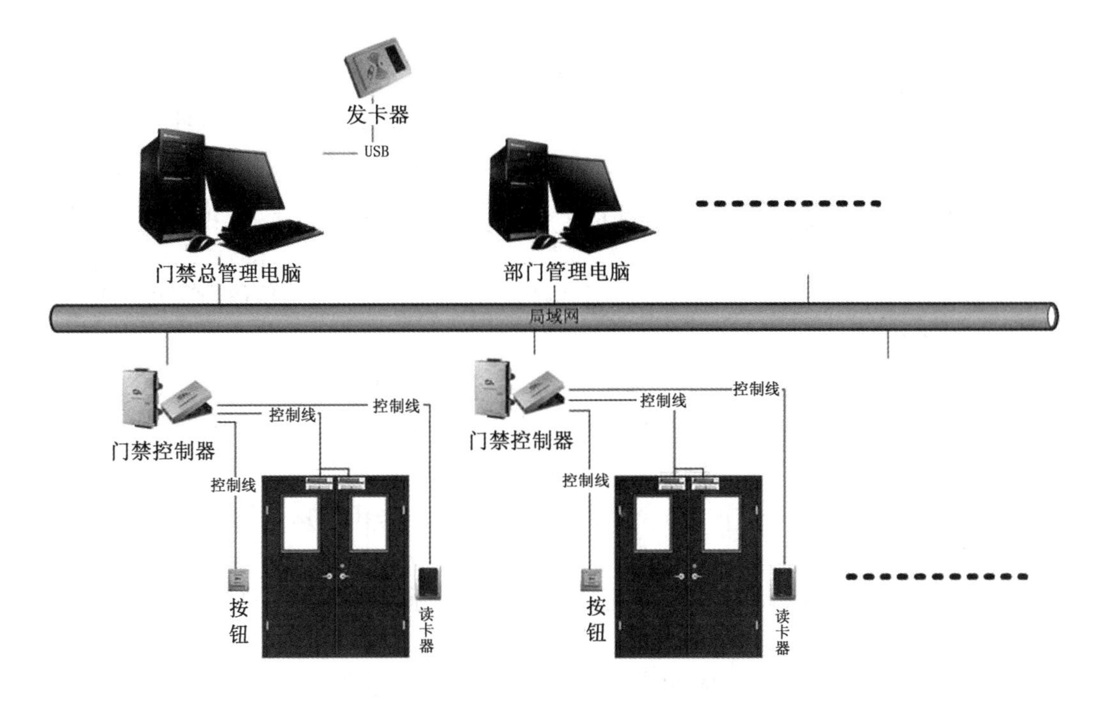

图 16.28　出入口控制系统架构图

图 16.29　门禁设备

入个人信息，再到各点时用巡检机读取“巡查点”，由此将自己巡逻到该地点的相关数据信息上传至平台，就可以得到巡逻情况(时间、地点、人物、事件)。

在线式电子巡查管理系统主要由巡检机、巡查点、巡逻管理专用软件组成。在综合管廊每个控制分区重点监控位置(如设备间内、人员出入口、投料口、防火门附近等)设置巡查点，维护人员配备巡检机，对巡查点巡视检查并记录。

六、电子井盖系统

针对非法盗窃井盖、非法进出井口等现象，专门设置了适应综合管廊的电子井盖系统，电子井盖具有手动、遥控、远程等多种开启方式，紧急情况(如断电等)下可手动开启。

使用带远程通信功能的井盖控制器，系统可以通过远程通信方式实现监控中心对各井口状态的实时监控，各井口控制器实时监控井口状态，对非法开盖状况实时报警传给监控中心，监控中心接警后立即将相关资料显示于监控计算机显示屏上，并提醒值班人员接警。用户还可以在监控中心实现对各井口的布防、撤防，方便维护、检修。

综合管廊环境比较恶劣，凝露严重，且电力舱电缆繁多，电磁干扰比较大。针对这些特点，电子井盖严格遵循工业级设计标准，电磁兼容达到 4 级，防护等级达到 IP67。机械结构和电路设计稳定可靠，能够在综合管廊恶劣环境中长期稳定运行。

系统对管廊井盖的开闭状态进行实时监测，对于非法开启、通信故障等进行报警。系统具备以下功能。

(1)可以对进出管廊情况做全时记录，防止未经许可人员进入。

(2)锁控井盖监测装置在系统断电情况下处于锁定状态。

(3)能按时间、地点进行多种组合的权限设置。

(4)系统具备链路检测功能，系统定期对下位机及线路中的设备进行巡检，自动诊断链路故障。

(5)设备故障的显示和存档，在电缆状态监测主站系统对终端监测装置的各种故障进行显示，并自动存储系统数据库中。

(6)系统具备日志功能，锁控井盖监测装置的历史状态查询。

(7)锁控井盖监测装置具备电缆状态监测主站远程开启、现场手动应急开启，此外还需要无线遥控开启等功能。

(8)井盖锁定状态时需要对周围振动情况进行监测，判断是否有可疑的破坏行为发生。

(9)电子井盖防护等级须达到 IP68 级别。电子井盖及其控制箱如图 16.30、图 16.31 所示。

图 16.30　电子井盖

图 16.31　电子井盖控制箱

第十七章　管廊运维平台建设

第一节　行业背景

长期以来，我国各种管线的布置方式多以直埋方式置于地下。在扩能、改造、维修时，常常要对路面或绿地进行破坏，不仅造成很大的经济浪费，而且给车辆、行人造成不便。另外，在城市各类管网管理模式上，则是各自为政、互不通气，管线排布失序，导致施工、维修中相互干扰、破坏；管线档案缺失，信息难以共享，后续管线施工对已有地下管线情况不够了解，常造成无谓的破坏。

综合管廊是21世纪新型城市基础设施建设现代化的重要标志之一，它将电力、通信、燃气、供热、给排水等多种市政管线集于一体，实施统一规划、统一设计、统一建设和管理，是保障城市运行的重要基础设施。综合管廊避免了“拉链式作业”并预留充分空间，后续管线的敷设、运行、维修、检查、管理等，都可以在综合管廊中进行，节省成本，节约城市建设用地。

第二节　建设意义

地下综合管廊收容的管线种类众多，传统的空间管理借助图纸、各类卡片来管理庞大的城市管线资料，致使数据不全、精度不高、更新速度慢、预警延时、处理滞后等现象。只有运用现代信息技术，建设综合管廊智能监控报警与运维管理系统，对地下综合管廊进行信息化管理，对管线运营全面监控，并采取有效应急措施，才能发挥综合管廊的巨大作用。

（1）我国智慧管廊将呈现跳跃式发展趋势，为大数据在智慧管廊监控中心应用提供了前所未有的发展机遇。当前世界正迎来以绿色、智能和可持续为特征的新一轮的科技革命、工业革命和产业革命，以物联网、云计算、大数据为代表的新一代信息技术发展迅速，为城市信息化向更高阶段的智慧化发展带来新的契机。智慧管廊大数据应用将对政府和运营单位以及权属单位的管理、决策、服务能力，以及管廊规划、研究、建设、运营产生革命性的深远影响。

（2）智慧管廊监控中心有效提升行业管理及决策能力。随着大数据技术的发展，城市信息化建设的重心逐步从 IT 向 DT 转化，未来信息化建设的重心将是如何对内外部的数据进行深入、多维、实时的挖掘和分析，以满足决策层的需求，推动行业信息化向更高层面进化。

第三节　管廊运维平台价值

管廊运维平台价值如图 17.1 所示。

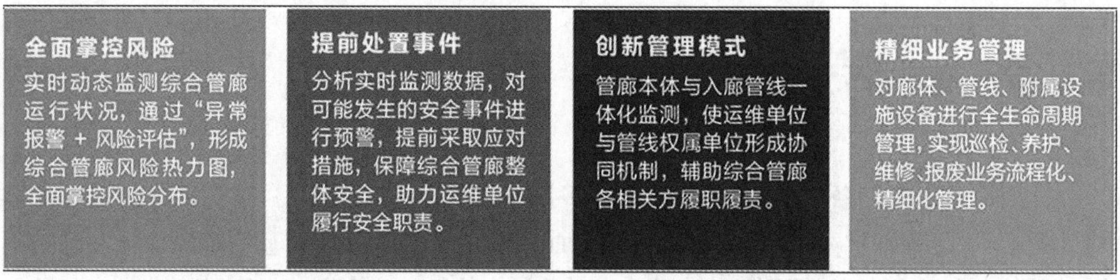

全面掌控风险
实时动态监测综合管廊运行状况，通过“异常报警 + 风险评估”，形成综合管廊风险热力图，全面掌控风险分布。
提前处置事件
分析实时监测数据，对可能发生的安全事件进行预警，提前采取应对措施，保障综合管廊整体安全，助力运维单位履行安全职责。
创新管理模式
管廊本体与入廊管线一体化监测，使运维单位与管线权属单位形成协同机制，辅助综合管廊各相关方履职履责。
精细业务管理
对廊体、管线、附属设施设备进行全生命周期管理，实现巡检、养护、维修、报废业务流程化、精细化管理。

图 17.1　管廊运维平台价值图

第四节　管廊运维管理平台系统组成

管廊运维管理平台界面核心部分主要由管廊监控系统、管廊管理系统、BIM 管理系统、管廊办公系统四大系统组成。主界面如图 17.2 所示。

中国建筑智慧管廊运维管理平台
CHINA STATE CONSTRUCTION PIPE GALLEY BIM BROADVIEW COSS
管廊监控系统
管廊管理系统
BIM管理系统
管廊办公系统

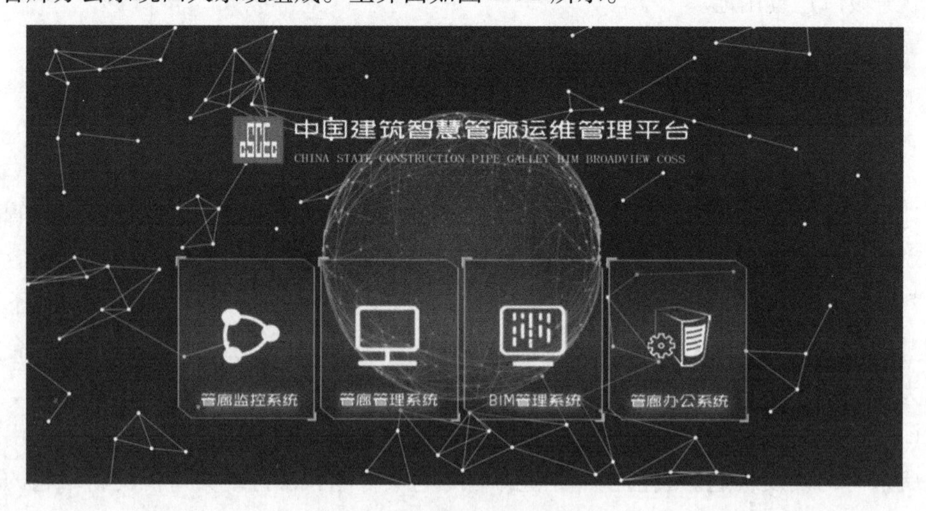

图 17.2　管理平台主界面

(1)管廊监控系统。一体化集成设计，包括数据、界面、信令和业务的集成，实现了视频、门禁、环境、安防、通信等多个子系统的整合集成和统一管理，并实现各子系统间的智能联动。

(2)管廊管理系统。对管廊设备进行监测管理，包括监控统计、运行原理、应急指挥、故障管理、设备管理、知识库管理等功能，为管廊的安全运维提供决策支持。预留智慧城市接口，支持向智慧城市平滑升级。

(3)BIM 管理系统。采用智能先进的 BIM 系统，通过三维模型直观显示地下管线的空间层次和位置，可对管线对象所在区域、管径、埋深、长度等各种属性与空间信息进行查询，可支持断面、净距、碰撞等多种分析功能。帮助用户对综合管线以标准化的方式进行管理，并提供丰富强大的各类查询、统计分析等功能。为今后地下管线资源的统筹利用和科学布局、管线占用审批等工作提供了准确、直观、高效的参考。

管廊运维管理平台采用移动互联的最新思维和理念，基于物联网、云计算、大数据、GIS、BIM 等信息技术，实现了管廊全生命周期各参与方在同一平台上的分布式数据采集、大数据分析、监控运维等所有应用服务。具备廊内环境监控、安防监测、火灾报警、人员定位、日常值班、数据归档、电子巡查、应急通信、指挥调度等管理手段，实现对管廊本体、入廊管线以及附属设施的智慧化统一管理，从“审”“监”“维”“检”“调”“考”6 个方面出发，达到巡检维护高效化、资源利用集约化的目的。

(4)管廊办公系统。针对运维公司日常工作，实现入廊审批、资费管理等功能，为管廊经营管理提供决策依据，实现监、管、控一体化的运维管理。

一、管廊监控系统功能组成

管廊监控系统由总览、综合监控、巡检管理、巡检情况、环境监测、安防监控、通信系统以及消防系统八大部分组成。管廊监控系统组成示意图如图 17. 3 所示。

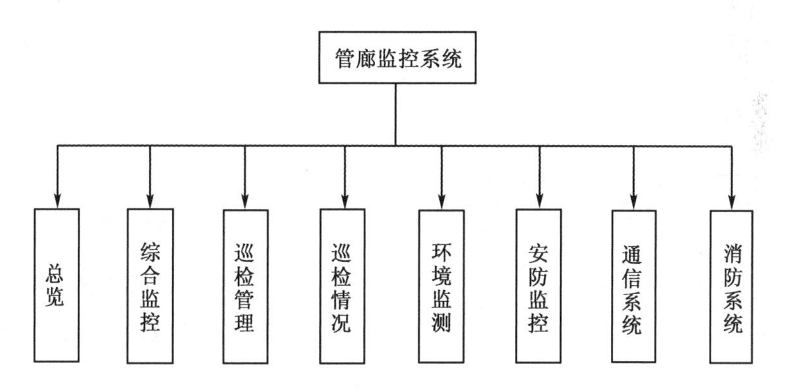

图 17. 3 管廊监控系统

1. 总览

在运维中心设置监控中心办公大厅。监控中心可以查看管廊分布图、机器人巡检情况、设备故障统计、能耗以及入廊率等的统计；系统能够将与实时报警信息、管廊 GIS 信息与三维 BIM 模型、人员位置信息、设备状态信息等相关的实时数据投在显示大屏上。监控中心值班人员能够通过大屏监控系统实现管廊实时状况的查看和管理。大屏展示、总览图如图 17. 4 和图 17. 5 所示。

图 17.4　大屏展示

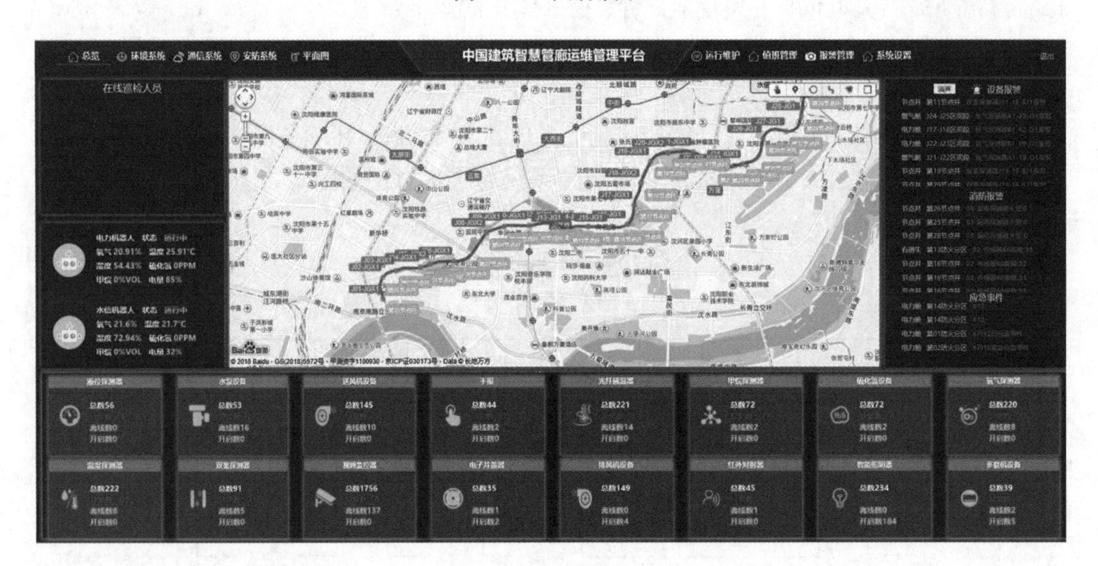

图 17.5　总览图

2. 综合监控

综合监控系统显示巡检机器人、巡检人员以及关键点位，如摄像头的监控定位、电子井盖、节点井位。

3. 巡检管理

组织巡检班组、生成设备二维码以及通过平台向巡检人员发布巡检任务。

针对日常运维中巡检任务的派发、反馈以及完成情况管理，同时针对各类设备的维保信息进行管理及提醒，30 天以内即为预警提醒。

(1)巡检任务。巡检人员根据巡检计划对综合管廊内的管道、线缆、设备等进行巡检，巡检人员通过手持终端将巡检中发现的异常情况实时上报到监控中心。

（2）设备维保。管廊内设备种类繁多，需要定期对设备的状况进行维护，以保障管廊内部所有设备能够正常运行，不影响运维工作的进行。

4. 巡检情况

管理人员查看现场巡检人员反馈的巡检情况。

5. 环境系统

环境系统包含气体采集系统、排水系统、通风系统、照明系统。主要显示各个子系统报警、故障、在线、离线以及开关情况；且针对通风系统和照明系统而言，还可以在设备自动模式下远程操控开关。

（1）排水系统。地下管廊湿气重、易积水，管廊具有积水和水位监测功能，可将监测信息反馈到平台，防止设备损坏以及危险的发生。如图 17.6 展示了监控水泵设备和液位探测器设备的故障、报警、离线、开启等情况。

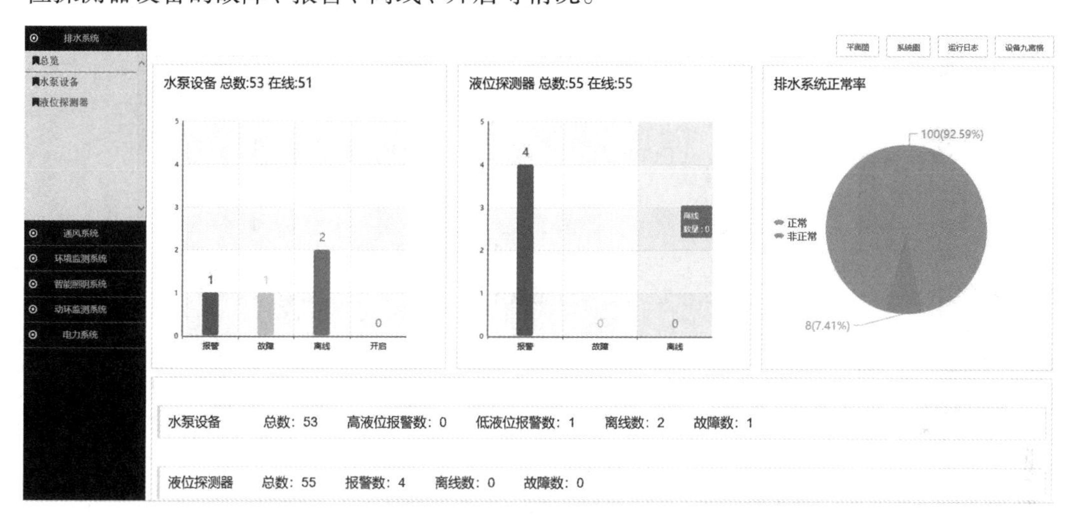

图 17.6　排水系统

（2）通风系统。管廊位处地下，空气难流通，易产生有害气体超标、氧气浓度不足等情况，因此，需要设置通风系统进行空气置换，避免出现安全隐患。图 17.7 展示了排风机、送风机和多联机空调设备的故障、离线、开启等情况，同时可支持风机及多联机空调的远程开启和关闭等控制操作。

（3）环境监测系统。由于管廊位处地下，环境阴暗潮湿，易出现有害气体超标的情况，对人员和设备产生安全隐患，地下管廊探测器可实现对气体（O_2、CH_4、H_2S）、温湿度实时监测并实时反馈到监控中心。图 17.8 展示了氧气、硫化氢、甲烷、温湿度器以及光纤感温探测器的报警、故障、离线、开启等情况。

（4）智能照明系统。由于城市综合管廊内长期无人，故仅需实现智能控制面板系列的分区域开关控制。结合日常运营维护计划，可以设置任意区间段内打开或关闭相应回路或区域内照明灯具，不但可以节约人力成本，其良好的节能、环保、降耗特点还具有良好的经济效益及社会效益。界面效果如图 17.9 所示。

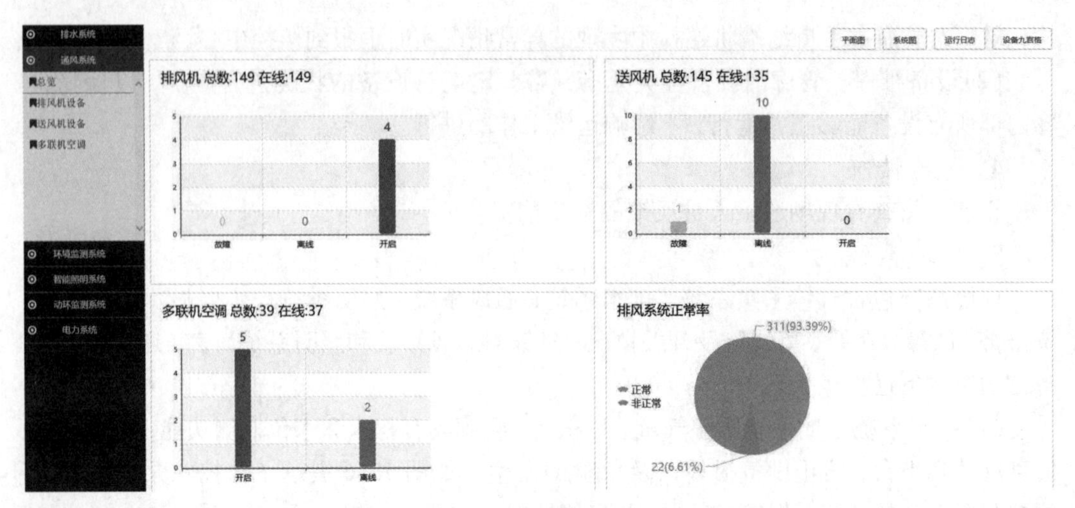

图 17.7　通风系统

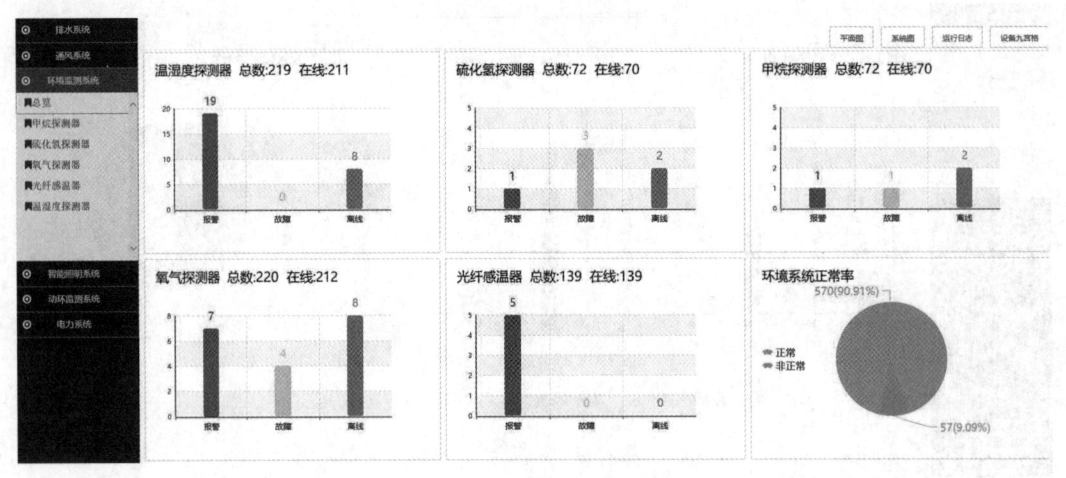

图 17.8　环境监测系统

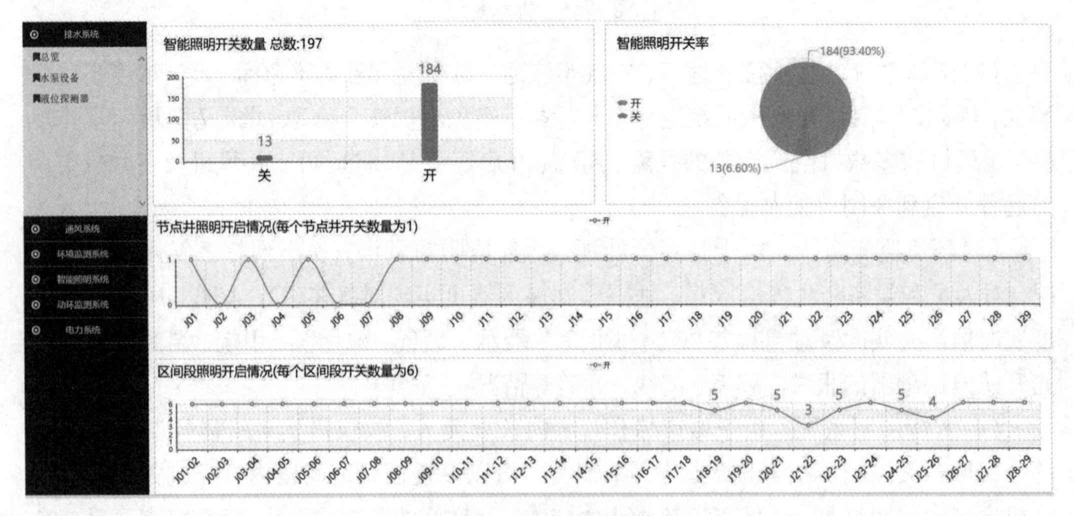

图 17.9　智能照明系统

6. 安防系统

管廊安全首先要保证管廊主体结构的安全和入廊管线自身的可靠稳定运行；同时要防止人为事故的发生，规范授权下操作的可控性，降低授权入侵的可能性。

（1）入侵系统。综合管廊敷设了电力、燃气、给排水、热力等市政管线，与民心生活息息相关，也是未来城市的生命线所在，一旦遭到非法入侵，均有可能对入廊管线造成威胁，酿成重大事故。图 17.10 展示了入侵系统的故障、报警、离线等情况。

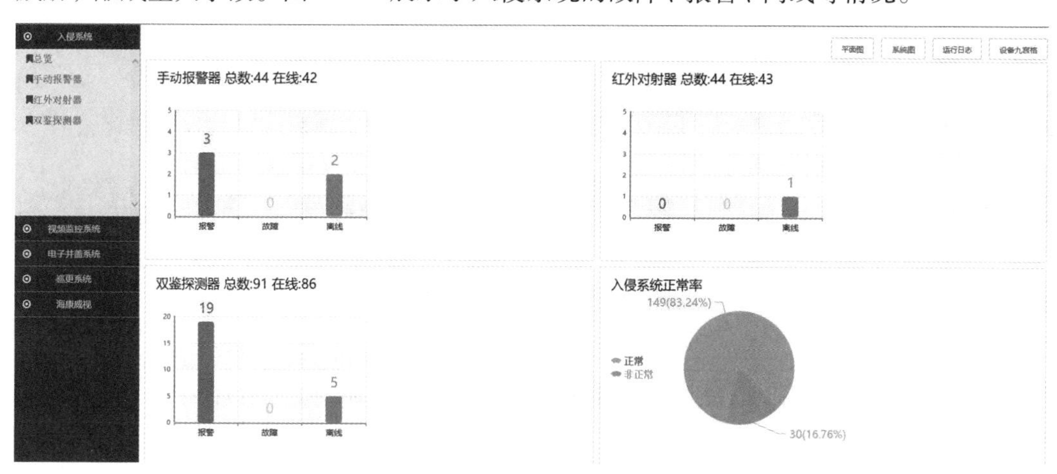

图 17.10　入侵系统

（2）视频监控系统。在管廊的出入口、通风口、门禁及各个区间段和节点井关键部位安装摄像头进行视频监控，可实时显示当前的监控情况。图 17.11 为全线管廊的摄像头分布及在线情况。

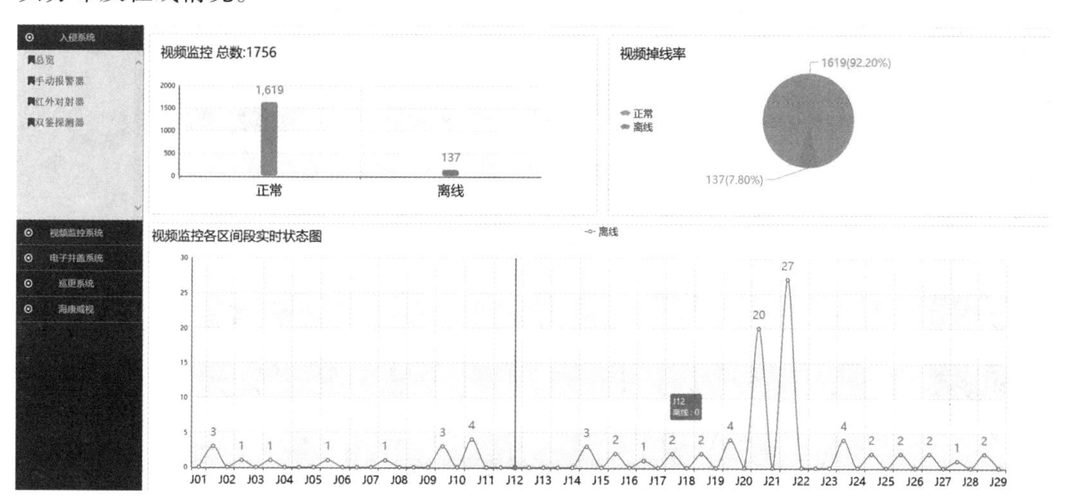

图 17.11　视频监控系统

（3）电子井盖系统。城市地下综合管廊电子井盖采用先进的传感技术和通信技术。采用井盖智能锁具和中心监控系统，系统能够实时跟踪井盖开启状态，及时发现和定位非法破坏行为，并可将信息下发到责任人，以尽快解决问题。图 17.12 展示了该系统中所有电子井盖的开关、离线状态。

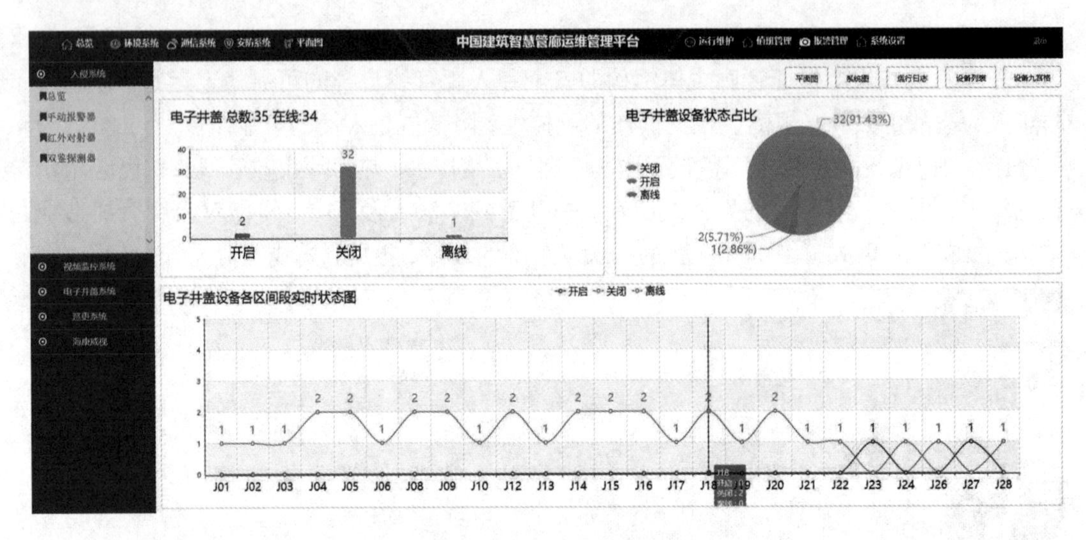

图 17.12　电子井盖系统

7. 通信系统

通信系统提升了地下综合管廊的管理水平，保障了管廊各业务有序进行，为设备设施安全保驾护航，同时管理维护工作量小，通过控制器可视化对全网无线设备进行配置，管理操作难度极低，减小运维成本。

(1)无线 AP 系统。无线 AP 系统解决了管廊人工巡检、智能机器人巡检数据实时回传，保证管廊无线全覆盖的效果，全部 AP 通过无线控制器统一管控。图 17.13 为廊下所有无线 AP 设备在线、离线状况以及每个区间段和舱体的状态分布情况。

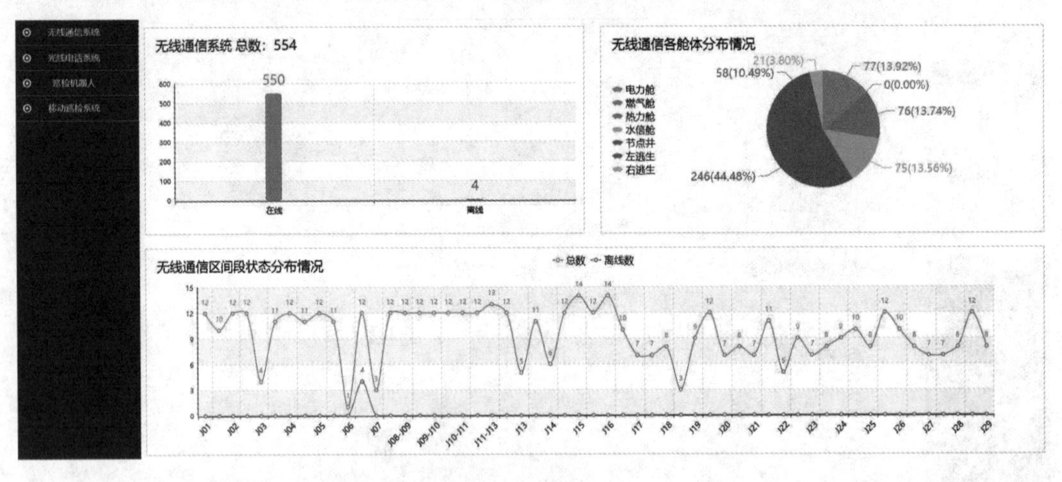

图 17.13　无线通信系统

(2)光线电话系统。为便于地下管廊的管理人员进行调度通信及内部工作人员之间的通信联络，光线电话系统在地下综合管廊中是不可缺少的通信调度系统。图 17.14 为廊下全部光线电话的详细位置及号码等信息。

(3)巡检机器人。采用智能巡检机器人，可以确保对管廊内进行全方位监测、运行信息反馈不间断和高效率维护管理效果，减少运营管理的劳动力，改善劳动环境。图

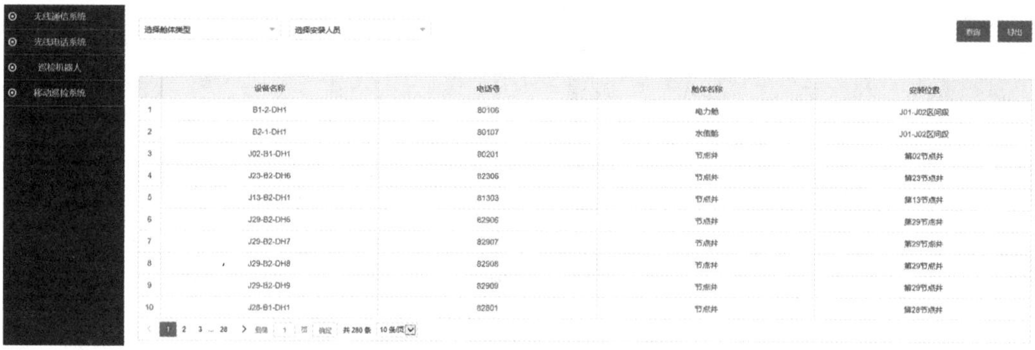

	设备名称	电话号	舱体名称	安装位置
1	B1-2-DH1	80106	电力舱	J01-J02区间段
2	B2-1-DH1	80107	水信舱	J01-J02区间段
3	J02-B1-DH1	80201	节点井	第02节点井
4	J23-B2-DH6	82306	节点井	第23节点井
5	J13-B2-DH1	81303	节点井	第13节点井
6	J29-B2-DH6	82906	节点井	第29节点井
7	J29-B2-DH7	82907	节点井	第29节点井
8	J29-B2-DH8	82908	节点井	第29节点井
9	J29-B2-DH9	82909	节点井	第29节点井
10	J28-B1-DH1	82801	节点井	第28节点井

图 17.14　光线电话系统

17.15 所示为巡检机器人的实时采集信息以及监控画面。

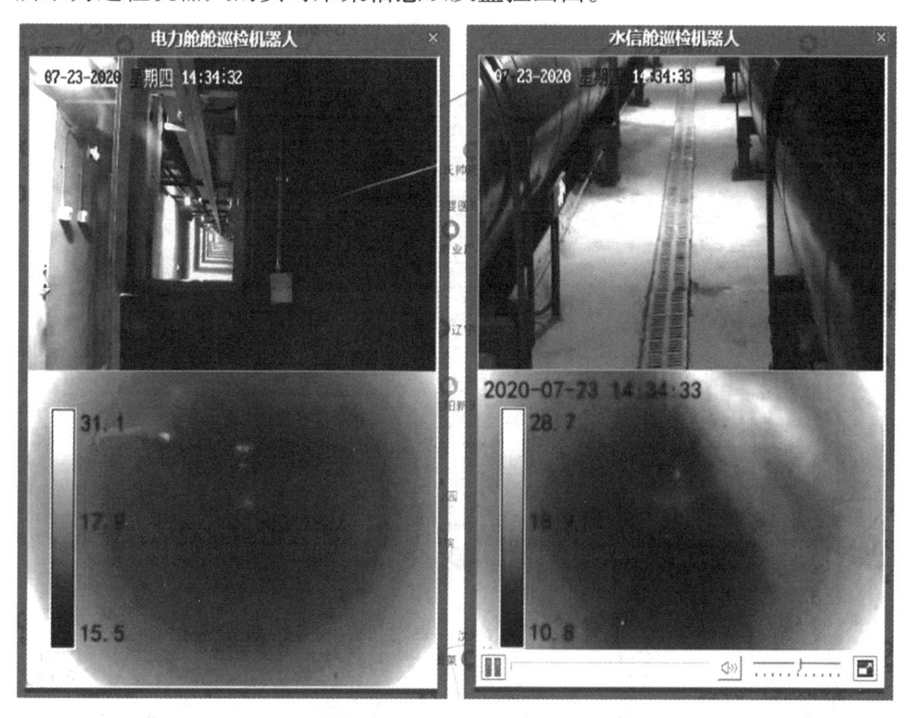

图 17.15　巡检机器人

8. 消防系统

预览管廊内所有消防设备。

9. 报警管理

报警管理系统集中了廊下所有机电设备的报警、故障、开启等状态，按照不同设备类别划分不同的应急等级，同时可实现报警设备的应急联动，并针对部分设备可进行应急处置。报警管理和报警联动分别如图 17.16、图 17.17 所示。

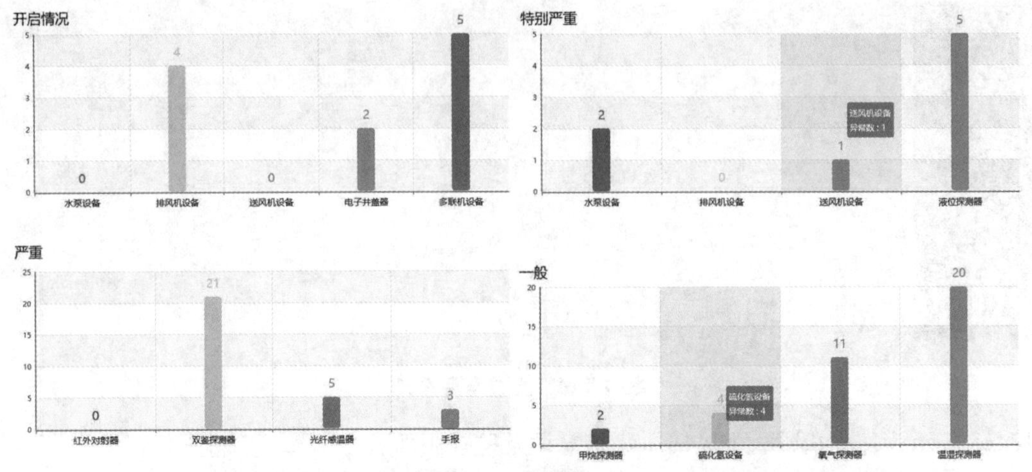

图 17.16　报警管理

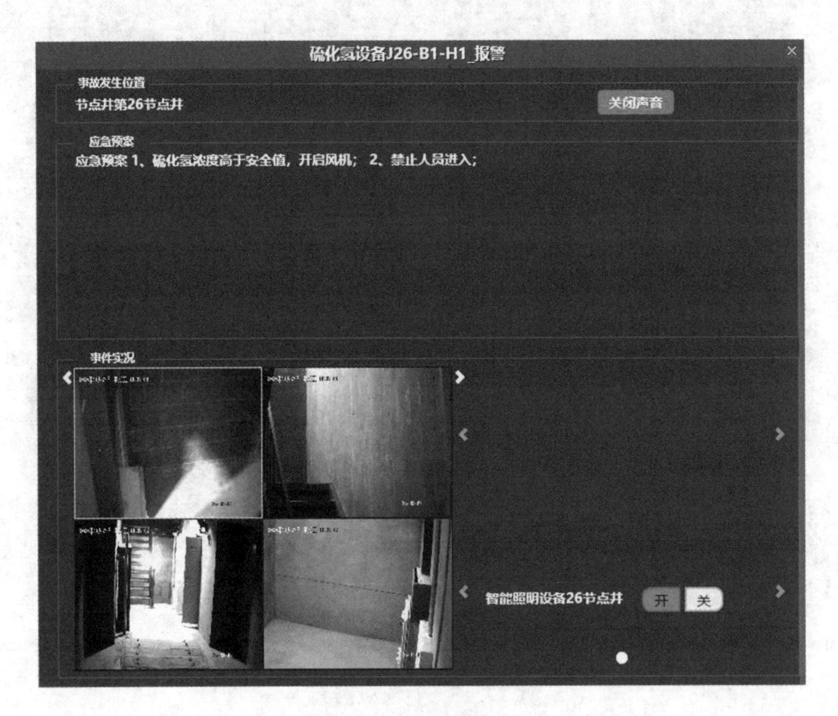

图 17.17　报警联动

二、移动巡检 App 功能组成

移动巡检 App 由临时任务、巡检计划、巡检记录、到岗签到、定向呼叫、定位查看及二维码扫描七大部分组成。移动巡检系统组成示意图如图 17.18 所示。

① 临时任务：查看巡检管理员临时发起的任务并反馈巡检结果；

② 巡检计划：查看巡检管理员设置的日常巡检计划并反馈信息；

③ 巡检记录：查看巡检的历史信息；

④ 到岗签到：巡检人员上班打卡；

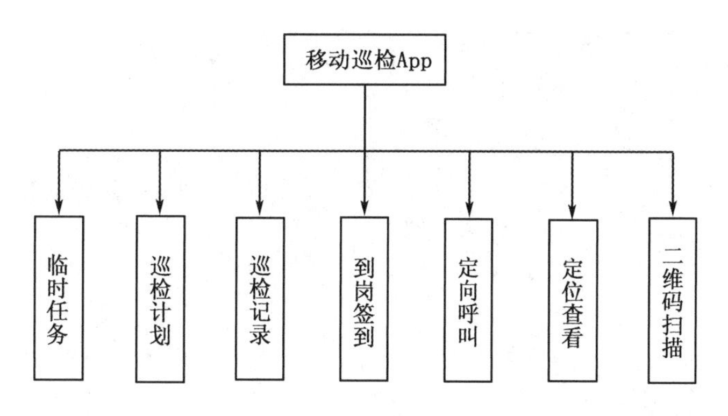

图 17.18　管廊移动巡检系统

⑤ 定向呼叫：呼叫某个巡检小组的某个巡检人员；

⑥ 定位查看：查看某个巡检设备当前所在的位置；

⑦ 二维码扫描：扫描设备上二维码查看设备信息或者筛选巡检任务。

三、BIM 管理系统功能组成

BIM 管理系统由场景、量算、查询、分析及标绘五大部分组成。BIM 管理系统组成示意图如图 17.19 所示。

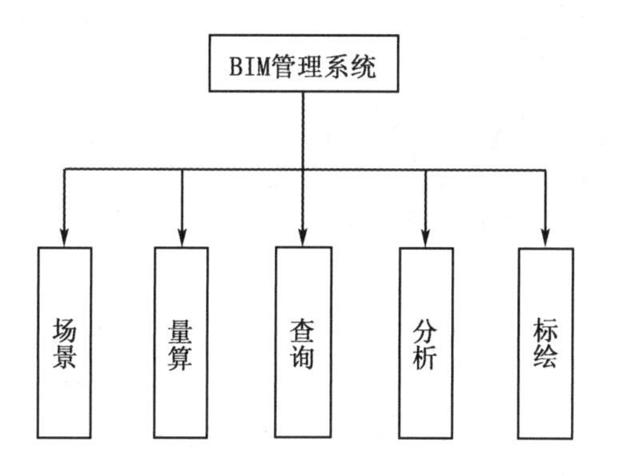

图 17.19　BIM 管理系统

基于 BIM 技术的综合管廊以顺利建设为目标，建立科学合理的综合管廊建设协调体系，以综合管廊模型为基础，管线安装预先模拟、方案更加合理及节约工期等机制于一体的综合管廊信息管理平台，实现全产权单位综合管廊信息共享、各专业建设工作的无缝对接，促进综合管廊建设工程顺利进行。

(1)场景：模拟巡检、双屏对比、快速定位关键断面位置。开展模拟巡检工作，对管廊内部的设备运行情况进行检查及分析，在发现问题时及时反馈，指挥中心就可以根据反馈的问题进行维修，还可以登记实际的管廊管理情况，促使系统得到优化，在日后开展设备维修工作时能够对其进行评估。图 17.20 所示为实现巡检员在三维可视化场景下，模拟廊内巡检。

(2)量算：主要为管线入廊、出廊分别从水平、空间距离等多维度方向提供空间位置的参考。如图 17.21 所示。

图 17.20 模拟巡检

图 17.21 水平距离

(3)查询：查询属性信息以及坐标信息。在三维 BIM 模型中同样可实现管线在三维状态下的属性信息展示与管理，可更直观地表达管线在地下空间的意义。如图 17.22 所示。

(4)分析：入廊空间分析、剖切分析及挖填方分析。

(5)标绘：应急标绘(预留)。

四、管廊办公系统功能组成

管廊办公系统由档案管理、入廊审批、公文收发、绩效管理、企业管理、资费管理、组织机构、系统管理及个人设置九大部分组成。办公系统组成示意图如图 17.23 所示。

① 档案管理：管理设计文档、施工文件、项目文档以及共享文档。

图 17.22　属性查询

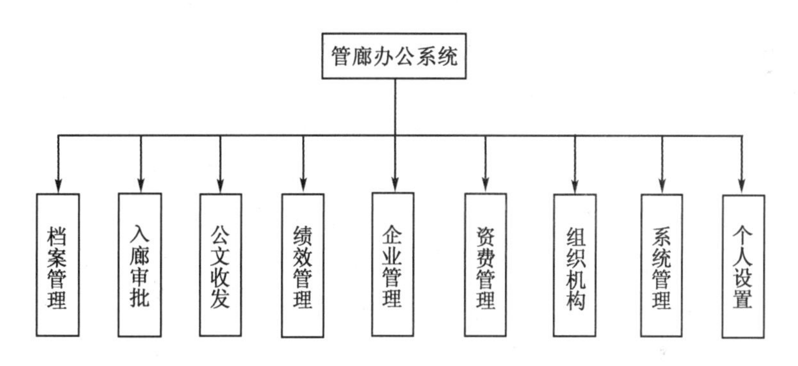

图 17.23　管廊办公系统组成示意图

② 入廊审批：包含入廊待办审批和已办审批，进行入廊审批的入口。

③ 公文收发：接收或传递内部公文。

④ 绩效管理：管廊现场监控人员以及办公人员的绩效考核。

⑤ 企业管理：出入廊企业的信息管理。

⑥ 资费管理：租赁管理、合同管理以及入廊费、维护费等费用的管理。

⑦ 组织机构：用户、部门、单位等信息的查询。

⑧ 系统管理：用户、部门、单位等信息的管理。

⑨ 个人设置：修改个人的登录密码。

第五节　智慧管廊综合管理平台硬件组成

智慧管廊综合管理平台设于监控中心中央控制室，主要硬件包括数据服务器、历史数据服务器、操作工作站、前端处理器、大屏显示系统、UPS 系统等。

一、数据服务器

数据服务器主要用于对综合管廊各子系统的数据进行存储、实时采集及处理，数据查询与分析等。监控中心数据服务器主要包含服务器机柜、实时服务器主机、历史服务器主机、磁盘阵列等。

数据服务器选用中高端产品，采用高性能、高速度和高可靠性的国内外知名品牌中高端主流服务器。

基于硬件虚拟化平台构造的双机容错系统，具备无扰切换技术(零时间停顿)，切换过程独立于客户机系统及应用。服务器具备下一代处理能力和灵活的 1/0 选项；具备虚拟化或高性能计算所需的性能和功效；具备高密度计算、高性能计算能力，满足主流应用程序需求；支持内存密集型和计算密集型应用程序和数据库；具备多功能存储选项。数据服务器采用双机热备方式，使服务器发生故障后在最快的时间内恢复使用，保证综合管廊监控报警与运维管理系统长期、可靠地稳定运行。

服务器主机系统具有很强的容错性。除了对单机的可靠性进行要求外，使用双机热备份技术，在主机出现故障时由备份主机接管，接管过程自动进行，无需人工干预。主机系统要求具有 SMP 的体系结构。

服务器配置支持主流版本的 Windows 和 Linux 操作系统。该操作系统具有高度可靠性、开放性，支持包括 TCP/IP、SNMP、NFS 等在内的多种主流网络协议。符合 C2 级安全标准，提供完善的操作系统监控、报警和故障处理。每个服务器配备足够的内存、内部硬盘等，以满足性能要求。冗余配置的服务器具备双机热备的功能，热切换稳定、有效、快速，同时不影响系统的正常运作。所有组件均采用冗余配置，其中电源与磁盘均配置为 2+2 冗余。系统可靠性设计达到 99. 99 以上；服务器为机架式结构，安装于机柜内，原则上主备服务器组在一个柜内，同一机柜内的服务器共用显示器。

数据服务器(含软件)提供工程期间及质保期内原厂全免费保修服务，支持中文内码，符合我国关于中文字符集定义的有关国家标准。

二、操作工作站

监控中心设置 5 套操作工作站，不同的工作站设置不同的用户权限。操作工作站主机采用双输出显卡。

操作工作站采用与服务器同一品牌的高性能、高速度和高可靠性的国内外知名品牌的计算机工作站，或选用性能配置指标更高的工业级产品，以满足系统实时性、安全性、稳定性的要求。

操作工作站配置简体中文版 Unix、Linux，Windows 操作系统，支持 GB18030—2005 字符集。每个操作工作站配备内存、硬盘、显卡，以满足性能要求。操作站配有标准的键盘、鼠标。操作站可发出声音报警，报警声音可通过操作站操作消除。

三、大屏显示系统

监控中心大屏显示系统用于管廊环境与设备监控、视频监控及管线信息等的综合显示与展示。大屏显示系统如图 17.24 所示。

图 17.24 大屏显示系统

大屏显示系统设计选用 3(行)×5(列)70"的 DLP 背投显示屏作为主显示系统。DLP 背投显示系统硬件部分由 DLP 投影单元、多屏拼接控制器、管理控制软件、接口设备、专用线缆等组成。大屏幕应选用国内外成熟知名品牌产品，所选用的大屏幕都应该通过国家 CCC 认证。

该方案具备数字高清信号、模拟信号和网络流媒体信号的混合处理能力，可以实现画面的单屏、跨屏、漫游、局部全屏、整屏拼接等功能。另外，系统内嵌高清 1080P 解码功能，可实现网络摄像机的直接解码上墙。大屏显示系统采用了高稳定性的 B/S 架构，用户可以在网络内任何一台 PC 机上授权操作，规避了 PC 系统中毒、崩溃等问题。系统软件可以集中管理显示单元、视频矩阵、RGB 矩阵、DVI 矩阵等周边设备，并且可通过平板电脑等手持终端无线管控大屏。

宽视角：保证观察人可以从不同角度清晰地观看到屏幕内容；强抗环境光能力：保证室内的照明与室外的采光不会在屏幕上形成反光与眩光；跨屏显示时，图像的拼缝不大于 0.3mm；高 MTBF：整套系统的 MTBF 不能小于 5 万小时，至少 3 年的免维护。

投影光源：采用 3×6 倍冗余 LED 光源，保证重要应用时显示墙的 100%利用率。

单屏尺寸：1550.2mm(宽)×72.0mm(高)

组合尺寸：(872mm×3)×(1550.2mm)底座、支架及其他要求：底座采用高强度钢材或铝合金材料，外层涂有绝缘喷塑材料，涂层表面平滑、喷涂均匀、色调一致，颜色为黑色。

标准化、模块化搭积木式安装机架，可采用横向和纵向安装方式，进行灵活拼接及扩展。

金属机架外壳的拼接墙系统应具有保护接地端子，接地端子附近有明显的标志，保护接地点和可触及金属件之间的电阻值不大于 1Ω。

背后维护空间：1000mm。

第四篇　工程监测和风险管理篇

第十八章　工程监测

工程监测是工程施工中的一项重要内容，指在工程施工过程中采用监测仪器对工程关键部位的各项控制指标进行监测，是检查工程施工的安全性及合理性的重要技术手段。沈阳市地下综合管廊（南运河段）工程施工期间，工程监测的实施依据主要是住房和城乡建设部印发的《危险性较大的分部分项工程安全管理办法》（建质〔2009〕87号）、住房和城乡建设部令第37号《危险性较大的分部分项工程安全管理规定》、《城市综合管廊工程技术规范》（GB 50838—2015）、《建筑基坑工程监测技术规范》（GB 500497—2009）、《城市轨道交通工程监测技术规范》（GB 50911—2013）等相关规定及技术规范。

沈阳市地下综合管廊（南运河段）工程在施工阶段的监测工作形式为施工监测及第三方监测，在施工过程中，工程监测单位对工程支护结构、主体结构及周边环境等进行监测和巡查工作，主要目的是掌握支护结构及周边环境的安全状态，提供真实、准确、可靠的监测数据，以指导后续施工安全。

第一节　地下综合管廊工程监测概述

沈阳市地下综合管廊（南运河段）工程监测工作实行施工单位、标段监理单位、设计单位和第三方监测单位各负其责的管理体制。安全监理单位作为安全监督单位，按照要求对施工单位、标段监理单位监控量测工作进行检查，发现问题及时督促相关单位进行整改，出现监测预警时加强现场巡查。施工单位、标段监理单位、安全监理单位、设计单位和第三方监测单位应当按照合约定落实监控量测主体责任，施工单位和第三方监测单位在实施施工和第三方监测作业时不得低于设计文件、技术规范和相关标准规范的要求。施工单位、标段监理单位进场后，沈阳中建管廊建设发展有限公司委托第三方监测单位开展监控量测交底，由施工单位、标段监理单位、第三方监测单位项目负责人签字确认。

一、监测难点

目前，地下综合管廊安全监测系统建设主要有以下两个难点。

（1）多源数据融合。地下管廊安全监测对象众多，需要采用多种类型的传感器，甚至同一监测对象不同位置需要安置不同传感器，多传感器的综合利用和多源数据的融合难度较大。

(2)传输网络选择。由于受监测地地理环境的限制，监测系统无法采用有线网络，或即使采用有线网络，成本也较高，另外，GPRS无线网络信号极不稳定，因此，重点需要解决监测数据传输成本高的问题，从而实现监测站子系统与控制中心子系统之间的无缝链接与数据传输，确保整个系统的稳定、可靠运行。

二、监测目标

综合管廊监控报警与运维管理系统设计遵循“超前规划、适度预留、稳定可靠、易于扩展、功能分散、信息集中”的原则，结合国内目前成熟领先的一体化综合监控理念，运用计算机网络技术、智能控制技术、多媒体技术、管理开发技术，采用先进的信息采集与获取、信息传输与管理、信息展示与利用的设计理念，提供先进、科学的综合管理机制和联动控制机制，实现对综合管廊集中监控及历史信息集中查询，可以实现整个管廊监控系统的一体化综合集成、智能控制的目标。

实时、自动采集及传输监测数据。采用高质量、高精度专业传感器，对管廊自身、管廊内各种管线的运营状况实时监测，准确反映变形或变化情况。

快速、准确处理监测数据，及时预警。对监测数据快速准确计算，绘制变形曲线或报表。质量保证体系控制要点如图18.1所示。

三、工程监测项目、监测频率及监测控制指标

根据沈阳市地下综合管廊(南运河段)工程设计图纸、工程招标文件、《城市综合管廊工程技术规范》(GB 50838—2015)、《建筑基坑工程监测技术规范》(GB 500497—2009)、《城市轨道交通工程监测技术规范》(GB50911—2013)中的相关要求，应对工程盾构井、工艺井的基坑、盾构区间、沿线受影响的重要建(构)筑物及地下管线等进行变形监测。钢支撑轴力监测如图18.2所示，围护结构位移监测如图18.3所示。主要监测项目有：① 支护结构桩(墙)顶水平位移；② 支护结构桩(墙)顶竖向位移；③ 支护结构变形；④ 土体侧向变形；⑤ 支撑轴力；⑥ 锚杆拉力；⑦ 地下水位；⑧ 建(构)筑物沉降；⑨ 建(构)筑物倾斜；⑩ 建(构)筑物裂缝宽度；⑪ 地下管线；⑫ 地面沉降观测；⑬ 拱顶沉降；⑭ 净空收敛；⑮ 底部隆起。具体见表18.1。

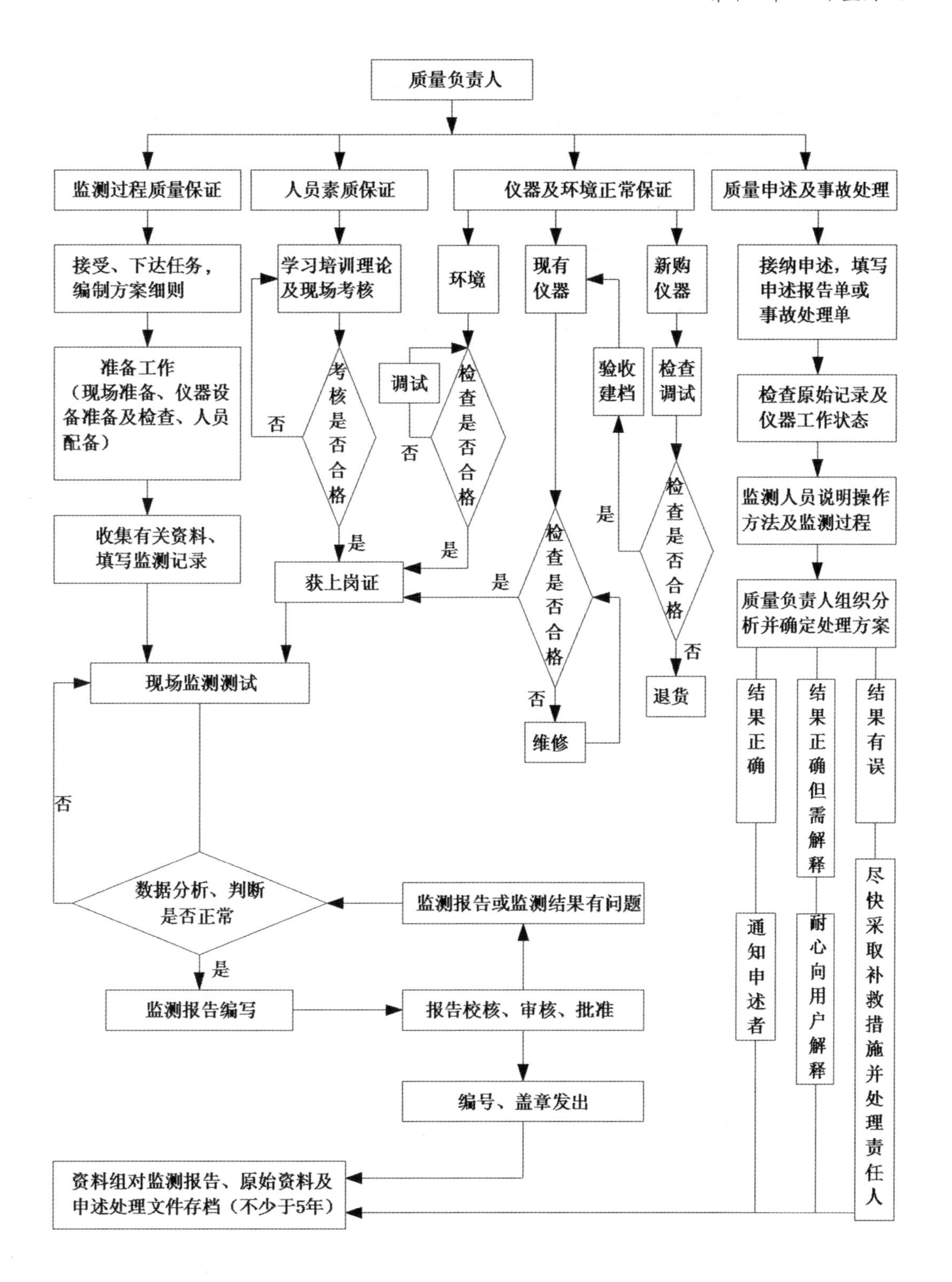

图 18.1 质量保证体系控制要点图

图 18.2　钢支撑轴力监测

图 18.3　围护结构位移监测

表 18.1　监测项目、监测精度及监测频率

<table>
<tr><th rowspan="2">序号</th><th rowspan="2">监测项目</th><th rowspan="2">仪器</th><th rowspan="2">精度</th><th colspan="2">控制值</th><th rowspan="2">频率</th></tr>
<tr><th>累计变化量</th><th>变化速率</th></tr>
<tr><td>1</td><td>支护结构桩(墙)顶水平位移</td><td>全站仪</td><td>1"+1ppm</td><td>20mm</td><td>2mm/d</td><td rowspan="9">(1)第三方监测频率：盾构区间掘进过程及基坑开挖阶段监测 3 次/天，特殊情况下 1 次/天，一般情况下 ≤7 次/天，且监测应贯穿整个土建施工过程
(2)施工监测频率：盾构区间掘进过程及基坑开挖阶段监测不少于 1 次/天，当特殊情况下进行全时监测，一般情况下小于 3 次/天，且监测应贯穿整个土建施工过程</td></tr>
<tr><td>2</td><td>支护结构桩(墙)顶竖向位移</td><td>水准仪</td><td>0.3mm/km</td><td>20mm</td><td>2mm/d</td></tr>
<tr><td>3</td><td>支护结构变形</td><td>测斜管、测斜仪</td><td>0.02mm/0.50m</td><td>30mm</td><td>3mm/d</td></tr>
<tr><td>4</td><td>土体侧向变形</td><td>测斜管、测斜仪</td><td>0.02mm/0.50m</td><td>30mm</td><td>3mm/d</td></tr>
<tr><td>5</td><td>支撑轴力</td><td>轴力计、钢筋计、读数仪</td><td>≤1%(F.S)</td><td colspan="2">最大值：70%设计轴力
最小值：80%预加轴力</td></tr>
<tr><td>6</td><td>锚杆拉力</td><td>应变计、应变读数仪</td><td>≤1%(F.S)</td><td colspan="2">最大值：70%设计轴力
最小值：80%预加轴力</td></tr>
<tr><td>7</td><td>地下水位</td><td>水位管、水位仪</td><td>5mm</td><td colspan="2">—</td></tr>
<tr><td>8</td><td>建(构)筑物沉降</td><td>全站仪、水准仪</td><td>0.3mm/km
1"+1ppm</td><td>15mm</td><td>1mm/d</td></tr>
<tr><td>9</td><td>建(构)筑物倾斜</td><td>全站仪</td><td>1"+1ppm</td><td colspan="2">2‰</td></tr>
</table>

表18.1(续)

序号	监测项目	仪器	精度	控制值		频率
				累计变化量	变化速率	
10	建(构)筑物裂缝宽度	游标卡尺、读数显微镜	0.05mm	—		
11	地下管线	水准仪	0.3mm/km	有压：10mm 无压：20mm	2mm/d	
12	地面沉降	水准仪	0.3mm/km	-30mm +10mm	-4mm/d +3mm/d	
13	拱顶沉降	全站仪、水准仪	0.3mm/km 1"+1ppm	20mm	2mm/d	
14	净空收敛	全站仪、收敛计	0.3mm/km 1"+1ppm	12mm	3mm/d	
15	底部隆起	水准仪	0.3mm/km	20mm	2mm/d	

四、工程监测预警管理

(1)沈阳市地下综合管廊(南运河段)工程监测预警分为黄色预警、橙色预警和红色预警三个级别，分级标准可参照《城市轨道交通工程监测技术规范》(GB 50911—2013)(以下简称《技术规范》)条文说明9.1.4表10。出现《技术规范》9.1.6中警情之一时作为现场巡视预警。

(2)施工单位和第三方监测单位根据仪器监测和现场巡视异常情况分别发布仪器监测预警和现场巡视预警，标段监理单位督促施工单位发布预警。标段监理、安全监理单位巡视检查中发现出现《技术规范》9.1.6中警情之一时，发出现场巡视预警。

(3)出现黄色预警时，警情应送至施工单位及标段监理单位，施工单位应当加密监测、巡视频率并对异常数据进行分析，标段监理单位应当督促施工单位采取相应处置措施。

(4)出现橙色预警时，警情应送至施工单位、标段监理单位、安全监理单位，施工单位、第三方监测单位应当加密监测、巡视频率，由标段监理单位组织施工单位和第三方监测单位分析预警原因、制定对策并及时落实，同时要加强对工程预警部位巡视检查。

(5)出现红色预警时，警情还应当送至设计单位、沈阳中建管廊建设发展有限公司安全部，由设计单位参与分析预警原因、制定对策并及时落实。标段监理单位和安全监理单位还应当加强对工程预警部位的巡视检查。

(6)出现现场巡视预警时，标段监理单位还应当实施工程预警部位旁站监理，施工单位应当适时停止施工，标段监理单位和安全监理单位应当进一步加强对工程预警部位的巡视检查，必要时落实应急预案响应措施。

第二节　地下综合管廊施工监测管理组织设计

管廊施工监测属于管廊施工安全管理的范畴，但又有别于一般的安全管理。尤其是目前，管廊施工监测逐渐步入专业化发展路线，施工监测工作转由专门的技术团队负责，为了保证监测工作顺利进行，达到指导施工、保证施工安全的目的，建立完善施工监测管理组织体系意义重大。管廊施工监测管理组织的设计既是施工监测工作得以顺利进行、能够有效管理的保证，同时也是施工监测信息能够有效反馈利用、施工安全应对技术措施可以迅速落实的基础。根据《中华人民共和国建筑法》、《中华人民共和国安全生产法》以及《建设工程安全生产管理条例》的有关规定，应构筑以施工单位安全管理为主体，以业主监督管理为根本，监理单位和第三方监测单位承担相应责任的安全管理体系结构。具体组织结构框架如图 18.4 所示。

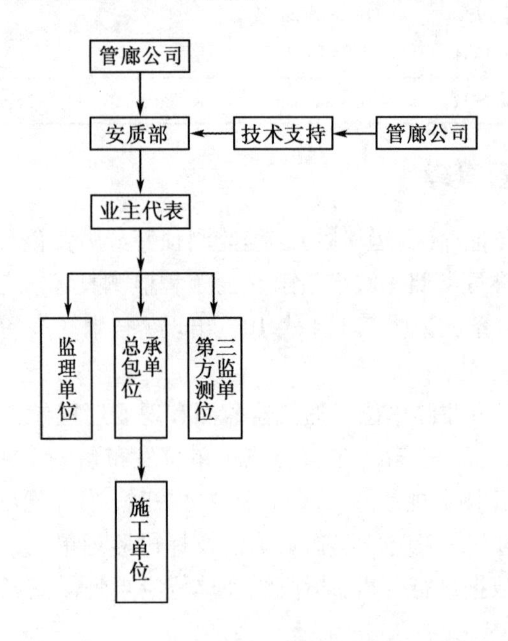

图 18.4　地下综合管廊施工监测系统组织结构框架

管廊施工监测工作复杂，由多方共同参与协作管理。施工监测管理组织设计，兼顾施工监测管理、施工监测工作现场实施、监测信息有效传递利用、安全措施的响应等各个方面。施工监测管理框架分为四个层次：决策层、决策执行层、监督协调层、监测工作实施层。施工监测的各方在施工监测工作中所担任的角色各不相同，但责任明确，可以确保“信息化”施工的效果。

一、决策层

决策层由集团公司领导组成，作为施工监测工作最高领导，只关注监测所得到的结果，不关注具体的监测过程。具有重大事件的决策权、控制权。

二、决策执行层

决策执行层由安质部、总工办组成。安质部负责向决策层提供安全工作的动态报告，将上级决策向下级组织传达，对安全措施执行进行跟踪。关注施工单位、第三方监测单位每天的监测信息，现场巡查施工安全状况，检查现场安全方案的落实情况。总工办主要负责审批上报的安全预警或报警状况，根据施工安全现状，确定相应的应对处理措施或专项方案，为重大安全险情处理提供支持。

三、监督协调层

监督协调层由业主代表组成。业主代表主要负责向上级组织汇报现场施工监测信息，向下级传达安全决策，确认现场施工警情，负责现场安全施工巡查，检查现场安全方案的落实情况，组织各方对报警数据进行分析和调研，及时通报各有关单位和部门，研究制定应对措施。

四、监测工作实施层

由监理单位、总承包单位、第三方监测单位组成。监理单位主要负责审批施工监测方案，监督施工单位、第三方监测单位监测工作的开展，负责向上级汇报施工安全工作状况，监督安全方案的落实。总承包单位监测方负责现场实施经审批通过的监测方案，处理分析监测数据，现场安全状况的上报，总承包单位负责安全技术措施的落实，运用信息技术对施工监测工作所产生的监测数据进行存储管理、综合分析，利用网络通信技术进行监测数据的传输、发布，以便能够实时掌握施工信息，及时判断前一阶段施工工艺和施工参数的合理性，为下一阶段的施工提供指导。第三方监测单位依据审批通过的监测方案，处理分析监测数据，负责现场安全状况的上报。另外监测工作实施层要协助相关单位研究调查施工险情，并研究制定和落实相应的安全方案。

第三节 第三方监测管理

一、第三方监测的作用

第三方监测是指在施工监测之外，由甲方委托独立第三方，依据相应的技术要求，在工程施工过程中对工程支护结构及其影响区域内的建(构)筑物、道路、管线等周边环境实施变形监测。第三方监测是甲方依据《中华人民共和国安全生产法》，为确保施工影响区的环境安全而采用的一种先进的管理模式。实施第三方监测的目的是为了更好、更全面地反映结构变形特征，通过第三方独立监测的数据，进一步验证施工成果的质量，保障施工过程的安全。

第三方监测的具体作用包括以下几点。

(1)为甲方提供及时可靠的信息，用以评定工程施工对周边环境的影响，并对可能发生的危及环境安全的隐患或事故提供及时、准确的预报，使各相关方有时间做出反应，避免事故的发生。

(2)对承包商的施工监测数据进行监督、检验，避免少报、瞒报现象的发生。

(3)工程施工影响区内发生环境破坏的相关投诉事件时，第三方监测单位提供独立、客观、公正的监测数据，作为有关机构评定和界定相关单位责任的参考依据。

(4)作为施工期间环境评价及保护的一种尝试，为后续工程施工建设的管理模式积累经验，

二、第三方监测的目的

第三方监测是为了判定管廊结构工程在施工期间的安全性及施工对周边环境的影响，验证基坑开挖方案和环境保护方案的正确性，对可能发生的危险及环境存在的安全隐患提供及时、准确的预报，以便及时采取有效措施，避免事故的发生；在基坑开挖过程中根据监测数据实现信息化施工，将监测结果用于优化设计，为设计提供更符合工程实际情况的设计参数，及时对开挖方案进行调整，使支护结构的设计既安全可靠，又经济合理。作为第三方公正性监测，为甲方处理工程合同纠纷提供数据和资料依据，为甲方提供确凿的索赔证据，防止承包商提供虚假的资料和数据，隐瞒工程安全和质量真相。

三、第三方监测单位的职责及工作内容

为规范沈阳市地下综合管廊(南运河段)工程监控量测工作，掌握工程结构、围岩土体和周边环境安全状况，指导信息化施工安全管理。沈阳中建管廊建设发展有限公司特制定《沈阳市地下综合管廊(南运河段)工程监控量测管理办法》(2017-3-14)，其主要依据《城市轨道交通工程安全质量管理暂行办法》《城市轨道交通工程质量安全检查指南》和《城市轨道交通工程监测技术规范》等制定。

1. 第三方监测单位的工作职责

(1)按照合同要求对范围内的工程周边环境和工程结构关键部位进行独立、公正的监测、巡视工作。

(2)按照评审通过的第三方监测方案组织现场实施，及时报送监测成果，为指导施工提供准确、可靠的数据。

(3)根据现场监测数据及巡视信息，按照设计图纸中对应的预警分级发布监测预警、巡视预警，提出综合预警建议，并协同施工单位、监理单位、设计单位、甲方共同制定预警处理方案。

(4)协助甲方组织对施工单位、监理单位进行施工监测工作交底，参与施工监测专项方案会审及论证，并对施工单位布设的监测点进行抽检，以及对现场监测进行指导。

(5)协助甲方对施工单位、监理单位进行履约检查。

(6)协助甲方做好与监测有关的其他工作。

2. 第三方监测单位的具体工作内容

(1)第三方监测单位监测技术人员专业、数量满足工程项目要求。监测作业人员经过相关技术培训合格后上岗，且应向沈阳中建管廊建设发展有限公司相关部门办理备案

手续，更换监测作业人员时办理变更备案手续。

(2)第三方监测单位应当配备使用期内检定合格的监测仪器、设备，监测仪器、设备类型、数量和精度满足监测工程实际需要，且应向沈阳中建管廊建设发展有限公司相关部门办理备案手续，更换监测仪器、设备时办理变更备案手续。

(3)第三方监测单位应当制定、落实监测管理制度，明确监测工作职责和考核奖惩措施，建立完善有效的落实第三方监测责任的工作机制。

(4)第三方监测单位应当依据设计文件、周边环境调查报告、《城市轨道交通工程监测技术规范》和相关标准规范要求编制第三方监测方案，第三方监测方案经过专家评审后报安全监理单位批准后实施。

(5)第三方监测单位应当依据第三方监测方案实施第三方监测和巡视，编制完成第三方监测周报，并报送标段监理单位、安全监理单位、沈阳中建管廊建设发展有限公司相关部门。

(6)施工监测终止后，第三方监测单位应当编制“第三方监测总结报告”，报请安全监理单位批准后方可以终止第三方监测工作。

(7)第三方监测工作具体流程如图 18. 5 所示。

四、第三方监测的工作重点

(1)管廊线路长，施工作业面多，施工周期长，线路多沿内河敷设，线路沿线工程地质、水文地质、周边环境复杂。第三方监测工作重点区域为线路需要降水、富含水区段，工程地质复杂、多边地段，周边环境复杂区段，施工管理薄弱、现场风险管控意识薄弱、技术力量薄弱等方面。在穿越软弱地层、富含水地层区段布设监测断面，加强洞内到现场巡查，建议施工单位加强该区段的洞内施工措施，严禁不规范施工，异常信息及时反馈。

对于施工管理薄弱、现场风险管控意识薄弱、技术力量薄弱的工点需配合业主加密对其日常检查频次，现场巡查需从严。

(2)盾构井工法转换交接部位、重要施工工序部位(穿越重要市政桥梁、道路、既有铁路、既有地铁、河流、盾构始发、暗挖破马头门、平顶直墙施工、仰拱施工等)、变断面、大断面、深基坑维护结构为监测工作的重点，在上述施工关键工序部位适当加密监测点布点间距，增设监测主断面，增加施工期间的日常巡查频率，异常信息及时反馈。

(3)盾构井、区间临近下穿的重要市政管线、建(构)筑物亦是第三方监测的重点。工点开工前做好工前巡查记录，及时取得相应初始监测值；施工过程中密切关注围护结构、暗挖初支、掌子面有无渗漏水、渗水气味、渗水量变化等情况，实时关注管线倾斜率、建(构)筑物倾斜值、工前巡查裂缝有无新增、裂缝大小变化等。

五、第三方监测的工作难点

(1)管廊建设过程中涉及的参建单位较多，第三方监测单位是管廊土建施工阶段各参建单位的联系纽带，建设过程中密切联系的是施工单位、监理单位、产权单位、建设单位及受业主委托的其他各方。由于上述几方参建立场、职责、关注重点不同，工作中难

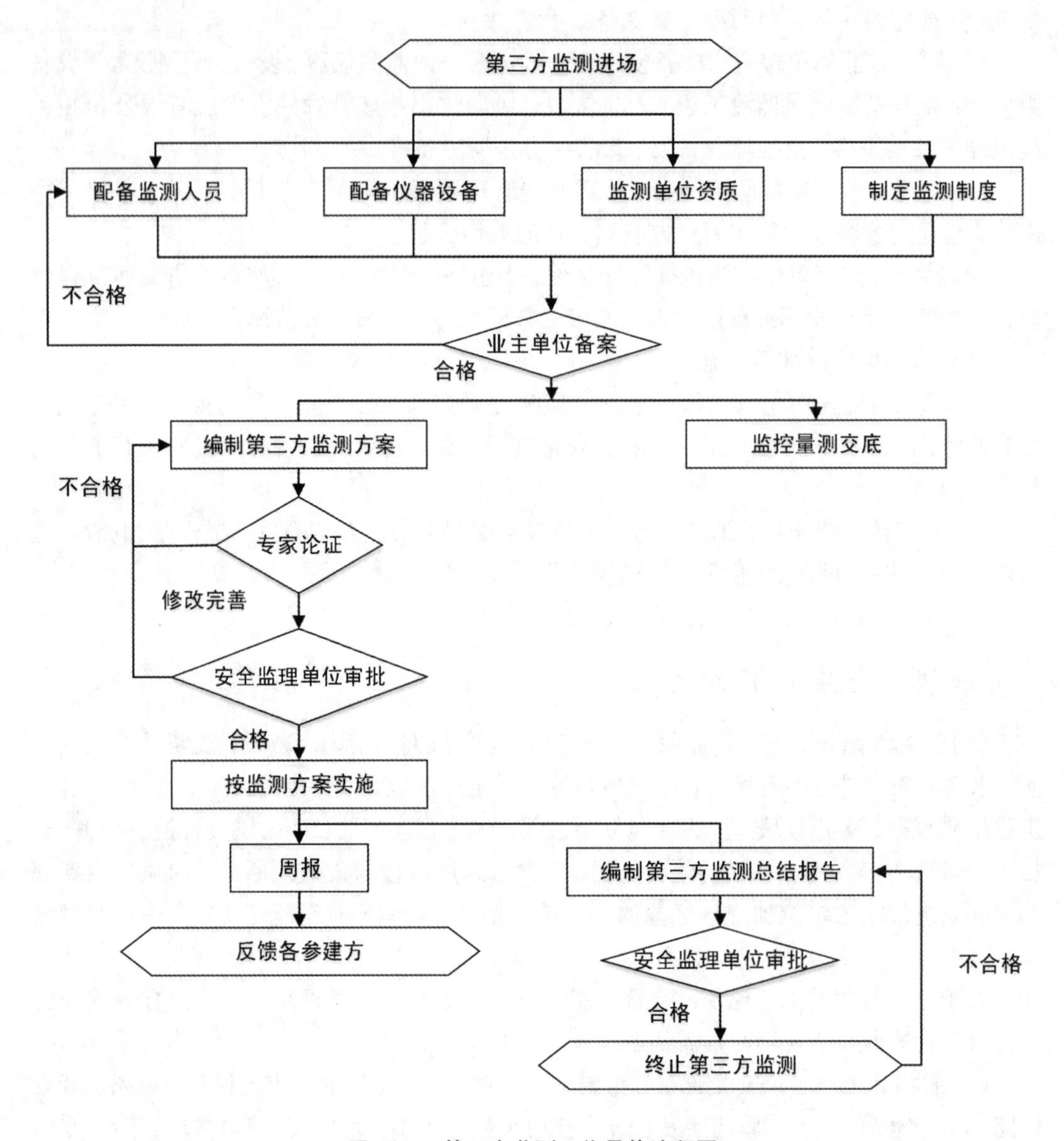

图 18.5　第三方监测工作具体流程图

免会触及其他方的利益。第三方监测单位作为参建的一方，管廊建设中的一小部分，职权毕竟有限，如何在做好职责范围内工作的同时处理好与各方的关系是难点。

(2)管廊建设线路较长，各个区段都会涉及道路作业问题，道路上车辆、行人繁多，通视条件差、干扰因素多，如何在保证道路监测人员安全的情况下保证现场监测精度是难点。

(3)管廊的盾构井大多分布在人员密集的闹市区段，施工场地狭小，导致现场监测点被占压、破坏的情况时有发生，比如明挖基坑围护结构的其中测项——桩体测斜，桩体测斜管在桩体施工过程中需埋设完成，但后续桩体浇筑混凝土、破桩头、冠梁施工过程中由于现场管理不善往往就会导致大批测斜管被破坏，桩体一旦施工完成，该测点后续基本无补救措施，桩体背后增设土体测斜成本较高，再次钻孔不太现实，且难以保证桩体贴片精度，因此，如何保证现场监测的及时性、连续性是难点。

六、施工监测方案会审

施工单位完成施工监测方案后，邀请业主、设计单位、监理单位、第三方监测等单位进行现场会审，重点把控现场施工监测的重难点、监测内容的完整性、监测项目的全面性、布点的科学合理性、测点保护的合理性、监测方法的可行性、监测频率的合规性、监测控制标准的依据、监测应急措施的可操作性等，并对方案与监测现场匹配程度作出评价及指导。

当施工工法和施工方案有调整时，监督施工单位补充完善监测方案。

要求下穿铁路桥、高架桥、重点保护文物、既有地铁线路、建(构)筑物等重点部位时编制专项施工监测方案。监测方案会审现场签到，并形成会审意见。

第四节　管廊运营监测技术

一、管廊结构沉降监测系统

管廊经过长时间运营，隧道段与隧道段的接缝处会产生相对位移，这种相对位移分为水平方向和垂直方向的位移，而发生在垂直方向的位移会导致地表沉降，严重时会导致坍塌等重大事故。通过光纤光栅式水准仪对管廊结构的沉降情况进行连续监测，可以及时对管廊结构沉降状态和变形趋势作出判断和预警，有效保障城市综合管廊的安全运营。

二、电缆动态载流量监测系统

通过 DCR 电缆动态载流量算法模型，结合电缆表面温度和运行载流量曲线，预测未来包括电缆导体温度的温度场变化过程，准确计算出电缆缆芯温度及短时动态载流量。可事先计算出稳态电流和稳态电缆表面温度对照表，提供在线应急负荷参考计算。

三、接地电流监测系统

正常情况下金属护层对地只有几十伏的感应电压，但一旦接地系统遭到破坏，金属护层对地电压就会升到很危险的数值，对于管线本身及巡检人员存在严重的安全隐患。电缆护层接地电流监测系统通过在电缆接头的接地线上安装电流监测装置(电流互感器)，实时监测接地电流瞬变、突变情况，实现对电缆接地故障快速预警和准确定位，为线路抢修提供先决条件。

四、局部放电监测系统

电缆局部放电监测系统能够实时检测电缆内部产生的局部放电信号，有效地去除干扰信号。检测到的局部放电信号通过光缆传输到变电站监控中心，分析系统对局部放电的类型和局部放电水平进行分析判断，从而评估局部放电的影响，判断设备绝缘状态，并给出相应的设备维护维修指导方案。

五、通信光纤、给水管线监测系统

对通信光纤监测包括断纤、故障监测。基于OTDR自动监听技术可进行光纤传输衰减、故障定位、光纤长度、接头衰减的测量。光纤监测通常包括在线监测和离线监测。通过对供水系统输配管线压力、流量、水质等情况进行实时在线监测，有效提高供水调度工作的质量和效率，实现供水自动化管理。

六、管线泄漏监测系统

热力管线泄漏监测：通过分布式光纤温度监测系统，实时在线监测热力管线泄漏的发生，并通过后台泄漏监测软件实时读取温度、压力、流量等需要的热力数据。天然气管线泄漏监测：天然气主要成分是烷烃，其中甲烷占绝大部分，通过监测天然气敷设沿线空间环境的甲烷浓度，可有效发现天然气泄漏。

第五节　管廊盾构上跨营运沈阳地铁2号线自动化监测技术

一、监测周期

监测周期为盾构临近地铁2号线青年公园站至工业展览馆站区间前7天开始，至盾构上跨既有地铁2号线施工完成为止(盾构区间左、右线上跨既有地铁2号线施工时均对既有线路进行自动化监测)，约为1个月。

二、监测频次

在施工过程中，采用测量机器人对工程施工影响范围内既有盾构区间结构、道床进行全自动化监测，同时采用人工监测进行检核；监测仪器、精度及频率见表18.2。

表18.2　地铁2号线青年公园站至工业展览馆站区间各监测数据

<table>
<tr><th>序号</th><th>监测项目</th><th>监测仪器</th><th>仪器精度</th><th>监测频率</th><th>备注</th></tr>
<tr><td>1</td><td>远程自动化监测</td><td>Leica TM30</td><td>0.5″，1+1ppm</td><td>监测期间不低于1次/天；</td><td rowspan="3">盾构区间上跨既有线路监测频率不低于2次/天</td></tr>
<tr><td>2</td><td>人工监测</td><td>Leica TM30
Trimble Dini03</td><td>0.5″，1+1ppm
0.3mm/km</td><td rowspan="2">监测期间(1次/3~7天)</td></tr>
<tr><td>3</td><td>安全巡视</td><td>相机、游标卡尺等</td><td></td></tr>
</table>

三、沉降检测

沉降检测表见表 18. 3。

表 18. 3 沉降检测表

变形监测等级	垂直沉降监测		水平位移监测	适用范围
	变形点的高程中误差/mm	相邻变形点高差中误差/mm	变形点的点位中误差/mm	
I	±0. 3	±0. 1	±1. 5	结构收敛和运营阶段结构、轨道和道床以及有高等精度要求的监测对象

四、全站仪自动化监测系统组成及特点

全站仪自动化监测系统由四部分组成：监测站、遥测控制中心(控制机房)、基准网和变形监测点。控制中心通过因特网控制远程 GPRS 模块，可远程监视和控制监测系统的运行。系统在无需操作人员干预条件下，实现自动观测、记录、处理、存储、变形监测报表编制和变形趋势显示等功能。

五、监测点布设

主要影响区每隔 3~5m 布设一个监测断面，各布设 13 个监测断面，上行线和下行线共计布设 26 个监测断面，每个监测断面安装 6 个自动化监测点(道床上 2 个，侧壁上 2 个，拱顶上 2 个，盾构区间自动化监测点标志如图 18. 6 所示，盾构区间自动化监测点剖面布置如图 18. 7 所示)。L 形监测棱镜，所有反射棱镜均采用 52mm 直径的角反射棱镜。

图 18. 6 盾构区间自动化监测点标志

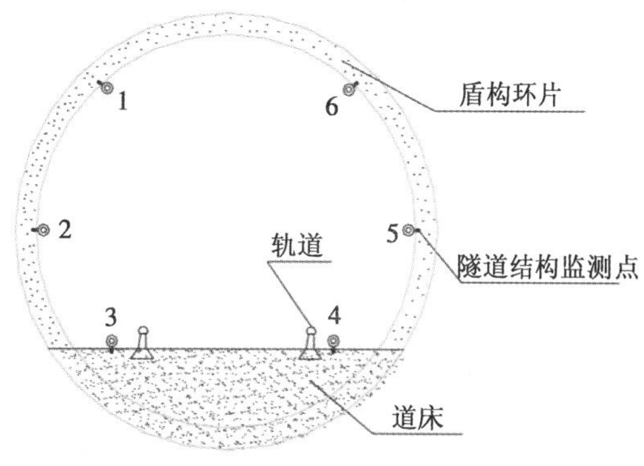

图 18. 7 盾构区间自动化监测点剖面布置图

六、自动化监测系统建设、数据采集及成果输出

1. 自动化监测系统建设

在工程开工前，布设系统基准点、工作基点及系统控制计算机等。遥测控制中心安置在办公室，必须具有良好的供电、能够和互联网相连等条件。由控制计算机通过互联

网和全站仪连接，利用安装在计算机中的指令控制软件实现整个监测过程的全自动化。自动监测软件根据预先设置的观测频率、测量开始时间、监测顺序、监测方法、控制指标等指令信息，定时启动测量系统进行监测。

首次需要人工粗略自动瞄准基准点及监测点进行多测回观测，平差计算基准网各基准点的三维坐标信息，并计算出各监测点的首次三维坐标值。首次独立进行两次观测，观测较差满足相关要求后取平均值作为变形监测的初始值。以后定时启动远程监测系统，进行数据采集。

2. 数据的采集、整理及存储

在进行数据采集过程中自动判断各测回内和测回间的测量成果是否超限，如果出现目标遮挡（如列车驶过遮挡），系统自动进行合理处理，通过对测量成果是否超限进行判断和处理，提高测量成果的合理性。每周期自动测量结束后，系统自动平差计算工作基点的坐标，并通过工作基点及基准点解算各观测点的三维坐标，从而计算各监测点的三维周期变化。将观测数据、周期平差数据、位移量等存储在自动监测软件数据库中，实现数据的快速存储、检索、实时显示和输出。

3. 成果输出

沈阳市地下综合管廊（南运河段）工程上跨地铁 2 号线青年公园站至工业展览馆站区间及地铁 10 号线万泉公园站至泉园一路站区间地铁保护自动化监测。根据规范要求，编制各监测项目成果报表。

七、数据分析及监测结果

根据地铁自动化监测结果，水平位移累计变化最大的监测点为 QGS4-2，1.28mm，小于变形控制值 4mm；各监测点受管廊盾构区间左线盾构掘进影响向东侧发生位移，后变形速率趋于收敛。绘制隧道水平位移-时间曲线，上、下行线结构水平位移-时间曲线图如图 18.8、图 18.9 所示。

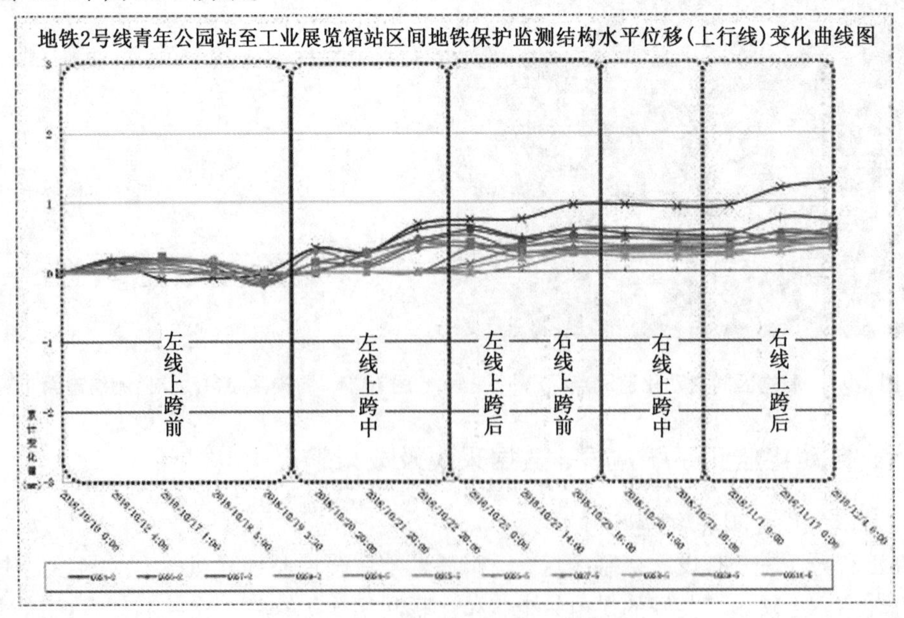

图 18.8　上行线结构水平位移-时间曲线图

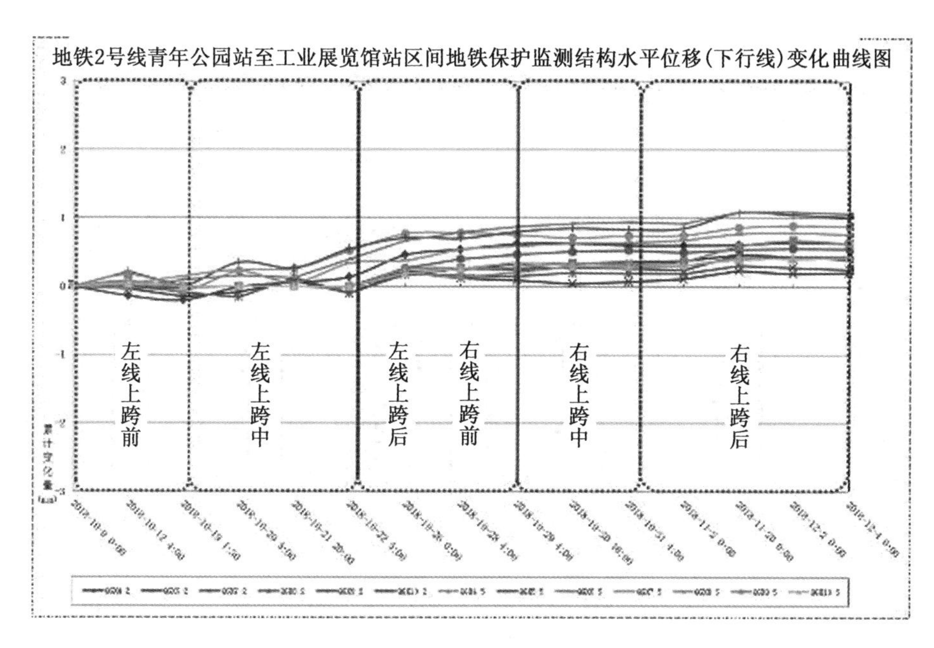

图 18.9　下行线结构水平位移-时间曲线图

根据地铁自动化监测结果，竖向位移累计变化最大的监测点为 QGX7-4，1.63mm，小于变形控制值 6mm。各监测点受管廊盾构区间左线盾构掘进影响发生隆起，后变形速率趋于收敛。绘制隧道竖向位移-时间曲线，上、下行线结构竖向位移-时间曲线图如图 18.10、图 18.11 所示。

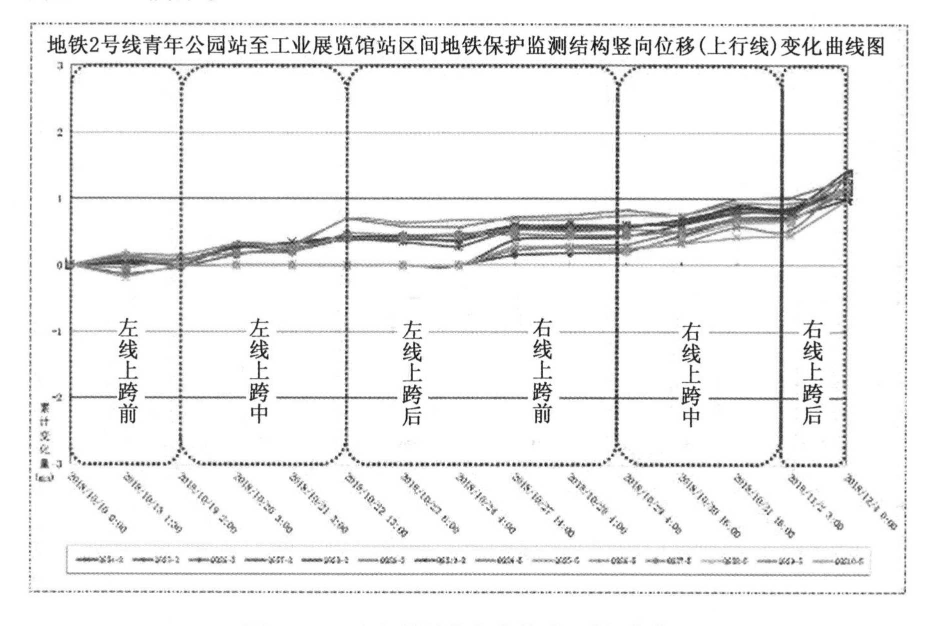

图 18.10　上行线结构竖向位移-时间曲线图

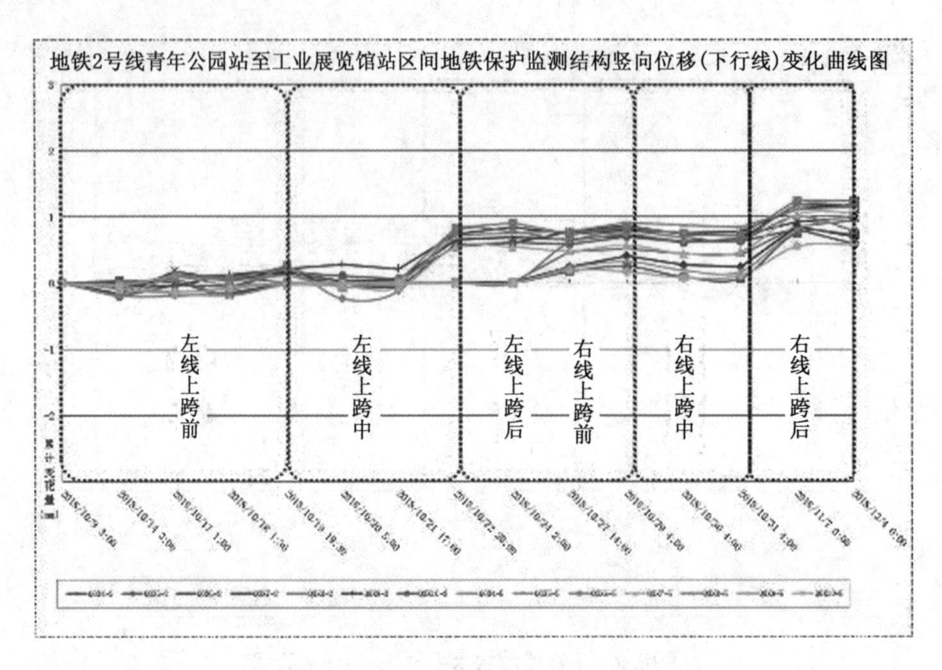

图 18.11　下行线结构竖向位移-时间曲线图

各项监测结如表 18. 4 所示。

表 18. 4　各项监测结果

单位：mm

监测项目	监测点号	累计最大变化量	控制值	备注
上行线隧道水平位移	QGS4-2	1. 28	4	正常
上行线隧道竖向位移	QGS4-2	1. 44	6	正常
下行线隧道水平位移	QGX5-1	1. 25	4	正常
下行线隧道竖向位移	QGX7-4	1. 63	6	正常

根据表 18. 4 可以看出，各项监测内容累计最大变化值均小于控制值。地铁 2 号线青年公园站至工业展览馆站区间隧道结构在管廊 D2～D3 区间施工期间，没有过大变形，说明管廊 D2～D3 区间盾构施工对既有地铁 2 号线青年公园站至工业展览馆站区间地铁隧道结构的影响在安全范围内。在监测过程中，监测数据对施工起到了指导和建议作用，充分发挥了监测的作用，此监测结果可为类似工程的科学决策提供强有力指导。

第十九章　风险管理

第一节　风险管理概述

一、风险管理的含义

风险管理是社会组织或者个人通过研究工程风险发生的规律，并在此基础上选择合适的风险管理技术来衡量和控制风险的一种科学管理手段。正确深入理解风险管理的定义，应从以下几点着手。

(1)风险管理最为关键的是识别风险，即分析哪种风险可能会对工程项目造成影响，其中最主要的是量化不确定程度和每个风险可能造成损失的程度。

(2)风险管理的目的除了人身财产安全外，重要的指标就是经济效率。任何风险管理措施的实施都是为了将项目成本控制在合理范围内。

(3)风险管理的对象是某个项目，而不是整个企业，虽然企业和工程的目标密不可分，但是二者所面对的风险存在差异，风险应对措施也不相同。风险递阶层次结构模型如图 19. 1 所示。

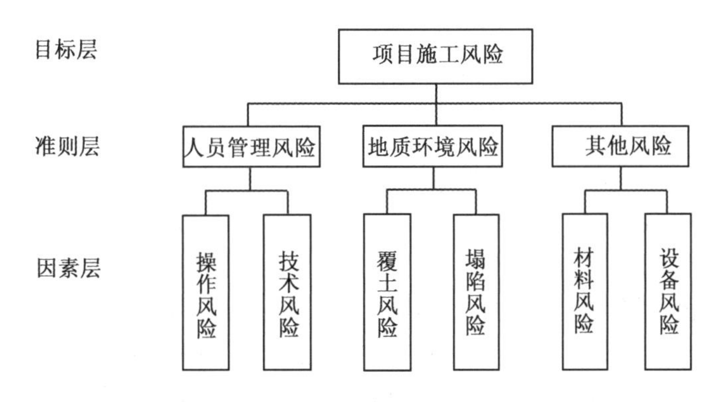

图 19. 1　风险递阶层次结构模型示意图

二、风险管理的目标

风险管理就是以最小的风险管理成本使预期费用减少到最低限度或实际损失得到最大的补偿。目标是成功的指明灯，要保证风险管理的成本实现效益最大化，一定要明确目标。在风险事件发生前发现影响目标实现的因素，并及时采取措施消灭；风险事件发生时，应阻断使风险继续蔓延的途径；风险发生之后，采取补救措施尽量减少风险损失。

风险管理的目标主要包括以下几个方面。

(1)整个项目及成员的生存和发展，这是风险管理最基本的目标。要保证在项目面临风险和意外事故的情况下项目还能继续下去。

(2)实现利益的最大化。风险管理是否行之有效，不能仅仅依靠感官来判断，而是将风险管理所需的成本和带来的收益结合起来。每一单位风险带来的损失必然大于风险管理成本的支出，风险管理实现成本收益最大化最关键的就是找到风险成本收益平衡点。

(3)减少忧虑和恐惧，提供安全保障。风险事故的发生会导致物质忧虑和恐惧心理，实施风险管理能够尽可能地减少物质忧虑和恐惧心理。

三、风险管理的程序

风险管理是一个过程并且是不断循环的过程，不同的实施阶段，风险管理的内容是不同的，共同的流程一般分为：风险的识别、估计、评价、应对与监控。

(1)风险识别就是结合项目的不同情况，分析选择合适的单一或组合的辨识方法的过程。要准确地识别风险，通常要结合积累的经验和项目的自身特点，风险识别的结果就是建立风险清单。风险识别的关键之一就是拥有完整全面的工程资料，工程资料涉及工程自身信息、国家政策信息、外界风险信息、类似工程数据。常见的风险识别方法有头脑风暴法、德尔菲法、情景分析法等。尤其像地下综合管廊这种投资大、关注度高、施工周期长的项目，必须重视施工阶段的风险识别。

(2)风险估计不仅是对风险损失进行量化，还需要对风险源、风险发生的概率以及潜在风险造成损失的相应比重进行评估。为了确定风险发生时采取何种应对措施，风险估计一般分两步进行：首先选择风险评估方法，然后确定风险评价指标，一般包括风险率、人员伤亡指标、经济损失指标。目前对于工程项目的风险估计主要采用比对法，搜集整理往年类似工程项目的相关资料，根据相似程度开展风险估计。为了提高风险估计的准确性，应全面考虑经济政策、环境法规、施工方式的改变所带来的影响。

(3)风险评价是选用合适的评价方法将风险发生概率的大小、风险事故发生后造成的损失程度以及其他相关因素结合起来进行分析，得出结果之后，就能知道风险的破坏程度，然后根据风险评价标准来对风险进行等级的确定，并制定相应的应对措施。风险评价标准，指工程项目在其施工期间，项目主体的风险等级水平，风险等级的高低决定了施工过程中所选取的应对措施，在进行工程项目风险分析评估时要提前制定。

(4)风险应对是得知风险分析的结果后，选择合适的风险应对措施，使风险发生之后所造成的损失降到最低。对风险进行回避、分散和转移是常见的几种风险应对手段。像地下综合管廊这种复杂的项目，在施工过程中可能会出现各种风险因素，前期制定好的应对策略不足以应对所有的突发状况，因此，要做到随机应变，针对不同的风险因素及时调整策略，以防风险控制不及时，导致风险损失增加。

(5)风险监控是风险应对策略的完善措施，主要通过观察风险的发展、变化，及时改变不合适的防范措施，及时细化战略，达到减轻风险的目的。横道图法、费用偏差分析法等是被经常使用的风险监控方法，重大事故统计如图 19.2 所示。盾构施工过程中进行风险监控的目的是对盾构施工过程中各种事故进行预警，这些事故主要指的是路面塌陷、机械故障、地下管线破裂等。因此，需要建立专门的风险管理部门，以保证风险监测工作能够取得应有的效果，从而实现风险管理的最终目标。在风险管理小组中要树立以党政领导为主的领导方式，从而在盾构施工过程中领导并执行风险管理工作，实现安全施工的目标。

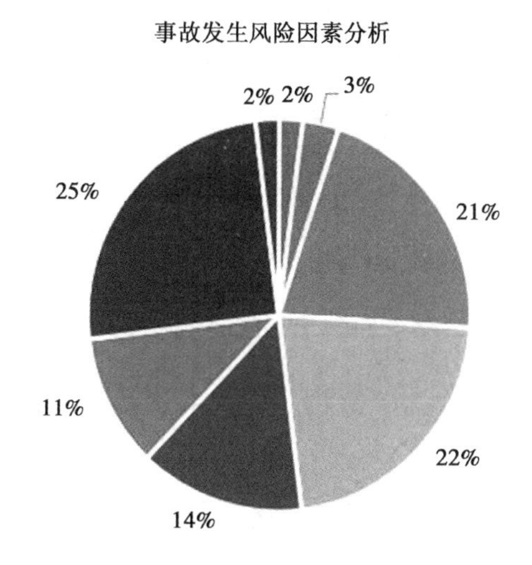

图 19.2　事故发生风险因素分析图

第二节　沈阳市地下综合管廊（南运河段）工程重大地质风险控制模式研究

近年来，盾构施工发生了一些工程问题，主要集中在复杂地质和不明地质引起的地表沉降、掌子面失稳、盾构区间隆起或沉降变形、盾构机破坏埋没等方面。地质条件对盾构区间建设的影响是显而易见的，因此，开展盾构施工地质风险管理研究十分迫切和必要。

一、沈阳市地下综合管廊（南运河段）下穿南北二干线隧道工程安全风险评估

1. 概况

沈阳市地下综合管廊（南运河段）J03~J04 节点井区间在文艺路和五爱街交叉路口处下穿南北二干线隧道，两者夹角约为 67°，南北二干线采用盖挖法施工，为两层箱形结

构，覆土3.00m，埋深17.16m。下穿处管廊覆土20.41~21.41m，与隧道竖向净距3.25~4.25m。J03~J04节点井区间下穿南北二干线隧道工程纵平面图如图19.3所示。

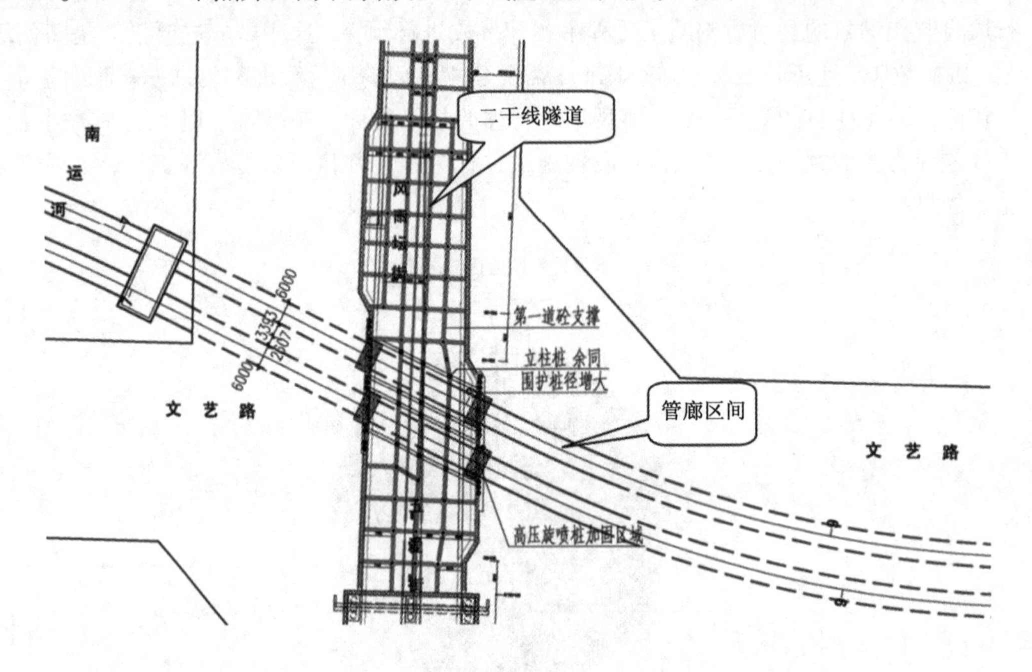

图19.3 J03~J04节点井区间下穿南北二干线隧道工程纵平面图

2. 地质条件

J03~J04节点井区间场地地面高程为38.20~43.42m，地表起伏一般，地面高差5.22m。地貌类型单元为浑河高漫滩及古河道。在勘探深度范围内，场地地基土主要由第四系全新统和更新统黏性土、砂类土及碎石类土组成。地层划分主要考虑成因、时代以及岩性，划分依据为野外原始编录、土工试验结果，同时参照原位测试指标的变化。

3. 水文条件

(1)地下水赋存条件与分布规律。整个区段内没有明显、连续的厚层隔水层，地下水类型为第四系松散岩类孔隙潜水。潜水主要赋存在第四系全新统冲积、冲洪积及第四系上更新统冲洪积地层中。含水层岩性主要为中粗砂、砾砂及圆砾，厚度不均匀，分布交错，变化复杂。含水层厚18.00~26.70m。勘察期间实测地下水水位埋深在9.60~15.30m之间，水位标高为23.00~33.56m。从现有资料分析，南运河与地下水水力联系微弱。

(2)地下水补给、径流、排泄条件。补给特点：浑河以北地段，由于地处城区，接受大气降水入渗补给量相对较小，地下水补给以地表水体入渗补给及侧向地下径流补给为主。

径流特点：浑河扇地地下水流向总体上由东向西径流，但受各水源地及各施工场地人工降水的影响，局部地下水流向与区域地下水径流方向不同。

主要排泄方式为人工开采(主要为各水源地、各施工场地人工降水)，次为地下径流排泄。

（3）地下水及环境土腐蚀性评价。场地内地下水对混凝土结构有微腐蚀性；对钢筋混凝土结构中的钢筋有微腐蚀性。场地内环境土对混凝土结构有微腐蚀性；对钢筋混凝土结构中的钢筋具微腐蚀性。

（4）结构抗浮评价。综合考虑构筑物施工、使用期间的安全及经济等因素，选定合理的抗浮设防水位，考虑到沈阳地区地下水位年变化幅度为1～2m，建议采用的抗浮设计水位按地表下4.0m进行设计。

4. 下穿位置风险源处理措施

沈阳市地下综合管廊（南运河段）J03～J04节点井区间在文艺路和五爱街交叉路口处下穿南北二干线隧道，夹角约为67°，南北二干线采用盖挖法施工，为两层箱形结构，覆土3.00m，埋深17.16m；围护桩为Φ800@1200mm，长度为23.2～23.8m，中间立柱桩直径为1200mm，桩长为坑底下30m。下穿处管廊覆土20.41～21.41m，与隧道竖向净距3.25～4.25m。

为同时保证南运河管廊和南北二干线工程的施工安全，并满足各自工期要求，南北二干线采取的措施如下。

（1）南北二干线隧道为盾构管廊下穿预留条件。根据设计文件及现场施工情况对南北二干线隧道及围护结构为沈阳市地下综合管廊（南运河段）的预留条件进行介绍，由于现场回填完成，对于地面栈桥板及围护内支撑的措施此处不再说明。

（2）已调整隧道栈桥板立柱位置为管廊预留盾构下穿，围护桩及立柱桩与盾构结构最小距离约为1m，盾构下穿范围两侧立柱桩与底板连接，起到抗隆起和抗沉降作用。

（3）盾构下穿范围的隧道围护桩底部已采用玻璃纤维筋，便于盾构破除。

（4）盾构下穿两侧围护桩已加大桩径及桩长。

（5）盾构斜向破除围护桩，为保证盾构姿态，已对盾构破桩处土体进行局部加固。设计加固要求如下。

① 盾构破桩处加固范围为4m×8m，加固深度为盾构管片上下各外放2m，即隧道坑底以下1m至坑底以下11m。

② 土体加固采用Φ600@400mm的高压旋喷桩，双重管工艺。注浆浆液采用水泥浆，加固后的地基应具有良好的均匀性和自立性，其无侧限抗压强为大于等于1.2MPa，渗透系数小于等于1.0×10^{-6}cm/s，设计628根旋喷加固。实际施工情况：南北二干线土体旋喷加固共施工370根。主要有两方面原因，一方面受现场影响（部分在钢支撑下方），无法施工，另一方面因南北二干线主体施工安排，需进行底板垫层施工。

（6）盾构管廊通过时，应采取以下措施降低施工风险。

① 沈阳市地下综合管廊（南运河段）盾构下穿南北二干线隧道主体施工之前需告知南北快速路指挥部，隧道需要根据监测情况进行配重，防止隧道隆起。

② 在盾构下穿过程中应保证盾构机注浆效果，防止后期沉降。

③ 采用盾构自身控制措施控制变形。

（7）盾构管廊通过前，施工单位在施工前应落实盾构下穿条件的实际预留情况，确认无误后方可推进。

（8）盾构穿越风险工程前，施工单位应做好施工应急预案，穿越全过程应加强监测，若发现监测数据异常，应立即采取相应应急措施。本次评估按照南北二干线隧道回填施工完成考虑，对于临时路面及基坑内支撑的加强设计措施不做考虑。

5. 结论

(1)沈阳市地下综合管廊(南运河段)J03~J04节点井区间施工引起南北二干线隧道最大沉降为1.35mm，最大水平位移为0.26mm，满足隧道沉降及水平变形要求。

(2)沈阳市地下综合管廊(南运河段)J03~J04节点井区间施工引起南北二干线隧道结构纵向最大差异沉降约为0.003%*Ls*，满足沉降差变形要求。

(3)沈阳市地下综合管廊(南运河段)J03~J04节点井区间施工对南北二干线隧道二衬内力影响较小，内力变化在10%以内，对二衬安全性影响较小。

(4)当开挖面至监测点前方约20m位置时，监测点沉降速度明显加快。

(5)当开挖面通过监测点约20m后，开挖对隧道沉降影响较小。在此范围内施工时应注意加强对既有南北二干线结构的监测。

(6)沈阳市地下综合管廊(南运河段)J03~J04节点井区间下穿南北二干线隧道施工，应严格按照设计图纸进行。区间施工控制好推力、推进速率、盾构姿态及壁后注浆。

二、沈阳市地下综合管廊(南运河段)工程上跨地铁2号线及10号线区间安全风险评估

1. J02~J03节点井区间上跨地铁2号线区间设计

J02~J03节点井区间在右线里程K4+167~K4+186范围内下穿地铁2号线青年公园站至工业展览馆站区间，本管廊区间与既有地铁2号线区间净距约2.5m，平面相交角度约为75°，青年公园站至工业展览馆站区间也为盾构区间，与本管廊区间结构、形式、尺寸完全相同。

本管廊及地铁2号线盾构隧道均采用C50混凝土管廊，隧道外径6m，内径5.4m，隧道衬砌厚300mm，采用HRB400钢筋。衬砌管片分为6块：3块标准管片(A型)，2块邻接管片(B1、B2型)，1块封顶管片(C型)，每环的宽度为1200mm。管片采用错缝拼装。

本工程J02~J03节点井区间上跨地铁2号线区间设计主要工程措施如下。

具体措施见第二篇第八章第四节“六、结构设计重难点”。

2. J05~J06节点井区间上跨地铁10号线区间设计

J05~J06节点井区间在右线里程K9+250~K9+280范围内上跨地铁10号线万泉公园站至泉园一路站区间，本管廊区间与既有地铁10号线区间净距约3.2m，平面相交角度约为80°。本管廊区间与万泉公园站水平距离较近，最小距离约3.4m，本管廊采用盾构法施工，设计情况与J02~J03节点井区间相同。

管廊上跨地铁10号线区间，超前小导管于拱部150°设置，采用$\phi32\times3.25$mm小导管注浆加固，每榀格栅钢架打设一环，小导管$L=1.8$m，环向间距0.3m。外排小导管于拱部150°设置，采用$\phi32\times3.25$mm小导管注浆加固，隔榀打设一环，小导管$L=3$m，环向间距0.3m，浆液均采用水泥单液浆。

J05～J06 节点井区间上跨地铁 10 号线区间设计主要工程措施如下。

(1)在盾构穿越前需对盾构机进行全面检修，使盾构机的任何零部件都能正常运行，尤其是刀盘上泡沫管的畅通、盾尾刷良好的密封性能、注浆管的畅通。同时必须保证刀盘刀具的合理配置和完好性，避免在该区段内停机换刀。

(2)盾构到达桥体前 50m 应加强盾构姿态和管片的测量，根据复测结果并结合实际位置适当调整隧道穿通时的盾构姿态，确保盾构机按设计线路进行掘进。

(3)在穿越过程中盾构机应均衡匀速地推进施工，减少盾构对土体的扰动。在掘进过程中，要派专人负责观察测量地铁 10 号线区间、车站的监控量测变化情况。如发现地铁有较大变形或者出现开裂，应立即对此区段进行封路；通知盾构司机进一步降低盾构的推力、刀盘的转速以及推进速度，避免由于推力过大造成地表沉陷。

(4)加强同步注浆量和浆液质量，在盾构推进时同步注浆填补空隙后，重点对隧道拱部及邻近风险源侧范围进行二次注浆。若还存在地面沉降的隐患，可相应增大同步注浆量，如监测数据证实地面沉降接近或达到报警值时，用地面补压浆或地面跟踪补压浆进行补救。

(5)盾构到达前，应在桥桩、地铁区间设置测量控制点。盾构穿越过程中，应加强监控量测的数量及频率，在施工过程中进行实时监控，根据监测数据及时调整盾构掘进参数。

(6)应制定详尽周密、针对性强的应急预案，现场备有足够的抢险物资。

3. 监控量测

根据有关规范、设计要求，结合工程地质条件及周围环境条件，J02～J03 节点井区间上跨地铁 2 号线区间及 J05～J06 节点井区间上跨地铁 10 号线区间，在施工期间对既有地铁提出以下监测内容。若 10 号线未完成铺轨工作可不对轨道监测项目进行监测。监测项目如表 19.1 所示。

表 19.1　监测项目表

序号	监测项目
1	隧道结构水平位移
2	隧道结构竖向位移
3	隧道结构净空收敛
4	变形缝差异沉降
5	轨道结构(道床)竖向位移
6	轨道几何形位(轨距、轨向、高低、水平)

4. 结论和建议

(1)J02～J03 节点井区间上跨地铁 2 号线区间。

① 本管廊区间施工引起地铁 2 号线既有结构最大上浮量为 2.99mm，最大水平变形为 0.41mm，满足竖向及水平变形要求。

② 本管廊区间施工引起地铁 2 号线轨道结构最大上浮量为 2.41mm，最大水平变形量为 0.31mm。

③ 下穿点位置 37m 范围内既有地铁结构竖向变形较大，最大差异变形约为 0.02% Ls，满足变形要求。

④ 本管廊施工对既有地铁隧道内力影响较小，既有地铁隧道衬砌内力略有减少，内力变化在 5%以内，对二衬安全性影响较小。

⑤ 对既有地铁 2 号线区间进行地面注浆加固时，应严格控制注浆管入土深度，防止触碰既有地铁结构，严格控制注浆压力，防止压力过大，造成既有地铁结构损坏。

(2) J05 ~ J06 节点井区间上跨地铁 10 号区间。

① 本管廊区间施工对地铁 10 号线既有结构车站影响较小，最大变形均发生在区间位置，最大上浮量为 1.92mm，最大水平变形为 0.28mm。

② 下穿点位置 32m 范围内既有地铁结构竖向变形较大，最大差异变形约为 0.01% Ls，满足变形要求。

③ 本管廊施工对既有地铁隧道内力影响较小，既有地铁隧道衬砌内力略有减少，内力变化在 10%以内，对二衬安全性影响较小。

(3) 当开挖面至既有地铁结构前方约 20m 位置时，监测点变形速度明显加快。当开挖面通过监测点约 20m 后，开挖对既有地铁结构影响较小。在此范围内施工时应注意加强对既有地铁结构的监测。

第三节　加强工程项目风险管理体系建设

加强工程项目风险管理体系建设是风险管理的核心所在，需要摆在建设的高度来认识，运用新思维、新思路、新办法去推进。提高工程项目风险管理能力，要抓住数据库建设、指挥决策机构建设、一体化指挥控制系统建设、问责机制建设等关键环节，兼顾“硬件”和“软件”建设，着力提高决策信息、决策中枢、决策监控、决策咨询效能。具体来说有以下八个方面。

一、工程项目风险管理数据库

根据现代工程项目特点，吸取国内外和历史经验教训，区分预先考察、招投标、建设实施、出售等阶段，建立包括天候异常、地面塌陷、国际经济形势、投资环境、人员素质、管理能力等因素在内的风险数据库，同时将各类信息去粗取精、去伪存真，进行及时筛选，定期预测风险发生的概率，并及时进行更新，使数据“保鲜”，避免风险的形成和爆发，化解风险于萌芽中。同时，建立并完善事前、事中、事后信息发布制度，注重从媒介等纽带及时获取信息，确保信息的可靠性、及时性、透明性，实现信息数据的不断更新完善。

二、建立风险决策的核心指挥机构

目前，预防和处理风险的机构分散，职能交叉，导致指挥效能低下，存在迟、拖、慢、散等问题，不仅影响决策效果，而且损坏了参建单位在群众中的形象，急需整合统一，实施功能整合、效能优化。具体可将建设单位、设计单位、施工单位和监管部门统筹起来，将管理工程项目建设风险的主要职能赋予安监部门，以防止相互割裂、互不相干，有利于实施统一领导、全程监督、具体指挥，提高快速精确指挥的能力，真正提高决策效能。

三、构建和完善风险状态下的一体化决策系统

随着建筑工程不断与国际接轨，建筑项目风险决策的系统性、综合性、快捷性、科学性要求越来越高，需要建立一个能将政府、承建单位、安监部门、消防部门等有机联通在一起的一体化联合指挥决策系统，以实现收集信息、拟订方案、跟踪检查等功能。运用数据分析、数学运算等定量处理的机理办法，为决策者提供决策发挥智囊团的作用，确保风险发生同时预警、处理风险统筹指挥、提出建议大家共享、专家意见优先采纳，防止非理性问题的非程序化决策，实现风险发生处理决策的最优化。

四、建立风险预防和处理的法律体系和问责机制

建立法律体系和问责机制是确保对风险最大程度预防和最科学处理的务实有效办法。当前，我国在风险预防处理上还缺乏一套有效的法律体系和问责机制，特别是距离实现风险处理的法制化还有一段路程。需要由政府牵头，制定相应法律法规，加快建立基于事前、事中、事后的问责制度，与绩效工资、提拔任用等挂钩；坚持预防为主的方针，重新界定建设活动中各主体方在管理上的责任，加强媒体监督和公众监督，防止因疏忽、麻痹、玩忽职守等造成的不必要损失，促进风险管理建设逐步走向法制化轨道。

五、提高风险状态下决策者的素质

风险状态下的决策是在紧急性或危险性强的情况下作出的，比常规管理更能考验项目的组织结构和管理者的治理能力。特别是在风险发生的情境下，风险决策者需要具备统筹全局的创新能力、及时迅速的决策能力、沟通应变的心理能力。同时根据信息、资源、方案的有限性，凭借自身的经验，需要提高决策者的基本素质。这需要管理者在平时注重培养自身对风险事件的感应、认知、适应和对抗能力，培养科学民主的决策方式，从而提高风险决策的质量。同时，要建立风险决策培训机制，培养一批有经验、善应变的骨干，以老带新，形成良性循环。

六、把握施工现场技术管理关键环节

施工现场内部存在着诸多的风险因素（如无关人员进入现场），因此要设立严格的门卫检查制度，防止无关人员进入引发事故。另外，施工现场环境要清理干净，及时排水，堆放的材料要整齐，对各类易燃易爆物品要分门别类地存放，符合规范要求。施工现场的防火工作也至关重要，焊接明火作业、食堂宿舍和电气机械设备等注意防火。同时要加强治安工作，严禁赌博、酗酒、打架斗殴；严防盗窃、破坏事件的发生。对高处作业、危险作业等提出明确要求和防范措施。当施工现场出现风险事故时，要立刻启动应急预案，工程项目的风险管理人员尽快赶到现场，组织抢救伤员，疏散其他人员，保护好现场

的各物品摆放，并协调公安、消防等部门进行事故的紧急处理。

七、普及风险预防教育机制

安全教育面向的是施工现场的所有人员，是一个长期的过程，贯穿于施工的各个阶段。通过安全教育使所有人员建立安全意识，掌握本岗位的技术技能，知晓与本岗位有关的重大安全风险，了解违章操作的后果。安全教育可分为两方面：安全思想教育，即对全体人员进行有关安全生产的法律法规、管理制度和纪律的教育，并结合本企业的经验教训进行分析讲解，要作为一项经常性的工作来抓；安全技术教育，即对专业的管理、技术人员的安全技术法律规范和纠正预防措施的教育，也包括对施工人员进行健康、卫生保健、劳动防护(防尘、防毒、防噪声、防高温热辐射、防机械外伤、防坠落、防寒防电)等工作安排以及事故预防措施等教育。

八、加强风险管理新策略理论研究

风险策略研究是把不确定的非决策性风险转化为程序性的决策风险，为风险决策提供指导思想和准则，为以后的风险处理提供决策依据。比如：为改善我国建设工程风险管理的策略，寻找符合市场经济规律的风险管理策略的思路，以法律视角加强风险建设的新思路，以市场手段来解决风险问题的新策略等。因此，关于建筑工程风险管理策略研究的空间还很大，需给予足够关注。

第二十章　质量管理办法

第一节　质量管理办法

一、严格项目建设程序管理

（1）管廊工程建设项目应履行法定的基本建设程序，严格落实建设工程规划许可、施工图设计文件审查、施工许可、工程质量安全监管、检验检测与监理、竣工验收以及档案移交等制度。

（2）管廊施工前，管廊建设单位应当按规定向所在地县级以上住房城乡建设主管部门申请领取施工许可证，并办理工程质量、安全监督手续，与道路同步建设的管廊工程可以与道路工程一并办理。

（3）管廊工程覆土前，管廊建设单位应进行竣工测量，并对测量数据和测量图的真实性、准确性负责。管廊建设竣工后，管廊建设单位应当及时组织勘察、设计、施工、监理等相关单位进行管廊工程竣工验收，按照有关规定向当地城建档案管理机构移交纸质、电子、声像等形式的管廊工程档案。

二、规范项目勘察与设计管理

（1）管廊工程各专业设计应同步进行，对于给水、中水、电力、通信、燃气管线入廊的项目，当设计单位不具有相应设计资质时，应与具有相关设计资质的单位组成联合体，共同参与招投标及设计业务。

（2）管廊工程勘察设计应符合《城市综合管廊工程技术规范》（GB 50838—2015）和相关规范标准的规定。管廊总体设计须按照综合管廊专项规划，对管廊走向、纳入管线种类及数量、廊道断面形式及尺寸、竖向标高、过河过路节点、附属构筑物选址及形式等进行技术经济比较，遵循节约用地原则，统筹安排各类管线在管廊内部的空间位置，科学确定设计方案。管廊工程应根据 100 年的设计使用年限和环境类别进行耐久性设计，按乙类建筑物进行抗震设防。设计单位应当根据施工安全操作和防护的需要，对涉及施工质量安全的重点部位和环节在设计文件中注明，并对防范生产安全事故提出指导意见。

三、注重项目运营维护管理

(1)管廊建成后，应由专业单位进行日常维护管理。管廊管理单位向各管线单位提供管廊使用及日常维护管理服务，负责管廊内公用设施设备养护和维修，保证设施设备正常运转。建立健全维护管理制度，会同各专业管线单位编制管廊维护管理办法及应急预案。

(2)入廊专业管线单位应编制所属管线年度维护和维修计划，定期对所属管线进行巡查维护，并做好巡查维修记录。

(3)管廊投入运营后管理单位应会同各管线单位定期对管廊主体、附属设施、内部管线的运营情况进行检测评定，并及时处理安全隐患。

(4)管廊实行有偿使用制度。管理单位向入廊管线单位收取管廊使用费和管廊日常维护管理费。省住建厅会同省物价局制定管廊有偿使用制度实施意见，各市要结合当地实际出台管廊有偿使用费用标准。

第二节　地下管廊工程精细化管理

一、工程项目精细化管理模式

工程项目精细化管理关键在于“精”，具体落实要放在“细”上。通过“精细化”双重管理，把项目管理过程中各个不同的环节、重点和具体的节点做到准确把握，通过对施工管理过程中进度、投资成本、工程质量、安全文明及环保等环节的标准化、细化，制定切实可行的管理制度，做到标准化管理。将精细化的理念与国家的标准制度、规范规定以及相关的法规紧密契合，形成以项目管理目标为根本的，以进度控制、投资管控、质量管控等各个方面综合的精细化管理模式。

二、地下管廊工程项目精细化管理实践

(1)地下管廊工程项目精细化管理目标要求根据地下管廊建设任务与工程特点，并结合地下管廊工程具体概况和管理需求，按照项目管理精细化管理的理论进行项目组织管理，提出如下地下管廊建设精细化管理目标要求。

① 从工程进驻到工程施工管理全过程，要把管理的重点放在实现工程进度计划管理上。施工管理过程中，要严格落实相关计划，从分项工程到整体工程，制订翔实的日计划、周计划、月计划。

② 在工程管理过程中，要把工程总进度控制贯穿于工程管理始终。对于工程材料、物资以及设备机械等要根据配套计划做到切实可行，符合工程总进度控制的目标。在人力资源使用、资金配套使用过程中，要严格落实总进度和总工期的要求。在工程管理过程中，着力点置于工程管理的关键线路控制上，以关键线路和重点环节作为进度控制主导，实行科学化、系统化的管理模式。

③ 重视对合同的管理，将其作为对工程参与各方的约束及控制的手段。在整个工程的运作及实施过程中，严格执行相关合同，并以此为依据，约束和控制其履行合同的责任和义务。

④ 项目进度计划控制管理。要求在工程管理过程中科学控制工程进度，采用横道图的形式，保证工程进度按计划进行。加强对工程进展情况的掌控，采取定时监控、例会等制度，把握工程实时进展，建立动态调整制度，根据项目进度和总体任务安排，做到工程项目进度计划的严格落实。

⑤ 积极借鉴先进的施工成本管理及进度控制有关的理论方法手段，借助现代信息技术等科学高效的辅助管理方法，通过精细化管理，在制度标准和相应规范下，做到工程项目管理的科学化和系统化，不断优化施工质量、确保施工进度、降低施工成本，实现工程项目管理的全过程、全系统管理，保证施工项目管理成效不断提高。

(2)沈阳市地下综合管廊(南运河段)工程项目精细化管理目标设计按照全过程精细化管理目标要求，提出精细化管理控制目标。在工程建设过程中，必须采取切实有效的管控措施，确保精细化管理目标的实现，确保工程质量符合合同要求。

(3)重点在于把“精细化”的管理固化在工程管理的全过程，在管理过程中，认真贯彻执行“精心组织、规范施工、质量第一、信誉至上”的项目质量管理总方针，完成项目施工中“五大控制目标”的相关任务，按照合同和设计要求，保质保量地完成施工任务。对各类施工技术力量进行优化组合、科学调配，在人力资源方面给予充分保证；采用先进的施工工艺，积极落实各项规定措施，确保工程各环节科学高效、安全文明，按合同要求保质保量完成工程任务。

地下管廊精细化管理实践，其根本要求是把工程精细化管理理念贯穿于工程全过程，建立全过程管理模式，从项目管理的目标控制转变到精细化系统控制层面上来。以标准、规范、制度进行控制，以质量管理、精细化管理为根据遵循，采用科学有效的管理措施，根据规范要求实行标准化管理，实现工程组织协调、工程质量管控、计划进度管理、工程安全文明管理、投资成本控制和环保施工精细化管理的目标要求。

三、沈阳市地下综合管廊(南运河段)工程项目精细化管理对策措施

(1)在工程施工和管理过程中，以合同要求作为工程管理的第一要务。工程管理目标即是在质量上符合规范要求、工期上达到合同文件要求的前提下，采取有效技术措施，通过“五控制”管理措施，找准工程施工过程的关键节点和重难点，将合同规定的管理目标作为根本，做好日常管理、人力资源、材料和安全管理控制点的掌握，使之处于合同管理的范畴。在工程施工过程中，以履行合同作为管理的基础，确保合同约定的工程施工和管理承诺，实现工程项目管理“五大控制目标”符合合同的要求，百分之百完成合同履约率。

(2)工程项目的“精细化管理”重在制度的落实，旨在提高管理水平。通过精细化管理，把项目管理形成标准化模式，在组织和人员中进行明确分工，各负其责，从而更好地调动人员的责任意识和积极性。通过精细化管理，把各个节点特别是关键工程环节进行重点把控，形成科学化管理。从日常项目施工过程管理向系统化、精确化的全过程管

理过渡，建立精细化项目管理目标，保证项目质量，提高项目水平，精确项目管理过程，控制投资成本，实现经济与社会效益的双赢。

(3)将精细化管理作为一种管理态度与管理意识，建立标准化、制度化的管理模式。实现地下管廊工程精细化管理，就是要求施工企业把握施工成本精细化管理的重要性，把实现工程质量管理目标作为整个工程项目管理的关键，将进度管理和调整作为工程项目管理的切入点，在施工组织、人力资源、机械设备、质量管控、生产原材料等精细化管理上下功夫，根据标准规范，做实做细。

第二十一章　设计阶段质量管理

第一节　总体总包管理

一、总体技术管理

(1)总体院编制初步设计及施工设计技术指导书，内容包括：技术要求、文件组成、文件编制及技术接口。

(2)设计图纸严格按照各院的设计质量管理体系执行，所有设计图纸执行三级(校对、审核、审定)审核、专业会签、专业技术副总审定制，设计方案执行两级评审(专业评审、综合评审)，重要技术方案进行外部专家专项论证。最终施工蓝图在报强审前由各专业技术总体进行审定。

(3)配合政府行政部门组织的各管线公司接口协调会。

(4)配合项目组织参加各种类型的专题评审、技术论证工作(内容包括但不限于节能、维稳、科研、消防、初步设计、风险源识别等)。

(5)组织协调本项目课题研究：

① 沈阳市地下综合管廊(南运河段)工程智能巡检机器人研究工作；

② 沈阳市地下综合管廊(南运河段)工程预埋槽道研究工作。

(6)组织调度并配合各工点院完成各阶段设计技术咨询指导工作。

(7)组织调度各工点院完成各阶段图纸设计工作：

① PPP 招标图设计；

② 初步设计；

③ 施工设计。

(8)编写用户需求书。

二、总包管理

(1)协助业主调动各工点院，组织每周管廊工程例会，并形成会议纪要，监督各工点院按照时间节点完成工作。

(2)督查各工点院人员到位情况，协调各工点院项目负责人落实相关设计人员，为各项设计任务提供有力的人力资源保证。

(3)在项目初期及时建立项目专用QQ群、各工点院通讯录，方便所有参建单位之间的沟通联系。项目中期与入廊各管线公司对接后，及时形成各管线公司和各协调单位之间的联系，为工程顺利进行提供有力的通信联系保障。

(4)积极参与所有协调会、沟通会、工程例会，并及时完成会议纪要，将会议精神及时传达到各与会单位。

(5)建立例会制度、集中办公日常管理制度、会议纪要管理制度、周报月报制度、图纸会签制度，对日常管理流程进行制度化，对相关制度成果进行归档，做到流程可追溯。

(6)组织各总体对相关专业图纸进行审核，并及时反馈总体意见，及时对图纸质量进行把控。

(7)制定各阶段设计出图计表，并实施督促各总体、各项目负责人落实设计内容，按照时间节点完成相关设计任务。

(8)配合业主提供汇报、沟通及上报上级单位审核所需的相关文本文件。

第二节　设计例会制度

在项目设计启动后，由总体总包协调组织各工点院每周进行设计例会，确保设计各阶段的每一个环节都做到有质、有量、有记录。同时各标段设计人员提供设计周报、设计月报。设计周报主要就以下内容进行提交：

① 本周内的工作进展；

② 下周工作计划；

③ 上次例会纪要落实情况；

④ 存在的问题；

⑤ 图纸完成进度；

⑥ 变更情况统计；

⑦ 本项目负责人及主要专业负责人驻沈情况；

⑧ 施工现场情况。

第三节　设计质量管理体系及质量管理流程

(1)在设计过程中建立完善的设计质量管理体系和质量控制程序，质量管理体系框架如图 21.1 所示。

(2)各工点院按各自院的管理体系对本项目进行相关管理，总体院按照相关管理规定制定完善的管理体系，以确保项目的设计质量。质量管理流程如图 21.2 所示。

(3)实行逐级审查制度。参与项目设计的各工点院无论是可行性研究报告，还是初步设计报告、初步设计、施工设计、项目预算书，均实行四级审查制度，即设计自审、专业负责人校对、审核及审定。总体各专业、总体对工点院设计进行审核，施工图最后报

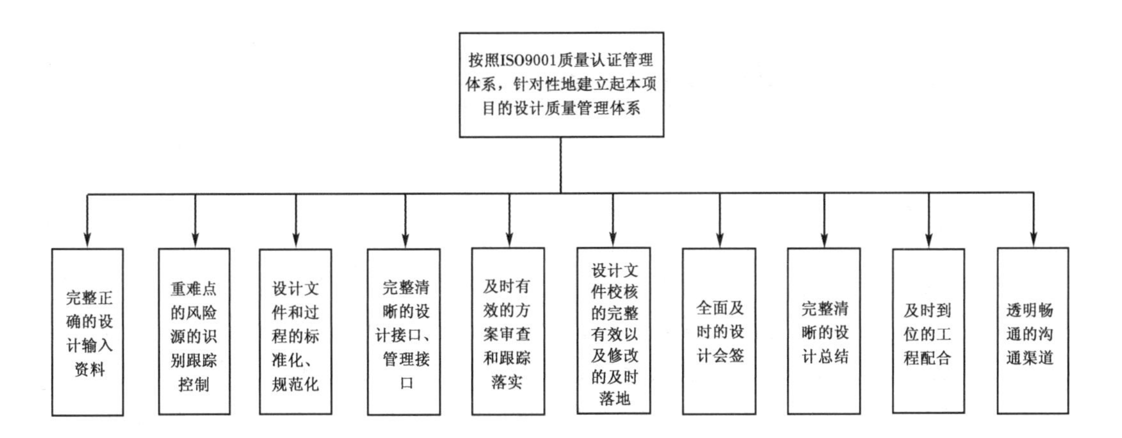

图 21.1　设计质量管理体系框架

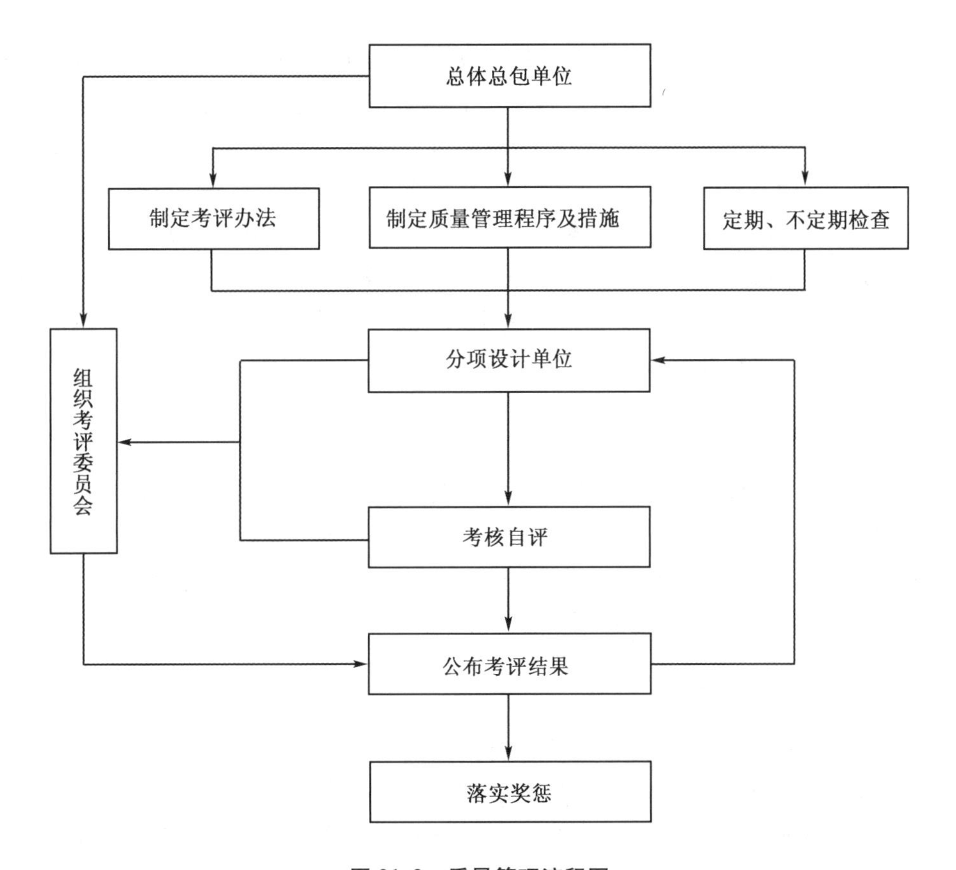

图 21.2　质量管理流程图

外审，完成图纸的审查过程，使设计成果文件技术路线合理、文本条理清晰、数字准确无误、图面工整清晰、提交成果材料齐全，同时保证设计的准确性、可操作性和科学性，满足项目工程招投标和工程施工的要求。

（4）建立专家咨询制度。在项目设计过程中，要针对项目的特点，对项目各阶段设计中的重点问题、难点问题咨询由总体院成立的顾问组的专家，或组织专家进行专题论证，为本项目提供优化设计的意见和建议。

第四节　各阶段设计文件质量管理

一、科研阶段

本阶段的设计文件由各项目单位负责，设计成果实行四级审查制度，即上述所说的自审、专业负责人校对、审核及审定，最后经技术副总确认方为正式成果，可以向业主提交。在重大技术问题及设计方案的比选上，必须由项目负责人同有关人员向院领导、总工程师及有关技术负责人进行汇报，经集体讨论后或进行专家评审后确定实施方案。

二、初步设计阶段

本阶段实行各项目单位总体负责、各工点设计院项目负责人负责、工点设计院总工程师负责把关的三级管理制度，设计成果实行四级审查制度，即上述所说的自审、专业负责人校对、审核及审定，最后经技术副总确认方为正式成果，可以向业主提交。在重大技术问题及设计方案的选定上，必须由项目负责人会同有关人员向院领导、总工程师及有关技术负责人进行汇报，经集体讨论后或进行专家评审后确定实施方案。

本工程的初步设计阶段由总体院编制初步设计技术指导书，下发给各工点设计院，同时，根据总体制度的全面质量管理要求建立完整、详尽的质量管理档案，且设计深度满足相关国家和行业标准要求。

三、施工图阶段

施工图阶段的设计工作，以相关规范为依据，并严格按照批准的初步设计文件要求，对初步设计图纸进行补充、完善。总体院在本阶段编写施工设计技术指导文件，下发到各工点设计院。各工点设计院实行设计、校对、审核、审定、各专业总体管理制度，完成强审、修改、完善工作，最终完成施工图的设计。

四、设计成果质量

本工程设计成果经实施后，各工点设计院内评定认为：

① 初步设计阶段设计方案论述清楚、合理；

② 施工图阶段，图面符合国家有关标准，图纸内容表达清楚，技术文件提交完整；

③ 设计文件满足国家或行业标准，设计过程中均按 ISO9000 质量认证管理体系实施，无因设计造成的返工和质量问题。

第二十二章　盾构管片生产质量控制

第一节　盾构管片生产管理

一、质量控制原则

（1）严格执行质量管理体系。本工程施工过程中完全按照ISO9001建立并运行本合同段质量管理体系。

（2）以积极负责的精神为业主提供全过程、全方位的管理服务。要特别抓好施工中的精细化管理，以保证工期和质量。

（3）积极配合业主做好整个工程的项目管理，主动协调设计单位、监理单位等的关系，保证整个工程顺利进行。

（4）按项目法施工原理组织施工。采用先进的管理方法和技术，特别是运用计算机技术，及时建立施工全过程的台账，实行动态控制。

二、影响盾构管片生产质量的因素

（1）管片制作中，钢筋弧度、尺寸控制不严格；钢筋焊接过程中主筋定位不精准，钢筋的间距没有在允许偏差范围内，个别骨架缺少钢筋，造成管片钢筋保护层存在缺陷。

（2）模板下部残留混凝土清理不彻底；钢模连接螺杆没有固定紧，留有缝隙，造成管片尺寸存在偏差。

（3）混凝土混合比例不合理；水泥水化热及混凝土凝结收缩造成表面干缩裂纹；蒸汽养护阶段温度过高或过低；管片拼装过程由于操作不规范等，导致管片产生裂纹。

（4）管片模具磨损严重，尺寸选择不合理，没有定期清理养护；管片制作原材料不合格，不能满足设计要求；混凝土灌注过程中振捣不密实；管片成型后养护不当，造成管片产生蜂窝麻面病害。

（5）水泥水化热，混凝土水灰比偏大；脱模剂黏度较大，造成空气滞留；灌注混凝土分层过厚；漏振或振捣不足等，导致混凝土固化产生气泡。

（6）管片表面色差过大，在管片施工中还应当注意做好颜色的控制，以保持一致性。

三、管片成品保护

1. 管片成品养护

混凝土浇筑完毕后，应按施工方案及时采取有效的养护措施，并应符合下列规定。

(1)管片混凝土经过外弧面修饰静养不少于2h。

(2)当采用蒸养时升温速度不宜超过15℃/h，降温速度不宜超过20℃/h，恒温最高温度不宜超过60℃；当采用自然养护时，应注意用塑料薄膜覆盖保湿。

(3)蒸养过程应定时进行测温并记录。

(4)混凝土冬期施工宜采用低温蒸养。

(5)混凝土结硬之前，不得踩踏混凝土表面，并按要求入池养护至少7天。

(6)出池管片必须在室内码放保存24小时以上，方可运往室外码放，从而保证管片强度能够较好地增加。

(7)冬季施工时，为了防止贮存的管片中心孔存水结冰损坏管片，需在管片运输到室外前将中心孔积水抽干，顶部管片螺旋孔封闭。冬季及时清理积雪，防止雪水流入孔中。

(8)不得在混凝土成品上随意开槽打洞；不得用重锤锤击混凝土。

2. 堆放场地

(1)堆放场地地基须平整、洁净、干燥、牢固、排水及通风条件良好、无污染、交通运输方便。

(2)须根据预制品的种类、规格、型号、使用先后次序等条件，有计划分开堆放，堆放须平直、整齐，下垫枕木或木枋，并设有醒目的标志。

(3)堆放场地必须平整，每片管片垂直存放时，管片之间使用三条木方作为衬垫，以免管片间距过小发生损坏，堆放最多不超过三层。

(4)管片卧式堆放最多不超过五层，每堆之间留1.0~1.5m通道进行防水施工或应急通道。

(5)应做好对预制品的防腐、防霉、防污染、防锈蚀等防护措施，叠高堆放的预制品须加设支撑，以防倾覆。

(6)管片搁置在柔性垫条上，管片与管片之间必须要有柔性垫条相隔，垫条摆放的位置要均匀、厚度要一致。

3. 管片运输保护

(1)管片装卸车时，应缓慢、平稳地进行，管片应逐件搬运，起吊时应加垫木或软物隔离，以防受到损坏。

(2)挂吊管片时，必须保证吊钩、吊索钩稳、挂正才能起吊，发出信号清晰明确；

(3)管片的垫点和装卸车时大吊点，不论装车或卸车堆放，都应该按设计的位置进行，满足管片受力情况。叠放时，管片之间的垫木要在同一条垂直线上，垫木厚度要相等。

(4)管片应轻吊轻放，吊运过程应保持平稳。

(5)装运管片时，总高度要限制在3.6m之内，以免运输途中发生错动而损坏。

(6)待管片装车完毕后，用紧固带固定管片，确认无误后方可运往盾构施工现场。管片从生产场地运往施工现场时，应使用卡车运输。

(7)运输道路必须平整坚实，有足够的路面宽度与转弯半径，并要根据路面情况掌握行车速度。

第二节　管片预防水密封垫粘贴区域混凝土振捣质量控制

一、质量控制原则

(1)管片外观要求：管片出模以后，允许出现少量气泡、局部少量麻皮或掉皮，棱角处和预埋件周围少量飞边和缺棱掉角问题；不允许出现裂缝，防水密封垫粘贴区域不得出现蜂窝和气泡。

(2)结构要求：管片外径为6m，内径为5.4m，厚度为300mm，防水密封垫粘贴凹槽深为9mm，宽为50mm。

(3)目标值：防水密封垫粘贴区域成型质量合格率达到90%。

(4)合格标准：防水密封垫粘贴区域表面气泡数量小于10个，控制蜂窝麻面、尺寸偏差及平整度差问题的出现频率不超过原出现概率。

二、影响混凝土振捣质量的因素

(1)振捣方法单一落后。振捣不到位是混凝土中气泡不能充分排出的主要原因。

(2)混凝土坍落度太小，流动性差。如果混凝土流动性不好，即使振捣到位，也不能保证成品表观光滑，采用增加流动性、添加减水剂的方法，既可以保证混凝土的流动性，又不会影响管片的强度和抗渗性能。

三、控制混凝土振捣质量的措施

(1)对振捣点位、振捣时间、振捣效果提出更高要求，采用人工及振捣台共同振捣的方式。先采用振捣台进行振捣，然后人工复振，振捣时不允许紧靠模板振捣，振动棒不允许紧靠钢筋结构、槽道等预埋结构。每一插点振捣时间以20~30 s为宜，一般以混凝土表面呈水平并出现均匀水泥浆、不显著下沉、不再冒气泡为宜。

(2)调整混凝土坍落度，使其在90~100mm。为了保证管片的抗渗和强度性能，应加入减水剂，增加混凝土流动性。拌制混凝土时保证混凝土砂石料的级配良好，含泥量满足规范要求。

第二十三章　施工质量控制

第一节　节点井施工质量控制

一、影响节点井施工质量的因素

节点井开挖过程中所造成的质量问题或其他病害，主要是由于在施工过程中施工人员未按照相关规范及要求进行施工，导致开挖速度较快、超挖、降水速度较快、节点井周围堆载超标、水平支撑安装时间较晚等。

二、节点井施工质量控制措施

(1)节点井开挖前，首先对节点井所在位置的地质进行勘测，且对周围建(物)筑物的变形及沉降等进行观测，将开挖节点井对周围建(构)筑物的影响降至最低。在节点井开挖前，确定好节点井开挖位置，且对开挖范围内的电缆、管道等进行排查，避免因开挖对电缆及管道等产生不利影响。排除一切不利因素后，对场地的支护方案进行编制。若场地环境比较复杂，应进行专家论证，论证通过后再确定支护方案，并针对支护方案制定施工细则，确保相关施工人员按照施工细则进行施工，确保施工质量及施工安全。

(2)节点井开挖时，对挖出的渣土进行清运，避免在节点井周围堆积，从而影响边坡的稳定性，产生安全隐患。开挖时，在节点井周围布置防护栏并安装警示牌，避免行人及其他无关人员坠入节点井内，从而产生不必要的人员伤亡及经济损失。节点井内部安装照明设施，确保夜间施工安全及对周围行人产生警示作用，避免发生事故。保证节点井周围道路通畅，以确保大型机械能顺利进入节点井内。尽管节点井内无地上建筑及其他高空隐患，但在节点井内部施工的人员必须佩戴安全帽，避免因上部坠物等产生安全事故。

(3)节点井开挖完毕后，对节点井四周进行支护，并对支护的薄弱位置或荷载较大的位置进行加固处理，避免产生安全隐患。对节点井上部外围土体进行定期监测，监测其沉降及位移变化，避免产生安全隐患。对节点井底部水位等进行定期监测，并对地下水位进行控制，必要时可采取局部回填处理或其他有效措施，避免因水位变化而产生安全隐患。

第二节　机电安装施工质量控制

一、影响机电施工质量的因素

1. 机械材料的影响

一旦机械材料的质量产生问题，就会导致在设备安装和运行中出现安全隐患，从而产生事故风险。在材料的采购和入场环节就需要进行严格的控制工作，一方面要对材料的供应商进行严格的筛选，也需要在材料的质量检查方面严加处理，从而减少假冒伪劣材料的出现，杜绝不合格材料入场的现象发生。

2. 技术因素的影响

机电安装工程施工中，施工质量的控制工作也需要在机电设备的安装技术方面进行提升，安装中的技术交底工作不完善，就会导致安装的规范性意识不强，出现工作疏忽。另外，机电设备的安装与土建工作部门紧密联系，在工程中没有做好衔接工作也会影响到整体工程的质量。例如孔洞的位置和预订位置不符等，会影响到施工质量。

二、机电施工的质量控制措施

(1)机电施工中原材料的质量一方面要通过控制采购渠道的质量，使得原材料的品质得到保证，在供应商的资质和产品质量的检查方面也要进行严格控制，同时需要采购人员从专业的质量角度和性价比方面进行衡量。另一方面，要通过质量检查工作的进行，将做到百分之百的合格材料可以使用，严禁不合格材料在设备上的使用。机电安装工作中需要根据施工中材料的具体使用进行分析，在材料选择方面将施工的类型、规格、尺寸等因素加以考虑，增强材料使用的准确性。在整体机电安装工作的优化中，需要明确材料入场的基本规范，进行严格的筛选。

2. 定期进行施工技术培训、安全培训和质量意识培训，并对培训效果进行考核，保证企业的培训工作能够真正发挥实效。加强专业化教育，提高工作人员的企业责任感和责任意识，全面促进质量监管工作的发展。

第三节　管片开裂、错台和破坏质量控制

一、管片吊装、运输过程中受损

1. 现象

在管片吊装、垂直运输或水平运输过程中，将管片边角撞坏。

2. 管片在吊装、运输过程中受损的影响因素

(1)行车吊运管片时，管片由于晃动而碰撞行车支腿或其他物件，造成边角损坏。

(2)管片翻身时碰擦边角，引起损坏。

(3)管片堆放时垫木没有放置妥当，引起损坏。

(4)用钢丝绳起吊管片时钢丝绳将管片的棱边勒坏。

(5)运输管片的平板车颠簸，造成管片损坏。

(6)管片叠放在盾构区间内时未垫枕木，造成边角损坏。

(7)在管片吊放时，放下动作过大，使管片损坏。

3. 防止管片吊装、运输过程中受损的措施

(1)行车操作要平稳，防止过大的晃动。

(2)管片使用翻身架翻身，或用专用吊具翻身，保证管片翻身过程中的平稳。

(3)地面堆放管片时上下两块管片之间要垫上垫木。

(4)设计吊运管片的专用吊具，使钢丝绳在起吊管片的过程中不碰到管片的边角。

(5)采用运输管片的专用平板车，加设避振设施。叠放的管片之间垫好垫木。

(6)工作面存放管片的地方放置枕木将管片垫高，使管片与盾构区间不产生碰撞。

4. 管片吊装、运输过程中受损的解决措施

已碰撞损坏的管片及时进行修补，损坏较重的管片运回地面进行整修，更换新的管片。

二、管片拼装完成后受损

1. 现象

拼装完成的管片有缺角掉边和裂缝，使结构强度受到影响，且产生渗漏。

2. 管片拼装完成后受损的影响因素

(1)管片在脱模、储存、运输过程中发生碰撞，致使管片的边角缺损。

(2)拼装时管片在盾尾中的偏心量太大，管片与盾尾发生磕碰现象，以及盾构推进时盾壳卡坏管片。

(3)定位凹凸榫的管片，在拼装时位置不准，凹凸榫没有对齐，在千斤顶靠拢时会因凸榫对凹榫的径向分力而顶坏管片。

(4)管片拼装时相互位置错动，使管片与管片间没有形成面接触，盾构推进时在接触点处产生集中应力而使管片的角碎裂。

(5)前一环管片的环面不平，使后一环管片单边接触，在千斤顶的作用下形同跷跷板，使管片受到额外的弯矩而断裂。封顶块与邻接块的接缝处的环面不平，也是导致邻接块两角容易碎裂的原因。

(6)拼装好的邻接块开口量不够，在插入封顶块时间隙偏小，如强行插入，则容易导致封顶块管片或邻接块管片的角崩落。

(7)拼装机在操作时转速过大，拼装时管片发生碰撞，边角崩落。

3. 预防管片拼装完成后受损的措施

(1)管片运输过程中，使用弹性的保护衬垫将管片与管片之间隔开，以免发生碰撞而损坏管片。在起吊过程中要小心轻放，防止磕坏管片的边角。

(2)管片拼装时要小心谨慎，动作平稳，减少对管片的撞击。

(3)提高管片拼装的质量，及时解决环面不平整度、环面与盾构区间设计轴线不垂直度、纵缝偏差等质量问题。

(4)拼装时将封顶块管片的开口部位留得稍大一些，使封顶块能顺利地插入。

(5)发生管片与盾壳相碰，应在下一环盾构推进时立即进行纠偏。

4. 管片拼装完成后受损的解决措施

(1)因运输碰损的管片进行修补后方能使用，修补须采用与原管片强度相应的材料。

(2)在井下吊运过程中损坏的管片，如损坏范围大，影响止水条的部位的，应予以更换；如损坏范围小，可在井下修补后使用。

(3)推进过程中被盾壳拉坏的管片，应立即进行修补，以保证止水效果。

(4)内弧面有缺损的管片进行修补时，所用的材料应与原管片强度等级相同，以保证强度和减少色差。

三、管片错缝拼装受损

1. 现象

错缝拼装的管片在拼装和盾构推进过程中产生裂缝，甚至断裂的情况。

2. 管片错缝拼装受损的影响因素

(1)管片环面不平整，相邻管片迎千斤顶面有交错现象，使后拼上的管片受力不均匀，管片的表面会出现裂缝，盾构的推力较大时，会顶断管片。

(2)拼装时前后两环管片间夹有杂物，使相邻管片环面不平整，后拼装的管片在推进时就可能被顶断。

(3)管片有上翘或下翻，使管片局部受力，造成断裂。

(4)封顶块管片插入时，由于管片开口不够而使管片受挤压产生断裂。

3. 预防管片错缝拼装受损的措施

(1)每环管片拼装时都对环面平整情况进行检查，发现环面不平，及时加贴衬垫予以纠正，使后拼上的管片受力均匀。

(2)及时调整管片环面与轴线的垂直度，使管片在盾尾内能居中拼装。

(3)拼装前做好清理工作。

(4)对于管片存在上翘或下翻的情况，在局部加贴楔子进行纠正。

(5)封顶块拼装前，调整好开口尺寸，使封顶块管片顺利插入到位。

4. 管片错缝拼装受损的解决措施。

(1)拼装完成即发现环面严重不平的管片，应立即拆下，重新制作楔子后再拼装，提高环面平整度。

(2)对产生裂缝的管片进行修补，将损伤的混凝土凿除，再用修补管片的混凝土进行修补。

(3)已经断裂的管片，须根据情况，采取特殊措施或将断裂的管片换掉。

第四节　盾构区间渗漏水原因及处理方法

一、管片压浆孔渗漏

1. 现象

管片压浆孔处渗漏，压浆孔周围有水渍，压浆孔周围混凝土有钙化斑点。

2. 管片压浆孔渗漏的影响因素

(1)压浆孔的闷头未拧紧。

(2)压浆孔的闷头螺纹与预埋螺母的间隙大。

3. 预防管片压浆孔渗漏的措施

(1)要用扳手拧紧压浆孔的闷头。

(2)在闷头的丝口上缠生料带，以起到止水的作用。

4. 管片压浆孔渗漏的解决措施

(1)将闷头拧出，重新按要求拧紧。

(2)在压浆孔内注少量水泥浆堵漏，然后再用闷头闷住。

二、管片接缝渗漏

1. 现象

地下水从已拼装完成的管片的接缝中渗漏到盾构区间。

2. 管片接缝渗漏的影响因素

(1)管片拼装的质量不好，接缝中有杂物，管片纵缝有内外张角、前后喇叭等，管片之间的缝隙不均匀，局部缝隙太大，使止水条无法满足密封的要求，周围的地下水就会渗漏进盾构区间。

(2)管片碎裂，破损范围达到粘贴止水条的止水槽时，止水条与管片间不能密贴，水就从破损处渗漏进盾构区间。

(3)纠偏量太大，所贴的楔子垫块厚度超过止水条的有效作用范围。

(4)止水条粘贴质量不好，粘贴不牢固，使止水条在拼装时松脱或变形，无法起到止水作用。

(5)止水条质量、强度、硬度、遇水膨胀倍率等参数不符合质量标准要求，使止水能力下降。

(6)对已贴好止水条的管片保护不好，使止水条在拼装前已遇水膨胀，管片拼装困难且止水能力下降。

3. 预防管片接缝渗漏的措施

(1)提高管片的拼装质量，及时纠环面，拼装时保证管片的整圆度和止水条的正常工况，提高纵缝的拼装质量。

(2)对破损的管片及时进行修补，运输过程中造成的损坏应在贴止水条以前修补好。

对于因为管片与盾壳相碰而在推进或拼装过程中被挤坏的管片，也应原地进行修补，以对止水条起保护作用。

（3）控制衬垫的厚度，在贴过较厚衬垫处的止水条上应按规定加贴一层遇水膨胀橡胶条。

（4）应严格按照粘贴止水条的规程进行操作，清理止水槽，胶水不流淌以后才能粘贴止水条。

（5）采购质量好的止水条，在施工过程中定期抽检止水条的质量，产品须经检验合格后方能使用。

（6）在施工现场加防雨棚等防护设施，加强对管片的保护。根据情况也可对膨胀性止水条涂缓膨胀剂，确保施工的质量。

4. 管片接缝渗漏的解决措施

（1）对渗漏部分的管片接缝进行注浆。

（2）利用水硬性材料在渗漏点附近进行壁后注浆。

（3）对管片的纵缝和环缝进行嵌缝，嵌缝一般采用遇水膨胀材料嵌入管片内侧预留的槽中，外面封以水泥砂浆以达到堵漏的目的。

三、管片裂纹渗漏

1. 现象

地下水从已拼装完成的管片的裂纹渗漏到盾构区间。

2. 管片裂纹渗漏的影响因素

（1）管片生产过程中产生的微小裂纹，不易目测，在吊装、运输或拼装过程中，管片受集中应力，裂纹扩大。

（2）拼装管片前对盾尾的清理不干净，使得管片的环缝中夹有泥沙，造成整环管片的环面不平整，掘进时就会因不均匀受力而产生裂纹。

（3）在拼装过程中因拼装顺序或管片类型错误使得环面不平整，导致受力不均匀产生裂纹。

（4）在硬岩段或不均匀地层中因推力过大或推力不均匀导致管片出现裂纹。

（5）在进行管片补浆时因压力控制过高导致管片开裂。

（6）在姿态较难控制时，过于纠偏使得盾尾间隙过小或推力不均导致裂纹出现。

3. 预防管片裂纹渗漏的措施

管片生产、运输、吊装和拼装过程中严格按照标准执行。

4. 管片裂纹渗漏的解决措施

（1）寻找裂缝：对潮湿的部位，先清扫结水，待潮湿部位全部清理干净、表面稍干时，仔细寻找裂缝，用色笔或粉笔沿裂缝做好标记。

（2）钻孔：按混凝土结构厚度，距离裂缝约150~350mm，沿裂缝方向两侧交叉钻孔。孔距按现场情况而定，以两孔注浆后浆液在裂缝处能交汇为原则，孔径采用非标的13mm针头。孔与裂缝断面成45°~60°倾角交叉，并交汇于外侧向内1/3范围。

（3）埋设止水针头：止水针头是浆液注入裂缝内的连接件，埋设时用专用工具紧固，并保证针头的橡胶部分及孔壁在未使用前是干燥的，否则在紧固时容易打滑。

(4)裂缝修补：灌注浆液从第一针头开始，当浆液从裂缝处冒出，应立即停止灌注，移入下一枚针头，以此类推，直至全部灌满为止。为使裂缝完全灌满浆液，应进行二次注入。第二次注入应与第一次注入间隔一段时间，但必须在浆液完全凝固前完成。

(5)表面清理：待浆液凝固后，管片表面应及时清理，保证盾构区间外观良好。

第五节　盾构施工预埋槽道管片拼装质量控制

一、质量控制原则

(1)大曲率盾构施工预埋槽道管片拼装质量合格率达到90%。

(2)大曲率盾构施工预埋槽道管片错台超限小于等于5mm，且无严重影响质量的管片破损现象。

二、影响质量的因素

(1)底层复杂。

(2)定位凹凸榫的管片在拼装时位置不准。

(3)拼装手操作不当。

三、质量控制措施

(1)优化盾构掘进参数措施。控制盾构机掘进速度、推力、扭矩等问题。控制盾构姿态，保证大曲率管片拼装质量，保证大曲率转弯管片拼装质量。

(2)按照施工图纸布置，加强现场施工人员的培训。在现有操作手基础上加强技术培训，保证拼装质量符合规范要求。

第二十四章　加快管线迁改管理

管廊设计线路沿南运河和市政道路，全线位于沈阳市一环以内的老城区，地下管线众多，征地拆迁难度大，社会关注度高，交通情况复杂。在征地拆迁、管线改移、临电接入、交通导改等工作中，本工程仅用8个月时间完成了包括给水、排水、热力、燃气、通信、电力六类共计约40km长的全线管线迁改工作。

一、迁改原则

在管线迁改施工中，对影响到管廊建设施工的通信线路，以管廊主体建设方案为依据，制定对应的管线迁改方案。将管廊土建施工范围内受影响的管线迁移到新建的迁改路线中，避开管廊主体建设施工区域。新建杆路或管道，以架空或管线下地的方式，安全合理地进行管线迁改工作。

在管廊通信线路迁改中，要确保一次迁改到位，线路迁改如图24.1所示。如果不能一次迁改到位，需要做好后期施工准备，避免返工影响，确保节点井通信管线迁改的可靠性。同时，在迁改施工过程中，要满足土建施工要求与通信管线正常运行要求。

图24.1　通信线路迁改

二、迁改工程管理难点分析

1. 现场协调管理难度大

由于受到项目建设周期、专业较多、工序烦琐等因素的影响，迁改工程协调管理难度有所加大，从而对其管理效果造成了不利影响，整个工程建设中的工期、施工场地的面积大小等，给管线迁改工程作业计划实施方面带来了一定的限制，加上参建单位较多，间接加大了这方面工程在安全、质量、进度等方面的协调管理难度，同时管理实际工作未充分发挥分，由于迁改工程施工现场的地质情况较为复杂，再者车流量较大，也会给现场协调管理带来一定的困难，无形之中增加了管理难度。

2. 其他方面的管理难点

（1）局部的交通组织难度大。在管线迁改工程管理中，由于外围区域的车流量较大，使得工程作业推进中受到了一定的影响，加大了施工区域附近的交通组织难度，可能会引发管线迁改中的管理问题，影响工程施工进度，需要在有效的交通组织方式支持下予以应对。

（2）安全文明施工要求较高。由于管线迁改工程大多处于繁华地段，其作业计划实施中关系着市容市貌，需要从材料整齐堆放、作业环境合理布置、车辆通行等方面入手，实现安全文明施工。在此期间，工程的施工操作效果、进程等会受到相应的影响，也会加大管线迁改施工管理难度，影响着其工程建设目标的实现，需要在适用性良好的管理措施支持下进行科学应对。

三、迁改工程管理难点的解决措施

1. 注重统筹协调

（1）施工组织设计。在了解管线迁改区域具体情况及工程管理要求的基础上，需要加强其施工组织设计，从方案可行性、技术可靠性等方面入手，确保相应的设计方案为增强管线迁改施工效果提供科学指导，逐渐提升工程管理水平。同时，在完成施工组织设计工作的过程中，应充分考虑设备、材料等方面的科学调配及方案编制完成后的可操作性，促使管线迁改方面的管理更加科学，避免影响工程质量、安全等。

（2）积极开展沟通与交流工作。在项目合同的作用下，重视各参建单位在施工中的沟通与交流，积极开展工作，促使规定期限内的工程作业计划得以顺利完成，满足其科学管理要求，避免影响迁改后的管线应用效果。同时，在良好的沟通与交流工作的支持下，可为管线迁改中的质量、应用价值等提供有效保障，避免引发其他问题。

2. 加强管线保护

管线迁改中管线的保护效果是否良好，体现着其工程管理水平，与相应的管理工作质量是否可靠密切相关。因此，在加强这类工程管理、满足其科学管理要求的过程中，应对管线保护加以思考。在此期间，应做到：① 根据管线尺寸规格、位置、种类等，从可行性、成本经济性等方面入手，确定切实有效的管线保护方案，为相应的保护工作的开展提供专业指导，促使迁改后的管线处于良好的应用状态，完成相应的管理工作；② 当管线保护方案确定之后，应重视其在工程实践中的科学应用，及时处理影响管线迁改效果因素，从而提升其工程管理水平、优化配置施工资源；③ 通过综合考虑管线保护方案的制定与实施，有利于科学应对变形沉降问题，促使迁改后的管线具有更加可靠的安全性能、应用质量等，进而延长其使用寿命。

3. 其他方面的措施

（1）注重对精细化管理理念、创新理念的合理运用，在总体规划、分管负责的原则下，建立交通组织管理制度，为管线迁改工程提供良好的施工环境，并通过设置交通标志、使用封闭或隔离措施等，减少车辆对工程施工区域的影响，为增强管线迁改效果、管线的高效利用等提供相应的保障。

（2）充分考虑管廊工程所在区域的实际情况，借助精细化管理方式与信息化管理方式的优势，落实好现场管理工作，为工程管理目标的实现提供科学保障。同时，应在完善的管理机制、丰富的管理方法等要素的配合下，健全市政配套排水管线工程管理体系，促使相应的管理计划的实施更具针对性，提升质量、安全等方面的管理水平。在此期间，也需要工程管理人员保持高度的责任感，开展好管线迁改过程中的管理工作，增强管线专业性，为管廊的正常运行及应用价值提升等打下基础。

第五篇　科研技术成果篇

第二十五章　综合管廊 BIM 技术

第一节　BIM 技术在地下综合管廊建设中的应用现状

BIM 技术和管廊工程在中国同属于新兴事物，虽然中央和地方都大力推广和提倡，但是要真真正正地落到实处恐怕还是需要时间的积累。在实际应用中不乏一些技术能力雄厚的设计院、施工单位在施工过程中尝试使用，也取得了非常好的效果。但是由于 BIM 技术人才的匮乏，加上旧意识、旧思想的影响，BIM 技术在管廊建设中的应用也只是停留在初级阶段，具体的应用情况如下。

（1）目前越来越多的投标单位在投标的过程中都会提到 4D 施工模拟或者 5D 施工模拟，将自己的施工进度计划、施工方案、施工场地布置等通过动画模拟的方式展现出来。资源配置、施工机械进出场与安拆、复杂节点施工也可以事先在 BIM 施工模拟软件中进行演示，发现施工过程中可能出现的问题，同时也可以预见施工过程中可能出现的安全隐患，及时制定解决方案。

（2）碰撞检测技术是目前 BIM 技术应用中最为成熟的一项，很多软件厂商也提供了这个技术支持。碰撞检测技术确实能为多专业协调带来一定的便利，提前在 BIM 软件中将碰撞点进行调整，减少工程中的返工、窝工现象，进而缩短施工工期，降低施工成本。

碰撞检测技术的应用过程中也存在着一些问题，比如对碰撞点的处理、管线排布问题、节点挂件安装问题等。对于这些问题的解决，不能停留在表面，而应切切实实地通过专业协同或者 BIM 协调会议等，按照施工设计规范要求进行整改，让这项技术真正落地。

（3）随着 BIM 技术的推广，企业也越来越重视自己核心价值的创建，很多施工企业在投标的时候会演示自己 BIM 应用，既提高了企业的形象，为自己加分不少，也能更有效地说明施工技术方案。

目前，我国工程项目对于 BIM 技术的应用还主要停留在表面，没有为 BIM 技术的应用推广提供足够的空间。对 BIM 技术展开全生命周期应用的也凤毛麟角，建设者对于 BIM 技术的投入也持谨慎态度，没有看到 BIM 技术带来的巨大利益。目前国家还没有实施 BIM 标准，各方责任不明确，造成各专业之间协调困难，阻碍了 BIM 技术的发展。

第二节　BIM 在综合管廊全生命周期中的应用

BIM 技术较传统的二维设计和项目管理办法，特别适合应用在诸如综合管廊这类涉及专业多、结构复杂、施工期限紧张、测量点多、精度要求高、质量要求严格的重大工程中。BIM 技术的应用贯穿整个工程的全生命周期，既可以依照综合管廊的结构布局和设备类型实现多层级划分，形成统一规范化的 BIM 模型；又可以通过三维可视化模型全方位地展示管廊中的构件信息、监测系统、防火系统等信息，完成全方位管理。BIM 技术在综合管廊中的应用主要分为规划设计、施工建设与运营维护三个阶段。

一、规划设计阶段

在规划设计阶段，BIM 技术充分发挥了其协同作用、碰撞检查、优化方案、成本概预算等优势，完成了综合管廊的三维可视化模型设计，同时可生成管廊的平面、立面、剖面图纸，为后期施工建设提供精准详细的指导。具体应用如下：

(1)将各类管线属性信息(管径、长度、管线生产厂家、材质、成本等)及管廊各构件属性信息导入 BIM 软件，建立 BIM 数据库，清晰显示，同步更新，方便建设方与施工方掌握工程最新最全资料。

(2)依托 BIM 数据库中的大量管廊信息，运用 BIM 软件进行成本概预算，保证成本概预算的准确性，提高成本的把控能力。

(3)电气、暖通、给排水等专业设计人员在 BIM 软件上进行各专业设计与实时更新，其他设计者也可实时查看总体的管线布置情况，如图 25.1 所示。而且可以通过开展单个或多个专业模型的审核讨论会，发现问题与不足，及时沟通协调，确保各专业的设计方案能够详细精准地展现在模型中，在一定程度上减少了设计环节的重复工作和人力浪费，提高了整体效率。

(4)各专业的模型设计完成并整合后，可通过 BIM 技术的碰撞检查功能完成冲突检测，根据相互冲突的构件列表，及时进行协调避让，优化管线排布，完善设计方案，最终使设计图纸趋于完善与精细化。

(5)多维度的多算对比。所谓多维度是指时间、工序、空间位置三个维度，多算则是指成本管理中的“三算”，即设计概算、施工图预算和竣工决算，多维度的多算对比是指从时间、工序、空间位置三个维度，对施工项目进行实时“三算”对比分析。运用 BIM 技术以构件为单元的成本数据库，利用 Revit 软件导出含有构件、钢筋、混凝土等明细表，进行检查和动态查询，并且能直接计算汇总。而且在具体工程施工过程中，随时都可以调出该工序阶段的算量信息，设计概算、施工预算人员可以及时从 BIM 软件中提取所需数据，进行“三算”对比分析，找出成本管理的问题所在，BIM 模型尺寸测量如图 25.2 所示。

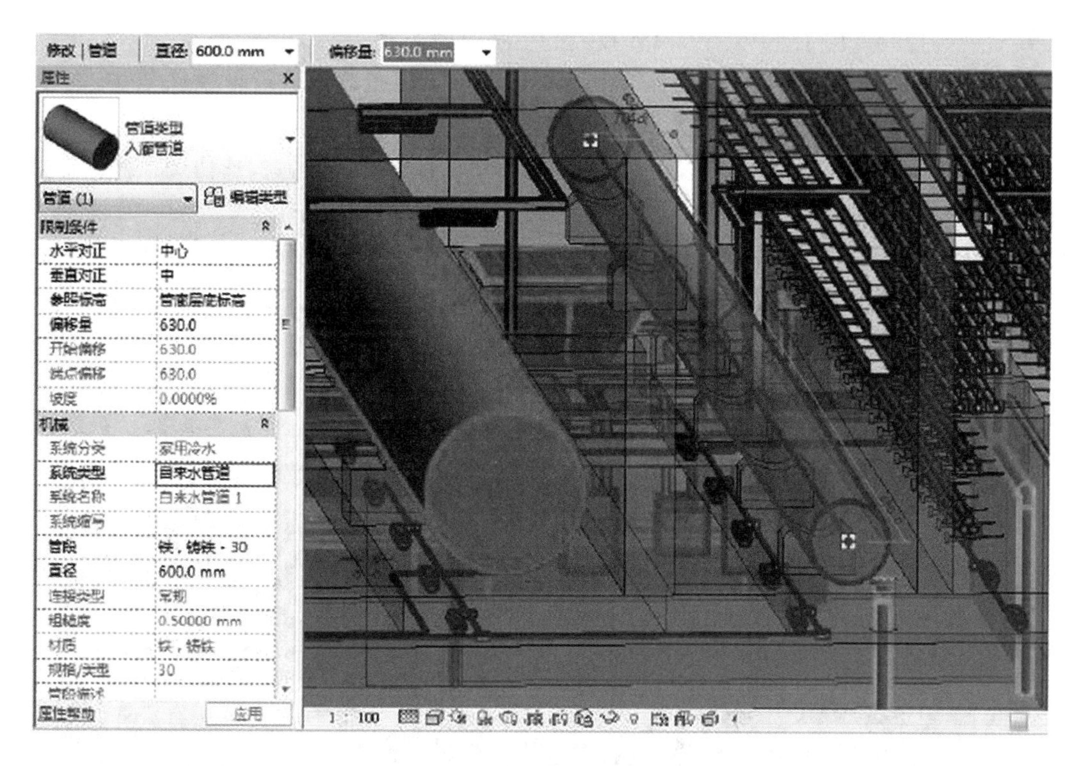

图 25.1　查看管线布置情况

图 25.2　BIM 模型尺寸测量

二、施工建设阶段

BIM 技术施工建设阶段优化是在三维建筑模型（3D）的基础上附加项目施工进度计划信息，通过将三维模型构件与进度计划的施工内容根据工作分解结构（WBS）进行对应搭接，使原本静态的三维模型有了时间尺度上的变化，实现施工计划的模拟进而支持进度的优化与控制。施工建设阶段 BIM 技术的主要应用如下。

(1)BIM 模型完成后，通过三维可视化的 360 度全方位视角进行可视化交底，将管廊断面形式、各管线走向、管径大小、交叉避让、埋设深度与坡度、舱室关键节点、通风设施、消防设施等直观清晰地展现给施工方，方便设计方与施工方沟通协调，避免蓝图理解偏差，规避错误施工和返工风险，提高施工效率。

(2)可利用 BIM 技术模拟施工进程，完成施工方案的可行性分析，较早地发现施工过程中可能遇到的问题，兼顾协调各种影响因素，优化施工方案、资源配置与时间进度，以此提高施工方案的可行性与科学性，进而提高施工的整体效率。

(3)工程中涉及的各类材料、设备的采购单、检验单等相关资料可以同步到 BIM 数据库，保证数据的一致性、完整性，方便查找使用。盾构井渲染如图 25.3 所示。

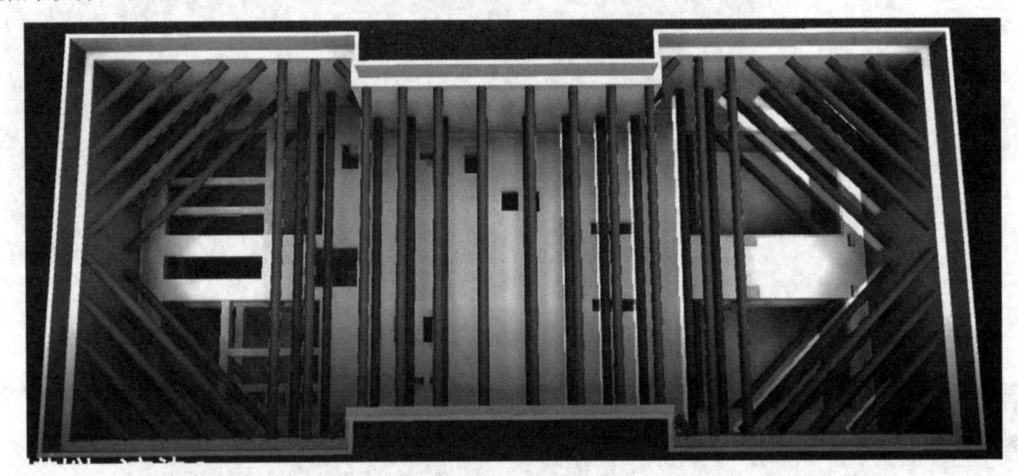

图 25.3　盾构井渲染图

三、运营维护阶段

运营维护阶段 BIM 技术的主要应用如下。

(1)BIM 技术与综合监控系统、资产管理系统、应急管理系统等管廊运维系统的联合使用，能够大大提高综合管廊的运营水平。利用 BIM 技术建立成本的 5D 关系数据库中包括 3D 模型、时间和工序，施工过程中所产生的各项数据都被录入到成本关系数据库中，快速地对成本数据进行统计或拆分，以 WBS 单位工程量为主要数据进入成本 BIM 中，能够快速地实现多维度的实时成本分析，实现项目成本的动态管理。运营维护阶段 BIM 人工巡检模拟技术如图 25.4 所示。

(2)综合管廊是一项动态工程，随着城市发展需要进行一定的局部修改变动。根据我国相关规定，改造过程中严禁擅自改动建筑的主体结构部分，如确需改动，需要在原始设计图的基础上进行分析、修改、出图，对于时间久远的原始资料，处理起来耗时费力；相反，利用 BIM 模型进行改造，方便快速查找各构件信息，加快了改造进度。

限额领料的真正实现。虽然限额领料制度已经很完善，但在实际应用中还是存在以下问题：采购计划数据找不到依据，采购计划由采购员个人决定，项目经理只能凭经验签名，领取材料数量无依据，造成材料浪费等。BIM技术的出现为限额领料制度中采购计划的制订提供了数据支持。基于BIM软件，能够采用系统分类和构件类型等方式对多专业和多系统数据进行管理。基于BIM技术还可以为工程进度款申请和支付结算工作提供技术支持，可以准确地统计构件的数量，并能够快速地对工程量进行拆分和汇总。

图25.4　BIM人工巡检模拟图

第三节　综合管廊的BIM建模

一、综合管廊BIM模型的建立

目前，Revit建模有两种方式：一种是将DWG文件导入Revit软件进行建模，一种是直接建模。第一种建模方式相对快捷方便，因此本书采用第一种建模方式，具体的建模流程如下。

1. 新建项目

在Revit软件中新建项目，名称为"综合管廊"。

2. 标高设置

标高是Revit建模中众多图元的定位基准。

3. 轴网设置

轴网是模型创建的基准和关键所在，用于定位柱、墙等。

4. 链接CAD到Revit

要实现综合管廊的三维可视化，需要将已完成的综合管廊CAD图加载到Revit中作为底图进行三维绘制。Revit加载CAD图的方式有两种：链接CAD功能、导入CAD功能。链接CAD功能使得CAD文件与Revit文件保持链接关系，即当被链接的CAD文件有所变动时，能够实时反映到Revit文件中；而导入CAD功能不具有链接关系，无法及时反映出被链接的CAD图的修改。因此这里采用链接CAD功能。

5. 建立综合管廊的专业族库

族是Revit软件的核心部分，所有的图元均是在族的基础上建立的，Revit族库涵盖建筑、结构、机电、消防等各类族。但由于综合管廊涵盖众多专业管线，同时包含了双电源切换箱、配电柜、电源、管廊三防灯、截流阀、气体检测仪表等多种类型的设备，这些管线与设备的规格参数各不相同且数量庞大，Revit 族库并未涵盖综合管廊全部规格构件。如图 25. 5 所示。因此，本项目借助云族 360 补充了综合管廊相关构件，云族 360 平台不仅提供综合管廊专业族与开放式的供应商产品库，而且族库中的构件在不断地更新与完善中，这极大地方便了用户在建模过程中不断更新完善综合管廊族库。

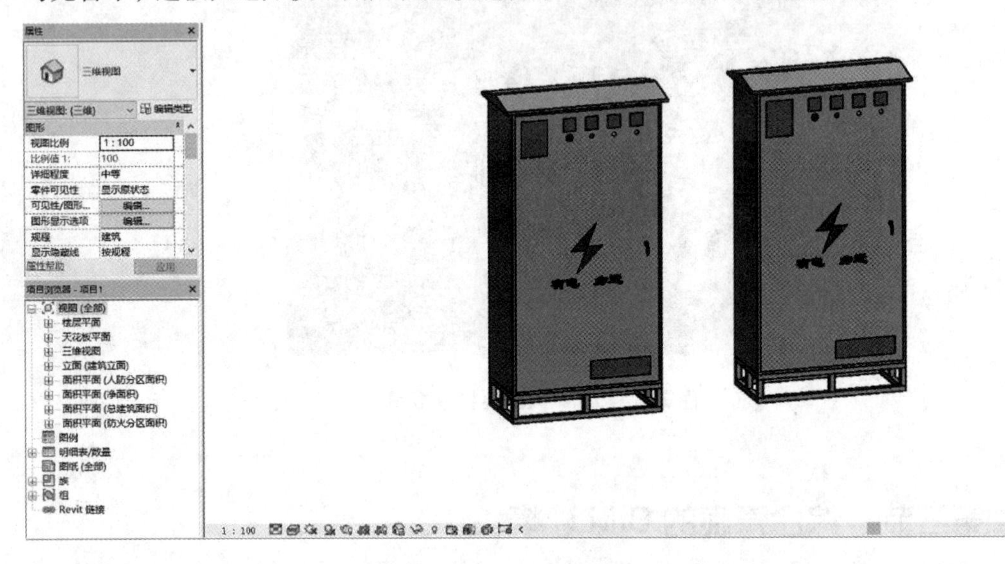

图 25. 5　配电箱族库

6. 综合管廊的三维可视化

族库补充完善后，首先以标高与轴网为基准，调用族库完成建筑、结构、电气、暖通、综合管廊附属设施等各专业的建模；其次，将各个专业的模型进行整合，实现综合管廊全专业模型的建立。在三维可视化建模过程中，各类管线、设备、构件的相关属性信息都包含在了三维模型中，这为后期管廊施工维护提供了准确完备的数据库。D1、D3、D7 盾构井平面布置图如图 25. 6 至图 25. 8 所示。

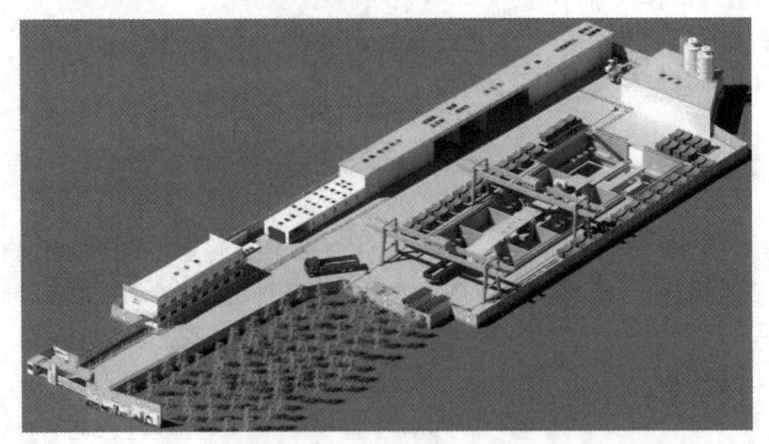

图 25. 6　D1 盾构井平面布置图

图 25.7　D3 盾构井平面布置图

图 25.8　D7 盾构井平面布置图

7. 碰撞检测

管廊三维模型初步建立完成后，利用 Revit 软件的碰撞检测功能扫描创建的全专业模型，快速、准确、高效地查找出冲突图元，并且提交碰撞报告，参照碰撞报告进行方案的修改调整。更重要的是，Revit 软件具有联动修改的优势，即有变更设计时，模型中所有信息都会自动变更。图 25.9 所示为碰撞检测，并经多次碰撞检测及修改后实现了零碰撞。

二、综合管廊 BIM 模型的展示

管廊模型经过碰撞检测与反复修改完善后，打开三维视图即可查看综合管廊的可视化效果图，如图 25.10 所示。

通过查看的三维视图，综合管廊的整体布局、管线的相对排布位置关系相比二维图纸更加清晰明了，而且为了便于区分与管理不同构件，分别给不同构件设置了不同的颜色。管廊的具体布局说明如下。

(1)此三维模型展示的为综合管廊一个防火分区的具体布局，综合考虑实际的空间要求、纵向土建造价低于大截面面积的单层建造造价，以及暖通排风系统需要安装在单独空间内等具体情况，将整个管廊分为管廊层与设备层上下两层。

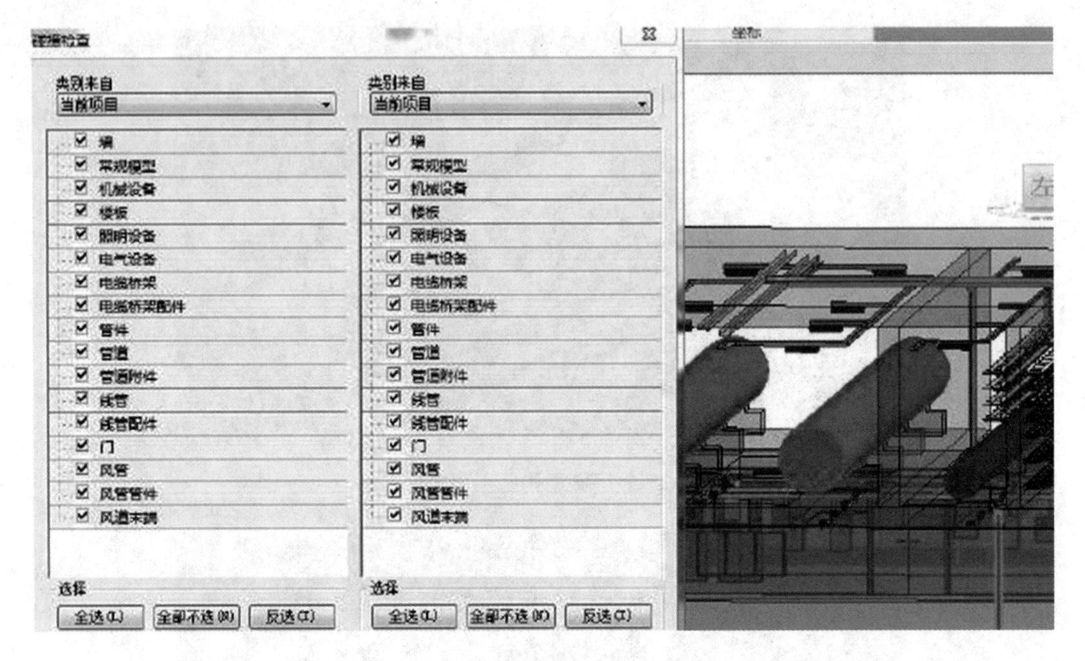

图 25.9　碰撞检测

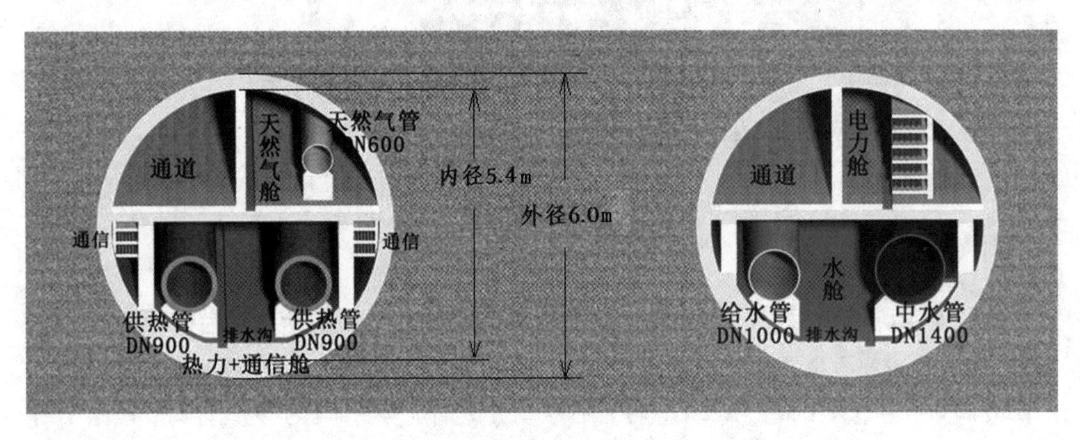

图 25.10　管线综合布置

(2)依据本项目收容的管线类别、规格参数、安装数量与位置要求以及运维管理的要求，同时考虑预留管线的位置以及管廊附属设施、设备的运输要求等，确定设备层的净高和管廊层的净高。

(3)管廊设备层主要安装了配电柜、应急照明箱、双电源切换箱、排风系统、消防系统、监控报警系统等管廊附属设施，这些设施是综合管廊安全稳定运行的有力保障。

同理，可以搭建综合管廊的三维模型。需要注意的是，由于综合管廊收纳了天然气管道，因此，从空间结构上天然气舱室与其他舱室是完全隔离的；而且为避免燃气泄漏蔓延到综合管廊的其他舱室，天然气舱设置了独立的集水坑。

三、建立入廊管线模型

由于本项目中所涉及的入廊管线包括给水管线、热力管线、电力管线、通信管线、中水管线等市政公用管线。管道铺设时必须严格按照相关的专项规划及设计规范铺设。热力管线采用钢管，每隔一定距离设置阀门及补偿器。按照设计要求在BIM平台建立工程标段盾构区间主体结构、管廊主体结构、给水管线、热力管线和通信管线等BIM模型，同时准确地标注出各类管线的信息。管线模型如图25.11所示。完成建筑模型的构建以后，利用软件能够有效地节省信息汇总的时间，直接实现信息关联，查看每一个建筑主体的位置以及结构组成，对任意位置进行剖切操作(这是三维设计软件的一大优势)，可以让技术人员快速掌握主体结构形式和位置尺寸信息。

图25.11　管线模型

1. 管线布置模型设计建模流程

设计人员可以利用BIM软件通过样板定制，确定标高，绘制轴网，创建洞口、主体放样构件、建筑构件，创建场地与场地构建、创建通道、渲染等操作后最终完成建筑专业模型。

2. 结构设计

使用BIM软件的结构设计是在建筑模型的基础上，通过模型提取信息，自动快速生成结构计算模型与计算结果，针对不符合荷载要求的构件的截面与尺寸、配筋率与钢筋的排布形式给出详细报告，结构工程师根据计算报告返回结构模型进行优化与设计，完成结构设计工作。BIM结构建模如图25.12所示。

3. 共享设计

使用BIM软件后通过三维协同设计与管理平台，借助建筑专业建立的BIM信息模型，对模型进行二次分析和相应处理，利用BIM软件建立空间负荷单元，对设备或管道热负荷进行精密计算，在空间内调用构件对象，组合成机电子系统，在此基础上建立模型，与其他专业交互设计，由工程经理负责创建共享系统，完成碰撞检测，针对出现的问题确定解决方案，修正模型。

在设计过程中，随着设计时间不断推进，BlM模型的信息也在不断完善，模型精确

图 25.12　BIM 结构建模

度和模型质量都在不断提高。BIM 项目协同管理平台如图 25.13 所示。

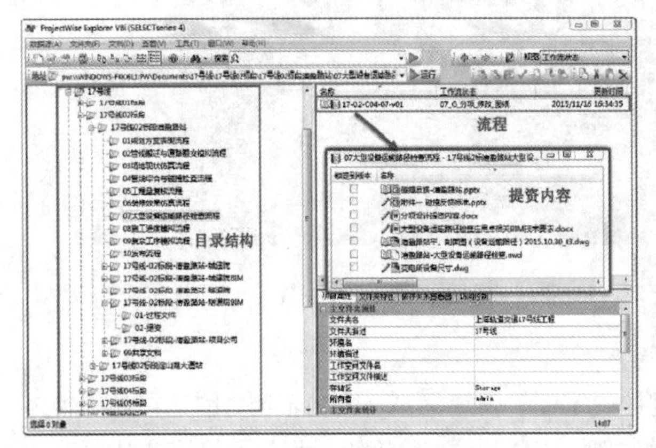

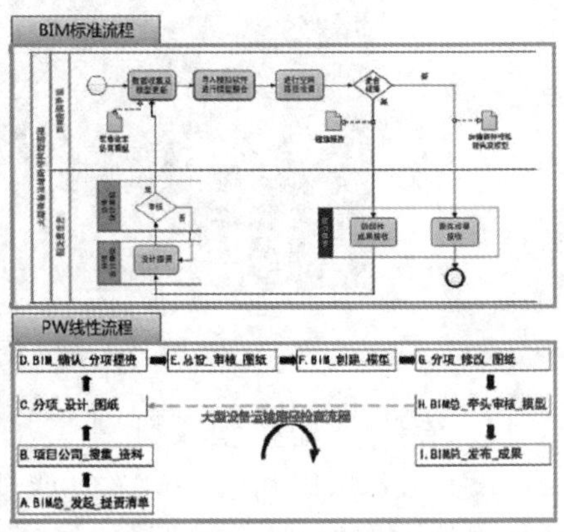

图 25.13　BIM 项目协同管理平台

四、技术控制

1. 管线洞口预留

在传统施工情况下，往往需要在完成管线安装以后才可以确定管线洞口的预留点，并且利用传统的后开洞工艺进行管线安装，留下诸多安全隐患，造成不必要的建材浪费，增加了工程开发成本。

通过使用 BIM 的流程和软件工具可以避免巨大的工程建设量带来的大量因沟通和实施环节信息流失而造成的损失，管线洞口预留根本无需等到施工后再确定其具体位置，在施工前就已经确定好具体位置和尺寸大小，大大减少了现场变更，也降低了项目所需的时间和成本。工程量自动计算技术如图 25.14 所示。

2. 净空检查

一般来说，任何管廊工程的设计都应当尽可能考虑到检测维修的净空。利用 BIM 技

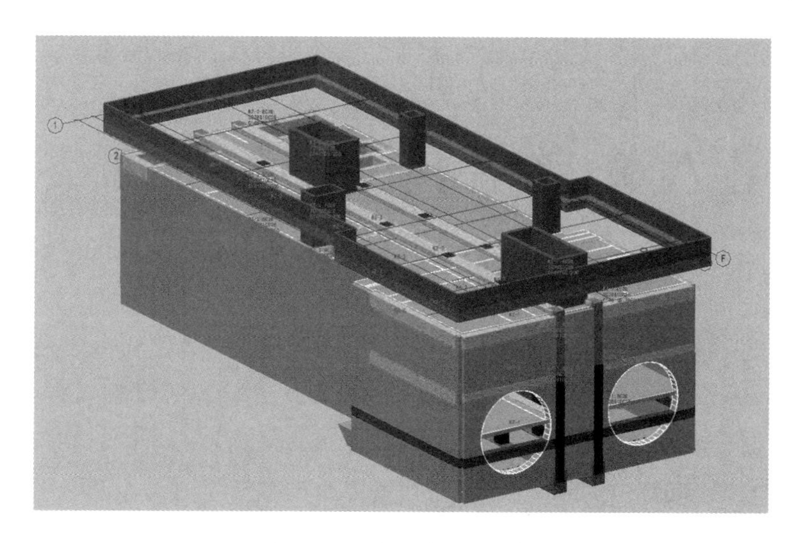

图 25.14　工程量自动计算技术

术能够对人物高度以及活动的属性进行自由定义，实时完成后期运营的检测以及项目设备的维修。除此以外，还可以在模拟大型设备安装过程中检验设计方案是否达到相关设计标准。

3. 施工图出图

设计阶段的核心工作是施工图设计。因此，如果需要对设计方案做出修改，其实只需要简单地调整设计模型，施工图即可自己进行相应调整，且使用软件后通过生成三维管廊模型生成施工图极大提高了出图效率。

传统二维设计与BIM三维设计的对比见表25.1。

表 25.1　传统二维设计与BIM三维设计对比表

项目	二维	三维
协同设计	各专业分头行动	各专业统一行动
净空、碰撞检查	后期信息关联检查	与设计同步进行
洞口预留	后期根据情况确定	设计时即可确定
施工图出图	工序烦琐	修改及出图效率较高

4. 复杂节点工序模拟

区别于传统地下管线工程，综合管廊设计规范要求每个舱室应设有专门的人员出入口、逃生口、进风口、排风口、管线出入口、检修口、材料吊装口等多种复杂结构。由于管廊周边环境复杂，可以运用BIM技术模拟，根据各口部周边地上、地下工程条件因地制宜地进行调整。

第二十六章　管片预埋槽道和抗震支吊架施工技术

第一节　预埋槽道

预埋槽道技术是将带锚杆且内部具有连续齿牙的C形钢预埋入混凝土结构内部，后期通过T形螺栓快速安装管线设备，提供可靠紧固力的解决方案。

相比传统的预埋钢板或钻孔打锚栓的施工工艺，槽式预埋件的优势如下：

(1)全装配式安装，无需焊接、钻孔，对结构零损伤；

(2)齿牙咬合传力可靠、抗动荷载能力优异；设备管线稳固、安全、隐患低；

(3)预埋槽采用先进的防腐技术，提供优异的耐腐蚀性能，可保证100年设计寿命；

(4)施工安装效率高，节省工期；

(5)设备管线调整、增减便捷，便于运营维修、管线扩容。

预埋槽道大样图及实体照片如图26.1所示。

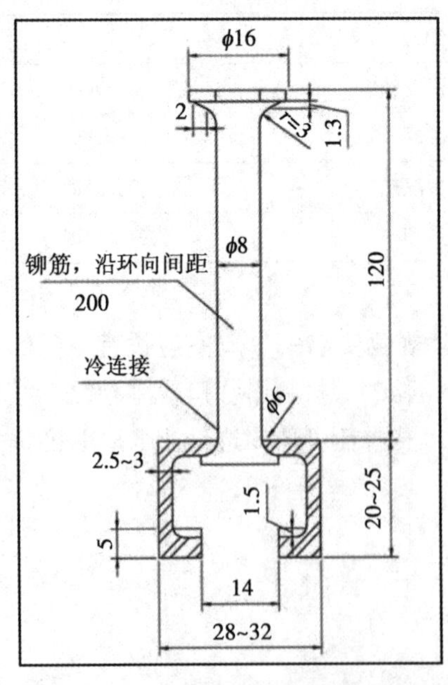

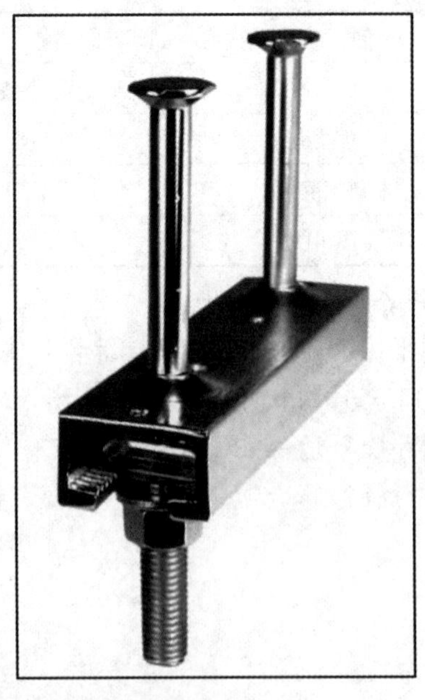

图 26.1　预埋槽道大样图及实体照片(单位：mm)

第二节　预埋槽道工艺流程及施工要点

一、工艺流程

预埋带齿槽道管片预制流程图如图 26.2 所示。

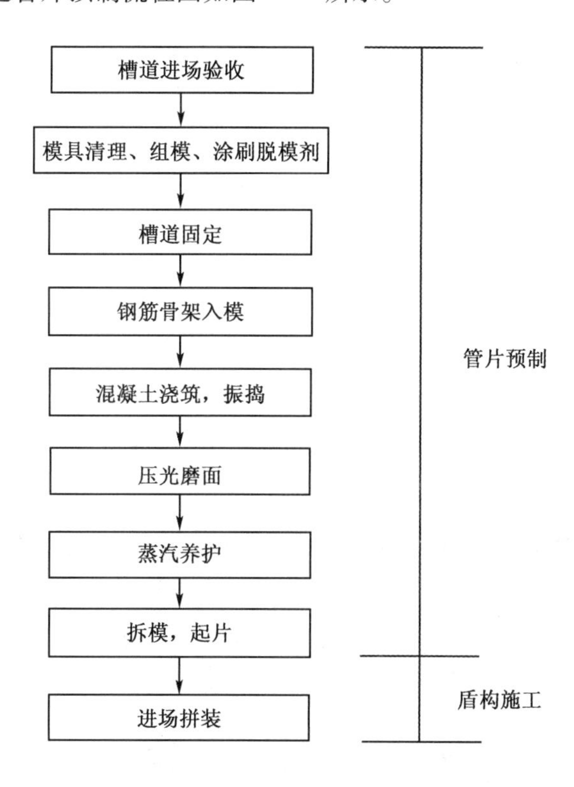

图 26.2　预埋带齿槽道管片预制流程图

二、施工要点

1. 材料准备

材料准备如表 26.1 所示。

表 26.1　材料准备(每环)

序号	设备名称	单位	数量	备注
1	钢筋	t	0. 95	HPB300 级钢筋，直径 6. 5mm、8mm、10mm HRB400 级钢筋，直径 12mm、14mm、18mm、22 mm
2	混凝土	m^3	6. 44	C50、P10
3	带齿槽道	m	9. 01	Q235
4	脱模剂	桶	—	高聚物脱模剂

表26.1(续)

序号	设备名称	单位	数量	备注
5	管片防水材料	套	1	三元乙丙橡胶密封垫、丁腈软木橡胶

2. 管片钢筋加工

混凝土管片钢筋采用 CO_2 保护焊，在符合要求的模具上制作。钢筋加工的形状、尺寸应符合设计要求，受力筋保护层厚度外侧为 35mm，内侧为 30mm。

3. 模具清理

组模前必须认真清理模具，不得有混凝土残积物。模具内表面使用海绵及胶片配合清理，禁止使用铁器清刮。清理模具外表面时，特别要注意清除控制模具水平的所有点位的混凝土残积物。

4. 组模

组模前应检查模具各部件、部位是否洁净，脱模剂喷涂是否均匀，组模严禁反顺序操作，以免导致模具变形、精度损失。

5. 涂刷脱模剂

(1)涂刷脱模剂必须由专人负责；

(2)涂刷脱模剂前必须先将模具内表面清理干净；

(3)务必使模具内表面全部均布薄层脱模剂，如两端底部有淌流的脱模剂积聚，应用棉纱清理干净。模具清理、组模、涂刷脱模剂图如图 26.3 所示。

图 26.3 模具清理、组模、涂刷脱模剂

6. 安装预埋槽道

(1)根据槽道的长短在管片模具上固定多个定位螺栓点；

(2)槽道通过连接在管片上的定位螺栓初定位；

(3)将塑料盖与定位螺栓拧紧，使槽道压到管片模板上进行固定；

(4)将钢筋笼吊装入模，用四点吊钩将钢筋笼按模具型号对号入模。保证起吊过程平稳，严禁钢筋笼与预埋槽道和模具发生碰撞。槽道固定如图 26.4 所示。

7. 钢筋骨架制作、入模

(1)钢筋骨架制作。钢筋骨架制作应严格按照设计图纸要求加工，严禁更改。钢筋骨架必须采用点焊形式，焊工必须持证上岗。钢筋骨架进行成批生产前必须进行试焊，检查焊条与所用钢筋的适用性，合格后方可进行成批焊接。

图 26.4　槽道固定

钢筋骨架制作前，钢材必须经检验合格后根据施工图要求进行加工，焊接。在组合钢筋骨架时必须在钢筋模具上焊接。焊接时，先排放箍筋，在箍筋内圈插入各类主筋，然后焊接上下弧面的主筋，最后焊接各类型的构造钢筋。钢筋骨架加工如图 26.5 所示。

图 26.5　钢筋骨架加工

(2)钢筋骨架入模。

① 钢筋骨架经检查合格后，在钢筋骨架指定位置装上保护层垫块后由桥吊配合专用吊具按规格把钢筋骨架吊放入模具，操作时桥吊司机与地面操作者应密切配合，轻吊、轻放，不得令钢筋骨架与模具发生碰撞。

② 钢筋骨架放入模具后要检查周侧、底部保护层是否符合要求，保护层大于规定公差，或严重扭曲的钢筋骨架都不得使用。

③ 装上顶部注浆管，注浆管要拧紧，防止其在混凝土振捣时出现松动或上浮脱落，

模具四周弯曲芯棒安装时要特别注意顺序位置，严禁错序。

装配好所有预埋件、钢筋骨架，并组合好钢模后，由专人负责检验，合格后方可进行下步工序。钢筋骨架入模如图 26. 6 所示。

图 26. 6　钢筋骨架入模

8. 混凝土搅拌

采用全自动封闭式上料系统和搅拌系统，按规定定期检验。称量系统严格按规程要求进行操作，并按规定定期校验电子称量系统的精确度。混凝土配合比必须经过监理审批确认后方可使用。混凝土总的搅拌时间不能低于 2min。

9. 混凝土浇筑振捣成型

(1)根据试块的强度数据并通过试生产观察管片的外观质量，确定一些最佳参数：从下料到振捣完毕的时间为 4~5min，坍落度控制在 70~90mm，下料速度控制在 3min 以内，振动频率控制在(70±3)Hz。

(2)浇筑顺序。

① 模具运送到料斗下方，料斗开口对准模具中间进行放料。

② 打开充气阀门给气囊充气使模具上升，当混凝土被注入模具一定量后才能启动振动台。

③ 全部振捣完成后即混凝土表面不再上泛大的气泡，才能减弱或停止振动，然后视气温及混凝土凝结情况掀开盖板进行光面。

10. 混凝土光面

光面分粗、中、精三个程序。

粗光面：使用压板刮平外弧面，并用木抹进行粗抹。

中光面：待混凝土初凝后进行中光面，使管片外弧面平整、光滑。

精光面：使用铁铲精工抹平，力求使混凝土表面光亮无灰印。

注意：① 待混凝土达到一定的强度后，把芯棒拔除；② 混凝土光面过程中严禁在混凝土表面洒水或撒干灰。混凝土光面如图 26. 7 所示。

11. 蒸汽养护

混凝土光面后必须静停，当混凝土表面用手按压有轻微的压痕时，用塑料薄膜覆盖在管片的表面，然后放下模具盖板。经检查无误后进入蒸汽养护窑进行蒸养。在养护窑内设置不同的温度区，保证产品的蒸养温度按设定的升温、恒温、降温的程序严格控制

图 26.7　混凝土光面

蒸养工艺。

蒸养前必须预养，时间不宜小于 1.5h，升温时升温速度控制在每小时不超过 15℃，防止升温过快管片出现收缩裂纹，最高养护温度不高于 50℃。恒温时间不少于 2h。降温速度不大于 10℃/h。在整个过程中，由电脑监控调节蒸汽通入量的大小，使其符合上述要求。管片养护室如图 26.8 所示。

图 26.8　管片养护室

12. 拆模

管片的拆模强度不小于 20MPa，以保证管片的边角不易破损。拆模顺序如下。

(1)模具出养护窑后即可掀开盖板拆卸紧固螺栓，清除盖板上的混凝土残积物。

(2)使用专用工具将侧模的定位螺栓及端模的推进螺栓拆松，退位至原定位置。

管片出模起吊时，采用专用吊具将管片匀速吊起，从模具中脱出，放到管片脱架上进行检验编号。管片脱模、出模如图 26.9 所示。

13. 管片拼装

管片在进场验收通过之后，集中妥善存放于盾构始发场地内，由龙门吊吊放下井之后运输至盾尾进行拼装，槽道分布范围为 191.3°，错缝拼装，纠偏时需旋转管片，应尽量保证槽道的大部分位于盾构区间上半部。槽道分布示意图如图 26.10 所示，现场效果如图 26.11 所示。

图 26.9　管片脱模、出模图

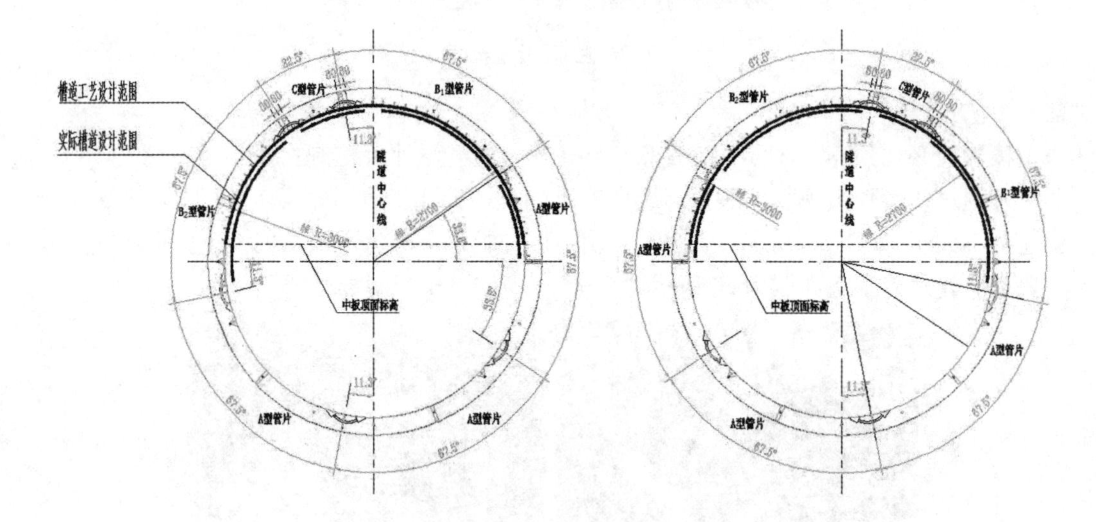

图 26.10　槽道分布示意图

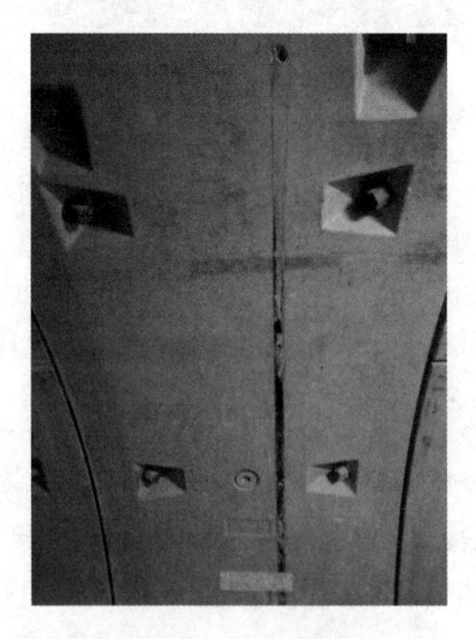

图 26.11　现场效果图

使用预埋带齿槽道的盾构区间，后期安装设备后管片无损伤，美观性好；锚固简单且效果好，可随意调整锚固位置；噪声小，无震动与灰尘；因为管片整体性没有受到损害，其后期运营隐患小。

第三节　机电设备在预埋槽道上的安装技术

沈阳市地下综合管廊(南运河段)工程，作为全国唯一在老城区新建的盾构法施工的地下综合管廊，项目环境复杂，工期紧张，管线安装时交叉施工作业较多。在对安装工程的质量和效率都有较高要求的条件下，项目人员采用在管廊隧道内衬上预埋槽道技术，代替了将金属或者化学锚栓固定到混凝土里的方法，有效地解决了化学锚栓以及传统现场焊接预埋构件固定的弊端。

一、T 形螺栓的使用

本工程采用 T 形螺栓固定连接件来安装机电设备，T 形螺栓可直接放入预埋槽道内，在安装过程中它能自动定位锁紧，与法兰螺母配合使用，是安装角件时的标准配套连接件，可根据不同系列的型材和型材槽宽来选择使用。

首先根据机电设备安装位置把螺栓头直接放入预埋槽道适当位置，将螺栓顺时针旋转 90°，然后再套上压板，将与螺杆配套的螺母拧紧使 T 形螺栓固定。T 形螺栓如图 26. 12 所示，T 形螺栓与预埋槽道的连接如图 26. 13 所示。

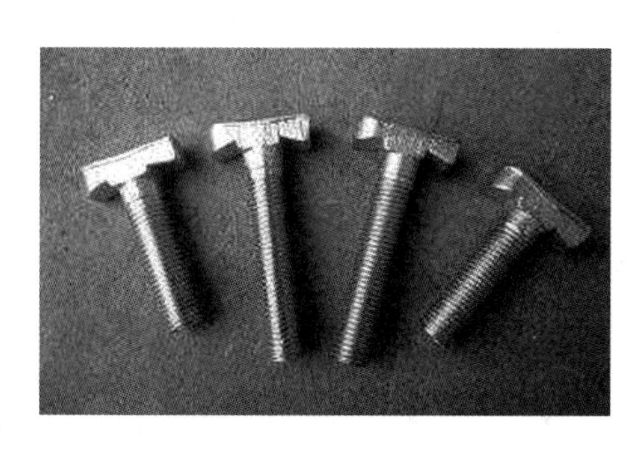

图 26. 12　T 形螺栓

图 26. 13　T 形螺栓与预埋槽道的连接图

二、机电设备在预埋槽道上的安装

本项目综合管廊内所有的机电设备都是安装在特定的连接件上，然后通过连接件与 T 形螺栓连接来实现机电设备的安装，具体的安装形式如图 26. 14 所示。

图 26.14　机电设备安装形式

第四节　抗震支吊架

抗震支吊架是与建筑结构体牢固连接，以地震力为主要荷载的抗震设施，它主要由锚固体、加固吊杆、抗震连接构件及抗震斜撑组成。根据抵御地震水平力和阻止管道位移方向的不同，抗震支吊架又分为侧向抗震支吊架、纵向抗震支吊架、单管杆抗震支吊架和门型抗震支吊架。

在抗震支吊架本工程中发挥着重要作用，在强烈地震条件下，建筑体所承受的地震作用力，将传导至其他结构体，使建筑体原有结构不受损坏。有效规避地震损坏问题，增强管廊建筑体的安全性。抗震支吊架安装效果如图 26.15 所示。

第五节　抗震支吊架施工步骤及施工方法

一、材料准备

(1)各组件名称为全螺纹吊杆、膨胀锚栓、C 形槽钢、六角连接器、管夹、U 形管吊架、P 形管夹、Ω 形夹、加劲装置、可调试铰链、抗震连接座、槽钢螺母(带弹簧)、U 形压块、盖板、普通螺母、平垫圈、全牙螺杆、限位组件、塑料端盖等。

(2)施工机具包括切割机、冲击钻、台钻等相关机具，主要工具有角尺、卷尺、扳手、水平尺、手锤等，所有机具经过检验合格后方能在工程中使用。

图 26.15　抗震支吊架安装效果图

(3)支撑系统主要材料为 Q235 钢，材料力学性能等应满足《碳素结构钢》(GB/T 700—2006)要求。

(4)五金产品表面采用热浸镀锌处理，锌层厚度应符合《金属覆盖层钢铁制件热浸镀锌层技术要求及试验方法》(GB/T 13912—2002)要求。

(5)锚栓性能应符合《混凝土用膨胀型、扩孔型建筑锚栓》(JG 160—2004)的有关规定，锚栓的选用应符合《混凝土结构后锚固技术规程》(JGJ 145—2013)的有关规定，采用具有机械锁键效应的后扩底锚栓。

(6)螺栓保证荷载须满足《紧固件机械性能螺栓、螺钉和螺柱》(GB/T 3098.1—2010)的要求，螺母保证荷载须满足《紧固件机械性能螺母》(GB/T 3098.2—2015)的要求。

(7)抗震 P 形管卡、U 形管吊卡、Ω 形管卡采用《碳素结构钢》(GB/T 700—2006)规定的 Q235 钢，需满足《建筑机电设备抗震支吊架通用技术条件》(CJ/T 476—2015)对管卡荷载性能的测试要求。

(8)抗震支吊架所用材料具备出厂合格证明书或质量证明文件，各项指标符合设计和规范要求，并向监理工程师报验合格后使用。

二、施工步骤及注意事项

测量→下料→吊点胀栓安装→垂直吊杆安装→横担(或管卡)安装→纵向、侧向加固件安装。

(1)槽钢、全牙螺杆等需切割的材料下料应准确，确保尺寸的准确性，切割时应保证断面的垂直度；槽钢切割时开口面向下，切割中应避免变形；切割端毛刺应打磨平滑，并及时清除吸附的铁屑和粉末；切口断面处应进行防腐处理。

(2)抗震支吊架相关部件安装要严格按照相关顺序，确保准确性。安装时先预支好抗震斜撑，安装竖直方向上的相关部件，然后用管夹将机电管道与抗震支吊架抱紧，再将抗震斜撑组装到支架上，对不符合要求的部位进行微调，最后拧紧螺栓，完成安装。

（3）抗震支吊架的侧向支撑和纵向支撑现场由于实际工况需要调整原设计安装角度时，应重新计算地震效应及复合构件承载力，确保满足施工要求。

第二十七章　洞门结构使用的新材料

盾构机掘进过程中，如果用常规的普通钢筋围护结构施工方法，需要进行洞门破除，此工序具有一定的危险性并且耗时耗力，因此，本工程洞门围护桩洞门区域采用玻璃纤维筋(GFRP 筋)替代普通钢筋，玻璃纤维筋具有与钢筋相仿的抗拉强度，但是抗剪强度低，故其能临时代替围护结构中的钢筋，在盾构机进行始发和接收时，可以节省洞门破除这个工序，由于本工程盾构施工需要频繁地进出洞，故引入此新型材料后可以节省洞门破除的工序，缩短工期，且增加了盾构始发和接收的安全性。

第一节　玻璃纤维筋材料要求

外观：玻璃纤维筋的形状宜为螺旋形式，螺纹杆体表面质地应均匀，无气泡和裂纹，其螺纹牙形、牙距应整齐，不应有损伤。

密度：玻璃纤维筋材料的密度应在 1.9~2.2g/cm^3。

规格：公称直径范围宜为 10~36mm，常用玻璃纤维筋的公称直径规格宜为 20mm、22mm、25mm、28mm 和 32mm。玻璃纤维筋的外形尺寸、允许偏差和直线度应符合表 27.1 的要求。

表 27.1　玻璃纤维筋公称直径、允许偏差和直线度

<table>
<tr><th>公称直径/mm</th><th>允许偏差/mm</th><th>直线度 mm/m</th></tr>
<tr><td>10</td><td rowspan="5">±0.2</td><td rowspan="5">≤3</td></tr>
<tr><td>12</td></tr>
<tr><td>14</td></tr>
<tr><td>16</td></tr>
<tr><td>18</td></tr>
<tr><td>20</td><td rowspan="5">±0.3</td><td rowspan="5">≤4</td></tr>
<tr><td>22</td></tr>
<tr><td>24</td></tr>
<tr><td>26</td></tr>
<tr><td>28</td></tr>
</table>

表27.1(续)

公称直径/mm	允许偏差/mm	直线度 mm/m
30	±0.4	≤5
32		
34		
36		

力学性能：玻璃纤维筋的力学性能应符合表27.2的要求。

表27.2 玻璃纤维筋力学性能

公称直径/mm	抗拉强度标准值 /MPa	剪切强度/MPa	极限拉应变	弹性模量/GPa
16mm≤d<25mm	≥550	≥110	≥1.2%	≥4.0
注：GFRP筋抗拉强度标准值保证率为95%				

第二节 玻璃纤维筋的应用

玻璃纤维筋钢筋笼采用三段同时制作，分段吊装入槽的方法施工。即先吊装一段钢筋笼，再用Φ28mm钢筋将钢筋笼卡住，然后吊装玻璃纤维筋笼，将玻璃纤维筋与普通钢筋用卡扣固定妥当后将钢筋笼再次下放，用相同的方法连接最后一段钢筋笼，此施工过程要一次性完成，中间不得停顿。玻璃纤维筋全部入槽之后进行混凝土浇筑。

(1)玻璃纤维筋设置范围：水平为盾构区间中心两侧各4m，上下为将接头设置在盾构区间范围1m外；玻璃纤维筋设置范围示意图如图27.1所示，玻璃纤维筋加工及成品如图27.2所示。

(2)玻璃纤维筋直径宜大于原设计普通钢筋一级。

(3)玻璃纤维筋与钢筋连接图如图27.3所示，采用三个U形扣件及10mm厚钢垫板进行卡锁，扣件起始位置搭接长度$L \geqslant 1.25 \times 1.4 \times 35d \geqslant 40d$。玻璃纤维筋笼与钢筋笼连接如图27.4所示。

由于采用玻璃纤维筋围护桩，提高了盾构施工的效率，缩短了盾构始发和接收的周期，并且降低了盾构始发和接收的施工风险，使得盾构施工质量有了巨大提高。将新技术应用在实践中，在安全、环境方面，避免了洞门破除时工人的登高作业、噪声污染和扬尘，减少了人工和材料消耗，规避了施工风险，保护了施工人员的生命健康。综合起来核算，可节约费用约300万元，具有明显的经济效益和社会效益。

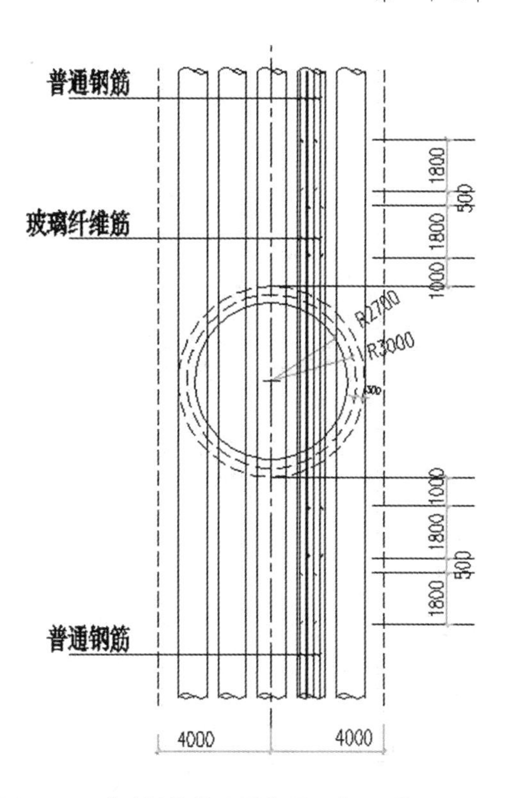

图 27.1　玻璃纤维筋设置范围示意图(单位：mm)

图 27.2　玻璃纤维筋加工及成品图

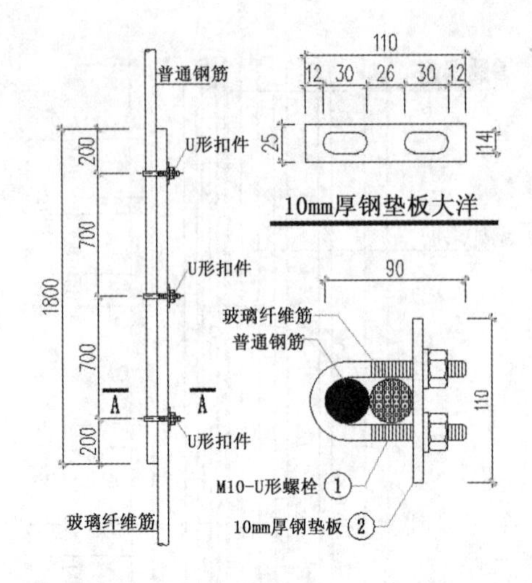

图 27.3　玻璃纤维筋连接大样图(单位: mm)

图 27.4　玻璃纤维筋笼与钢筋笼连接图

第二十八章　天然气舱长距离浇筑不发火混凝土施工技术

普通混凝土在经受碰撞、冲击和摩擦等机械作用下有可能产生火花，如果用普通的混凝土浇筑天然气舱地面，就有可能引发燃烧、爆炸等严重安全事故。为了杜绝混凝土产生火花的现象，施工中采用了不发火混凝土来砌筑，保证了管廊的安全。天然气舱不发火混凝土地面如图 28. 1 所示。

图 28. 1　天然气舱不发火混凝土地面图

第一节　不发火混凝土

不发火性能的定义：当所用材料与金属或石块等坚硬物体发生摩擦、冲击或冲擦等机械作用时，不发生火花或火星，不会引起易燃物发火或爆炸的危险，即为具有不发火性能。

不发火性能的适用范围：原材料（含水泥、粗骨料、细骨料）成型后的面层以及附属物等均应具有不发火性能，这样才能保证面层具有真实的防爆性能。

不发火材料的选用：根据不发火性能的定义，确认了以 Fe_2O_3 成分较少的白云石，粒径为 5~20mm 为粗骨料；白云粉，粒径为 0. 15~5. 00mm 为细骨料；标号为 425 普通硅酸盐水泥作为胶结材料。

根据《普通混凝土配合比设计规程》（JGJ 55—2011）的规定并结合本工程的实际情

况进行配合比设计。不发火骨料采用质地比较软的白云石机制砂，掺加Ⅱ级粉煤灰，使用聚羧酸系高性能减水剂，确定用水量为220kg；选择满足技术要求的水胶比，坍落度要求达到160~180mm。经过调整最终确认的混凝土的配合比详见表28.1。

表28.1 最终配合比表 kg/m^3

材料名称	水	水泥	粉煤灰	细骨料	粗骨料
规格	—	P·Ⅱ42.5	Ⅱ级	0~4.75mm	4.75~16.0mm
用量	220	400	50	694	1042

第二节 施工工艺流程及注意事项

一、施工工艺流程

1. 设定铺筑区域

清理基层垃圾并凿毛，局部凸出部分凿平，使地表标高均匀，保证混凝土的铺砌厚度符合设计要求，经深度清扫清洗地面后再涂刷一层水泥基界面处理剂。

2. 模板系统设置

按地面设计标高设置模板，模板设置应平整、坚固，并涂敷模板油。用水平仪随时检测模板标高，对偏差处使用楔形块调整。

3. 浇筑细石混凝土

细石混凝土分段按序一次浇筑完成，分段按顺序铺混凝土时，表面随铺随用铁锹拍实，铝合金刮尺刮平。

4. 细石混凝土层的密实、找平

撒布耐磨骨料前，用平板振捣器振捣密实，直至表面出浆为止，将混凝土上表面的浮浆层去除掉，并使用圆盘抹平机机械镘抹。

5. 撒第1遍不发火耐磨骨料

将预定用量的2/3不发火耐磨骨料（3~4kg/m^3）均匀撒布在初凝阶段的混凝土表面后，用铝合金长杠均匀地将不发火耐磨材料沿横、纵方向刮抹并粗略找平，再用圆盘抹平机进行抹平处理。

6. 抹平、压实，撒第2遍不发火耐磨骨料

将规定用量的1/3不发火耐磨骨料（2~3kg/m^3）再次撒布，撒布方式与第一次垂直，用圆盘抹平机再次抹平处理。

7. 抹平、压实、收光

根据混凝土的硬化情况，调整抛光机上刀片角度，对面层抛光作业，确保表面平整度和光洁度。

8. 基面养护

地面在施工完成后，为防止其表面水分急剧蒸发，确保耐磨材料强度的稳定增长，

应在施工完成24小时内用水或混凝土养护剂进行养护。

9. 成品保护

面层施工完成后，设置围栏以防止强度未达到要求之前上人，防止交叉作业污染，及时清除洒在已施工面层上的水泥浆和其他杂物。

二、注意事项

(1)水泥必须进行强度、安定性试验，白云石、白云石粉应进行化学成分以及不发火性试验，混凝土、砂浆应先进行配比试验，方可进行混凝土、砂浆的施工。

(2)因为白云石、白云石粉较普通沙、石价格昂贵，混凝土、砂浆拌和前应采用磅秤严格计量，节约材料，保证配比。

(3)不发火混凝土可根据原材料的实测粒径，按照普通混凝土配制。

(4)混凝土浇筑完成后，留置混凝土试件进行不发火性能和强度检测，同条件的试件合格即可证明实体混凝土合格。如对混凝土的质量有异议，可进行混凝土实体检测，选择夜晚的时候，使用手持式砂轮机进行检测。

第二十九章　盾构管廊区间二次分舱施工技术

盾构法多用于轨道交通施工，而盾构法管廊不同于盾构法轨道交通的地方就在于需要将成型盾构区间分成数量不等的舱室，而分舱时墙体的介入将直接影响盾构区间内的空间分配，为了最大限度地提高盾构区间圆形空间利用率，沈阳市地下综合管廊（南运河段）工程最终选择了如图 29.1 所示的分舱形式。其中上、下分舱通过半圆形的钢筋混凝土结构实现。

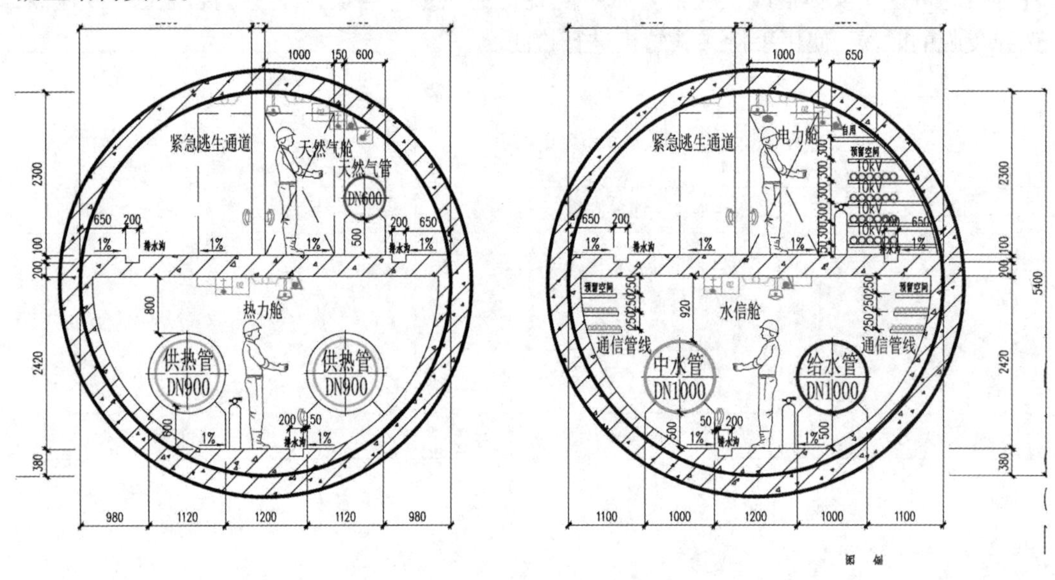

图 29.1　盾构区间廊体分舱结构形式图

此种分舱形式在考虑空间利用率的同时，整个分舱简洁明了，同时兼顾安全性。然而此种在圆形盾构区间内进行二次结构施工的方法并不多见，其主要存在以下难点：① 盾构区间埋深较深，垂直运输比较困难；② 盾构区间线路长，水平运输距离长；③ 盾构区间内空间小，仅为直径 5.4m 的圆形盾构区间；④ 盾构区间断面为圆形，行走不平坦。针对这些难点，本工程成立了专项研究小组，通过前期方案研究比选、试验段实施改进及实施期间的不断总结，形成了一套兼顾安全、质量、工期等因素，且技术上先进、经济上合理的完整的施工方法，经济效益和社会效益十分显著，极具推广应用价值。

第一节　模架体系验算

弧形模板架体经过综合考虑进度、成本、成型质量，最终采用钢、木混合模板体系。

选型主要考虑因素：模板及其支架的结构设计，力求做到结构安全可靠、造价经济合理。选用材料时，力求做到常见通用、可周转利用、便于保养维修。结构造型时，力求做到受力明确、构造措施到位、便于检查验收。

为确保在浇筑过程中模板与支架的整体稳定性、变形和强度在允许的范围内，对满堂支架进行混凝土整体浇筑过程的施工模拟，由于传统算法无法对异型架体进行有效拟合，于是采用有限元软件 Midas 进行模拟计算与分析。为了体现混凝土对模板与支架的作用，根据规范将混凝土等效荷载作用到模板上面。数值分析模型如图 29. 2 所示。

图 29. 2　数值分析模型图

计算荷载：

架体结构计算荷载：架体结构自重。结构自重由模型自动计入。

混凝土浇筑时对模板产生的侧压力。

根据《建筑工程大模板技术规程》(JGJ 74—2003)，当采用内部振捣器时，新浇筑混凝土作用于模板的最大侧压力，按以下两式计算，并取小值。

$$F=0.22\gamma_c t_o \beta_1 \beta_2 V^{1/2} \tag{28-1}$$

$$F=\gamma_c H \tag{28-2}$$

式中：F—新浇筑混凝土对模板的最大侧压力，kN/m^3；

γ_c——混凝土的重力密度，kN/m^3；

t_o——新浇筑混凝土的初凝时间，h，可按实测确定，若无实测数据，则可按公式200/(T+15)取值确定；

V——混凝土的浇筑速度，m/h；

H——混凝土侧压力计算位置处至新浇筑混凝土顶面的总高度，m；

β_1——外加剂影响修正系数，不掺外加剂时取 1.0，掺缓凝作用的外加剂时取 1.2；

β_2——混凝土坍落度影响系数，当坍落度小于 100mm，取 1.1，其他情况，取 1.15。

考虑到二次衬砌浇筑高度均较高，因此按公式 $F=0.22\gamma_c t_o \beta_1 \beta_2 V^{1/2}$ 进行混凝土侧压力的计算。

为了避免模板变形，混凝土的浇注速度控制在 $V=1\text{m/h}$。

倾倒混凝土时产生的荷载标准值为 4kN/m^3。

《路桥施工计算手册》指明：基础、墩台等厚大建筑物侧模板的侧压力荷载组合仅需考虑“新浇筑混凝土对侧面模板的压力”和“倾倒混凝土时产生的水平荷载”两项即可。因此，模板所受的侧压力总荷载为：

对模板结构进行检算时，模板侧压力荷载采用 $30\ \text{kN/m}^3$。

验算结论：综合工况下模板位移等直线，最大变形值为 7mm，模架体系最大的问题是抗浮。

第二节　架体抗浮措施

浮力，是混凝土造成的向上方向的力，由于该模架体系无向上约束，因此会产生上浮。而抗浮，最根本的问题就是抵消向上的浮力。那么方式只有两种：上压和下拉，或者两种同时使用。

1. 上压方式分析

上压即在原有模板支架体系上部采用上顶至管片的方式抵消浮力。如图 29.3 所示。

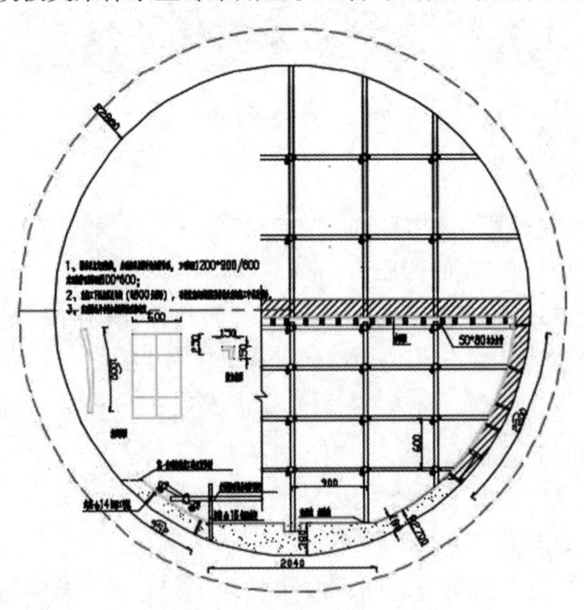

图 29.3　上压方式示意图

上压的实现分析。

增加杆件：上压方式力可直接作用，抵消浮力，但是会增加大量杆件，单纯的竖直杆件不稳固，要想更好地受力，必须形成一个作用体系，因此，需要增加大量杆件。

模板点受力：由于中板需要浇筑混凝土，不可以使用龙骨，因此杆件只能直接作用在模板上，造成模板点受力，受力不均会导致中板上浮不均或产生中板模板破坏风险，效果不佳。

工作面堵塞：由于二衬施工线路长且空间狭小，料具倒运的主要方式是人工倒运，下一段的施工主要从已完成的二次上舱上倒运。而混凝土浇筑的主要工作面在中板以上空间，上部杆件增加会导致上部空间不畅。

收面困难：中板收面阻碍较多，施工困难，后续还需处理杆件位置造成的混凝土缺失问题，为后期遗留大量工作。

综合分析：上压方式抗浮缺点较多，不适合选用。

2. 下拉方式分析

下拉方式一：如图 29.4 所示，将模板抗浮龙骨直接用钢线拉结在已有的管片螺栓上，利用管片螺栓作为受力点，为抗浮提供受力。

但此种方法管片螺栓刚好在模板拼缝处，这样钢线穿过模板就需要在模板上打孔，不仅破坏模板，且每次破坏位置不能确定。因此，管片手孔螺栓的位置不一定与钢模板拼缝的模数匹配，造成此种方法实际施工效果不佳。

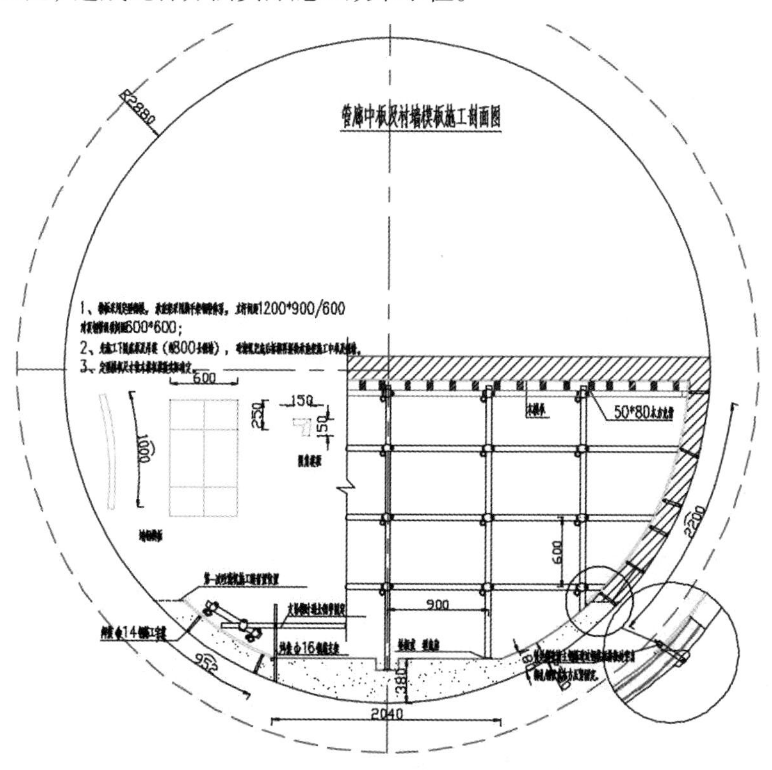

图 29.4　下拉方式一示意图

下拉方式二：如图 29.5 所示，地锚式抗浮，在仰拱施工时，仰拱底部预埋 Φ8mmHRB400 钢筋，模板施工时用以固定底部水平钢管，水平钢管压在纵向龙骨上，纵向龙骨压于模板水平段上，保证底下第一块模板抗浮，然后采用 Φ10mm 钢丝绳斜拉钢模板顶部，保证顶部第一块模板抗浮，由此保证模板整体抗浮，经过对比，此种抗浮方法最易于实现。

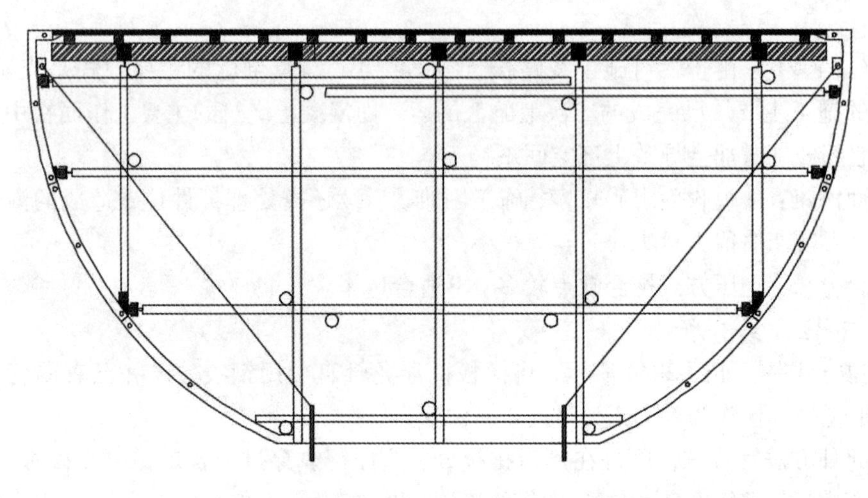

图 29.5　下拉方式二示意图

对比以上三种抗浮方法，本项目选择下拉方式二。

第三节　工艺流程及操作要点

一、工艺流程

1. 区段划分

沈阳市地下综合管廊(南运河段)工程区段划分以各节点井为施工作业场地，根据垂直运输条件，将本标段细分为若干区段。各节点井工作内容为此节点井临近两个区间靠近井位的一半区间段。以 J11~J17 节点井区间为例，工作内容按颜色标示划分如图 29.6 所示。

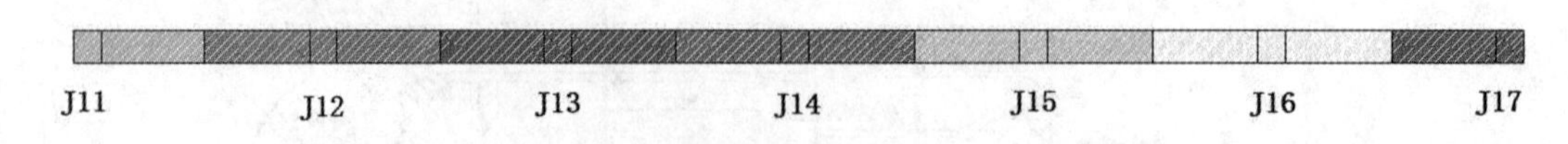

图 29.6　J11~J17 节点井区间工作内容划分图

2. 分舱施工流程

通过对工段、区段的划分，方便管理的同时方便各工作面同时展开施工，每个区段的施工，根据工程量及资源配置综合优化考虑，以 50m 作为一个单元进行施工，每个单元的施工工艺流程如图 29.7 所示。

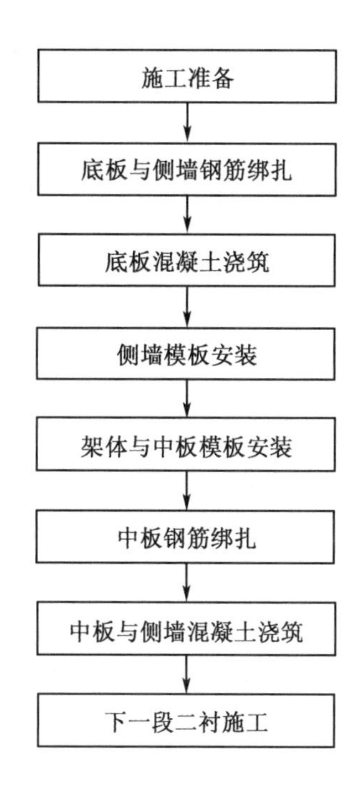

图 29.7　盾构管廊廊体分舱施工工艺流程图

二、操作要点

1. 实施效果验证

为了实现对盾构管廊船型断面模架体系设计及施工技术的验证，项目人员在地面试做了 1∶1 大小的廊体内模拟试验段，进行实际验证，实际验证过程中发现以下问题。

(1)钢模板与底板之间、钢模板与木模板之间的接缝漏浆是最大隐患。

(2)侧墙钢模板浮力受浇筑时混凝土冲击力影响较大，浇筑时注意左右对称且不宜一次性浇筑到顶。地面模拟试验段实施实景如图 29.8 所示。

图 29.8　地面模拟试验段实施实景图

2. 实施时注意操作要点

(1)底板浇筑时注意尽量平整，以便侧墙施工时钢模板与底板的密贴，减少漏浆风险。

(2)钢模板与底板之间、钢模板与木模板之间的接缝要用密封条进行密封，避免浇筑时漏浆。

(3)加强由下向上第一块与第二块模板接缝处约束，水平杆件作用的纵向龙骨应加强，由之前的一根钢管换成两根钢管。

(4)严格控制混凝土坍落度在(190±10)mm。

(5)混凝土浇筑顺序严格要求，左右侧同时进行，且分层浇筑。首先同时浇筑左右侧侧墙混凝土至超过第二块模板下部20cm位置，然后进行中板混凝土浇筑，完成后再进行侧墙剩余混凝土浇筑。

3. 施工工序选择

由于一段盾构区间仅两头各一个工作面，因此为最大限度地保证施工效率，对于一个区段内如何进行施工选择以及各工序如何进行穿插是施工必须考虑的问题。

以一个区段600m长进行工序模拟，根据施工工期要求，区段较长可分为两个工作面进行施工，分别为从中间向两边施工及从两边向中间施工两种工序，对两种施工工序进行动画模拟及工期计算，从中间向两边施工工序如表29.1所示。

表29.1 从中间向两边施工工序表

序号	主要内容	施工内容演示	时间统计/天
1	100m底板及侧墙钢筋施工，100m底板混凝土浇筑	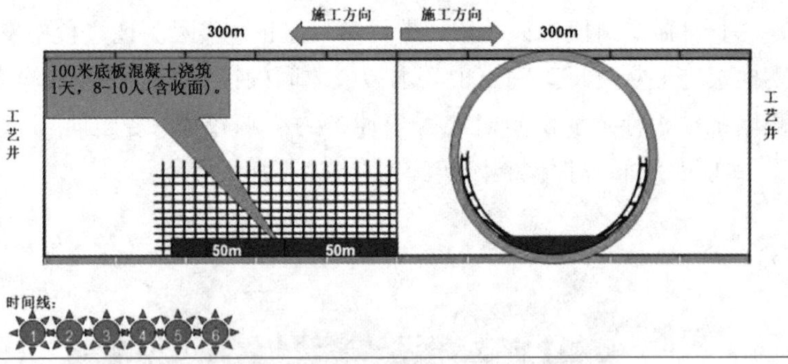 300m 施工方向 施工方向 300m 100米底板混凝土浇筑1天，8~10人(含收面)。 工艺井 50m 50m 工艺井 时间线：1 2 3 4 5 6	6
2	混凝土等强	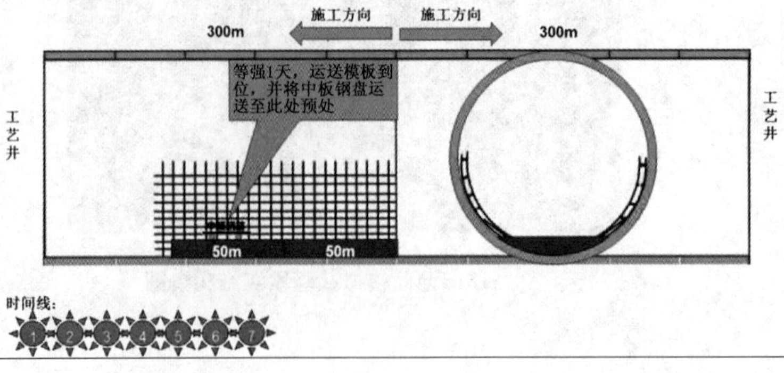 300m 施工方向 施工方向 300m 等强1天，运送模板到位，并将中板钢盘运送至此处预处 工艺井 50m 50m 工艺井 时间线：1 2 3 4 5 6 7	1

表29.1(续)

序号	主要内容	施工内容演示	时间统计/天
3	第一段50m模板支架施工(侧墙+中板)	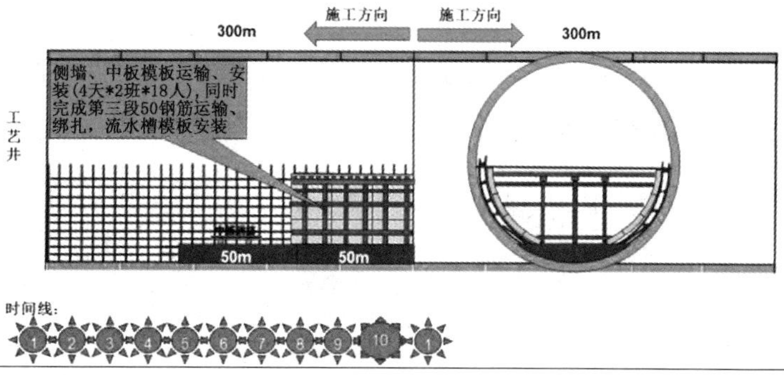 施工方向 施工方向 300m 300m 工艺井 侧墙、中板模板运输、安装(4天*2班*18人)，同时完成第三段50钢筋运输、绑扎，流水槽模板安装 50m 50m 工艺井 时间线:	4
4	中板钢筋绑扎	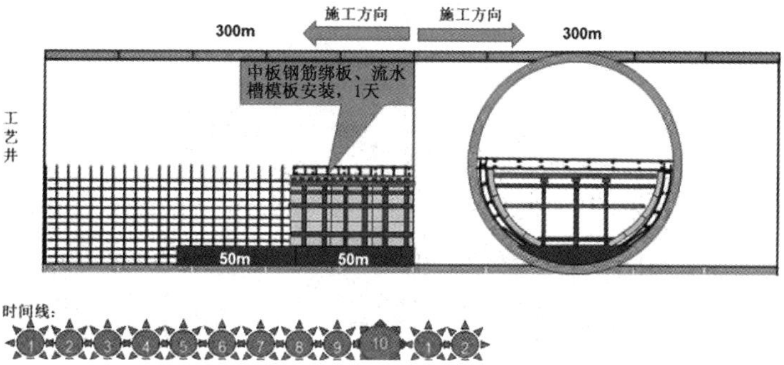 施工方向 施工方向 300m 300m 工艺井 中板钢筋绑扎板、流水槽模板安装，1天 50m 50m 工艺井 时间线:	1
5	中板混凝土浇筑(第一段中板+第三段底板)	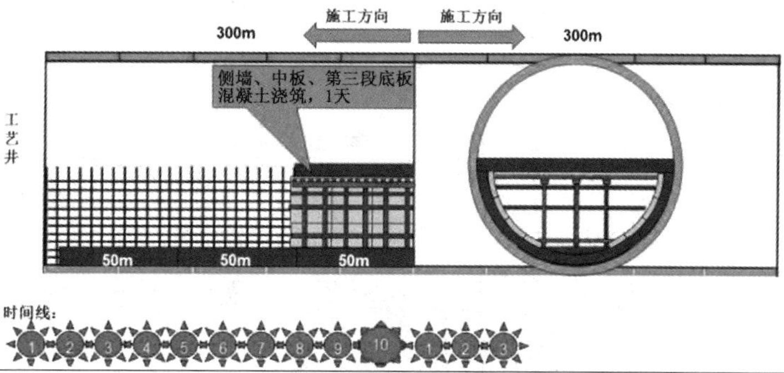 施工方向 施工方向 300m 300m 工艺井 侧墙、中板、第三段底板混凝土浇筑，1天 50m 50m 50m 工艺井 时间线:	1
6	混凝土等强	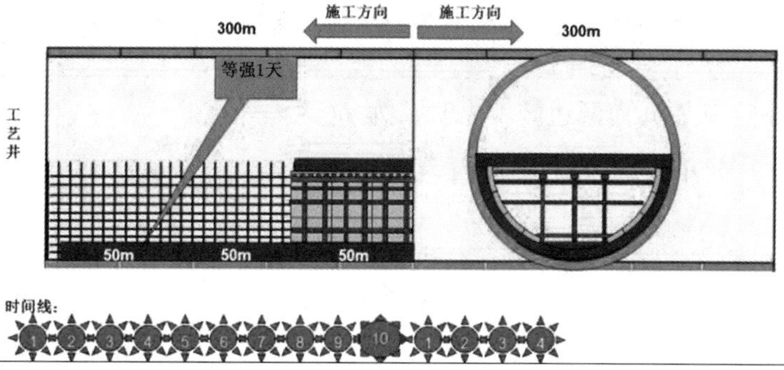 施工方向 施工方向 300m 300m 工艺井 等强1天 50m 50m 50m 工艺井 时间线:	1

表29.1(续)

序号	主要内容	施工内容演示	时间统计/天
7	第二段模板架体施工	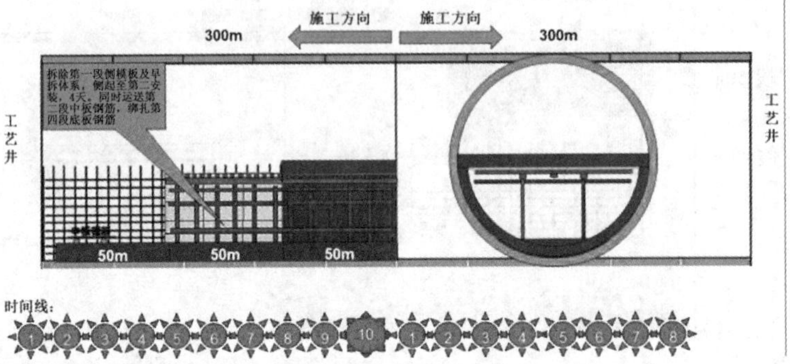 拆除第一段侧模板及早拆体系，倒运至第二安装，4天，同时运送第二段中板钢筋，绑扎第四段底板钢筋	4
8	第二段中板钢筋绑扎	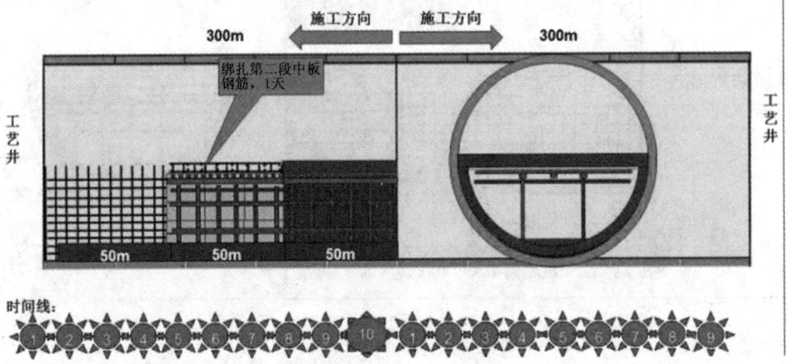 绑扎第二段中板钢筋，1天	1
9	第二段中板施工	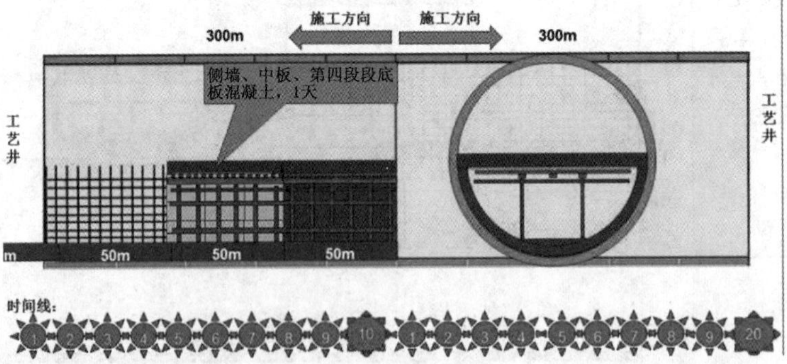 侧墙、中板、第四段段底板混凝土，1天	1

根据分析，从中间向两边施工总时长为47天。

从两边向中间施工工序如表29.2所示。

表 29.2　从两边向中间施工工序表

序号	主要内容	施工内容演示	时间统计(天)
1	一次性300m钢筋绑扎	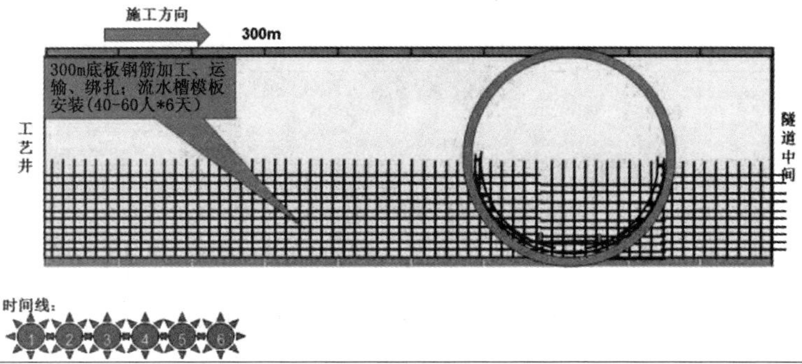 施工方向 300m；300m底板钢筋加工、运输、绑扎；流水槽模板安装(40-60人*6天)；工艺井；隧道中间；时间线：1 2 3 4 5 6	6
2	300m混凝土浇筑及等强	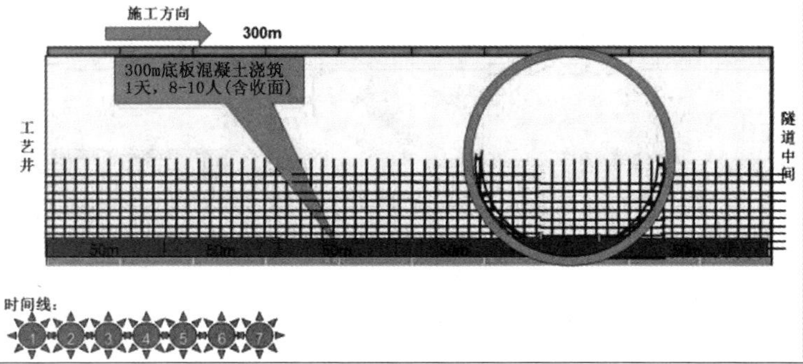 施工方向 300m；300m底板混凝土浇筑1天，8-10人(含收面)；工艺井；隧道中间；时间线：1 2 3 4 5 6 7	2
3	第一段50m模板支架施工(侧墙+中板)	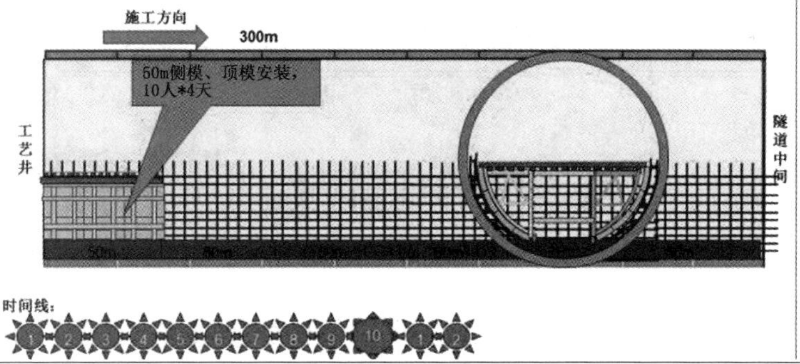 施工方向 300m；50m侧模、顶模安装，10人*4天；工艺井；隧道中间；时间线：1 2 3 4 5 6 7 8 9 10 1 2	4
4	顶板钢筋绑扎	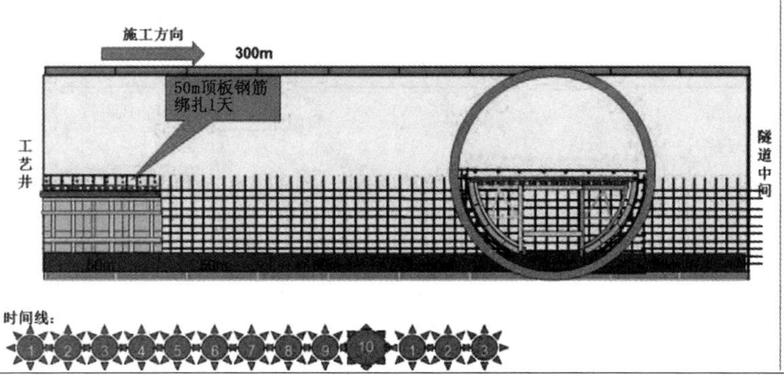 施工方向 300m；50m顶板钢筋绑扎1天；工艺井；隧道中间；时间线：1 2 3 4 5 6 7 8 9 10 1 2 3	1

表29.2(续)

序号	主要内容	施工内容演示	时间统计(天)
5	第一段(50m)顶板混凝土浇筑	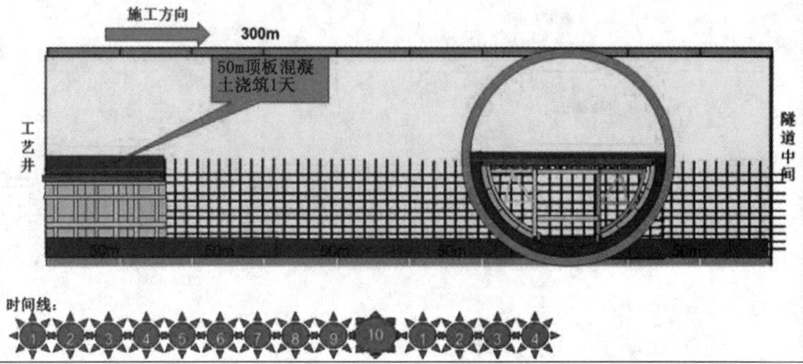 施工方向 300m 50m顶板混凝土浇筑1天 工艺井 隧道中间 时间线:	1
6	第二段模板架体施工	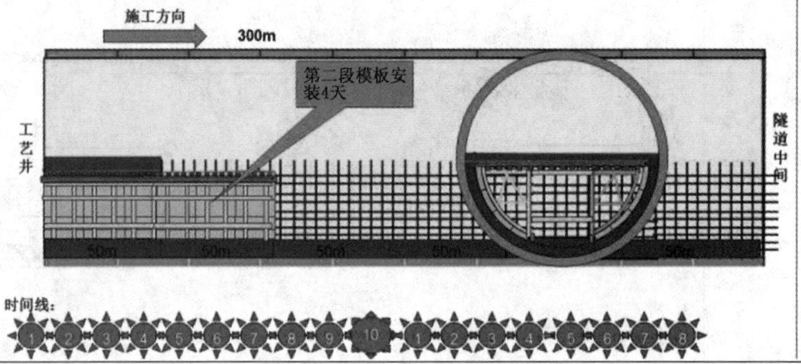 施工方向 300m 第二段模板安装4天 工艺井 隧道中间 时间线:	4
7	第二段中板钢筋绑扎	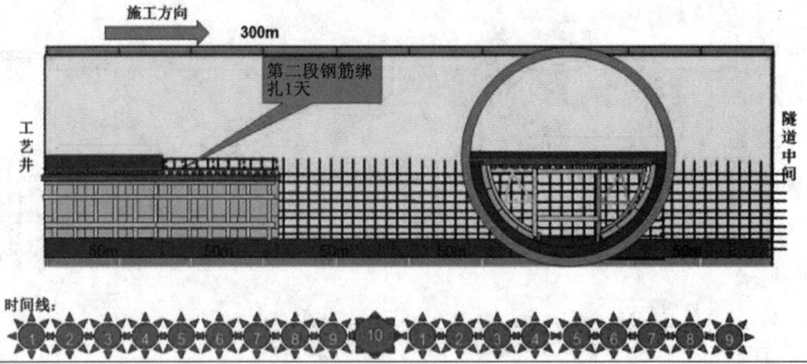 施工方向 300m 第二段钢筋绑扎1天 工艺井 隧道中间 时间线:	1
8	第二段中板施工	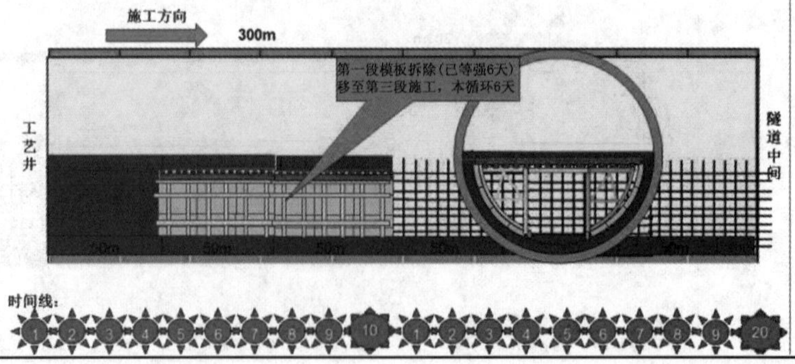 施工方向 300m 第一段模板拆除(已等强6天)移至第三段施工，本循环6天 工艺井 隧道中间 时间线:	1

根据分析，从两边向中间施工总时长为 44 天。

由动画模拟可见，两种施工工序如果考虑周到，穿插合理，时间上仅相差 3 天，从两边向中间施工时间上用得较少，但是工序穿插比较复杂，通行对成品保护影响较大，因此优先选择从中间向两边的施工工序。

第三十章　盾构管廊穿越节点井提前过站施工技术

盾构管廊除盾构区间外还包含盾构井与节点井，一个区间段的施工通常从盾构井进行始发与接收，中途需穿越数量不等的节点井。常规施工中盾构区间施工需等待盾构井及各节点井主体结构施工完成后方可进行。因此，盾构井主体结构完成并不是盾构区间具备施工的唯一条件，每个节点井的工期都将制约着盾构区间的施工，城市基础设施施工中受占地审批、管线改移等因素制约，节点井工期不可控风险较大。若节点井延迟施工，就会制约盾构始发时间。为了减小城市施工占地引起的不便，缩短占地时间，就需要突破常规施工工序，提前为盾构穿越提供条件。

盾构管廊穿越节点井提前过站是突破传统施工工序，基于节点井形成稳定框架结构体的最低条件，同时配合对未形成主体结构的基坑围护结构部分的全方位监测，规避安全风险的前提下，提前为盾构过站提供条件，待盾构过站完成继续正常掘进后，继续进行节点井剩余部分主体结构施工，科学压缩盾构过站条件，以达到压缩整体施工工期的目的。

第一节　盾构管廊穿越节点井提前过站工艺流程

盾构管廊穿越节点井提前过站施工工艺流程如图 30.1 所示。

第二节　盾构管廊穿越节点井提前过站操作要点

1. *盾构穿越前的条件验收*

盾构穿越时不同于传统节点井结构全部形成的条件，而仅仅盾构穿越层形成框架结构，除此之外的上层框架结构未进行施工，还处于围护结构阶段，因此，必须保证已形成的结构在与尚存围护结构共同安全受力的前提下才能进行。

(1) 节点井已形成结构条件。节点井盾构过站层框架结构形成且强度达到 100%，底板标高经测定符合图纸及规范要求；经与盾构过站标高核实，两标高相吻合。提前过站节点井结构状态如图 30.2 所示。

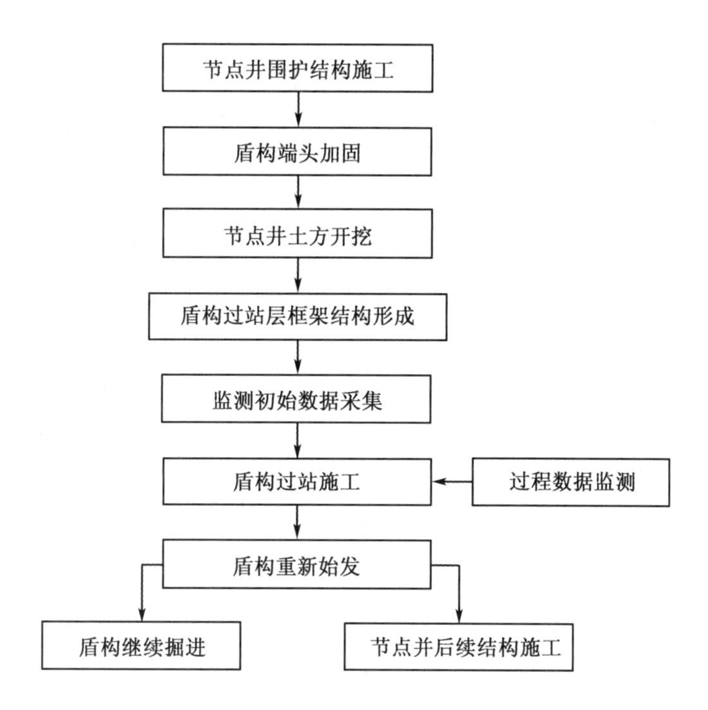

图 30.1　盾构管廊穿越节点井提前过站施工工艺流程图

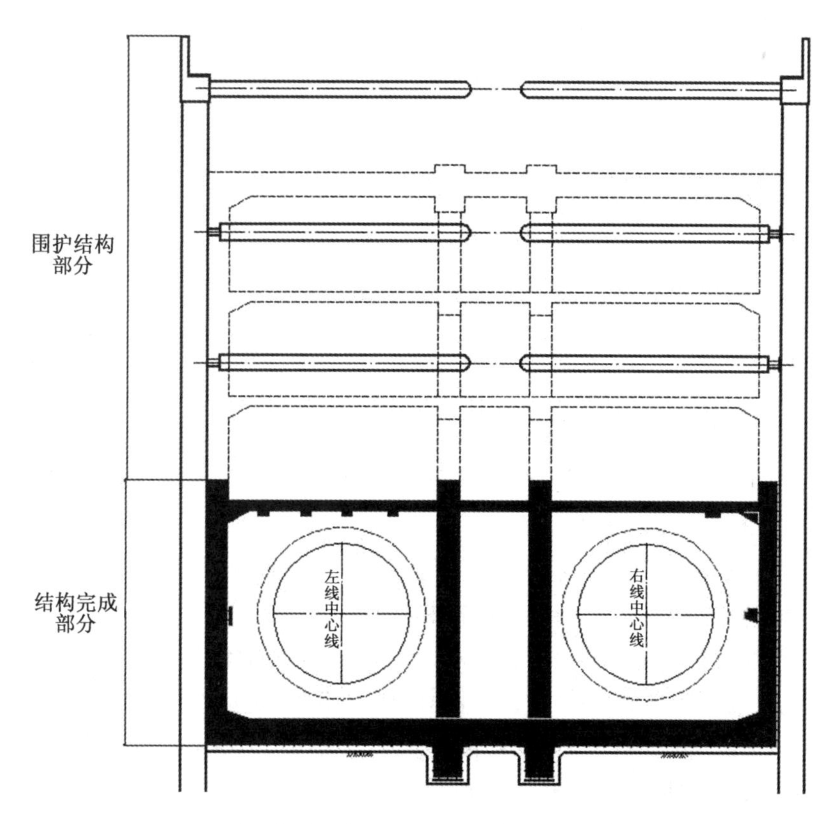

图 30.2　提前过站节点井结构状态示意图

（2）降水系统条件。节点井降水系统正常运行，且降水水位低于基坑开挖面下 0.5m 以上。在盾构区间洞门处打设探孔，孔内无明水流出。

（3）基坑沉降条件。基坑沉降监测点齐全，监测数据良好，未出现预警等较大沉降，符合规范及设计要求。

（4）内支撑安全条件。节点井围护结构内支撑防坠落措施设置齐全稳固，支撑轴力计设置齐全且正常运行，每道钢支撑上轴力经测定，预加轴力符合设计及规范要求。

（5）桩体稳定条件。桩顶位移监测点及桩体测斜管布设齐全且可进行正常监测，监测数据在设计及规范要求范围内。

（6）盾构姿态条件。经测量，盾构机出洞前姿态良好、可控、偏差较小，满足盾构机按设计线路进入节点井。

2. 盾构过站施工

（1）盾构过站施工前提前安装导台辅助过站。盾构过站导台安装如图 30.3 所示。

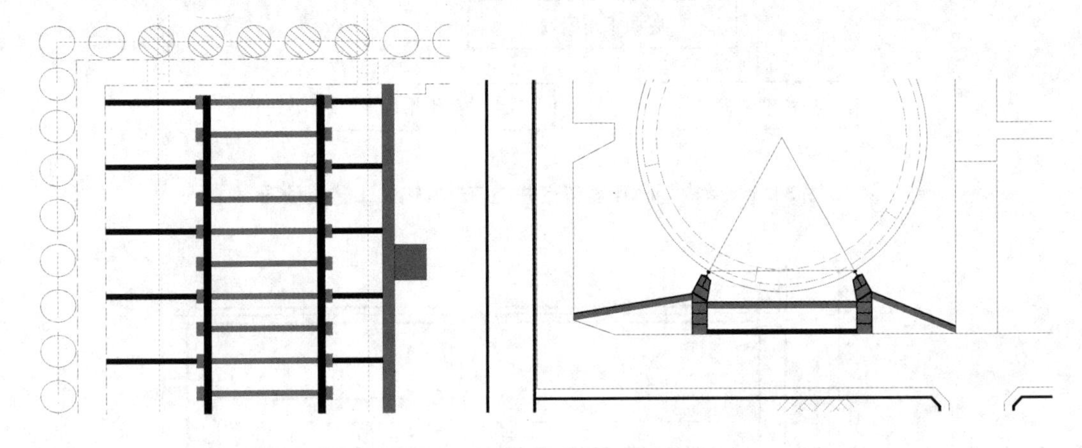

图 30.3　盾构过站导台安装示意图

（2）洞门密封。提前安装洞门密封，并对下部洞门橡胶密封帘布进行覆盖保护，以防掉落的混凝土或玻璃纤维筋对橡胶帘布造成损坏。盾构洞门密封安装如图 30.4 所示。

（3）盾构过站施工参数选择。盾构进、出洞掘进参数与正常掘进状态下的参数有区别，主要考虑以下因素。

① 盾构穿越节点井接收端与始发端均完成端头加固施工，进入端头加固区后，由于土层进行了加固改良，各项参数均需调整。

② 盾构接收及始发均需要降水满足条件，盾构区间周边设置的降水井需正常运行，过快的掘进速度或过高的土压均易对降水井造成破坏。

③ 盾构切削桩体时需缓慢进行，过大的推力会对桩体产生不利影响，导致桩体变形过大，进而危及钢支撑安全。盾构机掘进速度应控制在 20mm/min 以下，进入加固区域后控制上部土舱压力为 60kPa 左右，顶桩后清空土舱压力，压力降为 0kPa，总推力降低至小于 1000t，刀盘扭矩小于 1500kN · m。

（4）过站期间注意事项。

① 切削围护桩之前将土舱内清空。

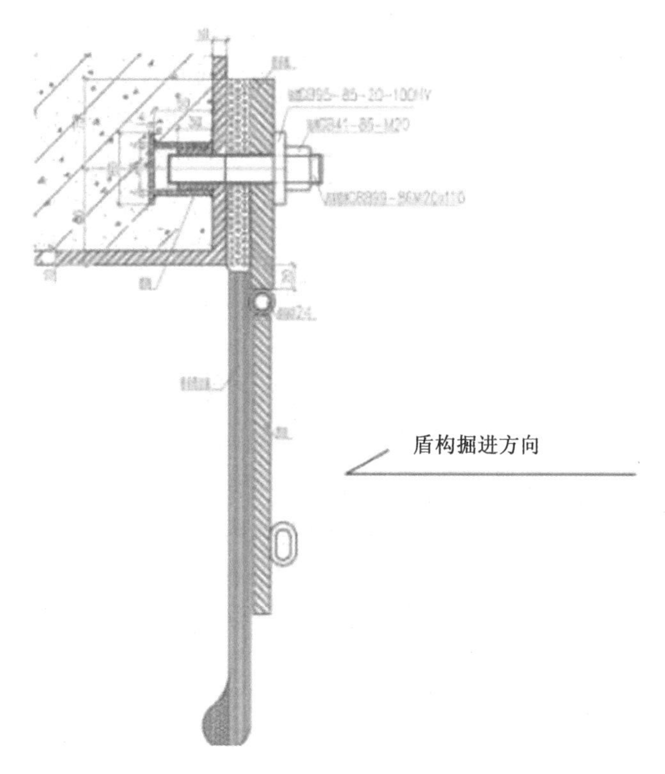

图 30.4 盾构洞门密封安装示意图

② 切削过程中，加入适量泡沫，降低摩擦及刀盘和刀具的温度，根据渣土及刀盘扭矩情况调节泡沫和水的注入量。

③ 盾构机破洞后，调整好刀盘的位置，保证托住盾体出洞不下沉。

④ 在洞门与过站钢结构导台之间做连接架，尤其要在洞门位置底部焊支撑。盾构机刀盘出洞后，应及时清洗刀盘、刀具及刀座，防止由于泥土干硬后难以清理。

⑤ 使用盾构机的管片安装模式将盾构机往前移动直至安装完本区间最后一环管片，由于盾体逐渐脱离土体，盾构机安装管片的千斤顶压力也逐渐减小，为了保证管片间能压紧密实，安装管片时每两环在盾构机刀盘前的小车上焊接挡头，以提供盾构机安装管片时约 100t 的推力，每安装完成一环后，应对后三环管片螺栓进行复紧。

⑥ 盾构机盾体完全进站并爬上钢结构导台后，继续向前推进，每环推力应小于 100t。

⑦ 在管片负环退出盾壳后，管片周围无约束，在推力作用下易变形，为此在每环管片上用一道钢丝绳将管片和过站钢结构导台箍紧，同时用木楔子进行支撑加固。

3. 穿越过程中的监测

穿越过程中分盾构切削桩体阶段及过站阶段进行监测。

(1)盾构切削桩体阶段。根据经验，盾构切削桩体阶段为 5~7h，此阶段盾构对桩体扰动较大，需加密监测，同时保证地表安全及降水正常运行。盾构切削桩体阶段监测内容及频率如表 30.1 所示。

表 30.1　盾构切削桩体阶段监测内容及频率表

监测对象	监测项目	测点布置	监测频率
围护桩	桩、墙顶沉降	桩、墙冠梁上测点间距 8m	1 次/小时
	桩、墙顶水平位移		
水平钢支撑	支撑轴力	测点布置在支撑的两头或中点	1 次/小时
地层	地表沉降	长短边中点，沿基坑长边每 25~30m 设观测断面；基坑深度变化与断面变化处应加密测点	1 次/4 小时
地下水	降水井水位	每个降水井	1 次/4 小时

(2)过站阶段。过站阶段因不能确定桩体是否稳定，所以仍需进行监测，同时保证地表安全及降水正常运行。过站阶段监测内容及频率如表 30.2 所示。

表 30.2　过站阶段监测内容及频率表

监测对象	监测项目	测点布置	监测频率
围护桩	桩、墙顶沉降	桩、墙冠梁上测点间距 8m	1 次/4h
	桩、墙顶水平位移		
水平钢支撑	支撑轴力	测点布置在支撑的两头或中点	1 次/4h
地层	地表沉降	长短边中点，沿基坑长边每 25~30m 设观测断面；基坑深度变化与断面变化处应加密测点	2 次/天
地下水	降水井水位	每个降水井	2 次/天

第三十一章　J14、J15 节点井半盖挖及先盾后井工法施工技术

在沈阳市地下综合管廊（南运河段）工程施工过程中，多数沿市政道路敷设，节点井占用马路及路旁绿化带，施工场地范围内市政管线众多，交通导改、管线迁改、树木改移难度大、时间长，周围老旧建筑较多，影响节点井基坑与主体结构施工进展，同时给盾构掘进带来了很大的技术难题。为解决上述难题，本工程采用先盾后井工法施工技术。改变了传统的盾构与竖井施工顺序，由先进行竖井结构施工再由盾构推进进行进出站变成先进行盾构推进，完成后再进行竖井施工，避免了盾构推进等待竖井结构施工的情况。半盖挖法“先盾构后竖井”效果如图 31.1 所示。

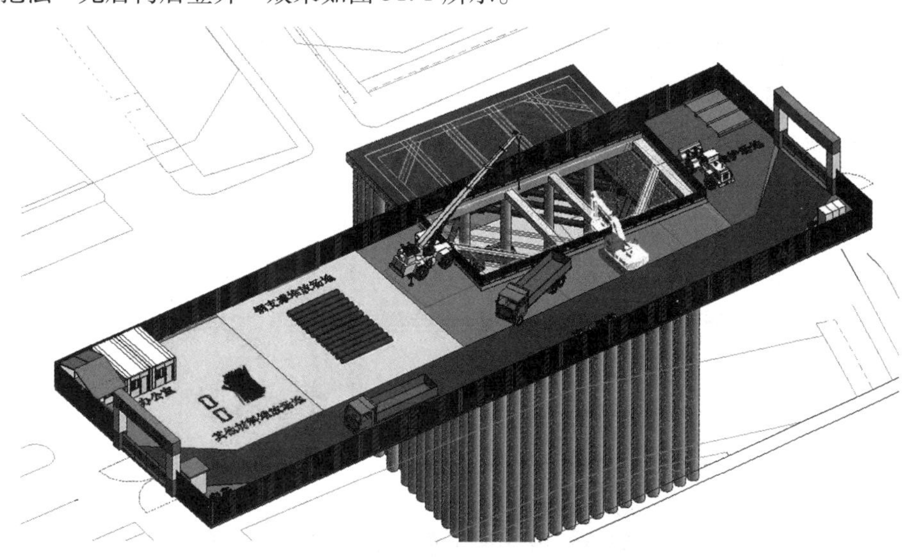

图 31.1　半盖挖法“先盾构后竖井”效果图

第一节　深基坑半盖挖法施工过程数值模拟

J15 节点井采用先盾后井半盖挖施工技术，属全国首例，施工经验少，安全风险大，为了确保盖板和基坑开挖的安全，预先对基坑半盖挖法施工进行数值模拟。

J15 节点井位于文艺路大南街交叉口，属于占道井位，采用半盖挖法施工，施工难度较大。支护方式采用钻孔灌注桩加内支撑的形式，灌注桩直径为 1.2m，间距为 1.6m。

内支撑分四层，第一层和第四层采用钢筋混凝土撑进行支护，第二层和第三层采用钢支撑进行支护，斜撑与冠梁夹角均为15°。基坑深为23.6m，开挖采用正向分步开挖的形式，每步开挖完成后及时施作支护结构。支护结构如图31.2所示。场地范围内主要由黏性土、砂类土及碎石土组成。地层物理力学参数如表31.1所示。

表31.1　物理力学参数表

土层	厚度/m	弹性模量/MPa	黏聚力/kPa	内摩擦角/(°)	重度/(kN·m³)	泊松比
①-1 填土	1.8	7.6	10	10	17	0.4
③-3 中粗砂	2.2	20	2.8	27.4	17.5	0.3
③-4 砾砂	3.5	33.2	2.1	27.4	18	0.3
③-5 圆砾	5.5	35.9	0	36.9	18	0.35
③-5-5 圆砾	4.5	39.4	0	37.1	18	0.35
⑤-4 砾砂	2	34.2	0	37	18	0.3
⑤-5 圆砾	16	40	0	38	18	0.35

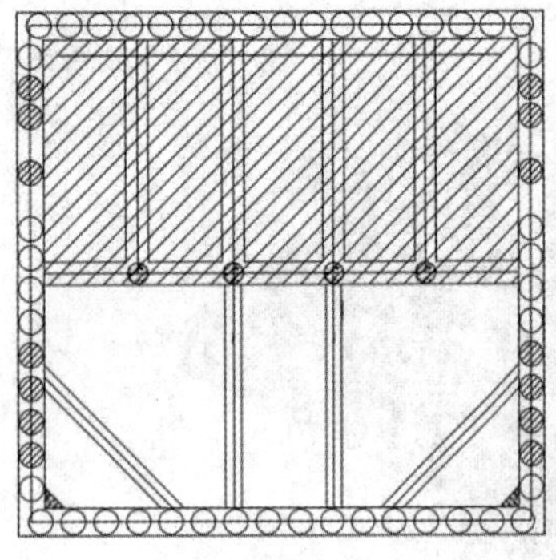
(a)盖板及第一层混凝土撑

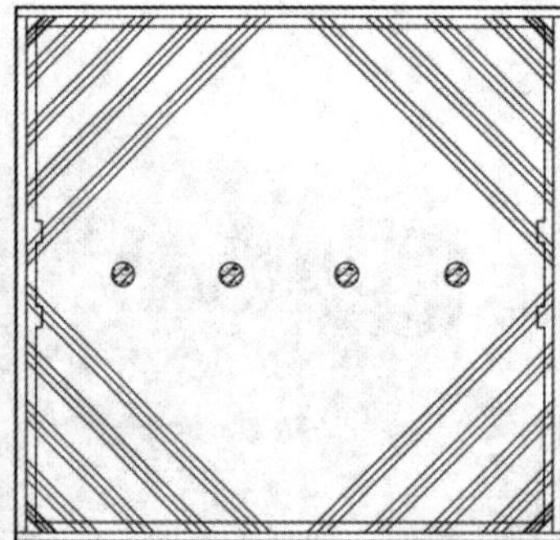
(b)第二层、第三层钢支撑

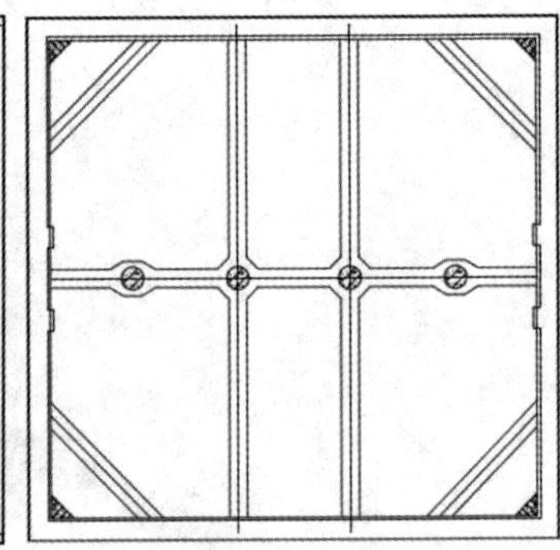
(c)第四层混凝土撑

图31.2　支护结构详图

1. Midas GTS 数值模型建立

(1)有限元模型。根据《城市轨道交通工程监测技术规范》(GB 50911—2013)规定，基坑工程的主要影响区为基坑周边0.7H或H×tan(45°~ψ/2)范围，次要影响区为基坑周边0.7H(2.0~3.0)H或H×tan(45°~ψ/2)~(2.0~3.0)H。数值模型的建立覆盖基坑主要影响区和次要影响区，模型建立时宽度方向取距基坑边缘开挖深度2H范围，深度方向取2倍开挖深度。有限元网格划分和支护结构如图31.3所示。

(2)施工工况。施工共建立11个工况进行分析。先进行初始应力平衡及初始位移的清零，然后进行钻孔灌注桩的施工。基坑开挖每次进行至内支撑下0.5m处然后进行支护结构的架设。除冠梁和第一层钢筋混凝土内支撑外，分别在地面以下6.4m、11.4m、14.6m处进行钢围檩、钢支撑和腰梁及混凝土撑的施工。基坑开挖深度距地面约为24m，分5个开挖步完成。基坑周边地面超载按20kPa施加。由于施工过程中盖板上有车辆通

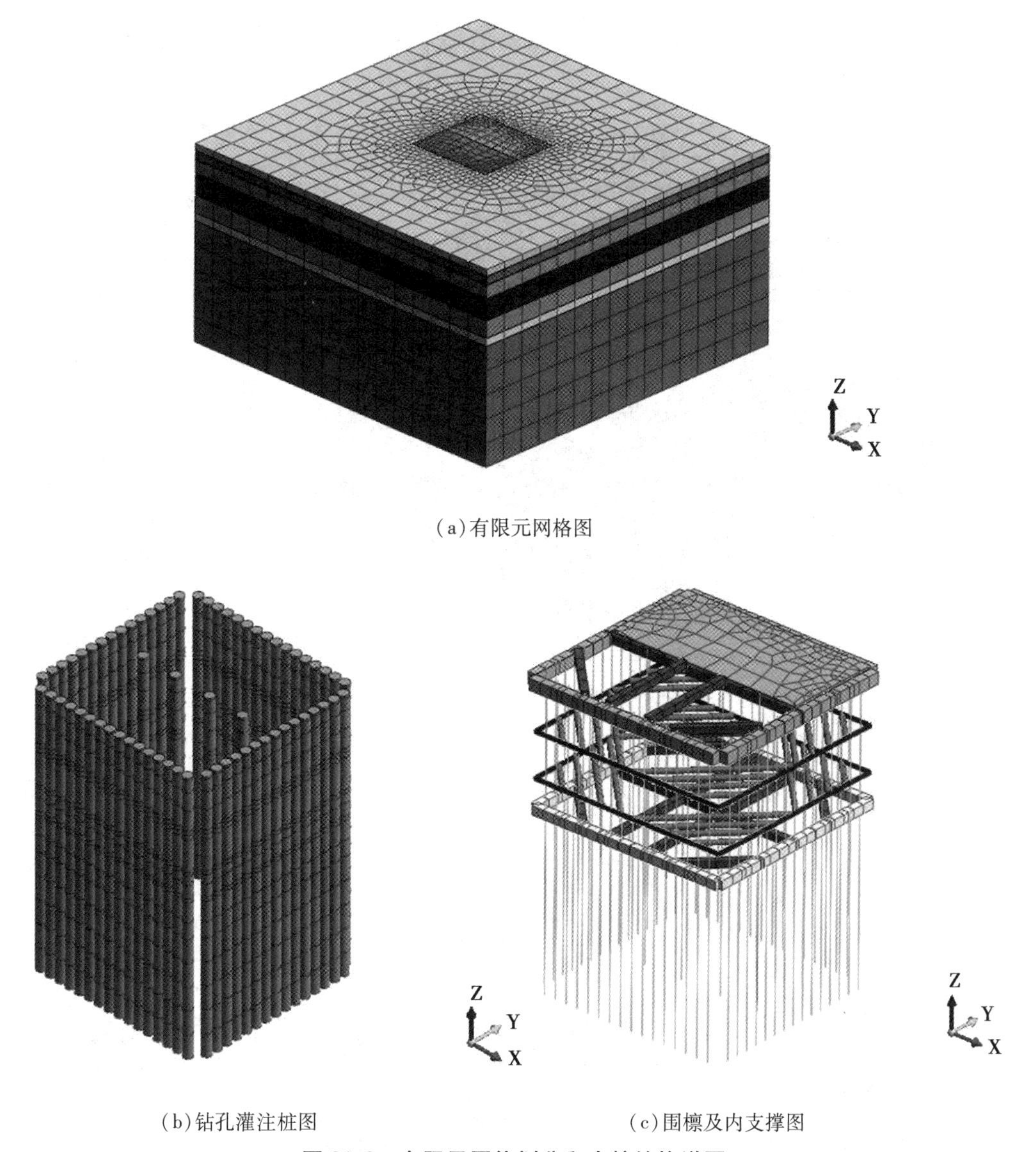

(a)有限元网格图

(b)钻孔灌注桩图

(c)围檩及内支撑图

图 31.3　有限元网络划分和支护结构详图

行，模型建立时在盖板上施加一组公路桥梁标准车辆荷载来模拟行车。荷载布置如图31.4所示。

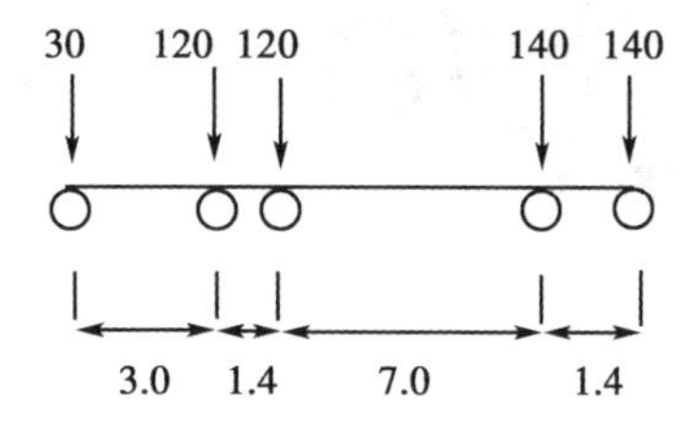

图 31.4　公路桥梁车辆荷载布置图

2. 计算结果分析

（1）地表沉降。提取不同施工工况下基坑周围土体 Z 方向位移云图如图 31.5 所示。

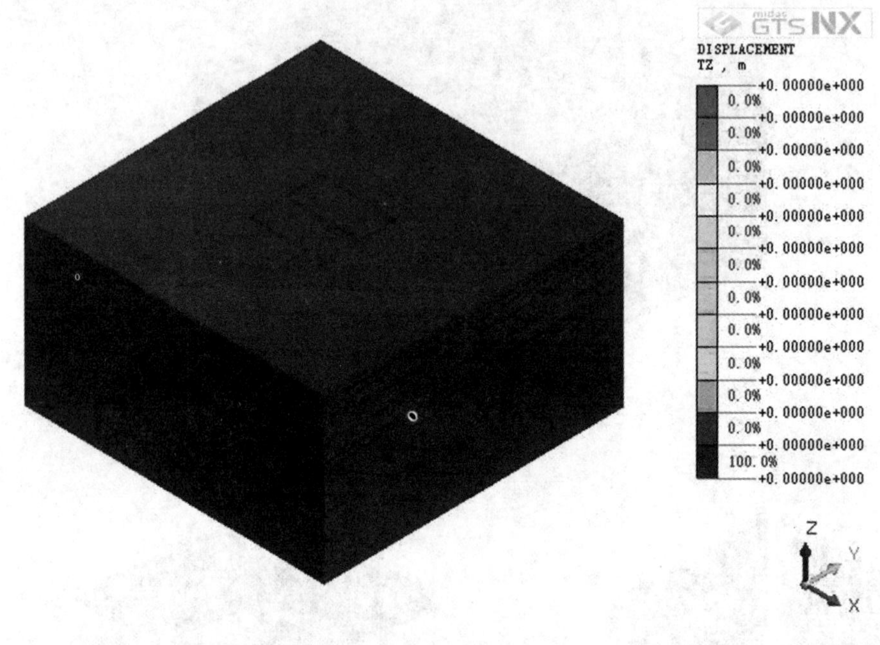

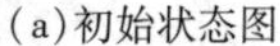
(a)初始状态图

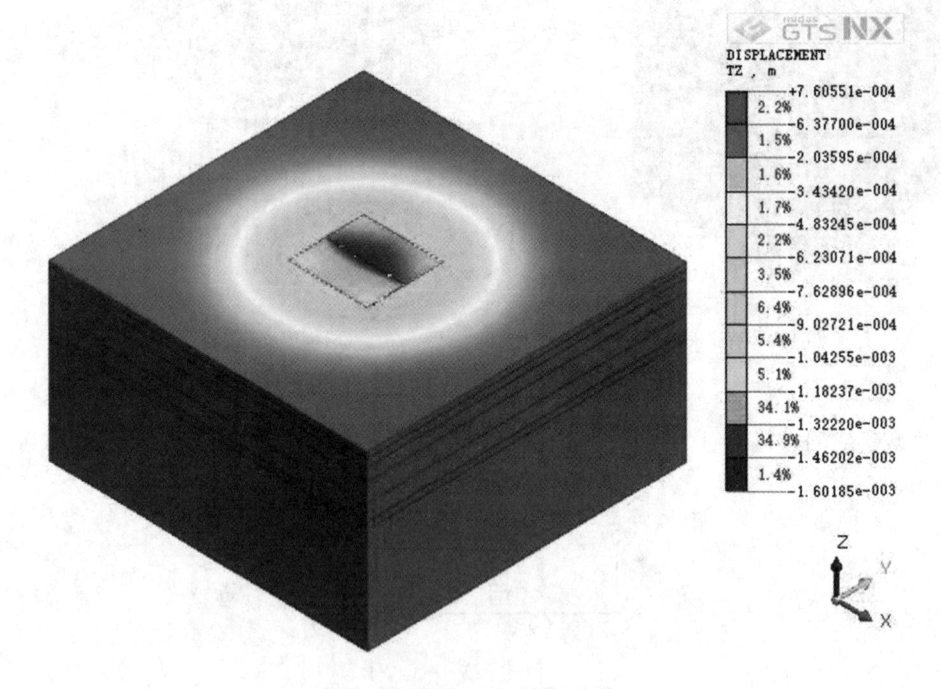

(b)桩施工图

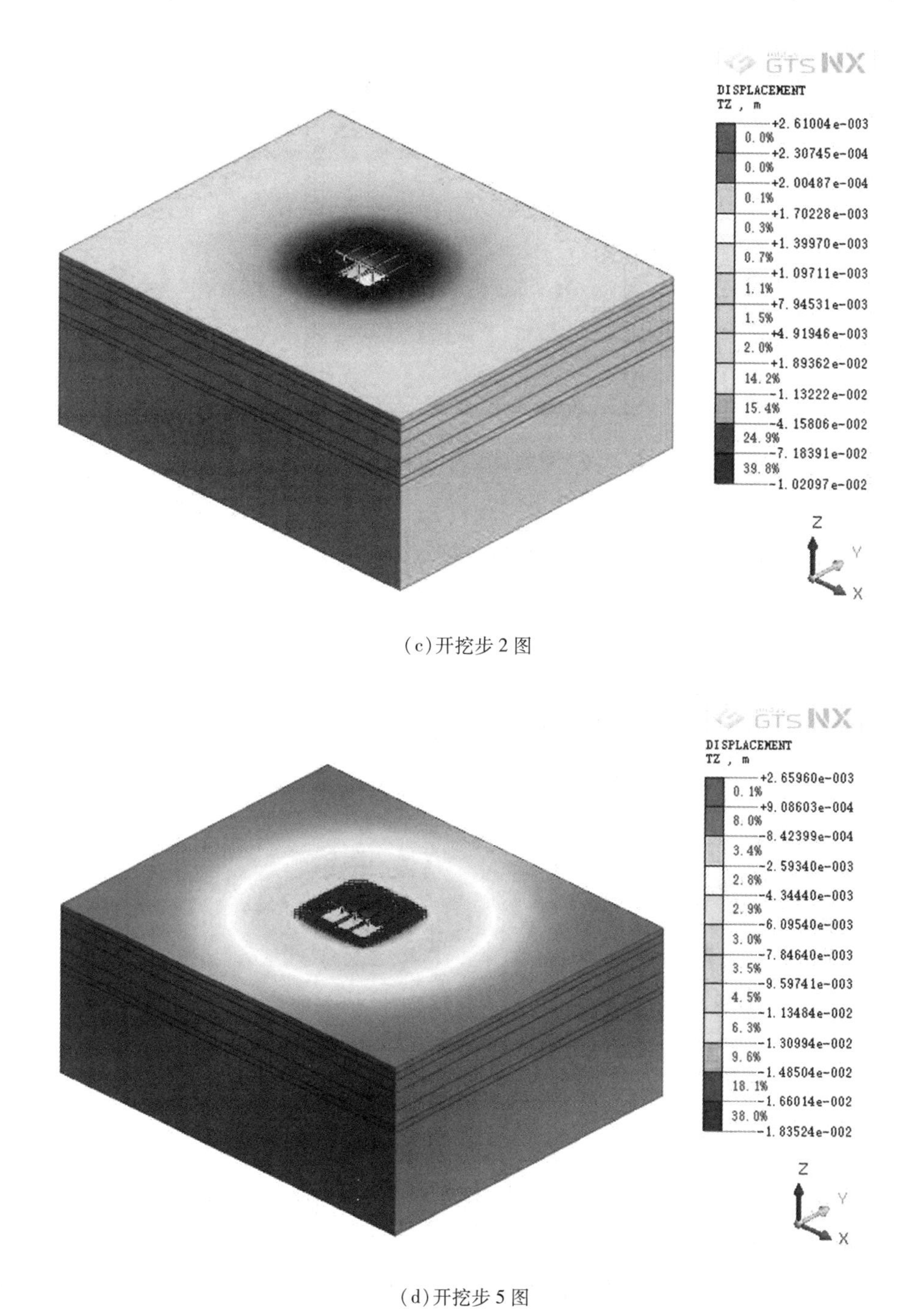

(c)开挖步2图

(d)开挖步5图

图31.5　基坑周围土体z方向位移云图

根据图31.5计算结果可知，基坑周围土体地表沉降规律表现为，随基坑开挖深度的增加沉降值逐渐增大，最大沉降值发生在基坑开挖完成的施工阶段，最大沉降量约为19mm。

（2）水平位移。为直观地观察施工过程中灌注桩的位移变化情况，现对每个施工阶段灌注桩的水平位移结果进行分析处理。在基坑四边中点各设置A1—A4四个测点如图

31.6 所示。

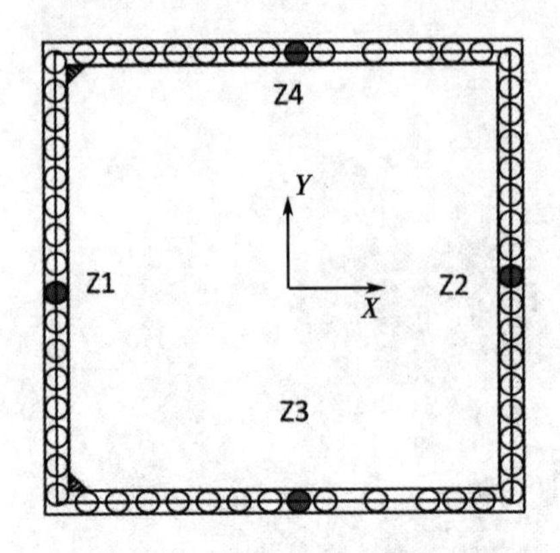

图 31.6　数值模型灌注桩测点布置图

将施工过程中桩的位移值进行分析。测点 Z1 不同工况下 *X* 方向水平位移如图 31.7 所示，测点 Z2 不同工况下 *X* 方向水平位移如图 31.8 所示。

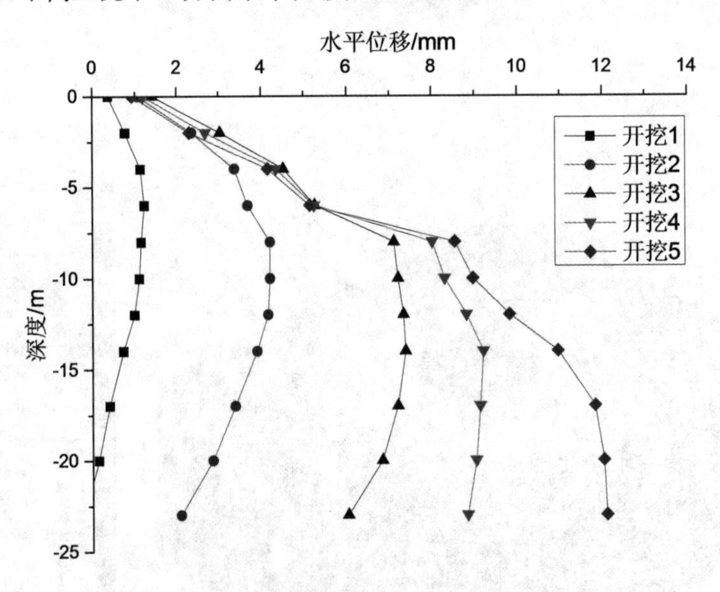

图 31.7　测点 Z1 不同工况下 *X* 方向水平位移图

X 方向桩体最大水平位移发生在桩中间位置；最大值位移随开挖深度的增加而增大，最大值为 12.2mm，在工况 5 阶段达到。

测点 Z3 不同工况下 *Y* 方向水平位移如图 31.9 所示，测点 Z4 不同工况下 *Y* 方向水平位移如图 31.10 所示。

Y 方向桩体最大水平位移发生在桩中间位置；最大值随开挖深度的增加而增大，最大水平位移在工况 5 阶段，达到 12.4mm。

数值计算的结果表明，基坑最大沉降量约为 19mm，桩体水平位移值最大约为 13mm。由于该数值模型未考虑地下水的影响，在实际施工过程中由于基坑排水导致基坑周围土体孔隙水压力的消散，会使有效应力增加，造成实际位移偏大。此外，施工现

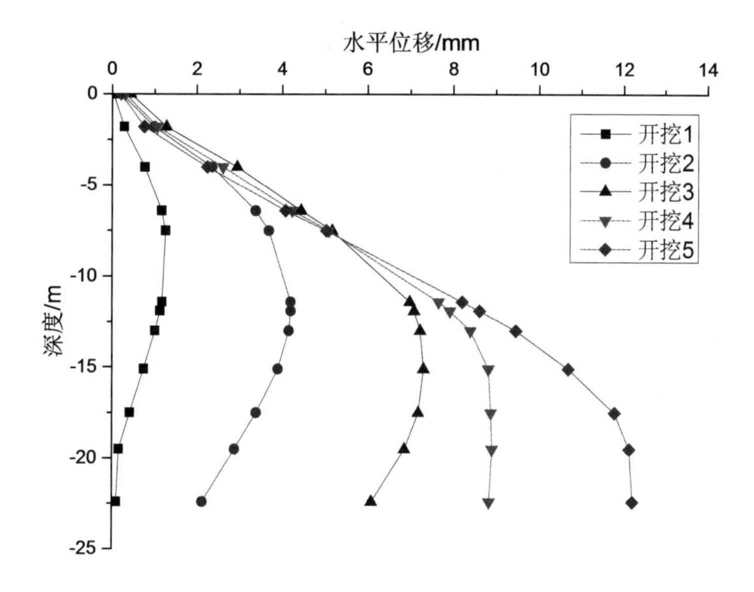

图 31.8　测点 Z2 不同工况下 *X* 方向水平位移图

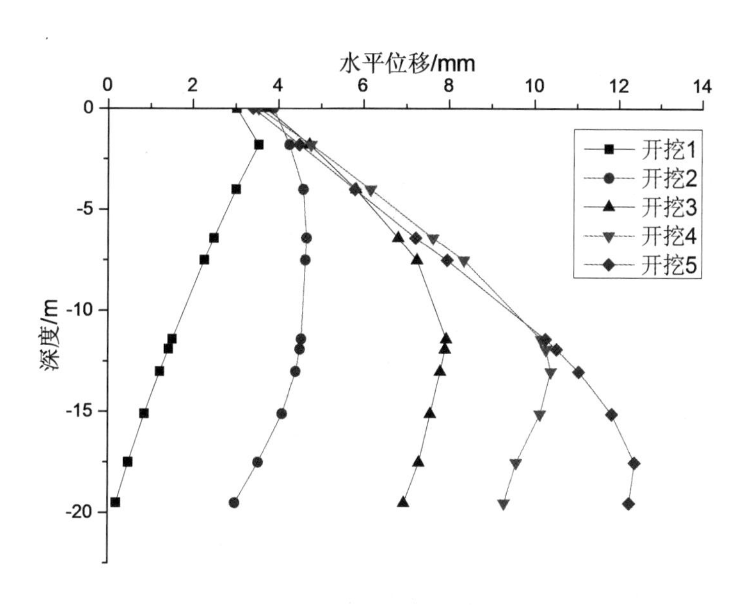

图 31.9　测点 Z3 不同工况下 *Y* 方向水平位移图

场施工设备以及施工材料堆放、周围房屋的影响、施工过程中的扰动等因素均会导致实际的变形要大于数值模拟的结果。因此，在施工过程中应加强监测，在基坑开挖较深时适当地采取额外的加固措施。

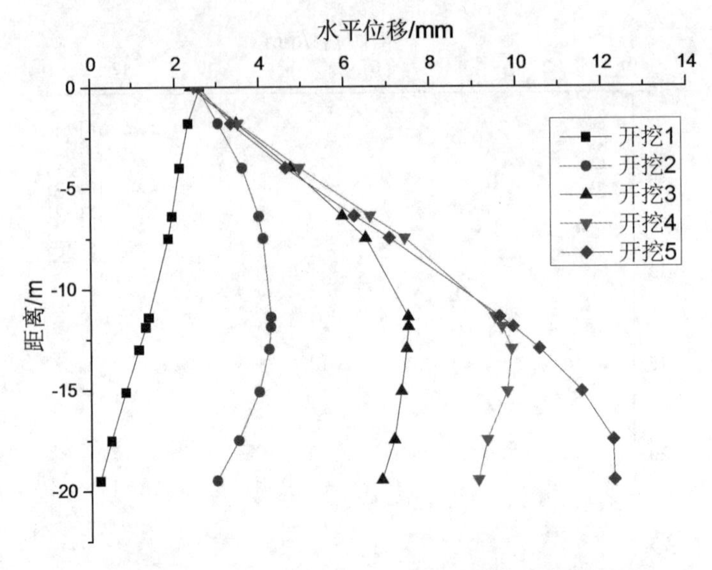

图 31.10　测点 Z4 不同工况下 *Y* 方向水平位移图

第二节　先盾后井工法施工技术工艺流程

盾构管廊先盾后井工法施工技术工艺流程如图 31.11 所示。

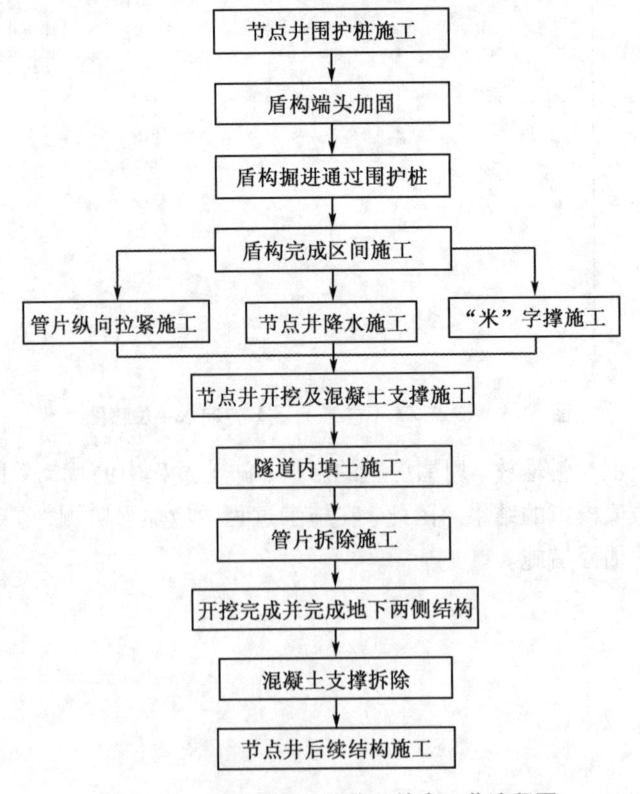

图 31.11　先盾后井工法施工技术工艺流程图

第三节　先盾后井工法施工技术操作要点

1. 围护桩施工

由于基坑最下面一道支撑距离基坑底部与常规基坑支撑布置的距离相比较远，围护桩侧向压力较大，故将“先井后盾”时直径为 800mm 间距为 1000mm 的围护桩桩径加大到直径为 1200mm 间距为 1600mm，确保基坑开挖安全。在节点井洞门开洞处采用玻璃纤维筋混凝土替代传统的钢筋混凝土桩体，可以使盾构机更容易地对围护桩桩体进行切削。玻璃纤维筋 BIM 模型与现场实施如图 31. 12 所示。

(a)玻璃纤维筋 BIM 模型图

(b)现场实施图

图 31. 12　玻璃纤维筋 BIM 模型与现场实施图

2. 端头加固

先盾后井工法区别于先竖井后盾构技术，不需要在节点井与盾构区间交界处施做过大范围旋喷加固，避免了盾构刀盘切屑旋喷加固部分而影响盾构推进的速度和时间。

端头旋喷加固范围为洞身上下左右各 3m，加固长度由原始发端 8m、接收端 6m，缩减为始发端与接收端均是 3 排旋喷桩。旋喷桩 BIM 模型展示如图 31. 13 所示，旋喷桩施工如图 31. 14 所示。

端头加固采用 Φ550mm 双重管高压旋喷桩进行土体加固，形式为 Φ550mm@400mm，相邻桩间咬合为 150mm。旋喷桩钻杆下沉速度为 0. 8m/min，提升速度为 0. 5m/min，浆泵工作压力为 20MPa，水泥浆流量为 180L/min，水灰比为 0. 9。

3. 盾构截桩通过

围护桩与端头加固措施完成，强度达标后，盾构机方可穿越节点井范围，盾构机到达端头旋喷加固范围时，放慢推进速度，防止对围护桩冲击过大，损坏围护结构。拼装围护桩轴线上的管片时，适当加大同步注浆量，将盾构机与管片外间隙填充密实，避免基坑挖土时，该部位缝隙土掉落，基坑失稳。先盾后井工法施工难点在于盾构管片的拆除，为方便拆除管片，节点井范围内需拆除的管片采用通缝拼接方式。盾构通缝拼装

BIM 模型与现场实际应用如图 31.15 所示。

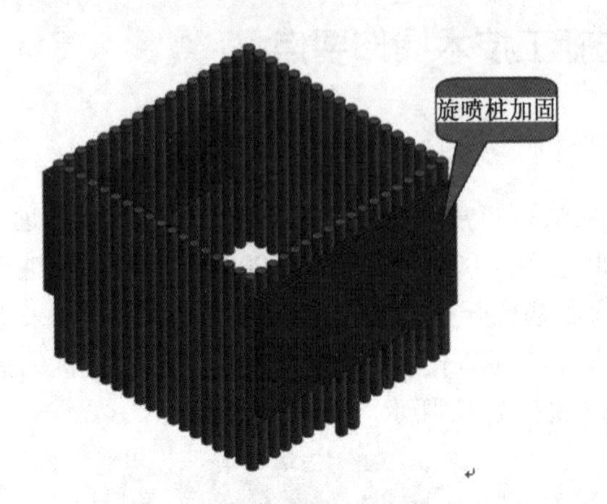

图 31.13　旋喷桩 BIM 模型展示图

图 31.14　旋喷桩施工图

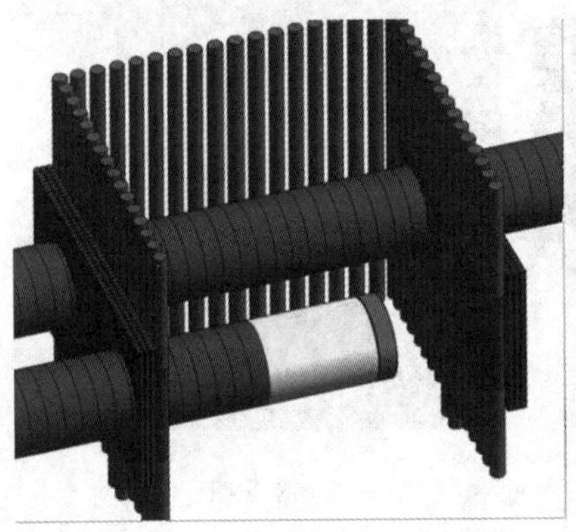

(a)盾构通缝拼装 BIM 模型图

(b)现场实际应用图

图 31.15　盾构通缝拼装 BIM 模型与现场实际应用图

4. 内支撑体系

井位围护桩施工完成后进行竖井开挖，考虑盾构区间范围内围护被切断，此范围传统的内支撑无着力点，无法正常架设。在竖井开挖阶段，此范围内的内支撑体系采用加大围护桩桩径的“混凝土支撑+钢支撑”体系。加强围护桩配筋及桩径，增加桩体强度，保证基坑开挖过程中的稳定性。非盾构区间范围：为防止盾构切断的吊脚桩踢脚变形，首道和盾构管片上部的一道采用混凝土支撑，中间采用钢支撑。盾构区间范围：由于桩体强度增加，支撑布置间距可增大，内支撑可避开盾构区间范围。优点是盾构管片范围不设支撑，便于开挖和二次衬砌结构。先盾后井基坑混凝土支撑体系剖面示意图如图 31.16 所示。

5. 吊脚桩的处理

盾构机切削围护桩，盾构区间内的围护桩被切断，稳定性差，根部深度的侧向土压力会使吊脚桩向基坑内方向移动，若桩体后空洞较大，桩体还有可能向基坑外方向移动，因此钢支撑无法保证吊脚桩的稳定。针对内支撑体系的问题，综合采用混凝土围檩支撑解决。混凝土围檩与桩体联系方法如图 31.17 所示。

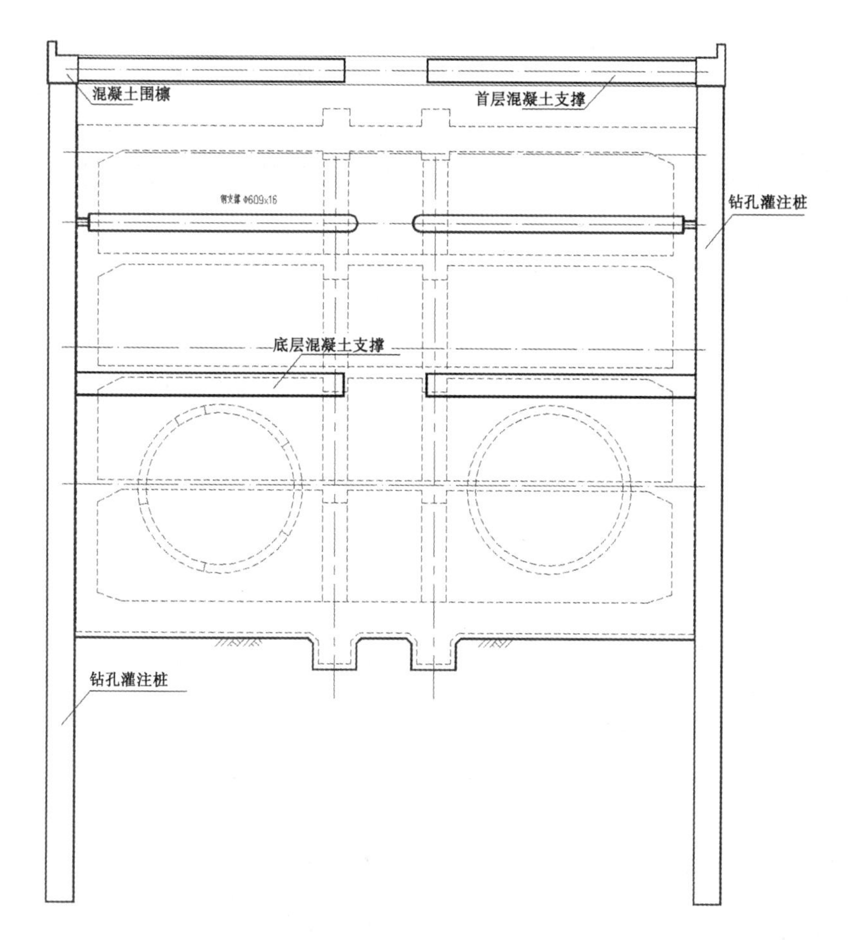

图 31.16　先盾后井基坑混凝土支撑体系剖面示意图

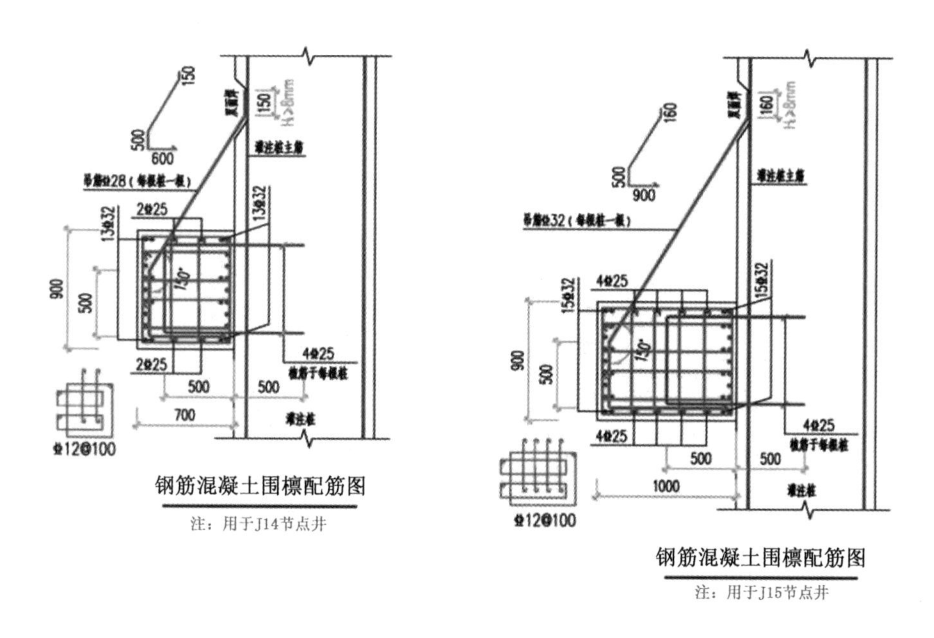

图 31.17　混凝土围檩与桩体联系方法图

6. 土方开挖前准备工作

由于后续基坑开挖会对盾构区间产生显著影响，影响区域主要集中在靠近基坑外侧10环管片范围内，拆除管片会改变已成型的盾构区间的受力状态，节点井两端管片因井内管片拆除而出现临空面，会产生向井内方向收缩的趋势，因此，需对靠近基坑两侧的10环管片进行纵向拉紧加固和内部环向加固处理。

(1)管片螺栓复紧。管片拆除前，对临近洞口处至少10环管片的连接螺栓进行复紧，保证纵向约束拆除后管片之间的密贴度。

(2)纵向拉结措施。采用槽钢将临近洞口处至少10环管片进行纵向拉结，环向至少3道，均匀布置，保证纵向力的代替。先盾后井工法管片拆除前加设联系条如图31.18所示。

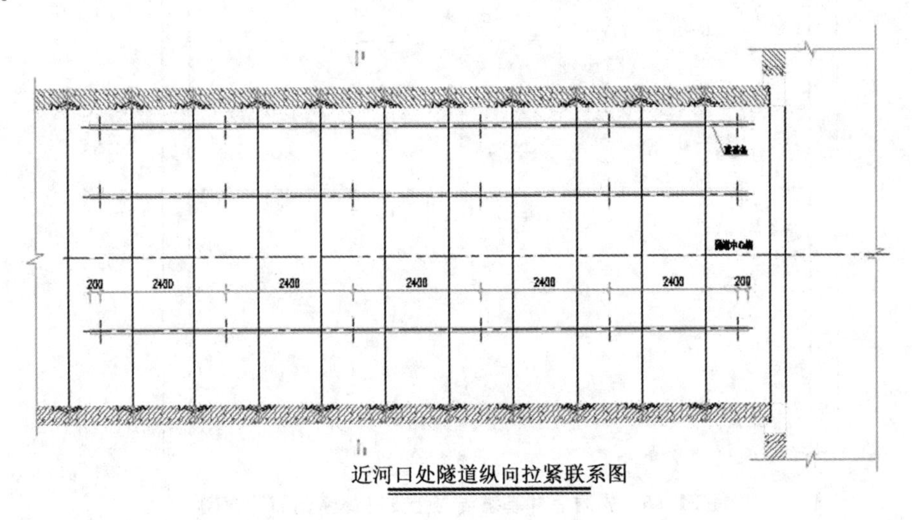

近河口处隧道纵向拉紧联系图

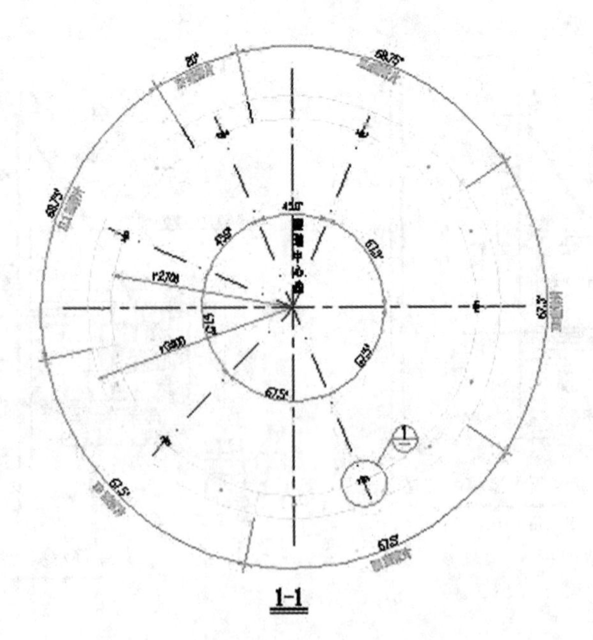

1-1

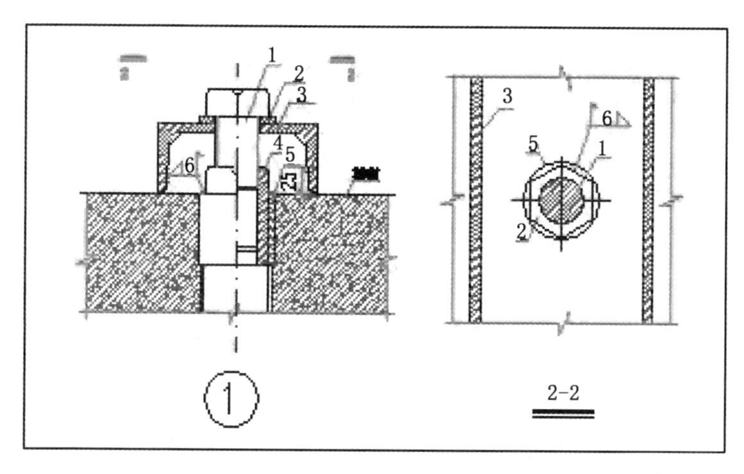

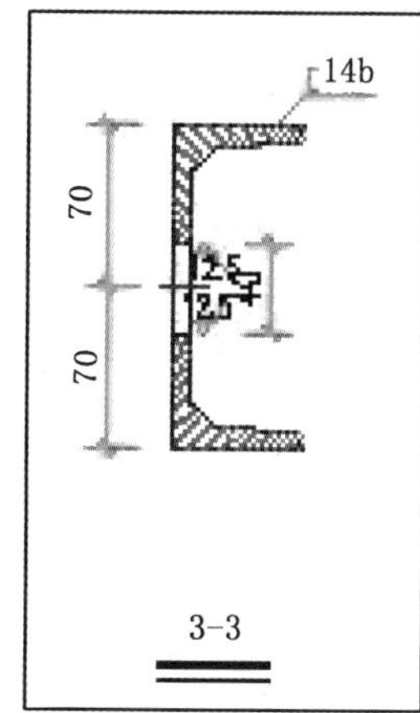

图 31.18　先盾后井工法管片拆除前加设联系条示意图

(3)竖向力的抵消措施。由于吊脚桩摩擦力降低，自重压迫至管片上产生竖向压力，直接导致洞口环管片受力状态改变，可采用管片内支撑的方法抵消此部分力。因此，需提前在盾构区间内吊脚桩下的一环管片设置“米”字撑。

① 提前在盾构区间内管片上定位出吊脚桩的中心点，并做好标记。

② 采用 Φ108mm 的钢管运输至标记位置，进行安装。

③ 钢管柱一头为钢板封口，另一头安装机械千斤顶，安装时，用千斤顶进行加力顶紧。

④ 钢管按“米”字布置，钢管中心及端部采用钢筋连接，保证支撑形成整体。盾构区间内“米”字撑施工如图 31.19 所示。

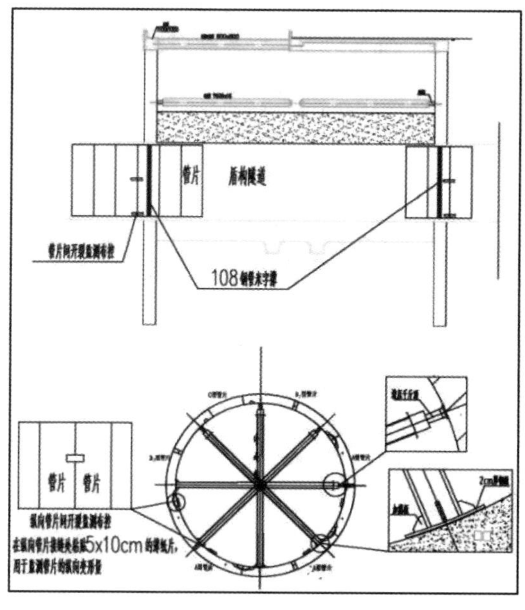

图 31.19　盾构区间内“米”字撑施工图

7. 基坑开挖

基坑内配备一大一小两台挖掘机配合倒土，基坑上配备一台伸缩臂挖掘机进行土方开挖施工，土方水平分块，竖向分层开挖。基坑开挖过程如表 31.2 所示。

表 31.2　基坑开挖过程表

序号	施工步骤	工艺方法	图示
1	非盖板区土方开挖	先进行非盖板区开挖，开挖根据首层混凝土支撑分区进行，开挖深度不大于 2m	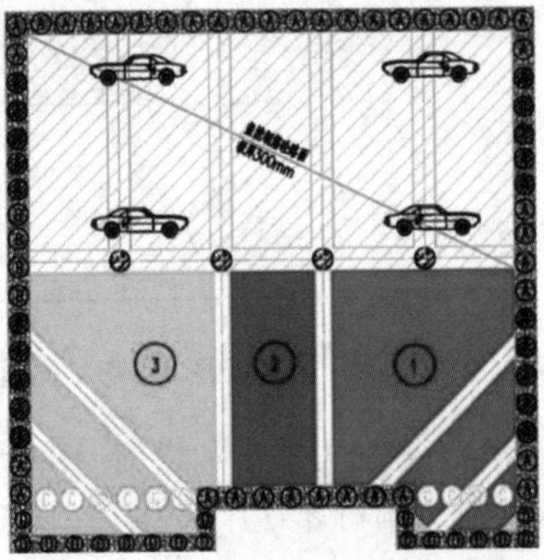
2	盖板下土方开挖	机械站位非盖板区，放坡开挖盖板下土方，并利用中立柱间隙将土方倒运至非盖板区，再垂直运出	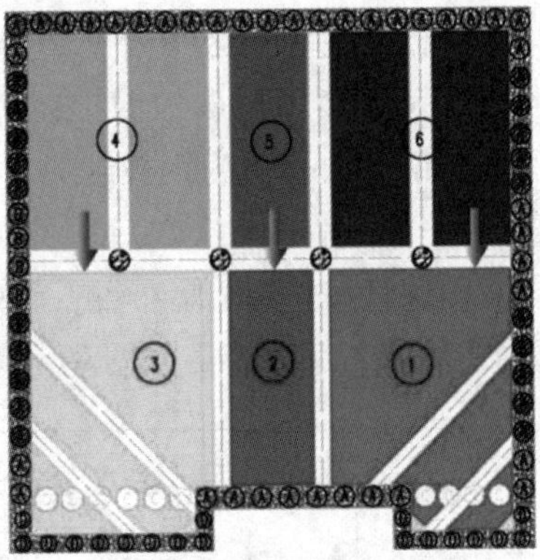
3	竖向土方开挖顺序	① 按序号竖直方向进行土方开挖，基坑内每层开挖高度为 2m，严格遵循边挖边喷护边支撑原则 ② 待土方开挖至第三道混凝土支撑底 50mm 时停止土方开挖，施工第二道混凝土支撑	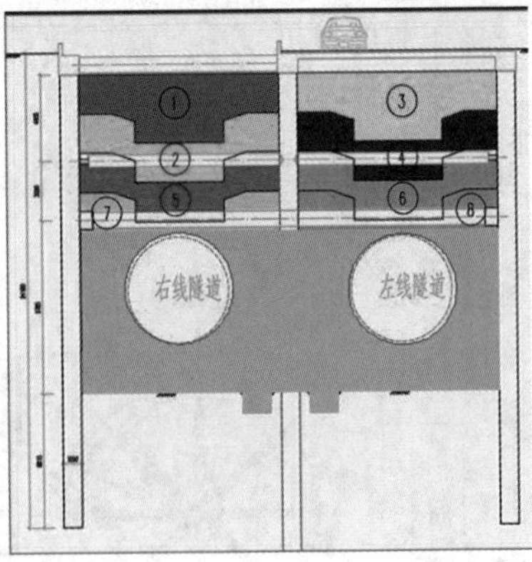
4	土方开挖与管片拆除施工	完成第二道混凝土梁后，土方开挖与管片拆除交替进行	

8. 管片拆除施工

在基坑开挖及管片拆除施工过程中需加强监控和量测，严格记录盾构区间在工艺井各个开挖阶段产生的位移和变形，监测数据即时反馈，做到动态施工，若有情况能及时有效地采取应急措施。

管片拆除为了保证管片内外部土压平衡，又能兼顾考虑人与机械的安全同行，施工方法步骤如下。

(1)机械开挖至管片上方，露出管片。

(2)在管片上破除400mm×400mm的孔，间距6m。

(3)将土方从孔洞灌入盾构区间内。

(4)拆除两侧管片，并随之清理土方至下一道拆除标高。

(5)如此一边拆除管片，一边开挖土方直至拆除完成。

此种作业方法大大减少了管片拆除的风险，也方便了人与机械的通行。

第三十二章　盾构管廊连续大曲率过站技术

管廊节点井较多且部分节点井位于圆曲线上，本工程通过采用大曲率半径条件连续过站的施工，保证了盾构进出站的安全和快速，节约工序，降低了盾构始发和接收的施工风险，提高了盾构施工质量，盾构机姿态更加稳定可控，保证了盾构区间的偏差在可控范围内，大大节省了人工，规避了风险，具有明显的经济效益和社会效益。工程节点井分布如图 32.1 所示。

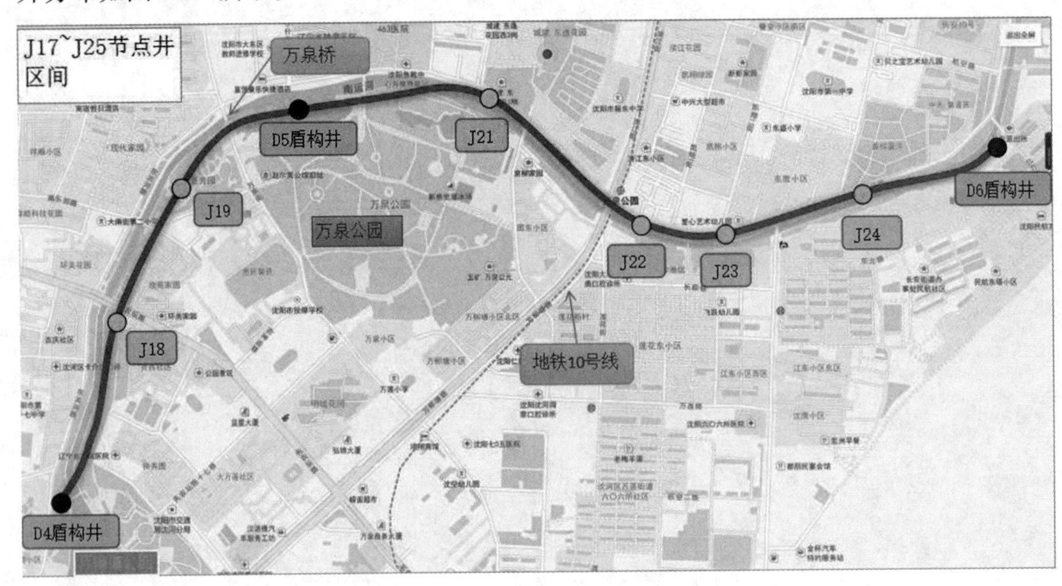

图 32.1　工程节点井分布图

第一节　盾构过站前的准备工作

1. 临时用电的安装

盾构过站期间本工程用电安装容量约为 100kW，安装带电表计量的配电柜，主要为站内照明、辅助泵站、两台电焊机、两台卷扬机过站期间使用。

2. 材料和机具的准备

为了保证左右线盾构的快速协调过站，材料和机具的准备工作在盾构出洞前完成。准备的材料和机具有：25t 吊车、两套始发架（兼作过站小车）、一套反力架、175H 型钢、液压千斤顶、两台电焊机、两台卷扬机、洞门帘布橡胶板及压板等。

第二节　盾构过站施工流程

盾构过站施工流程如图 32. 2 所示。

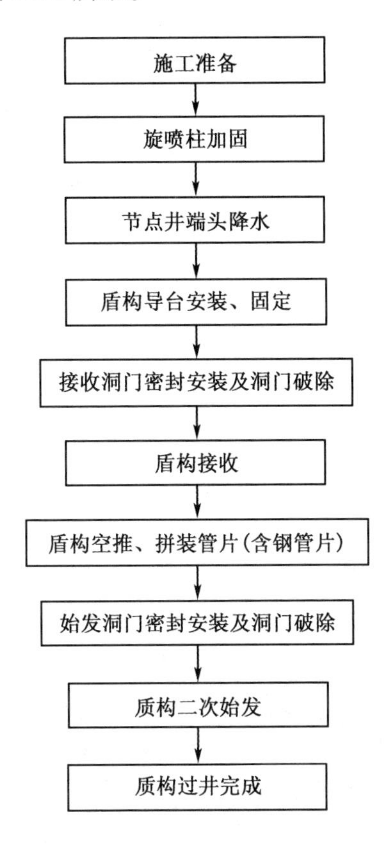

图 32. 2　盾构过站施工流程图

第三节　盾构过站施工要点

1. 节点井端头加固

盾构始发端头地基加固采用双重管高压旋喷桩加固。盾构井洞门外 3m 采用 Φ550mm@ 400mm 旋喷桩，其余采用 Φ550mm@ 600mm 旋喷桩。加固深度为盾构区间顶部以上 3m，盾构区间底部以下 3m。盾构始发、到达前，对端头加固质量进行水平超前探孔检查，若超前探孔有水，则采取降水井降水。水平探孔布置如图 32. 3 所示。

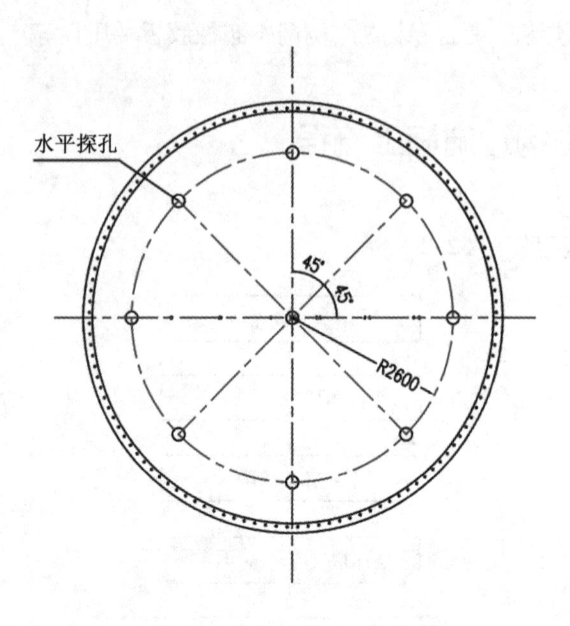

图 32.3　水平探孔布置图

2. 盾构到达前姿态复核

盾构到达节点井前 50m 地段加强盾构姿态和管片测量，根据复测结果并结合洞门钢环的实际位置适当调整盾构区间贯通时的盾构姿态，确保盾构机按设计线路进入节点井。为了便于盾构机的接收，出洞时要求盾构机水平出洞，出洞时注意调整盾构机姿态与管片拼装姿态。盾构姿态复核及洞门复测如图 32.4 所示。

图 32.4　盾构姿态复核及洞门复测

3. 模块化弧形过站钢导台安装

盾构过节点井导台采用 400mm×400mm H 型钢加工，导台上铺设轨道并固定。采用模块化设计，法兰连接，方便安拆，既能满足过站条件，后期又能拼装成为始发、接收架。通过弧形导台可使盾构机在二次始发前将姿态调整趋近轴线，减小二次始发时盾构机与轴线的夹角。避免二次始发后姿态偏差过大，采取措施过程中产生不良影响。盾构过节点井钢导台结构如图 32.5 所示。

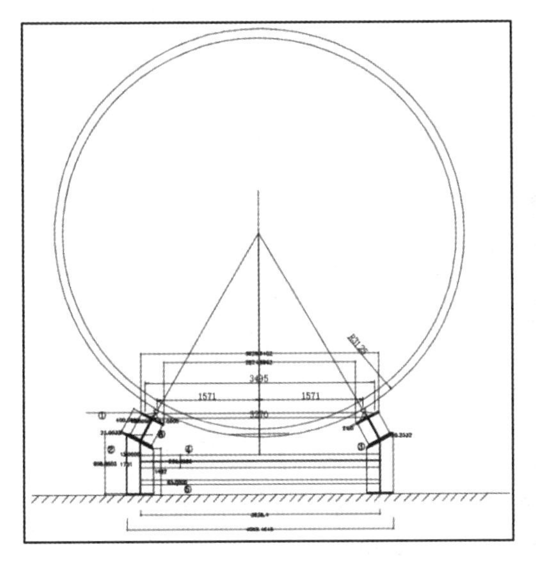

图 32.5　盾构过节点井钢导台结构图

4. 洞门破除及密封

洞门处围护桩均用玻璃纤维筋替代，待盾构机出洞时由盾构机刀盘切削破除并安装洞门密封装置。洞门破除效果如图 32.6 所示。

图 32.6　洞门破除效果图

5. 过站管片拼装

过节点井，通过拼装全环管片为盾构机提供反力。在混凝土管片中拼装一环预制型钢管片。钢管片剖面图如图 32.7 所示，钢管片平面图如图 32.8 所示。

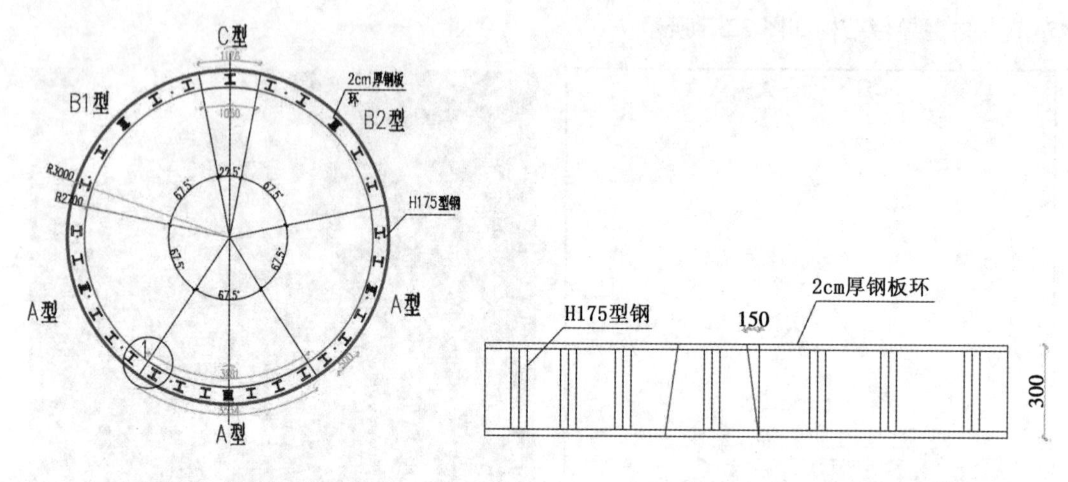

图 32.7　钢管片剖面图

图 32.8　钢管片平面图

钢管片结构内径为 Φ5400mm，外径为 Φ6000mm，宽度为 30cm。采用两片 20mm 厚 Q235B 钢板与 31 根 H175 型钢焊接而成。整环管片由 6 块钢管片组成，即 3 块标准块（中心角 67.5°），2 块邻接块（67.5°），1 块封顶块（中心角 22.5°）。采用弯螺栓与盾构区间混凝土管片连接。盾构过节点井型钢管片如图 32.9 所示，盾构过节点井管片拼装示意图如图 32.10 所示。

图 32.9　盾构过节点井型钢管片

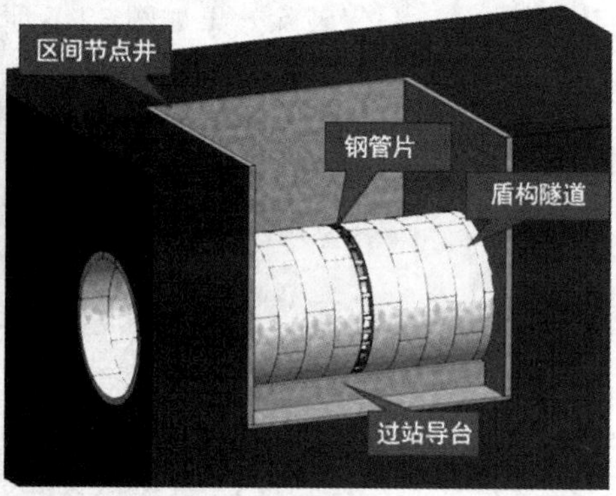

图 32.10　盾构过节点井管片拼装示意图

6. 拆除负环

拆除管片时先切割钢管片，为负环管片卸力，再拆除混凝土管片，提高施工速度，减小负环管片因卸力拆除时产生的磕碰，提高周转利用率。盾构过节点井管片拆除过程如图 32.11 所示。

图 32.11　盾构过节点井管片拆除过程

第三十三章 盾构管廊连续过节点井施工技术

1. 过站方案

盾构机到达节点井时采取钢结构导台盾构空推过节点井工艺施工方案。采用拼装钢筋混凝土负环及H175型钢管片空推方式使盾体在节点井内平移，按盾构区间设计轴线铺设接收托架钢结构导台，按盾构区间设计轴线高程定位安装拖住盾体的钢轨轨道，当盾构出洞后转动刀盘选择合适角度上钢结构导台，在钢轨轨道上涂抹黄油以减小摩擦力，使盾构机在钢轨轨道上滑行通过节点井，管片在被推出盾尾时要及时加固支撑，在盾构机两侧的钢轨轨道与管片间焊接牢固的三角形工字钢，防止因负环管片背面无土体约束而造成管片下沉或失圆。考虑到空推过小半径曲线段可能产生偏心力，所以型钢支撑应确保稳固。

2. 钢结构导台设计及安装加固

本工程中过小半径曲线段节点井考虑到节点井净尺寸为21m×26m，于是采用6组钢结构导台现场组装而成，每组钢结构导台由4m长横梁、5组牛腿、M24高强螺栓、钢轨轨道、鱼尾板、鱼尾板螺丝、轨道压板组成。在洞门与过站钢结构导台之间做连接架，并在洞门底部焊接支撑，出洞进洞端留有60~70cm间隙，以便刀盘旋转到合适的位置上导台。注意引轨位置要适当，不可妨碍刀盘旋转。盾构机过小半径曲线段节点井钢结构导台安装平面示意图如图33.1所示，盾构机过小半径曲线段节点井钢结构导台安装剖面示意图如图33.2所示。

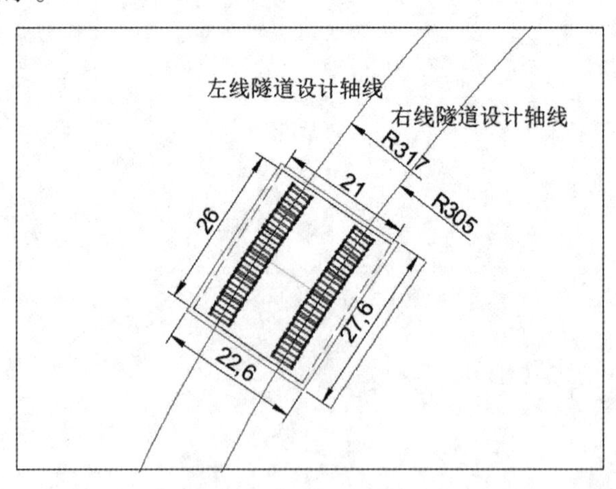

图33.1 盾构机过小半径曲线段节点井钢结构导台安装平面示意图

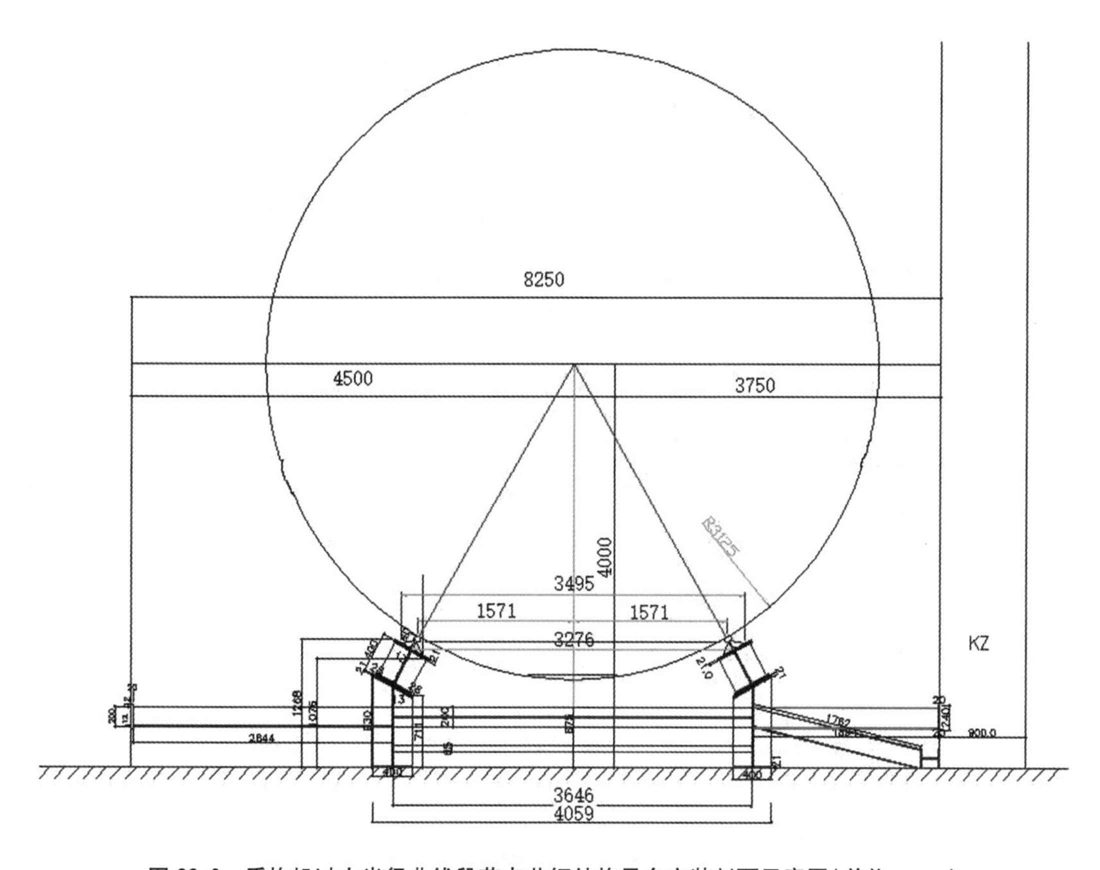

图 33.2　盾构机过小半径曲线段节点井钢结构导台安装剖面示意图(单位：mm)

3. 钢结构导台安装加固

(1)施工步骤。

① 导台定位。导台的位置根据实测的洞门圆心坐标，放样线路中线点，按照盾构区间设计轴线安装加固导台。

导台标高根据接收洞门圆心标高，通过控制导台 4 个脚的高程来控制，导台底座标高由接收中线标高下反定位，导台底座采用钢板垫高至设计高程。主体结构底板地面需根据现场实际情况垫高，每组牛腿高程保证钢结构导台上的钢轨轨道高程一致。安装定位时注意接收端高程宜比设计轴线低 2~3cm，始发端高程宜比设计轴线高 2~3cm。

在导台完成定位后，对导台位置及标高进行复测，复测无误后，再进行导台加固。

② 导台加固。过站导台两侧使用 200 工字钢支撑加固。左侧靠框架柱底部固定一根 200 工字钢，牛腿斜撑固定在 200 工字钢上；遇到框架柱则横撑固定到框架柱上，右侧横撑固定到结构边墙上。工字钢与框架柱及侧墙接触部位用垫块连接焊牢。导台长 24m，用 6 组每组 4m 长的导台组装，每组导台有 5 个底架，2 个横撑，相邻牛腿处用 200 工字钢焊接。所有焊接地方必须满焊，不能有漏焊或者缺焊。横梁与牛腿采用 M24 高强螺栓连接。一组钢结构导台组装完成示意图如图 33.3 所示。

(2)施工注意事项。

① 导台与盾构井底板混凝土之间的间隙采用薄钢板与钢轨垫实垫牢，导台的定位误

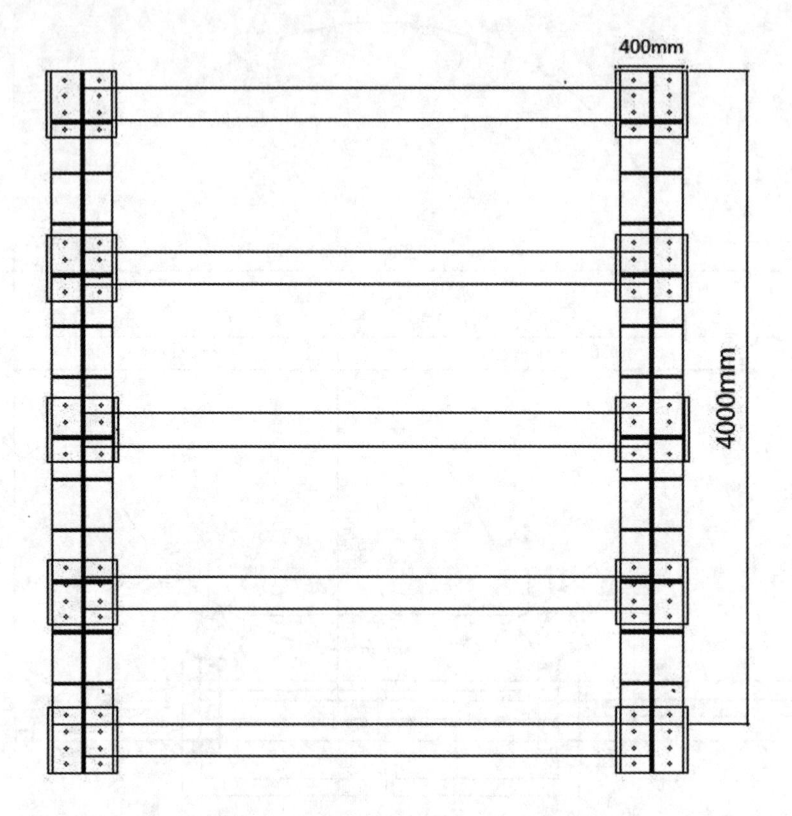

图 33.3　一组钢结构导台组装完成示意图

差：高程不得超过±10mm，水平轴线不得超过±10mm。

② 定位好后导台加设支撑加固和固定，防止其移动。过站导台保证有足够刚度、强度和稳定性。

③ 导台各连接处及下垫钢板必须密实，焊牢，不得漏焊少焊。

④ 导台就位后，用型钢将导台与节点井侧墙四周撑紧焊牢，防止过站时钢结构导台发生移动。

第三十四章　盾构管廊不减压到站接收技术

第一节　工艺流程

盾构机到达工艺流程如图 34. 1 所示。

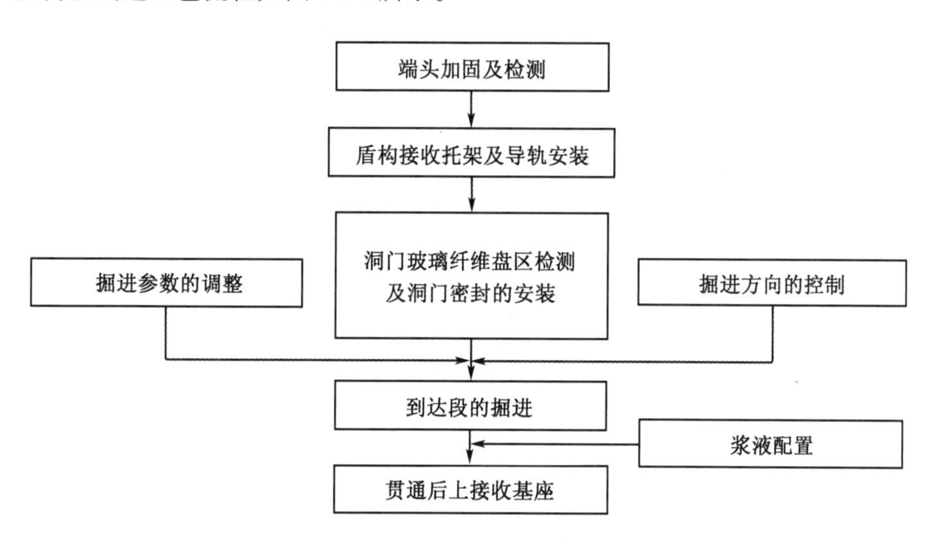

图 34. 1　盾构机到达工艺流程图

第二节　盾构管廊不减压到站施工要点

1. 盾构到达前准备工作

在盾构机距离接收井 100m 时，即进入到达掘进阶段。须做好如下准备工作。

(1)到达前的盾构机姿态控制。

① 首先减小推力，降低推进速度和刀盘转速，控制出土量并监视土舱压力值，避免地表隆起。

② 盾构机采用 VMT 自动导向系统与人工测量辅助进行盾构姿态监测。

为确保盾构机掘进中心线与盾构区间的设计中心线一致，每掘进 10 环即进行人工测量，以校对自动导向系统的测量数据并复核盾构机的位置、姿态，发现偏差及时进行纠正，每次纠偏量控制在6mm以内，确保盾构机接收。

(2)最后10环管片上安装纵向拉紧联系装置，以防盾尾在脱出管片后，管片环与环之间间隙被拉大，引起漏水。纵向拉紧联系装置由14b#槽钢联系条、管片螺栓和连接件等组成。先在管片的注浆孔上安装连接件，连接件隔环布置，保证处于同一直线上。然后将6根联系条通过管片螺栓固定在连接件上，使这些管片连成一个整体。

(3)安装洞门密封装置。

(4)安装盾构机接收台。

(5)在接收井内准备好沙袋、水泵、水管、方木等应急物资和工具。

(6)准备好接收井内的照明设备和通信工具。

2. 节点井到达端头加固

端头加固采用Φ550mm双重管高压旋喷桩按梅花形布置，钻孔深度超过盾构区间底部3m，加固长度为到达端头6m，始发端头8m，加固宽度沿盾构区间范围横向12m，距洞门3m内的旋喷桩桩心距为400mm，其余桩心距为600mm。

3. 洞门破除及密封

洞门处围护桩均用玻璃纤维筋替代，故不需要提前进行洞门破除，待盾构机出洞时由盾构机刀盘切削破除，切削围护桩时应注意以下几点。

(1)切削围护桩之前将土舱内清空。

(2)切削过程中，加入适量泡沫，降低摩擦及刀盘和刀具的温度，根据渣土及刀盘扭矩情况调节泡沫和水的注入量。

(3)对下部洞门橡胶密封帘布进行覆盖保护，以防掉落的混凝土或玻璃纤维筋对橡胶帘布造成损坏。

(4)用彩条布覆盖接收架，待洞门地连墙完全破除后，刀盘停止旋转，工人将洞门的渣土及玻璃纤维筋清理干净后，盾构机开始进洞。

4. 接收托架和接收导轨安装

(1)接收托架安装。接收托架采用始发架改装，在节点井底板垫上钢板，根据盾构区间设计中线准确定出托架的空间位置，接收托架用型钢固定在节点井混凝土结构上。

接收托架定位时，托架轴线与盾构机轴线夹角不大于1.5%，托架上的导轨比盾构机底部低1~2cm。

(2)接收导轨的安装。盾构机到达后，清除洞口渣土，根据刀盘与接收托架轨道之间的距离和高差情况，安装盾构机到站接收导轨。接收导轨需与洞门钢环焊接牢固，并与始发架连接固定，确保盾构机上接收托架时导轨不发生位移。接收架及导轨安装示意图如图33.2所示。

5. 盾构机接收参数

(1)盾构机到达前100m盾构掘进参数选择。根据贯通前100m段地质条件及盾构区间埋深情况，确定该段盾构区间掘进施工参数。盾构接收前100~20m主要工作参数如

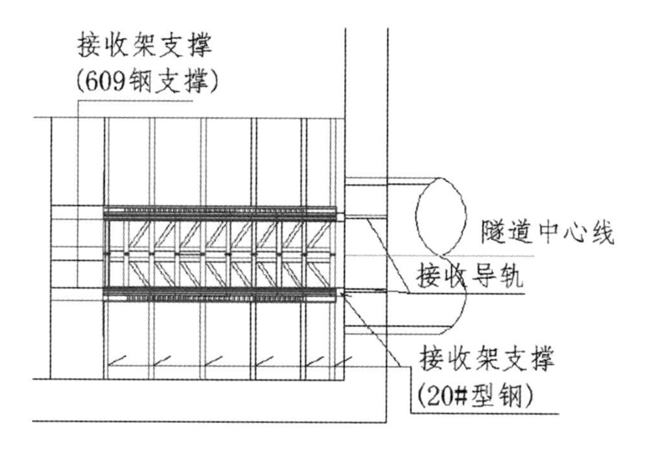

图 34.2　接收架及导轨安装示意图

表 34.1 所示，盾构接收前 20~0m 主要工作参数如表 34.2 所示，同步注浆配合比如表 34.3 所示。

表 34.1　盾构接收前 100~20m 主要工作参数表

扭矩/t·ms	刀盘转速/rad·min^{-1}	土舱压力/kPa	注浆压力/kPa	注浆量/m^3	掘进速度/mm·min^{-1}
≤200	≤1.5	110~160	180~250	5.5~7.5	20~45

表 34.2　盾构接收前 20~0m 主要工作参数表

扭矩/t·m	刀盘转速/rad·min^{-1}	土舱压力/kPa	注浆压力/kPa	注浆量/m^3	掘进速度/mm·min^{-1}
≤200	≤1.0	50~150	180~250	5.5~7.5	10~20

表 34.3　同步注浆配合比表　　单位：kg/m^3

水泥	粉煤灰	砂	膨润土	水	外加剂
180	255	740	67	460	按需要根据实验加入

注：根据现场监测数据及时调整配合比。

二次注浆：每 10 环注一次双液浆，水泥∶水=0.8∶1~1∶1，水泥浆液∶水玻璃溶液=4∶1。

(2)贯通前 100m 施工监测。

① 提前在到达段地面、吊出井端墙埋设监测点。

② 盾构进入贯通前 100m 时，派人在接收井对洞门进行观察，提前检查接收井端墙的周边情况。

③ 盾构进入贯通前 100m 段时，需对地面监测点加大监测频次，每天不少于 2 次。

④ 另外，在贯通前 100m 时，根据最后一次导向系统的测量结果确定的盾构贯通姿态进行盾构姿态调整，确保盾构按预计的姿态顺利贯通。

(3)加固区范围内盾构施工参数选择。

① 盾构进入距离洞门围护结构 10m 范围后，由专人在到达洞门前进行观察指挥并

与盾构主控室保持联系，盾构掘进控制严格按照洞门前观察者的指令进行。

② 盾构在该范围掘进时，遵循“低推力、低刀盘转速，减小扰动”的原则进行控制，确保盾构推进不对吊出井端墙造成影响。主要掘进参数如下。

土舱压力：0.05~0.10MPa；

总推力：700t左右（根据具体情况确定，保证推进速度不大于15mm/min）；

刀盘转速：0.8~1.0rad/min。

第三十五章　管廊小尺寸井位盾构分体始发技术

J01 节点井结构总长 51.4m，盾构机整机总长约 78m，节点井结构尺寸无法满足盾构整机始发，故采用盾构分体始发。

第一节　盾构分体始发施工流程

1. 盾构分体始发

盾构分体始发，即盾构机主机、设备连接桥、G1 车架及 G2 车架放置于井下，G3～G6 车架放置于地面，井上井下设备通过延长管线连接。盾构分体始发示意图如图 35.1 所示。

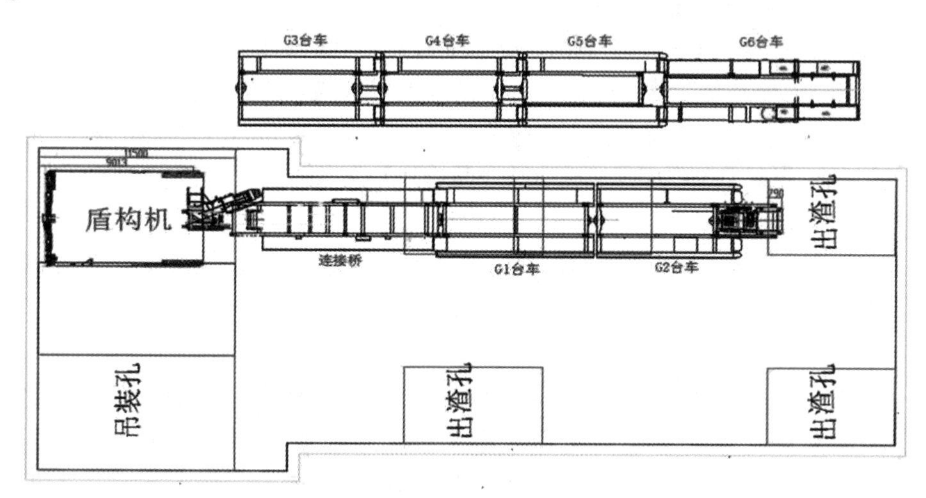

图 35.1　盾构分体始发示意图

(1)将盾构机主机、连接桥与 G1、G2 台车连接，G3～G6 台车放置于地面上利用延长管线与盾构机 G2 台车连接。

(2)临时出渣设备的皮带输送机安装在连接桥上。

(3)盾构始发进入加固区，掘进速度缓慢，约为 10～20mm/min，因为盾构井尺寸小，只能放置一节渣土车，用卷扬机进行水平运输。

(4)在盾尾脱离加固区时，盾构机向前掘进 20m，此时将电瓶车、砂浆罐车及两辆管片板车吊下井，编组使用。

(5)在盾构掘进至60m，盾构井底板足够容纳所有台车，此时可以拆掉所有转接管线，台车全部下井，安装好皮带输送机，正常连接管线，电瓶车挂三列渣土车、一列砂浆罐车、两列管片车，至此，转接始发掘进完成，开始正常掘进。

2. 端头降水

在盾构井始发、接收端头降水，主要利用盾构井开挖时井口周边打设的降水井进行降水。端头降水于盾构始发前一个月开始，降水水位需降至竖井底板下1m以下。

3. 始发基座安装

盾构机重约300t，始发架为长9.5m、宽4.47m的钢结构。始发架基准标高较设计轴线标高抬高2cm，在确保始发架与设计轴线标高无误后，将始发架与底板上的预埋钢板进行焊接，始发架与端头结构墙和反力架之间用型钢进行支撑。

4. 盾构及后配套下井组装

盾构机的吊装分两部分进行，首先起吊G1台车、桥架、螺旋输送机、盾体及刀盘，之后反力架就位、组装。再进行第二部分的组装，将G3、G4、G5、G6台车按顺序在地面端头井一侧成一字排开并进行台车之间的连接，最后将G1台车和G2台车之间的管路连接，G2台车和G3台车之间采用延长管线连接。

5. 始发洞门准备

(1)水平探孔检测。盾构始发、到达前，应对端头加固质量进行水平超前探孔检查，若超前探孔有水，则采取降水井降水。

(2)洞门凿除。洞门围护结构采用Φ800mm@1200mm钻孔灌注桩施工，洞门直径为6600mm，盾构机刀盘直径为6280mm，洞门破除直径为6600mm。强度等级过高对盾构机刀具磨损过大，综合考虑洞门人工凿除500mm，预留300mm由盾构掘进刀具切除。保护层的凿除工作由上至下完成，玻璃纤维筋的割除应自下至上切割。

6. 负环管片安装

根据J01节点井始发井长度为15.2m，吊装孔长度为11.0m，设置反力架的位置，确定负环管片环数。反力架前端中心里程：D=洞门+始发架长度+端墙厚度。盾构始发示意图如图35.2所示。

负环管片拼装前检查手涂盾尾油脂填充量是否达标。管片拼装就位后用型钢焊接在盾体上固定管片，第一环负环管片拼装完成后，用推进油缸把管片推出盾尾，推进时，注意控制四组推进油缸行程，尽量控制四组油缸行程保持一致。

负环管片拼装的要点是，-8环管片与反力架基准环间采用特殊螺栓连接，利用管片拼装机在盾尾内整环拼装后，利用推力千斤顶将-8环管片推出盾尾，并与反力架基准环紧密连接牢固。其他负环管片安装与正常掘进管片拼装相同。

在管片被推出盾尾后，必须在始发架轨面与管片之间焊接具有足够强度和刚度的型钢垫块支撑管片。

始发阶段负环管片拼装形式全部采用通缝拼装，有利于快速拆除始发负环；盾构进洞前在尾盾的盾尾油脂注浆管旁焊接直径为20mm的钢筋，有利于隧道管片进洞后调整盾构姿态。为防止负环管片失稳，使用5T钢丝绳将负环管片紧固在始发基座上。

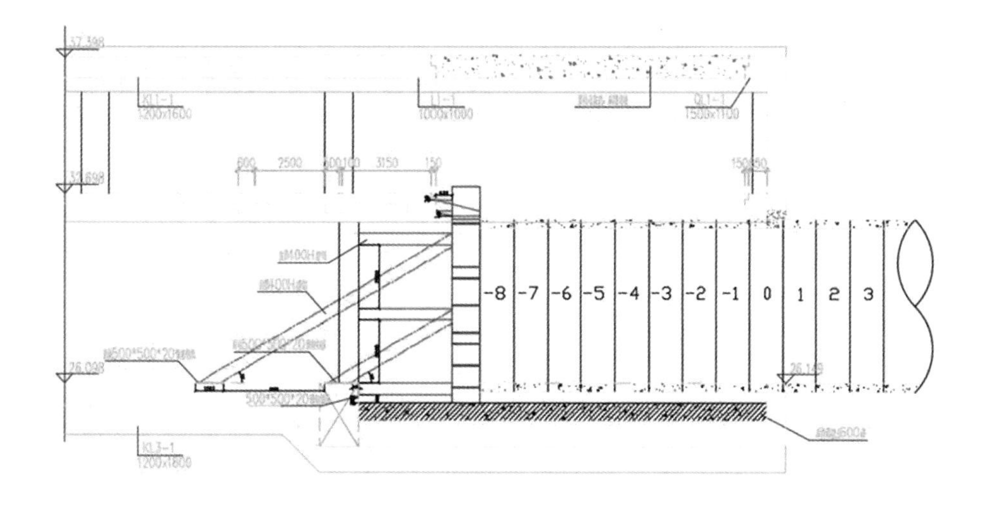

图 35.2　盾构始发示意图

第二节　盾构始发参数设置

1. 土舱压力(P)的设定

土舱压力主要取决于刀盘前的水土压力，一般在 0.05~0.13MPa 内取值。具体值按下面公式计算：

$$P=K\times h\times r \qquad (35\text{-}1)$$

式中：R——土体的容重；

h——刀盘顶部的覆土厚度；

K——土的侧向静止压力系数。

进入加固区后开始逐渐建立土舱压力，直到出加固区前 1m，上部土舱压力控制在 50~70 kPa，下部土舱压力控制在 90~110 kPa。

2. 推进速度

在初始阶段，推进速度要慢，速度应控制在 10~20mm/min，待盾构机完全进入土体后掘进速度逐渐调整为 20~40mm/min。

3. 出渣量控制

每环理论出渣量(V)为 44.6m^3；盾构掘进时出渣量控制在 97%~103%，即 43~46 立方米/环。

4. 同步注浆

同步注浆量(V)为 3.24m^3。本区间隧道位于中粗砂、砾砂及圆砾地层，该地层地下水丰富，盾构多次穿越南运河水域，综合考虑实际注浆量充填系数为 2.2，实际注浆量为 7.1m^3。同步注浆压力控制在 0.20~0.35MPa。盾尾全部进入土体开始进行同步注浆，刚开始注浆时安排专人在洞外观察，防止压力过大造成盾尾密封失效或地面隆起。

5. 渣土改良

盾构机在掘进时，使用泡沫剂对渣土进行改良，可有效地增强渣土的流动性及止水性能，并能降低渣土内摩擦角，减小对刀具的磨损。泡沫剂的注入量一般取经验值30~60L/环。

第三十六章　大管径管道运输及安装技术

第一节　前期准备工作

大管径管道入廊前，调查地下综合管廊投料口尺寸、长度及宽度。在满足管道入廊的前提下，尽量减少焊接头数量，然后选择定尺管道，委托管道生产厂家进行加工。选择合理的管道吊装下料口，下料口位置应方便管材堆放及吊车站位，避免在繁华地段、路段车流量较大的位置，从而影响管材吊装作业。同时保证下料口位置前后运距合理，不能过长也不能过短，以免降低施工效率。

由于管廊内结构的特殊性，垂直运输吊装结束后仍需将节点井处地面上的管道进行二次水平倒运才能到达施工位置。为了高效施工，垂直运输前，在管廊节点井内搭设钢架运输平台。采用直径为 325mm、壁厚为 6mm 钢管作为钢立柱及平台顶板横梁，间距为 2. 0m，立柱之间采用 100mm 槽钢作为斜撑，平台板采用 100mm 槽钢铺设，其中三根槽钢槽口向上布置，作为运管小车车轮滑道使用。运管小车示意图如图 36. 1 所示。

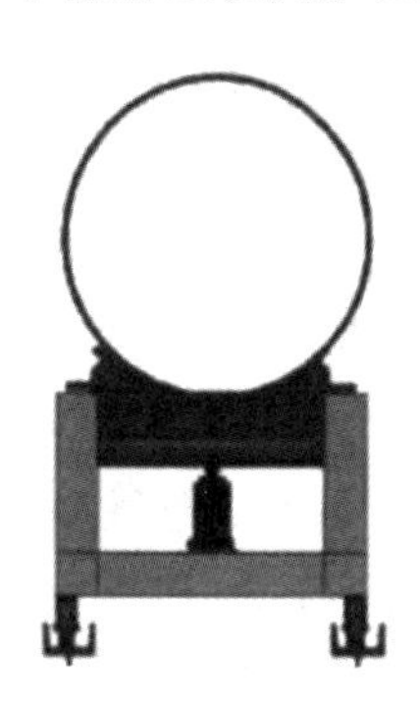

图 36. 1　运管小车示意图

第二节　管廊内管道运输

管廊内的管道运输从投料口到达指定安装位置，需要经过两个阶段：第一阶段运输是从地面管道吊装至管廊节点井的垂直运输；第二阶段运输是从管廊节点井地面运至施工位置的水平运输。

第一阶段垂直运输。合理选择汽车吊，应与管道起吊重量、吊车至吊装口的距离、起吊高度相适应。起吊时采用双绳两点起吊，使用橡胶吊环即钢丝绳外包裹一层橡胶层，避免管道受损。起吊装卸时应轻装轻放，运输时应垫稳、绑牢，不得相互撞击，接口及钢管的内外防腐层应采取保护措施。吊装过程中，作业人员严格执行吊装作业操作规程，并持证上岗作业。由于管廊内吊装作业与正常吊装作业不同，且管廊较深，每层都有下料口，下料口应采用不小于1.2m的防护栏杆对下料口四周进行防护，保证施工人员的安全，并防止管道运输过程中对廊内结构造成损坏。吊装过程中保证每层都有指挥人员手持对讲机时刻与吊车司机保持通话，避免管道下降过程中与廊内井口发生磕碰。管道吊装至运输平台上，完成第一阶段垂直运输。

第二阶段水平运输。水平运输工具采用一辆经改造后的电瓶三轮车和两台运管小车，车体宽度为950mm，管廊内设计通行宽度为1100mm，最高行驶速度为2km/h。采用电瓶三轮车作为牵引相比传统的人工运输不仅节省了人力，而且大幅度提高施工效率，加快了施工进度。

第三节 廊内管道安装

施工前准备。管道安装前应先对平面位置及高程进行复测和引测。根据建设单位提供的有关测量资料、设计结构图、复测资料进行计算和测量放样，然后进行钢支架安装，钢支架委托具有相应资质的生产厂家外加工，运至现场后吊装至管廊内进行安装。安装检验合格后，进行管道安装。

管道需要焊接时，焊接前应先修口、清根，管端端面的坡口角度、钝边间隙应附合《给水排水管道工程施工及验收规范》(GB 50268—2008)，不得在对口间隙夹焊或用加热法缩小间隙施焊，坡口形式采用V形坡口。钢管对口检查合格后，方可进行点焊，点焊时应对称施焊，其厚度应与第一层焊接厚度一致，为保证焊接工作的安全，选择与母材化学成分相同、机械强度相匹配的焊条，且焊条应干燥。

安装法兰接口时，管道将发生纵向变形，为避免安装法兰损坏其接口，与法兰接口两侧相邻的第一至第二个焊接口处，待法兰螺栓紧固后方可施工。接口部分的内外防腐，且应在接口焊缝检测合格后及时进行。

第三十七章　火灾报警设备在潮湿环境下的应用技术

预警与报警系统的功能是实现对综合管廊的全程监测，系统将预警和报警信息通过光纤环网及时、准确地传输到监控中心，进而实现灾情的预警、报警、处理及疏散，同时通过声光报警系统，向综合管廊内的工作人员报警，使他们及时撤离现场，保证人身安全。

本项目监控报警与综合管理系统平台预留有接入火灾报警信号的接口，管廊内火灾探测器探测到火灾信号后上传给综合监控平台，平台可根据事先配置好的联动策略执行相关控制功能，并可远程启动灭火系统及相关设备：关闭相应防火分区正在运行的排风机、防火风阀及切断配电控制柜内的非消防回路，启动灭火装置实施灭火。

第一节　潮湿环境下火灾自动报警技术的难点

潮湿环境可以改变电子设备的物理、机械及电气性能，加快设备的腐蚀，降低设备绝缘强度。当空气湿度达到90%~95%，设备表面温度低于空气温度且达到一定值时，水蒸气将在设备表面凝结，进一步加大对设备的腐蚀作用，可能引起电子元件失效，这都会导致火灾自动报警设备出现故障。

当水蒸气凝结成液态小颗粒，进入光电感烟探测器的腔体后，会使光的散射发生改变，从而引起探测器报警，即误报。空气湿度大和环境温度低是水蒸气凝结成液态小颗粒的必要条件，因此，在潮湿的廊道里探测器误报的概率更大。

第二节　火灾报警设备在潮湿环境下的应用技术

根据上述火灾自动报警系统设备在潮湿环境出现误报和故障的原因分析，降低误报和故障的方法主要有以下几个方面。

1. 提高设备的自身性能，改进设备选型

根据《火灾自动报警系统设计规范》(GB 50116—2013)，在相对湿度经常大于95%、有大量粉尘及水雾滞留的场所不宜选择离子感烟探测器；有大量粉尘、水雾滞留及可能产生水蒸气和油雾的场所不宜选择光电感烟探测器和线性光束感烟探测器；在相对湿度经常大于95%的场所，宜选择点型感温探测器。目前市场上感烟探测器的运行环境一般相对湿度要求不高于93%，感温探测器的相对湿度要求不高于95%，且都要求没有凝露。

在地下电缆廊道等可燃物主要是电缆的区域，本工程选择了缆式线型感温探测器。缆式线型感温探测器的感温电缆不受湿度变化的影响，微机处理设备安装在箱体内，箱体可以根据环境条件定制。在湿度特别大的区域，本工程选择IP67箱体，有效避免潮湿空气进入，从而降低故障和误报的概率。同时为避免有少量潮湿空气进入箱体，可以在箱体内放置一定数量的吸湿剂，并定期更换。缆式线型感温探测器应用如图37.1所示。

图37.1　缆式线型感温探测器应用图

2. 优化设备和电缆安装方式

对空气湿度比较敏感的火灾自动报警设备应安装在设有空气调节系统的区域，加装防水底盒或防潮垫。

手动火灾报警按钮，尽量避免安装在潮湿区域，如必须安装则应加装防护盒，防护盒的等级要求在IP67以上。输出模块应避免分散安装，宜集中安装在防护箱体内，箱体的等级要求在IP67以上。

为避免冷凝水沿电缆进入设备，电缆进线孔应采用防水锁紧接头。对探测器类需吸顶安装的设备，电缆在进入探测器前采用回水弯；壁挂设备采用下进线方式，如图37.2所示。

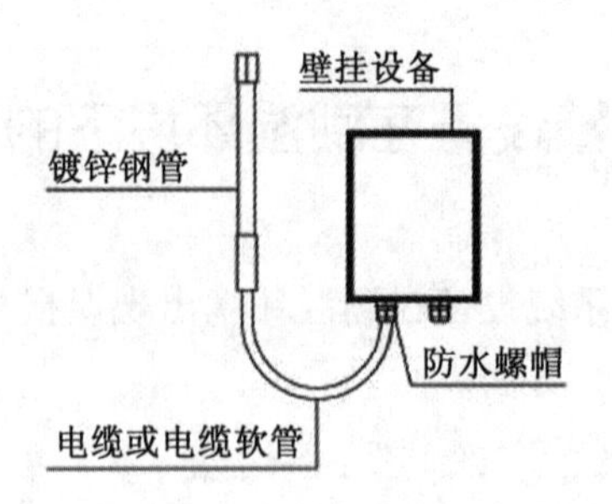

图37.2　壁挂设备电缆进线示意图

3. 改善设备所在区域的环境条件

根据火灾自动报警系统设备的运行条件，维持安装环境相对湿度在93%以下，并且保证无冷凝，就可以有效避免设备出现误报和故障。降低空气湿度、维持合适室温以满足设备的安装环境要求似乎是最佳途径，本工程采取了让暖通专业增加空调设备、改善环境条件的措施，取得了比较显著的效果。

另外，根据冷凝现象产生的机理，在火灾自动报警设备周围增加加热装置，也可以有效避免设备表面和腔体内的水汽凝聚，从而避免误报和故障的发生。管廊内灯具周围的温度略高于环境温度，通常无水汽凝结。本工程将点型火灾探测器安装在灯具周围0.2~0.5m，有效降低了探测器发生误报和故障的概率。

第三十八章　天然气舱机电设备的防爆安装技术

天然气舱生产过程中存在大量的易燃易爆物质，如果电气设备在运行中出现高温或者电火花，可能会引发相应的火灾或者爆炸事故，造成巨大的经济损失和人员伤亡。因此，需要做好防爆区域的电气安装质量控制。天然气舱现场如图 38.1 所示。

图 38.1　天然气舱现场照片

第一节　管廊处接地做法

在电力舱、天然气舱、热力舱和给水及通信舱全线采用 40mm×5mm 热镀锌扁钢作为接地网。综合管廊内金属构件、电缆支架、电缆金属套和金属管道等所有正常不带电金属导体和电气设备金属外壳，均与此 40mm×5mm 热镀锌扁钢可靠接地。管廊内可靠的接地系统可以保证人员和各电气设备的安全，减少各种经济损失。由于本工程采用盾构法施工，管廊主体是由管片组成的，导致不能在管片上预埋接地线钢板。因此，在管廊内各个舱室通长设置热镀锌扁钢作为接地使用。由于节点井处均做防水层，为了保证接地电阻值符合要求，在各节点井处设置了人工接地装置。当两个节点井距离很长时，合理地设置一级总配电箱可以保证供电的可靠性、管理的便利性。防爆摄像头接地如图38.2所示，防爆可燃气体探测设备接地如图38.3所示，手动火灾报警按钮接地如图38.4所示，防爆灯具接地如图38.5所示。

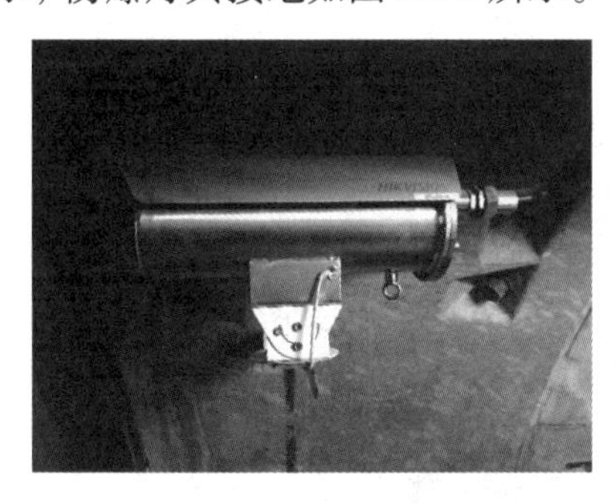

图38.2　防爆摄像头接地图

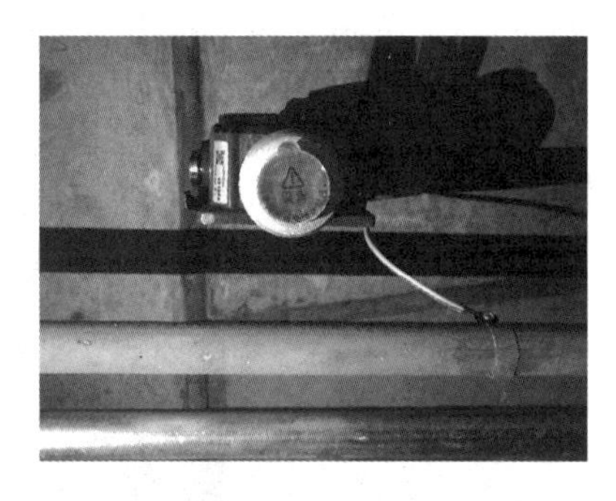

图38.3　防爆可燃气体探测设备接地图

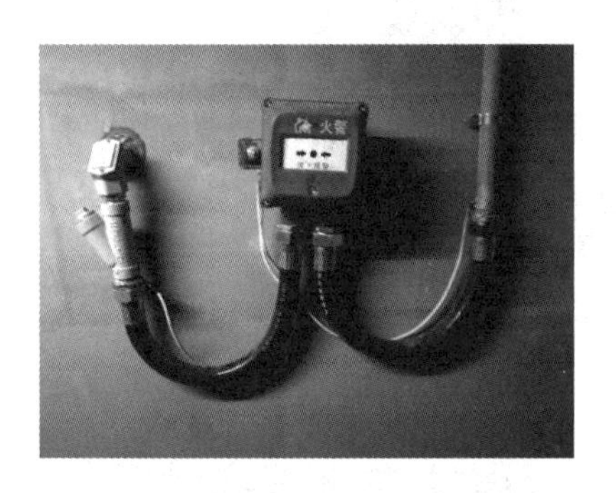

图38.4　手动火灾报警按钮接地图

图38.5　防爆灯具接地图

第二节　防爆接线盒的使用

本工程在天然气舱电器分线和接线处通过密封接线盒，避免线路内部产生火花，防止与舱体空气接触造成爆炸。

1. 防爆接线盒的安装注意事项

(1)在安装前，应检查防爆接线盒铭牌上的技术数据是否与实际使用情况相吻合。

(2)在防爆接线盒维修检查时，必须先断开电源。

(3)在安装时需将电缆穿过密封圈，并且要保证密封圈及电缆不得松动，需要注意的是不能使用的接线口应用密封圈封堵。

(4)另外也要检查所有紧固件是否有松动现象，一旦有松动就要立即加以紧固。

(5)防爆接线盒的内外接地必须可靠。

2. 防爆接线盒详细的接线步骤

(1)先将防爆接线盒外部擦干净，并且剥掉电缆部分的绝缘。

(2)然后卸下出线压盖、电缆导套、密封圈、接线盒盖。

(3)将出线压盖、电缆导套以及密封圈套上电缆，然后把电缆的电力芯线和接地芯线分别接到线柱和接地螺钉上，千万要注意导线裸露部分不要露在弓形线圈外。

(4)装好密封圈、电缆导套、出线压盖和接线盒盖；

(5)拆装中要注意保护防爆面不能有损伤，在装配时应涂204-1防锈油，装好后防爆面必须严密贴合。防爆接线盒使用如图38.6所示。

图38.6　防爆接线盒使用图

第三节　防爆隔离密封盒及防爆挠性连接管的使用

防爆隔离密封盒是一种隔离密封电缆的小型密封件，主要在1区、2区危险性场所ⅡA、ⅡB、ⅡC类爆炸性气体环境使用。本工程采用防爆隔离密封盒隔离切断爆炸性气体或火焰，以防止气体或火焰通过穿线管传播扩散；电缆被密封填料封固，防止落物砸中及人员碰到时造成电缆移动。防爆隔离密封盒使用如图37.7(a)所示。

防爆挠性连接管主要在1区、2区危险性场所ⅡA、ⅡB、ⅡC类爆炸性气体环境使用。作为防爆电器设备的进出线连接或钢管布线弯曲难度较大的场所连接之用。防爆挠性连接管结构软管两端为金属螺纹活接头，管体部分分为金属软管、外层夹布优质橡胶和增强尼布软管护套、夹层钢丝编织网管三种形式。具有耐燃、耐油、耐腐蚀、耐水、耐磨、耐老化、挠性良好、结构牢固、工作可靠等优点。防爆挠性连接管使用如图38.7(b)所示。

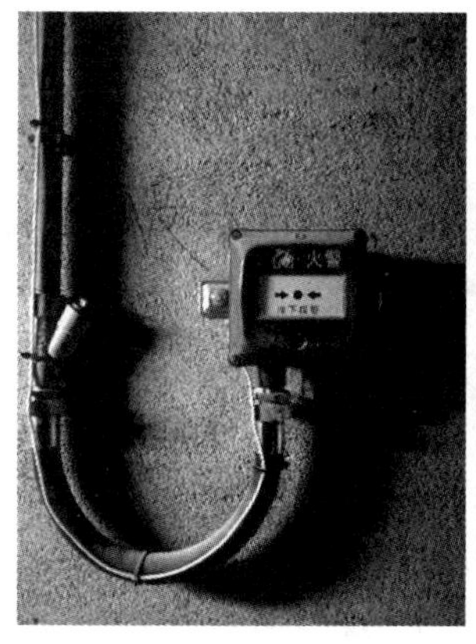

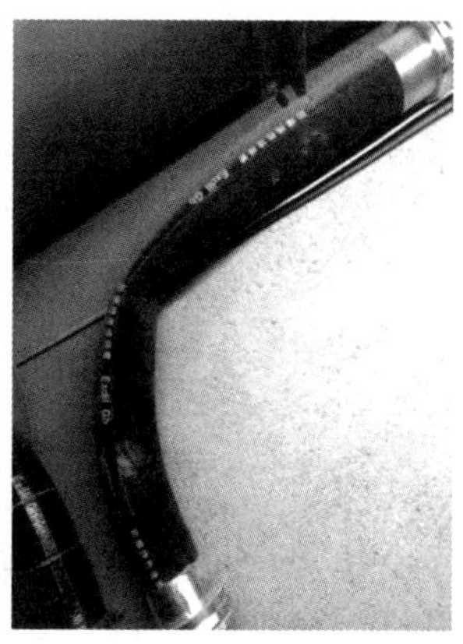

(a)防爆隔离密封盒使用图　　(b)防爆挠性连接管使用图

图 38.7　防爆隔离密封盒使用图及防爆挠性连接管使用图

第三十九章　轨道式巡检机器人应用技术

目前，除综合管廊配备的固定监测设备外，在运营维护阶段还采用人工定期巡检的方式进行日常维护。随着装备技术、计算机网络科学的进步，综合管廊工程正朝着大规模复杂化的方向发展，而随着规模的扩大和新技术的应用，传统的运行、操作、维护等方式和方法面临着新的挑战，如设备部件众多、管线安装存在盲区死角、管道及部件缺陷的待观测项目数量庞大。为了进一步适应新形势下的综合管廊运行，本工程采用了智能巡检机器人系统。确保管廊内全方位监测、运行信息反馈不间断以及低成本、高效率维护管理效果，减轻运营管理的劳动强度，改善劳动环境，提高生产效率。

第一节　机器人现场问题分析

本项目在管廊内运用智能巡检机器人，重点考虑如下问题。

(1)机器人通行空间。考虑两侧支架及顶部照明灯、消防设施等占用空间。为保证智能巡检机器人的通行空间并方便其作业，需合理设计小型号外形尺寸的智能巡检机器人本体。

(2)巡检线路规划。根据现场整体情况，所规划挂轨机器人的巡视路线需尽可能达到100%覆盖率或正常通行。对于正常巡检人员不能进入的区域需要额外注意，保证轨道铺设到位，机器人巡检到位。

(3)智能巡检机器人及附属配套设施数量配置。为满足巡检任务全覆盖要求，同时考虑实施成本问题，需对智能巡检机器人及附属配套设施数量进行合理配置，以达到设备数量最少、覆盖最全、造价最低。

(4)穿越防火门。综合管廊防火门将管廊隔断成不同分区，以达到当某一分区突发火灾时保护相邻分区的目的，但同时也阻断了智能巡检机器人及轨道的通行。因此，巡检如何安全、顺畅、快速地通过防火门对于智能巡检机器人系统的实施提出了要求。

(5)与综合管廊运维管理系统平台融合。智能巡检机器人系统与当前综合管廊运维系统是两套独立的系统，资源无法实现有效共享，而在智慧管廊建设过程中，各大子系统往往需要融合应用，因此，智能巡检机器人系统如何实现与综合管廊运维系统无缝融合，是一大难点。

(6)智能巡检机器人系统集控管理。如何对多台机器人进行集控管理及系统融合数据分析，实现如当某分区巡检机器人或在线设备故障时可由后台指挥相邻分区机器人至该故障区域执行临时性巡检任务，并探测故障点详细情况等，是需要解决的问题。

第二节　智能巡检机器人巡检设计

1. 系统总体设计

综合管廊智能巡检机器人系统集可移动的智能机器人检测平台和在线监测设备于一体，系统结构可分为3层，分别为执行层、通信层和管理层。

(1)执行层。包括了智能巡检机器人本体、自主充电模块、防火门控制模块、其他在线辅助设施等，实现智能巡检机器人的数据采集、自主充电、自动穿越防火门、应急消防等功能。

(2)通信层。可分为无线通信和主网通信两大部分，无线通信满足管廊内的网络全覆盖，保证智能巡检机器人在任何位置都能实现无障碍通信。

(3)管理层。包含了智能巡检机器人后台、监控中心(综合管廊系统)和移动客户端3类，主要功能有大数据分析、任务编排下达和历史数据查询等。

2. 各技术模块间业务逻辑设计

机器人智能巡检技术涵盖采集、传输、分析、管控等多方面，整体技术模块及各模块间数据流向及业务逻辑。

3. 主要功能设计

(1)信息交换与通信网络功能。智能巡检机器人能与本地监控后台进行双向信息交互，本地监控后台能与远程集控后台进行双向信息交互，信息交互内容包括检测数据和机器人本体状态数据。

(2)机器人自检。机器人可以实现自检功能，自检内容包括电源、驱动、通信和检测设备等部件的工作状态，发生异常时可以就地指示，并上传故障信息。

(3)巡检功能。

① 系统支持全自主和遥控巡检模式。

② 全自主模式包括例行和特巡两种方式。例行方式下，系统根据预先设定的巡检内容、时间、周期、路线等参数信息，自主启动并完成巡视任务；特巡方式由操作人员选定巡视内容并手动启动巡视，机器人可自主完成巡检任务。

③ 遥控巡检模式由操作人员手动遥控机器人，完成巡视工作。

④ 巡检内容包括：

❖管廊内部的实时画面；

❖电力舱、天然气舱、水汛舱内管线视频画面及红外画面，管廊内部声音异响采样；

❖管廊内地板积水检测；

❖管廊内给水管道壁渗水、裂缝检测，管廊内部实时温度、湿度检测；

❖管廊内有害气体浓度检测。

4. 主要性能参数设计

根据方案设计论证，系统主要性能参数设计如表 39.1 所示。

表 39.1　智能巡检机器人主要参数表

参数	物理参数	外形尺寸	650mm×320mm×550mm
		机器人质量	50kg
		行走方式	挂轨式行走
		轨道材质	铝合金
		轨道尺寸	80mm×90mm(宽高)
		防火门尺寸	465mm×660mm(宽高)
	运动参数	最大速度	2m/s
		巡检速度	1m/s
		转弯半径	2m
		爬坡能力	5°
		定位精度	±10cm
		行走安全	1m/s 情况下，刹车距离为 0.5m，2m/s 情况下，刹车距离为 1m
		避碰方式	前后声呐避碰：检测距离大于等于 2m；紧急刹车触发距离为 1m 内；前后防撞条：触发行程为 5mm
	供电参数	供电方式	24V 直流电池供电
		续航时间	5h
		充电时间	3h
		充电桩分布	每 500m 一个
	环境参数	工作温度	-20℃~+55℃
		工作湿度	10%RH~90%RH
		IP 防护等级	IP54
	通信参数	通信系统	支持 IEEE802.11a/b/g/n 标准
		通信速率	最大支持 300Mb/s，现场需具备上行 10Mb/s、下行 10Mb/s 条件
	云台参数	云台转动	水平方向 360°连续转动，垂直方向-5°~90°转动
		高清摄像机	支持最大 1920×1080 分辨率高清画面输出，具备夜视功能
		红外热成像	分辨率不小于 320×240

5. 智能巡检系统组成设计

系统由挂轨式巡检机器人本体、轨道平台、供电平台、网络通信平台、定位模块、后台监控平台等组成。

(1)挂轨式巡检机器人本体。机器人搭载红外热像仪、可见光高清摄像机、气体探测仪、温湿度传感器、交互式实时对讲平台、声光报警器、光电停障系统等，系统采用自主研发的通用可配置软硬件平台控制，全工业化元器件设计，系统运行可靠，功能齐全。

（2）轨道平台。该智能巡检系统采用挂轨式方案，设计了轨道平台，完成机器人行走路径及自主充电平台搭设。

（3）供电平台。挂轨式巡检机器人采用电池和分布式接触充电系统结合的供电方式，同时具备紧急手动充电功能。

（4）网络通信平台。系统采用无线通信，挂轨式巡检机器人上的通用可配置软硬件平台和视频装置通过以太网连接到无线集线器上，在舱室内布置若干个无线路由器组成无线局域网，监控后台也通过无线集线器连接到无线局域网中，这样，整个移动监控系统内的设备可以实现互相访问，网络带宽可以有效实现负载平衡。

（5）定位模块。挂轨式巡检机器人沿轨道运行，通过 RFID 进行定位，通过码盘进行测距，实现精确定点停站。

（6）后台监控平台。本地监控后台将分析并存储本管廊内的所有巡检数据，具备实时自检、实时监控、巡检计划编排、遥控功能、巡检报表、历史数据等多个子系统。挂轨式巡检机器人本体如图 39.1 所示。

图 39.1　挂轨式巡检机器人本体图

第三节　机器人巡检系统工程实施

1. 轨道布置及安装

在管廊顶部采用化学螺栓安装机器人轨道，必须满足机器人在管廊最小通行空间。

（1）轨道型材。采用高强度铝合金工字钢，可以拼接，直轨道标准长度为不小于 3m，承载质量为不小于 100kg。直线轨道如图 39.2 所示，轨道连接处如图 39.3 所示。

（2）轨道固定支架。每隔 1.5m 安装 1 个。

图 39.2　机器人巡检系统直线轨道图

图 39.3　机器人巡检系统轨道连接处

2. 防火门布置及安装

为了让机器人能安全、顺畅、快速地通过防火门，采用机器人通行专用防火门系统，具体为在管廊传统防火门旁开口设置机器人通行专用防火门。

防火门采用钢制甲级防火门，并配备电控系统，当机器人要通过防火门时，防火门会自动打开，等机器人完全通过后自动关闭。防火门旁边安装一套防火门联动控制系统，电动控制防火门开关。针对防火门与轨道的缝隙，在防火门接缝处涂抹 2cm 厚膨胀型防火密封胶。

防火门安装：按照防火门门框孔位，确定好打孔位置；打孔并固定化学螺栓；门框预固定，使用水平尺、吊锤微调至水平。

(1)自动防火门组成部分。自动防火门系统如图 39.4 所示。

(2)机器人穿越防火分区。自动防火门位于管廊内需要设置防火间隔的舱室，约为 200m 间距均布于管廊内各处。机器人运行前首先确认消防配电柜电源正常工作，然后将上下开门机的电源开关打开，再将防火门系统总电开关打开。电源指示灯亮表示自动防火门系统已通电准备完毕。

机器人巡检至防火门前指定位置停止，触发开门触发器，触发器给出信号至自动开闭门器，自动开闭门器依次启动并带动左右门扇打开，门扇打开到位后接触位置触发开关，确认防火门已经开启到位，光电发射机发射光电信号至机器人，机器人接收到光电信号并确认防火门已完全打开，继续行走穿过防火门后到达指定位置，确认通过后发送信号至光电发射机，光电发射机得到机器人成功通过的信号后启动开闭门机依次关闭门扇，至此一套机器人过门程序结束。

3. 管廊巡检机器人充电站

管廊巡检机器人的充电站是为机器人充电的专用充电装置，管廊巡检机器人充电电压为 24V。除专业维护人员外，不能使用其他充电器对机器人进行混用充电。充电站附近有用于控制充电站上下电的配电箱。充电站第一次使用前应确认上级配电箱内空气开关是否开启；确认开启后，向上掰动位于充电站配电箱面板上的空气开关按钮，使机器

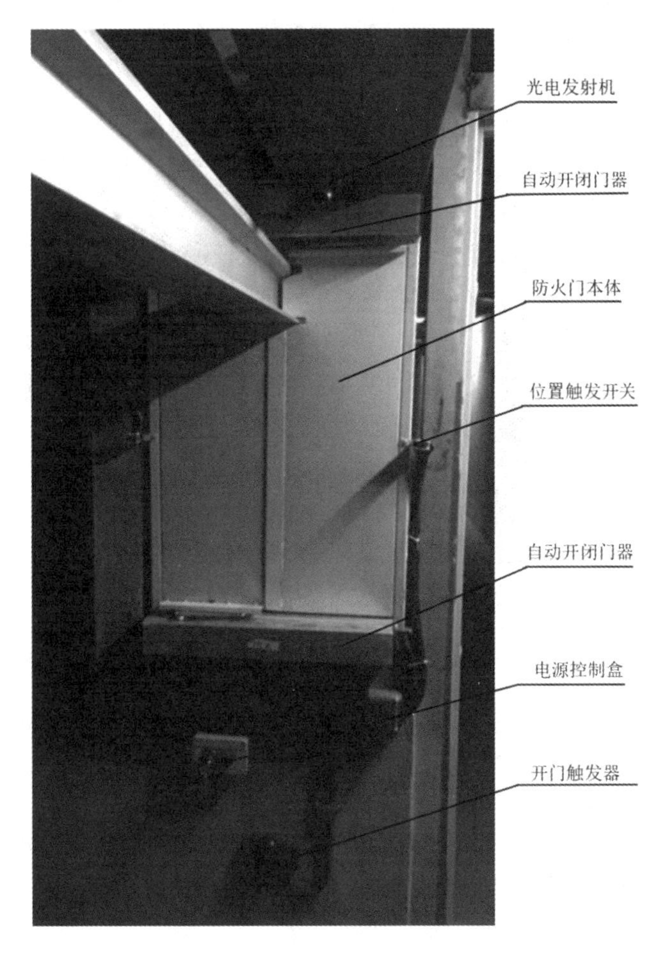

图 39.4 自动防火门系统图

人充电站处于上电状态。管廊巡检机器充电站如图 39.5 所示，管廊巡检机器人充电站配电箱如图 39.6 所示。

图 39.5 管廊巡检机器充电站

图 39.6　管廊巡检机器人充电站配电箱

4. 无线网络

管廊巡检机器人与其后台控制的通信通过无线网络进行传输。机器人工作的现场需要无线网络覆盖。

5. 后台硬件布置

后端平台参数选择因特尔酷睿处理器、4G 内存、4T 硬盘容量，以满足项目需求。后台位于控制中心，数据层面接入智慧管廊运维平台。

第四十章　智慧管廊综合管理平台集成技术

管廊综合综合管理系统是以智能监控集成平台为基础，通过监控主干网将环境与设备监控子系统、火灾自动报警子系统、安全防范子系统、有线通信子系统、无线通信和人员定位子系统、地理信息子系统、机器人巡检子系统等集成和互联成一个统一的、完整的系统，为管廊运行和维护人员统一的综合管理平台。

管廊综合综合管理系统平台是整个管廊智能管理的中心，能提供各子系统的信息互通和共享，为管廊智能化管理提供软件后台，实现各子系统的数据库集成，网络管理、维护、开发、升级等功能，并为对外系统联结提供通信平台。能在各种情况下准确、可靠、迅捷地作出反应并及时处理，还能协调各系统工作，以达到实时监控的目的。它是集数据通信、储存、处理、控制、协调、图文显示为一体的综合性数据应用系统。

本系统除了协调好系统网络本身的操作与运行外，还兼顾了整个管廊综合监控系统有关软件和管理操作集成的能力。智慧管廊综合管理系统平台架构如图 40.1 所示。

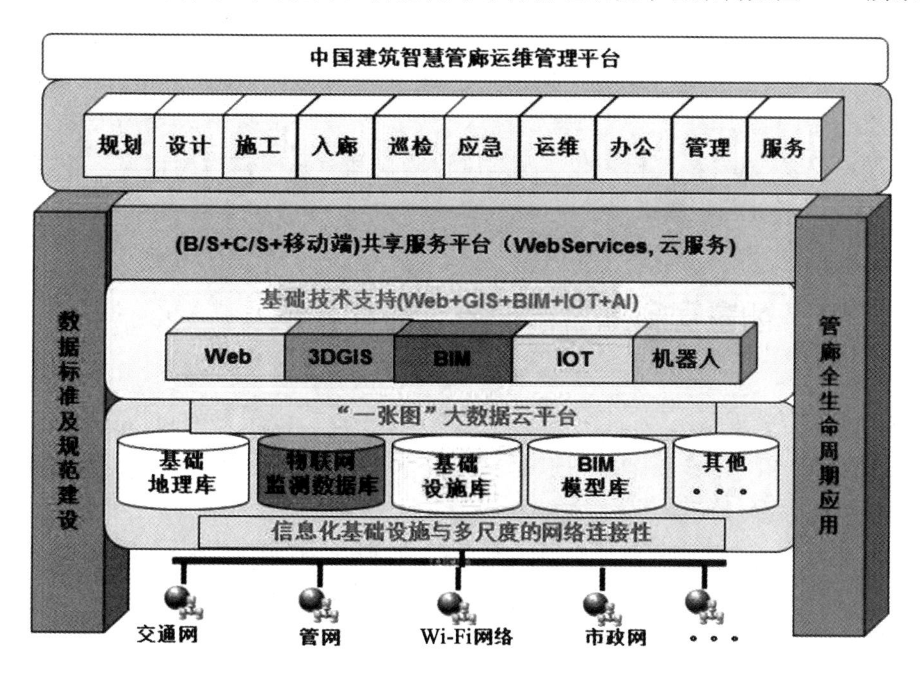

图 40.1　智慧管廊综合管理系统平台架构图

第一节　智慧管廊综合管理系统结构

智慧管廊综合管理系统平台基于管廊相关标准和规范建设，以支持管廊全生命周期的运维管理为目标，集地理信息系统、建筑信息模型、物联网、人工智能技术于一体，采用面向服务的构架，模块化设计，各功能服务相互独立，灵活调用，可最大限度地满足不同用户的需求，且便于后续升级、扩展和维护。

智慧管廊综合管理系统平台采用B/S架构，提供B/S+C/S+移动端的混合客户端，专业工程师或运维人员通过C/S客户端实现专业化数据处理、BIM模型处理、GIS空间数据编辑等。管理层、决策层通过B/S客户端，利用Web浏览器来了解管廊内部的实时状态信息，获取管廊的运营数据。社会公众以及电力、电信、水务等服务商可以根据权限来访问综合管廊对外开放的一些数据；巡检功能采用移动端来实现。

本系统是热备、冗余、开放、可靠、易扩展的计算机系统，通过全线主干光纤环网将各分区的环境与设备监控子系统、火灾自动报警系统、安全防范子系统等系统信息汇集到控制中心，从而实现多系统的综合监控。

物理上，综合监控系统可分为三层：信息层、控制层、设备层。

信息层设备设于综合管廊监控中心，包含数据服务器、历史数据服务、Web服务器、视频服务器、工作站、打印机等，采用100M/1000M以太网。数据服务器采用双机热备系统，监控中心设备由双回路电源供电。

控制层由各区域控制单元组成，采用千兆单模光纤环形以太网，以对等的通信方式连接监控工作站。

设备层由仪表(氧气浓度检测仪、温湿度检测仪和有毒气体检测仪等)、入侵探测器、远程IO模块等现场设备组成。

第二节　智慧管廊综合管理系统硬件构成

智慧管廊综合管理系统平台设于监控中心中央控制室，主要硬件包括实时数据服务器、历史数据服务器、操作工作站、前端处理器、大屏显示系统、UPS系统、打印机等。

1. 数据服务器

数据服务器主要用于对综合管廊各子系统的数据进行存储、实时采集及处理，且具有数据查询与分析等功能。监控中心数据服务器主要包含服务器机柜、实时服务器主机、历史服务器主机、磁盘阵列等。

2. 操作工作站

监控中心设置5套操作工作站，不同的操作工作站设置不同的用户权限。操作工作站主机采用双输出显卡。

3. 大屏显示系统

监控中心大屏显示系统用于管廊环境与设备监控、视频监控及管线信息等的综合显示与展示。DLP 背投显示系统硬件部分由 DLP 投影单元、多屏拼接控制器、管理控制软件、接口设备、专用线缆等组成。

4. UPS 系统

设置不间断电源 UPS 一套。

5. 打印机

打印机采用 A4 激光打印机，用来打印各式报表及各类事件记录等。

第三节　智慧管廊综合管理系统软件构成

1. 操作系统

服务器配置通用的多用户、多任务 64 位操作系统，操作工作站配置简体中文版 Unix、Linux、Windows 操作系统，前置处理器采用嵌入式实时多任务操作系统或多用户、多任务操作系统。

2. 系统软件平台

系统软件平台为智慧管廊综合管理系统的专用软件平台。系统软件平台基于开放系统软件结构和实时数据技术，它协调并提供每一个功能模块的公用数据的访问。系统软件平台由一系列的基于服务器和基于操作站的软件模块组成，具有下列特点：高可靠性，单个模块的故障不引起数据的丢失和系统的瘫痪；采用通用的硬件和标准化的软件；系统可以简化，当出现故障时，更容易诊断、处理和恢复高性能和可测量性。

系统软件平台的软件模块包括大型商用数据库管理系统、中间件模块、双机管理模块、报表模块、系统管理配置模块、数据库管理模块、报警模块、联动模块、事件管理模块、备份和文档管理模块等。

3. 软件特性

系统软件具有但不限于下列特性：支持多任务、多用户、内部通信和前、后台实时处理能力；支持虚拟内存管理；符合开放式系统的标准；系统运行有记录，可用于使系统重启；支持包括高速网络协议、TCP/IP、磁盘阵列在内的所有 I/O 设备为提高维护和访问的效率，采用高级编程语言编程。当使用 C 语言时，使用 ANSI C/C++标准。

数据库管理系统可在显示屏上交互对话。它能基于数据类型、数据位置、集成系统和设备类型进行检索、分类和列表或打印等功能。具有密码保护功能。

提供一个图形管理软件来完成动态和静态画面、运行情况摘要和大屏幕的信息生成、新建与修改。此软件允许在线生成和修改画面，且画面修改后自动进行全系统相关画面的同步修改。此操作有密码保护。当用户激活修改的画面时，该修改的画面下载到运行系统。

所有输入的数据均进行有效性检查。参数或数据包括但不限于以下几种：基本数据（DI、DO、AI、AO 等）；使用参数；网络配置；所有开发的应用软件，提供描述文档。

第四节　智慧管廊综合管理系统平台功能

综合管廊智能监控报警与运维管理系统属于信息化综合管理平台系统，应用层功能模块包括综合展示、管廊本体监控、管廊设备管理与报警、运维管理、经营管理、应急预案与应急指挥、移动应用巡检、办公管理等；采集层基于物联网体系架构，通过工业控制协议集成管廊各子系统，包括环境与设备监控系统、安全防范系统、火灾自动报警系统、通信网络系统、可燃气体探测系统、机器人巡检系统，实现传感层设备采集与控制，跨系统智能联动。

智慧管廊综合管理系统平台提供数据共享接口，可与智慧城市平台、市政管理平台、专业管线管理平台对接，实现数据共享。平台支持 C/S、B/S 架构，支持移动端应用。

针对于集团级的智慧管廊运维平台在架构设计上具有一定的前瞻性。

(1)支持两级平台部署，两级平台主要指的是位于集团的云端管理平台和位于各地综合管廊现场的监控运维平台。各地监控运维平台能够独立运行，不依托于云端管理平台，并能够实现数据及命令的上传下达。

云端管理平台针对于集团用户全面了解和分析，对各地综合管廊的运营情况并进行考核。各地监控运维平台，主要是针对于各地综合管廊日常监控、生产、运营等实际发生情况进行管理。

(2)架构上需兼顾管廊本地监控中心与集团级联、协调配合的需求，因此既要考虑管廊本地监控的稳定性、实时性，又要考虑集团对所辖各地管廊运维集中管理，即使在管廊本地监控中心与集团之间断网的情况下，也不能影响本地管廊监控中心所必需的监控报警、智能联动等功能，同时具备数据缓存功能，待网络恢复后，同步缓存数据至集团平台。

(3)在功能完整性上，应考虑管廊的监控报警、BIM+GIS、生产运维三大业务需求的无缝融合，对管廊以及附属设施、监控设备进行全生命周期管理，满足管廊安全、管线安全、人员安全的运维需求。

智慧管廊综合管理系统平台集成并应用三维建筑信息模型(BIM)和地理信息系统(GIS)动态定位技术，满足智慧城市建设及发展需求，统筹各类主题数据，提供数据共享服务，用户可在系统上进行快速的二维 GIS 地图和三维 BIM 模型切换，实现综合管廊的三维可视化管理，实现企业资产的透明化管理、运维的高效化管理、图纸资料的精准化管理、设备和检测仪表的智能化巡检管理等。